"十四五"职业教育国家规划教材

国家卫生健康委员会"十三五"规划教材

全 国 高 等 职 业 教 育 教 材

供临床医学专业用

生 物 化 学

第 8 版

主　编　吕士杰　王志刚

副主编　罗洪斌　陈　谨　秦建晔

编　者（以姓氏笔画为序）

王志刚（哈尔滨医科大学大庆校区）
王保平（甘肃医学院）
王烈峰（赣南医学院）
王黎芳（杭州医学院）
田　野（天津医学高等专科学校）
吕士杰（吉林医药学院）
刘雪梅（内蒙古赤峰学院）
陈　谨（安徽医学高等专科学校）
罗洪斌（湖北民族学院医学院）
秦建晔（上海健康医学院）
徐世明（首都医科大学）
徐俊杰（吉林医药学院）
程玉宏（大庆医学高等专科学校）

人民卫生出版社

图书在版编目（CIP）数据

生物化学/吕士杰，王志刚主编．—8版．—北京：人民卫生出版社，2018

ISBN 978-7-117-27182-0

Ⅰ. ①生… Ⅱ. ①吕… ②王… Ⅲ. ①生物化学－高等职业教育－教材 Ⅳ. ①Q5

中国版本图书馆CIP数据核字（2018）第289832号

生 物 化 学

第8版

主　　编：吕士杰　王志刚
出版发行：人民卫生出版社（中继线010-59780011）
地　　址：北京市朝阳区潘家园南里19号
邮　　编：100021
E - mail：pmph @ pmph.com
购书热线：010-59787592　010-59787584　010-65264830
印　　刷：人卫印务（北京）有限公司
经　　销：新华书店
开　　本：850×1168　1/16　**印张**：16　**插页**：8
字　　数：506千字
版　　次：1980年11月第1版　2019年1月第8版
2024年5月第8版第11次印刷（总第94次印刷）
标准书号：ISBN 978-7-117-27182-0
定　　价：46.00元

修订说明

2014年以来，教育部等六部委印发的《关于医教协同深化临床医学人才培养改革的意见》《助理全科医生培训实施意见（试行）》等文件，确定我国的临床医学教育以"5+3"（5年本科教育+毕业后3年住院医师规范化培训）为主体，以"3+2"（3年专科教育+毕业后2年助理全科医生培养）为补充，明确了高等职业教育临床医学专业人才培养的新要求。

为深入贯彻党的二十大精神，全面落实全国卫生与健康大会、《"健康中国2030"规划纲要》要求，适应新时期临床医学人才培养改革发展需要，在教育部、国家卫生健康委员会领导下，由全国卫生行指委牵头，人民卫生出版社全程支持、参与，在全国范围内开展了"3+2"三年制专科临床医学教育人才培养及教材现状的调研，明确了高等职业教育临床医学专业（3+2）教材建设的基本方向，启动了全国高等职业院校临床医学专业第八轮规划教材修订工作。依据最新版《高等职业学校临床医学专业教学标准》，经过第六届全国高等职业教育临床医学专业（3+2）教育教材建设评审委员会广泛、深入、全面的分析与论证，确定了本轮修订的指导思想和整体规划，明确了修订基本原则：

1. **明确培养需求** 本轮修订以"3+2"一体化设计、分阶段实施为原则，先启动"3"阶段教材编写工作，以服务3年制专科在校教育人才培养需求，培养面向基层医疗卫生机构，为居民提供基本医疗和基本公共卫生服务的助理全科医生。

2. **编写精品教材** 本轮修订进一步强化规划教材编写"三基、五性、三特定"原则，突出职业教育教材属性，严格控制篇幅，实现整体优化，增强教材的适用性，力求使整套教材成为高职临床医学专业"干细胞"级国家精品教材。

3. **突出综合素养** 围绕培养目标，本轮修订特别强调知识、技能、素养三位一体的综合培养：知识为基，技能为本，素养为重。技能培养以早临床、多临床、反复临床为遵循，在主教材、配套教材、数字内容得到立体化推进。素养以职业道德、职业素养和人文素养为重，突出"敬佑生命、救死扶伤、甘于奉献、大爱无疆"的卫生与健康工作者精神的培养。

4. **推进教材融合** 本轮修订通过随文二维码增强教材的纸数资源融合性与协同性，打造具有时代特色的高职临床医学专业"融合教材"，服务并推动职业院校教学信息化。通过教材随文二维码扫描，丰富的临床资料、复杂的疾病演进、缜密的临床思维成为了实现技能培养的有效手段。

本轮教材共28种，均为国家卫生健康委员会"十三五"规划教材。

教 材 目 录

序号	教材名称	版次	配套教材
1	医用物理	第 7 版	
2	医用化学	第 8 版	
3	人体解剖学与组织胚胎学	第 8 版	√
4	生理学	第 8 版	√
5	生物化学	第 8 版	√
6	病原生物学和免疫学	第 8 版	√
7	病理学与病理生理学	第 8 版	√
8	药理学	第 8 版	√
9	细胞生物学和医学遗传学	第 6 版	√
10	预防医学	第 6 版	√
11	诊断学	第 8 版	√
12	内科学	第 8 版	√
13	外科学	第 8 版	√
14	妇产科学	第 8 版	√
15	儿科学	第 8 版	√
16	传染病学	第 6 版	√
17	眼耳鼻喉口腔科学	第 8 版	√
18	皮肤性病学	第 8 版	√
19	中医学	第 6 版	√
20	医学心理学	第 5 版	√
21	急诊医学	第 4 版	√
22	康复医学	第 4 版	
23	医学文献检索	第 4 版	
24	全科医学导论	第 3 版	√
25	医学伦理学	第 3 版	√
26	临床医学实践技能	第 2 版	
27	医患沟通	第 2 版	
28	职业生涯规划和就业指导	第 2 版	

第六届全国高等职业教育临床医学专业（3+2）教育教材建设评审委员会名单

数字内容编者名单

主　编　吕士杰　王志刚

副主编　罗洪斌　陈　谨　秦建晔　徐俊杰

编　者（以姓氏笔画为序）

于　波（上海健康医学院）
于秀峰（哈尔滨医科大学大庆校区）
万　朋（吉林医药学院）
王志刚（哈尔滨医科大学大庆校区）
王保平（甘肃医学院）
王烈峰（赣南医学院）
王黎芳（杭州医学院）
田　野（天津医学高等专科学校）
吕士杰（吉林医药学院）
朱文赫（吉林医药学院）
刘雪梅（内蒙古赤峰学院）
陈　谨（安徽医学高等专科学校）
罗洪斌（湖北民族学院医学院）
罗　军（吉林医药学院）
郝雪微（哈尔滨医科大学大庆校区）
秦建晔（上海健康医学院）
徐世明（首都医科大学）
徐俊杰（吉林医药学院）
高俊涛（吉林医药学院）
黄　胜（湖北民族学院医学院）
程玉宏（大庆医学高等专科学校）

主编简介与寄语

吕士杰　吉林医药学院基础医学院生物化学与分子生物学教授，硕士生导师；吉林省辐射损伤与防护重点实验室主任，吉林省生物化学与分子生物学会常务理事，吉林省拔尖创新人才。从事生物化学与分子生物学教学工作34年，参与多部国家级《生物化学》规划教材的编写，担任国家级“十二五”规划教材《生物化学》（第7版）主编，人民卫生出版社高等医药院校改革创新教材《分子生物学基础教程》主编。长期从事微波辐射对生物体的损伤效应及其作用机制研究，参与多项国家级重点科研项目的研发，主持省级重点课题多项，获得省（部）级科技进步二等奖2项、三等奖5项。近10年发表学术论文69篇，获得国家发明专利4项。

写给同学们的话——

经过编者们的共同努力，《生物化学》（第8版）教材编写任务顺利完成。希望本教材能够更好地指导教学、规范教学和保障教学，服务高职教育“3+2”临床医学人才培养体系建设，满足我国医学教育改革和医疗卫生体制改革的要求。

主编简介与寄语

王志刚 博士，教授，博士研究生导师，哈尔滨医科大学大庆校区医学检验与技术学院院长，生物化学与分子生物学教研室主任。从事生物化学与分子生物学教学和科研工作17年，主要致力于脂肪代谢分子机理研究。2009—2011年赴美国伊利诺伊大学人类营养学系进行博士后工作交流，先后主持国家自然科学基金项目2项，省部级项目5项。发表SCI论文20余篇，授权发明专利2项。荣获教育部自然科学二等奖2项，省政府自然科学三等奖1项，厅局级奖多项。黑龙江省优秀教师，主编参编教材4部，参译论著1部。

写给同学们的话——

临床医学专业“3+2”教材是在响应国家对于加强以全科医生为重点的农村基层医疗卫生人才队伍建设的总体要求下而编写。《生物化学》(第8版)教材整体编写同助理执业医师考试接轨，力求扩大相应实验项目覆盖面。本着少内容、多实验的原则，重在为全科医生的临床实践配套。同时，加强教材相关内容同常见病、多发病的联系，最终提高本教材的岗位针对性，为广大全科医生的临床诊疗助力。

前 言

本教材自首版以来已历经七次修订，为我国的临床医学教育做出了重要贡献。为了认真落实党的二十大精神，围绕健康中国建设主题，依据《关于医教协同深化临床医学人才培养改革的意见》等文件精神及第八轮全国高等职业教育临床医学专业（3+2）规划教材主编人会议精神，加强临床医学高职教育改革，突出以全科医生为重点的基层医疗卫生人才培养目标，我们组织全国 13 所院校长期从事教学工作的资深教师，进行了第 8 版教材的修编。

第 8 版教材坚持“三基”、“五性”、“三特定”的基本要求，注重医学教育和人才培养协同发展，加强基础理论教育，强化实践教学环节，遵循“早临床、多临床、反复临床”的医学发展规律，注重相关学科的衔接、整体优化以及学科发展态势，以突出应用性知识体系构建等来确定编写内容。

全书共分 17 章，在前版教材的基础上，按照基层医疗卫生工作岗位对知识、能力和素质的要求，以助理全科医师培养标准为导向，强调了理论知识和实践技能的必需、够用。根据相关知识的认知规律和特点，对教材内容的编排进行优化、整合和重构。将前版中核酸结构与功能、核苷酸代谢等两章编入一章介绍，血液生化和肝的生物化学等两章编入一章介绍；将物质代谢的联系与调节独立成章，以强调各物质代谢途径的相互联系相互制约；将酶、维生素、癌基因与抑癌基因、细胞信号转导等编为独立章节，突出教材的基础性、普适性、针对性和适用性。

本版教材主要适用于高等职业教育临床医学专业(3+2)教学，也可用于口腔医学、预防医学、医学检验、医学影像、药学等专业的生物化学教学。各院校在使用本教材时，可根据各专业的培养目标和教学大纲要求，对教材内容进行选择。

本版教材在编写过程中得到湖北民族学院、哈尔滨医科大学大庆校区、吉林医药学院等院校的大力支持，编者们以严谨的态度、科学的作风、勤勉的工作确保教材的编写质量的同时顺利完成编写任务，在此表示衷心的感谢。

由于能力水平所限，仍有可能存在缺点与不妥之处，敬请批评、指正。

吕士杰　王志刚

2023 年 10 月

目　录

绪 论

学习目标

1. 掌握:生物化学的概念
2. 熟悉:生物化学研究的主要内容
3. 了解:生物化学与医学的关系

生物化学(biochemistry)是生命的化学,是研究生物体的化学组成和生命过程中化学变化规律的科学,从分子水平探讨生命现象的本质及疾病发展机制的一门重要基础医学学科。传统生物化学主要采用化学、物理学及生物学的原理和方法研究各种形式的生命现象,而现代生物化学已融入了生理学、微生物学、遗传学、免疫学以及生物信息学等学科的理论和技术,因此生物化学与生命科学领域中的各学科都有着密切的联系和交叉,特别是分子生物学的飞速发展为生物化学的快速发展注入了生机与活力,对医学发展起着重要的促进作用。生物化学已成为目前自然科学中进展最迅速、最具活力的前沿学科之一。

一、生物化学发展简史

生物化学的起始研究可追溯到18世纪,而在20世纪初期才作为一门独立的学科蓬勃发展起来。但生物化学在人类生产、生活和医疗中的实际应用却有着悠久的历史。

早在公元前21世纪,我国劳动人民已能用曲造酒,称曲为酒母,"酒非曲不生"即以曲为媒介物(酶)催化谷物中的淀粉发酵转变成酒;公元前12世纪,人们利用豆、麦、谷等为原料,运用发酵制造酱、饴和醋等食品;公元前7世纪,中医用车前子、杏仁等治疗脚气病;汉代有制作豆腐的记载,以豆类为原料提取蛋白质,利用蛋白质沉淀方法制作豆腐;唐代孙思邈用富含维生素A的猪肝治疗雀目(夜盲症);北宋沈括采用皂角汁沉淀等方法从尿中提取性激素制剂等。由此可见,我国劳动人民在生产生活中积累了大量的生物化学的理论知识和实践经验,对生物化学的认识和应用早于西方国家。但在近代生物化学的发展中,欧洲却处于领先地位。

生物化学的发展历程大体可分为三个阶段:

(一) 静态生物化学阶段

从18世纪中叶至19世纪末是生物化学发展的初级阶段,主要研究的是生物体的化学组成,描述组成生物体的物质含量与分布、物质结构、性质和功能等,故称静态生物化学时期。该时期的主要贡献有:对糖类、脂类及氨基酸的性质进行了较为系统地研究;发现了核酸;化学合成了简单的多肽;从血液中分离出了血红蛋白;发现了酵母发酵过程中存在的"可溶性催化剂",奠定了酶学的基础等。

(二) 动态生物化学阶段

从20世纪初期开始,生物化学进入了蓬勃发展时期,开始研究体内各种物质的代谢转变,故称为动态生物化学时期。该时期的主要贡献有:发现了必需氨基酸、必需脂肪酸和多种维生素;发现了激

素，并进行了分离与合成；认识了酶的化学本质是蛋白质，并成功制备了酶结晶；由于化学分析及放射性元素示踪技术的发展与应用，对生物体内主要物质的代谢途径已基本确定，如糖代谢、脂肪酸β-氧化、尿素合成途径及三羧酸循环等；在生物能研究中提出了生物能产生过程中的ATP循环学说。

（三）分子生物学时期

20世纪后半叶以来，生物化学发展的最显著特征是分子生物学的崛起。通常将核酸、蛋白质等生物大分子的结构、功能及其代谢调控等的研究，称为分子生物学（molecular biology）。该时期的主要贡献有：1950年，美国人L.Pauling发现了蛋白质二级结构的α-螺旋形式；1953年，J.D.Watson和F.H.Crick提出的DNA双螺旋结构模型，为揭示遗传信息传递规律奠定了基础，是生物化学发展进入分子生物学时期的重要标志；1955年，英国人F.Sanger等完成了牛胰岛素的氨基酸序列分析（一级结构测定）；1958年，F.H.Crick提出了遗传信息传递的中心法则；1961年，法国人F.Jacob等提出了原核基因表达调控的操纵子模型，英国人P.Mitchell提出了氧化磷酸化机制的化学渗透假说；1966年，美国人Nirenberg等破译了mRNA分子中的遗传密码，由此人们找到了破解生命之谜的钥匙；20世纪70年代，美国人Paul Berg等在体外完成了第一个不同种DNA的重组，创立了重组DNA技术，开创了分子生物学的新时代；1982年，T.R.Cech等发现了化学本质为核酸的核酶（ribozyme），拓展了人们对生物催化剂的认识；1985年，K.Mullis发明了聚合酶链式反应（PCR）技术，使人们有可能在体外高效扩增DNA；1990年开始实施的人类基因组计划（human genome project，HGP）是人类生命科学领域中的又一伟大创举，2000年宣布人类基因组“工作框架图”完成，2003年科学家绘制完成了人类基因组序列图，人类基因组计划目标全部实现，从此进入“后基因组时代”，这无疑是人类生命科学史上的一个重大里程碑，为人类的健康和疾病研究带来根本性的变革。

近代生物化学发展时期，我国生物化学家吴宪（1893—1959）等在血液化学分析方面创立了血滤液的制备和血糖测定法，在蛋白质研究中提出了蛋白质变性学说。1965年，我国科学家首次采用人工方法合成了具有生物活性的结晶牛胰岛素。1981年，我国又首次人工合成了酵母丙氨酰tRNA。此外，在酶学、蛋白质结构、生物膜结构与功能等方面的研究都取得了举世瞩目的成就；特别是在人类基因组计划完成中我国科学家也做出了重要贡献。近年来，我国在基因工程、蛋白质工程、新基因的克隆与功能研究、疾病相关基因的定位克隆与功能研究等方面均取得了重要成果。这些成果必将进一步加深人们对生命本质的认识，同时也为人类健康和疾病的研究带来根本性的变革，并将大大推动医学科学的发展。

二、生物化学研究的主要内容

（一）人体的化学物质组成

人体是由以细胞为基本单位构成的组织器官组成，细胞又是由一定的化学物质按照严格的规律和方式组成，而每一种化学物质在体内都有严格的比例和含量。构成人体的主要物质包括水（55%~67%）、无机盐（3%~4%）、糖类（1%~2%）、脂类（10%~15%）、蛋白质（15%~18%），此外还含有核酸及一些具有重要生物学活性的小分子有机化合物，如维生素、氨基酸、核苷酸、单糖等。通常将含有碳（C）、氢（H）、氧（O）、氮（N）四种元素的有机物称为生物分子。其中，将由某些基本结构单位按一定的顺序和方式所形成的分子量大于10^4的生物分子称为生物大分子。人体内的生物大分子主要包括蛋白质、核酸、多糖和复合脂类。由于这些生物大分子多数具有生物信息功能，又称生物信息分子。

（二）生物分子的结构与功能

人体内生物分子的种类繁多、结构复杂、功能各异，但其结构都有一定的规律性，都是由基本结构单位按照一定的顺序和方式相互连接形成的多聚体，进而有机地组合成一个生命整体。因此，对于生物分子的研究，特别是生物大分子的研究，除确定其基本组成单位的种类、排列顺序和方式（一级结构）外，更重要的是研究其空间结构及其与功能的关系。结构是功能的基础，而功能则是结构的体现，结构与功能密切相关。生物大分子的功能还可以通过分子之间的相互识别和相互作用来实现。例如，蛋白质与蛋白质、蛋白质与核酸、核酸与核酸的相互作用在基因表达调控中起着决定性作用。所以分子结构、分子识别和分子间的相互作用也是执行生物信息分子功能的基本要素。目前这一领域的研究是生物化学的热点之一。

(三) 物质代谢及其调节

生命体不同于非生命体的基本特征是新陈代谢,即机体与外环境的物质交换及维持其内环境的相对稳定。物质代谢是新陈代谢的核心,正常的物质代谢是正常生命过程的必要条件,若物质代谢发生紊乱则可引起疾病。物质代谢是由酶(enzyme)所催化的一连串的化学反应所组成的各种代谢途径来完成的,包括合成代谢和分解代谢。正常物质代谢都能按照一定的规律有条不紊地进行,进而才能维持机体的正常生理功能,这是机体高度的自我调控以及神经、激素等的整体性精确调节的结果,而酶结构和酶含量的变化对物质代谢的调节起着重要作用。此外,细胞信息传递参与多种物质代谢及与其相关的生长、增殖、分化等生命过程的调节。细胞信息传递的机制及网络也是现代生物化学研究的重要课题。目前人们对生物体内的主要物质代谢途径已基本清楚,但对物质代谢的调控机制和规律仍有待深入探讨。

(四) 基因信息传递及其调控

生物体在繁殖的过程中其基因信息是代代相传的,这是生命现象的又一重要特征。基因信息传递涉及遗传、变异、生长、分化等生命过程,也与遗传性疾病、恶性肿瘤、代谢异常性疾病、免疫缺陷性疾病、心血管病等多种疾病的发病机制有关。因此,基因信息的研究在生命科学中的作用愈发重要。DNA 是遗传的主要物质基础,基因(gene)即 DNA 分子的功能片段,是 DNA 分子荷载遗传信息的单位。分子生物学作为生物化学的重要组成部分,除了进一步研究 DNA 的结构和功能外,更重要的是研究 DNA 复制、RNA 转录、蛋白质生物合成等基因信息传递过程的机制及基因表达调控的规律。随着 DNA 重组、转基因、基因剔除、新基因克隆等基因工程技术的发展,许多基因工程技术与产品已应用于人类疾病的诊断和治疗。人类基因组及功能基因组等研究的不断发展,将大大推动生命科学与医学研究的进程。

三、生物化学与医学的关系

生物化学是生命科学领域一门重要的基础学科,它的理论和技术已渗透到生命学科的各个领域。生物化学与医学各学科密切相关,相互促进。生物化学是基础医学中重要的必修课程之一,讲述正常人体的生物化学和疾病过程中的生物化学相关问题。因此,生物化学与生理学、遗传学、微生物学、免疫学、药理学和病理学等基础医学各学科有着广泛地联系与交叉,它们的知识相互渗透、彼此交叉,共同解释生命现象与本质。同样,生物化学与临床医学的关系也十分密切,临床医学各学科经常运用生物化学原理和技术阐明疾病的发生、探讨发病机制以及对疾病进行诊断、治疗和预防等,分子生物学的发展对临床医学发展起着极大的推动作用。医学研究深入到分子水平,目前心脑血管疾病、恶性肿瘤、代谢性疾病、免疫性疾病、神经系统疾病等通过在分子水平上的研究,人们对一些重大疑难疾病的本质有了新的认识,在疾病的发生、发展、诊断、预防和治疗等方面取得了许多重要成果。疾病相关基因克隆、重大疾病发病机制研究、基因芯片、蛋白质芯片和 PCR 技术等在临床诊断中的应用、基因治疗以及应用重组 DNA 技术生产的蛋白质、多肽类药物等方面的深入研究,无不与生物化学的理论与技术密切相关。

随着医学的不断发展,生物化学理论与技术将会越来越广泛地应用于疾病的诊断、治疗和预防,在分子水平上研究疾病的发生、发病机制,已成为现代医学研究的共同目标。医学生学习生物化学的主要目的是从分子水平上认识生命现象的本质和疾病发生、发展的机制,为其他医学课程的学习打下坚实基础。此外,能够运用生物化学的理论和技术来分析和解决实际问题,对于今后临床工作具有重要的意义。

(吕士杰)

第一章 蛋白质的结构与功能

学习目标

1. 掌握：蛋白质的元素组成特点和基本组成单位；蛋白质一、二、三、四级结构的概念及维系结构稳定的主要化学键；蛋白质的主要理化性质。
2. 熟悉：肽与肽键；蛋白质结构与功能的关系。
3. 了解：蛋白质在生命过程中的重要性；蛋白质的分类。
4. 运用蛋白质理化性质进行实际应用，解释临床及实际生活现象。
5. 培养学生具有诚实守信、尊重生命、严谨认真的职业道德与职业素质。

蛋白质(protein)是由氨基酸(amino acid)通过肽键(peptide bond)相连而成的一类含氮生物大分子，它既是生命活动的主要载体，也是功能执行者。单细胞生物中所发现的蛋白质有数千种，生物体越复杂，所含蛋白质的种类越多。在人体细胞中，蛋白质是含量最丰富的高分子化合物，约占人体固体成分的45%。各种蛋白质都有其特定的结构和功能，生物体的多样性就是由蛋白质结构和功能的多样性决定的。蛋白质的结构决定其所要执行的生物学功能，因此要了解蛋白质在生命活动中的作用，必须从了解它的结构入手。

第一节 蛋白质的分子组成

一、蛋白质的元素组成及特点

蛋白质的种类繁多，结构各异，但其元素组成基本相同，主要有碳(50%~55%)、氢(6%~8%)、氧(19%~24%)、氮(13%~19%)和硫(0~4%)。有些蛋白质还含有少量磷、硒或金属元素铁、铜、锌、锰、钴、钼等，个别蛋白质还含有碘。各种蛋白质的含氮量很接近，平均为16%，这是蛋白质元素组成的一个特点。由于蛋白质是体内的主要含氮物质，因此测定生物样品的含氮量，就可按下式推算出其蛋白质的大致含量。

$$100\text{克样品中蛋白质含量(g\%)} = \text{每克样品含氮克数} \times 6.25 \times 100$$

患儿，1岁，近日尿少，并出现血尿，入院就诊。经B超检查发现为双侧肾结石，经询问喂养史，出生后一直服用某品牌奶粉，结合其他病例报告，考虑为“三聚氰胺中毒”。

试分析该乳品制造企业为什么要向奶粉中加入三聚氰胺？

二、蛋白质的基本组成单位——氨基酸

蛋白质是高分子化合物，经酸、碱或蛋白酶作用水解为基本组成单位——氨基酸。

（一）氨基酸的种类与命名

存在于自然界的氨基酸有300余种，但构成人体蛋白质的氨基酸只有20种。这20种氨基酸均有共同的结构特点：

1. 均为α-氨基酸（脯氨酸为α-亚氨基酸）　即α-碳原子上连接一个氨基（$—NH_2$）和一个羧基（—COOH）。可以用下面的通式表示，R为氨基酸的侧链基团。

$$H_2N-\overset{COOH}{\underset{R}{C}}-H$$

α-氨基酸结构通式

2. 均为L-型氨基酸（甘氨酸除外）　除甘氨酸外，其余氨基酸的结构中与α-碳原子相连的四个原子或基团各不相同，所以α-碳原子是一个不对称碳原子（即手性碳原子）。四个原子或基团在α-碳原子周围有两种不同的空间排布方式，构成氨基酸的两种构型，即L-型和D-型。组成人体蛋白质的氨基酸均为L-型。因此，除甘氨酸外的其余19种氨基酸又称为L-α-氨基酸。

$$H_2N-\overset{COOH}{\underset{R}{C\alpha}}-H \qquad\qquad H-\overset{COOH}{\underset{R}{C\alpha}}-NH_2$$

L-α-氨基酸　　　　D-α-氨基酸

氨基酸的命名以羧基为母体，其碳原子的位次以阿拉伯数字表示，也可用希腊字母α、β、γ等表示。氨基酸命名除系统命名外，更常用通俗名称，如α-氨基乙酸（甘氨酸）、α-氨基-β-苯基丙酸（苯丙氨酸）等。

拓展阅读：为什么组成蛋白质的氨基酸都是L构型

（二）氨基酸的分类

根据侧链基团结构和性质的不同，可将20种氨基酸分为四类（表1-1）。

表1-1　组成蛋白质的20种编码氨基酸分类

中文名	英文名	简写符号	结构式	等电点（pI）
1. 非极性侧链氨基酸				
甘氨酸	glycine	Gly，G	$H-\underset{NH_2}{CH}-COOH$	5.97
丙氨酸	alanine	Ala，A	$CH_3-\underset{NH_2}{CH}-COOH$	6.00
缬氨酸	valine	Val，V	$CH_3-\underset{CH_3}{CH}-\underset{NH_2}{CH}-COOH$	5.96
亮氨酸	leucine	Leu，L	$CH_3-\underset{CH_3}{CH}-CH_2-\underset{NH_2}{CH}-COOH$	5.98
异亮氨酸	isoleucine	Ile，I	$CH_3-CH_2-\underset{CH_3}{CH}-\underset{NH_2}{CH}-COOH$	6.02
苯丙氨酸	phenylalanine	Phe，F	$C_6H_5-CH_2-\underset{NH_2}{CH}-COOH$	5.48

续表

中文名	英文名	简写符号	结构式	等电点(pI)
甲硫氨酸(蛋氨酸)	methionine	Met,M	$CH_3SCH_2CH_2-CH(NH_2)-COOH$	5.74
脯氨酸	proline	Pro,P	环状结构：CH_2—CH_2—CH_2—NH—CH—COOH	6.30
2. 极性中性侧链氨基酸				
色氨酸	tryptophan	Trp,W	吲哚环—$CH_2-CH(NH_2)-COOH$	5.89
丝氨酸	serine	Ser,S	$HO-CH_2-CH(NH_2)-COOH$	5.68
苏氨酸	threonine	Thr,T	$HO-CH(CH_3)-CH(NH_2)-COOH$	5.60
酪氨酸	tyrosine	Tyr,Y	HO—苯环—$CH_2-CH(NH_2)-COOH$	5.66
半胱氨酸	cysteine	Cys,C	$HS-CH_2-CH(NH_2)-COOH$	5.07
天冬酰胺	asparagine	Asn,N	$H_2N-C(=O)-CH_2-CH(NH_2)-COOH$	5.41
谷氨酰胺	glutamine	Gln,Q	$H_2N-C(=O)-CH_2-CH_2-CH(NH_2)-COOH$	5.65
3. 酸性侧链氨基酸				
天冬氨酸	aspartic acid	Asp,D	$HOOC-CH_2-CH(NH_2)-COOH$	2.97
谷氨酸	glutamic acid	Glu,E	$HOOC-CH_2-CH_2-CH(NH_2)-COOH$	3.22
4. 碱性侧链氨基酸				
赖氨酸	lysine	Lys,K	$NH_2CH_2CH_2CH_2CH_2-CH(NH_2)-COOH$	9.74
精氨酸	arginine	Arg,R	$NH_2C(=NH)NHCH_2CH_2CH_2-CH(NH_2)-COOH$	10.76
组氨酸	histidine	His,H	咪唑环(HC=C—N—CH—NH)—$CH_2-CH(NH_2)-COOH$	7.59

1. 非极性侧链氨基酸　此类氨基酸的侧链为脂肪烃基、芳香烃基、杂环等非极性疏水基团。因此，这类氨基酸在水中的溶解度小。

2. 极性中性侧链氨基酸　此类氨基酸的侧链上有羟基、巯基、酰胺基等极性基团，具有亲水性。因此，这类氨基酸比非极性侧链氨基酸易溶于水，但在中性水溶液中不电离。

3. 酸性侧链氨基酸　此类氨基酸有天冬氨酸和谷氨酸，其特征是侧链上有羧基，在生理条件下能释放出质子(H^+)而带负电荷。

4. 碱性侧链氨基酸　此类氨基酸有赖氨酸、精氨酸和组氨酸，其特征是侧链上有氨基、胍基和咪唑基，在生理条件下能接受质子(H^+)而带正电荷。

上述 20 种氨基酸都具有特异的遗传密码，故又称为编码氨基酸。此外，蛋白质分子中还有一些修饰氨基酸，如羟赖氨酸、羟脯氨酸、焦谷氨酸、碘代酪氨酸等，它们在生物体内都没有相应的遗传密码，而是在蛋白质合成过程中或合成后从相应的编码氨基酸(赖氨酸、脯氨酸、谷氨酸、酪氨酸)经酶促加工、修饰而成的。

(三) 氨基酸的理化性质

1. 两性解离与等电点　所有氨基酸既含有碱性的氨基($—NH_2$)，又含有酸性的羧基($—COOH$)；既可在酸性溶液中与质子(H^+)结合成带正电荷的阳离子($—NH_3^+$)，也可在碱性溶液中与羟基($—OH$)结合，失去质子变成带负电荷的阴离子($—COO^-$)。因此，氨基酸是一种两性电解质，具有两性解离的特性。氨基酸的解离方式取决于其所处溶液的酸碱度(pH)。在某一 pH 的溶液中，氨基酸解离成阳离子和阴离子的趋势相等，成为兼性离子，呈电中性，此时溶液的 pH 称为该氨基酸的等电点(isoelectric point，pI)。通常酸性氨基酸的 $pI<4.0$，碱性氨基酸的 $pI>7.5$，中性氨基酸的 pI 在 5.0~6.5 之间(表 1-1)。

氨基酸的解离状态可用下式表示：

$$
\begin{array}{c}
\text{R—CH(NH}_2\text{)—COOH} \\
\updownarrow \\
\underset{\substack{\text{阳离子} \\ (\text{pH} < \text{pI})}}{\text{R—CH(NH}_3^+\text{)—COOH}}
\underset{H^+}{\overset{OH^-}{\rightleftharpoons}}
\underset{\substack{\text{兼性离子} \\ (\text{pH}=\text{pI})}}{\text{R—CH(NH}_3^+\text{)—COO}^-}
\underset{H^+}{\overset{OH^-}{\rightleftharpoons}}
\underset{\substack{\text{阴离子} \\ (\text{pH} > \text{pI})}}{\text{R—CH(NH}_2\text{)—COO}^-}
\end{array}
$$

2. 氨基酸的紫外吸收性质　含有共轭双键的色氨酸、酪氨酸和苯丙氨酸具有紫外吸收特性，在 280nm 波长附近具有最大吸收峰，该性质对于蛋白质的定性、定量测定有重要意义(见本章第四节)。

图片：芳香族氨基酸的紫外吸收

3. 茚三酮反应　氨基酸与水合茚三酮共加热时，氨基酸被氧化分解，生成醛、氨及二氧化碳；水合茚三酮则被还原。在弱酸性溶液中，茚三酮的还原产物与氨及另一分子茚三酮缩合成蓝紫色化合物，其最大吸收峰波长在 570nm 处。该蓝紫色化合物颜色的深浅与氨基酸分解释放出的氨量成正比，可用作氨基酸的定性或定量分析。茚三酮反应如下：

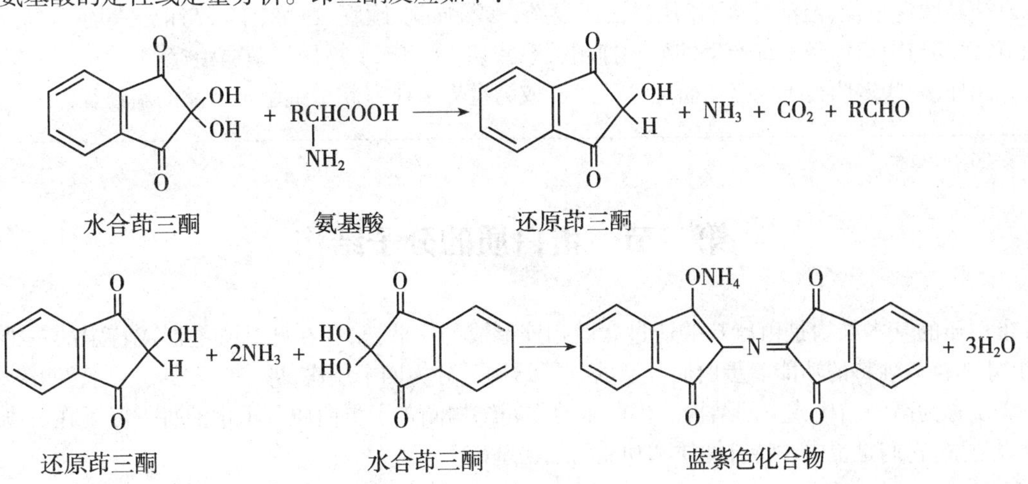

（四）氨基酸的连接方式

蛋白质是由氨基酸聚合成的高分子化合物，氨基酸之间通过肽键相连。一个氨基酸的 α- 羧基与另一个氨基酸的 α- 氨基脱水缩合而成的酰胺键（—CO—NH—）称为肽键。

$$H_2N-\underset{H}{\overset{R_1}{C}}-COOH + H_2N-\underset{H}{\overset{R_2}{C}}-COOH \xrightarrow{-H_2O} H_2N-\underset{H}{\overset{R_1}{C}}-\overset{O}{\overset{\|}{C}}-\underset{H}{N}-\underset{H}{\overset{R_2}{C}}-COOH$$

氨基酸通过肽键相连而成的化合物称为肽（peptide）。由两个氨基酸缩合成的肽称为二肽，三个氨基酸缩合成的肽称为三肽，依此类推。一般来说，由 10 个以内氨基酸相连而成的肽称为寡肽，由更多氨基酸相连而成的肽称为多肽。蛋白质属于多肽，但多肽不全是蛋白质。多肽分子中的氨基酸相互衔接，形成长链，称为多肽链（polypeptide chain）。多肽链有两个末端，α- 氨基游离的一端称为氨基末端或 N- 端，α- 羧基游离的一端称为羧基末端或 C- 端。肽链中的氨基酸分子因脱水缩合而残缺不全，称为氨基酸残基。按照惯例，肽的书写和命名均从 N- 端开始指向 C- 端。

（五）生物活性肽

体内存在许多具有生物活性的小分子肽，在代谢调节、神经传导等方面起着重要的作用，称为生物活性肽。如谷胱甘肽（glutathione，GSH）是由谷氨酸、半胱氨酸和甘氨酸组成的三肽。GSH 是一种不典型的三肽，谷氨酸通过 γ- 羧基与半胱氨酸的 α- 氨基形成肽键，故称 γ- 谷胱甘肽。结构式如下：

$$\underbrace{H_2N-\underset{COOH}{CH}-CH_2-CH_2-\overset{O}{\overset{\|}{C}}}_{\text{谷氨酸残基}}-\underbrace{\underset{H}{N}-\overset{SH}{\overset{|}{\overset{CH_2}{\overset{|}{CH}}}}-\overset{O}{\overset{\|}{C}}}_{\text{半胱氨酸残基}}-\underbrace{\underset{H}{N}-CH_2-COOH}_{\text{甘氨酸残基}}$$

GSH 分子中半胱氨酸的巯基（—SH）是主要功能基团，具有还原性。GSH 可作为重要的还原剂，保护体内含巯基的蛋白质和酶不被氧化；使细胞内产生的 H_2O_2 还原成 H_2O；GSH 还具有嗜核特性，能与外源的致癌剂或药物结合，阻断这些化合物与 DNA、RNA 或蛋白质结合。

此外，体内有许多激素，如下丘脑分泌的促甲状腺素释放激素（3 肽），神经垂体分泌的抗利尿激素和催产素（9 肽），促肾上腺皮质激素（39 肽），以及在神经传导过程中起信号转导作用的神经肽类激素如脑啡肽（5 肽）、β- 内啡肽（31 肽）和强啡肽（17 肽）等，均属于生物活性肽。

谷胱甘肽和神经肽

谷胱甘肽在临床上可作为解毒、抗辐射和治疗肝病的药物。

神经肽含量低，但活性高、作用广泛而复杂，参与痛觉、睡眠、情绪、学习与记忆等生理活动的调节，尤其与中枢神经系统产生的痛觉抑制关系密切，在临床上被用于镇痛治疗。

此外，一些多肽类抗生素的研究和开发已成为世界上研究新型抗生素产品的新途径。

第二节　蛋白质的分子结构

蛋白质的基本结构是由氨基酸通过肽键相连形成的多肽链，并在此基础上形成特定的三维空间结构，才能执行独特的功能。蛋白质复杂的分子结构可分为四个层次，即一级、二级、三级、四级结构，后三者统称为高级结构或空间结构。蛋白质的空间结构涵盖了蛋白质分子中的每一原子在三维空间的相对位置，它们是蛋白质特有性质和功能的结构基础。

一、蛋白质的一级结构

在蛋白质分子中，从 N- 端至 C- 端的氨基酸排列顺序称为蛋白质的一级结构（primary structure）。稳定一级结构的主要化学键是肽键，有些蛋白质还含有二硫键。1953 年，英国化学家 F.Sanger 完成了牛胰岛素一级结构的测定，这是世界上第一个被确定一级结构的蛋白质。胰岛素含两条多肽链：A 链和 B 链。A 链有 21 个氨基酸残基，B 链有 30 个氨基酸残基，A、B 两条链通过 2 个二硫键相连，A 链内有 1 个二硫键（图 1-1）。

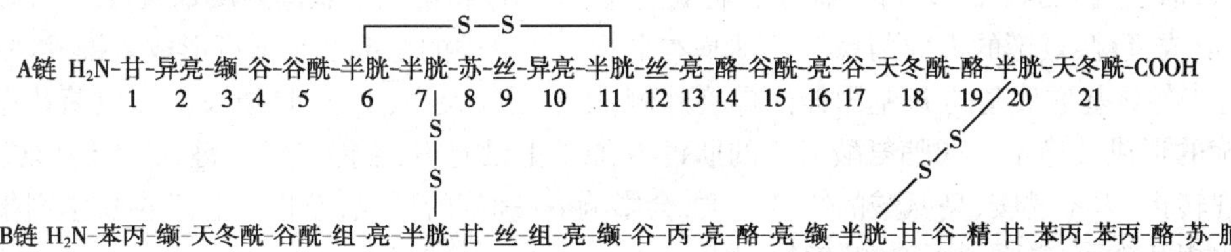

图 1-1　牛胰岛素的一级结构

由于蛋白质多肽链所含氨基酸的数量不同、各种氨基酸所占比例不同以及氨基酸在肽链中的排列顺序不同，因此 20 种氨基酸就形成了结构多样、功能各异的蛋白质。蛋白质一级结构是其空间结构和特异生物学功能的基础。蛋白质一级结构的阐明对揭示某些疾病的发病机制、指导疾病治疗有十分重要的意义。

图片：牛核糖核酸酶的一级结构

二、蛋白质的空间结构

天然状态下，蛋白质多肽链并非呈线型伸展结构，而是在一级结构基础上多肽链通过折叠和盘曲形成特有的空间结构。蛋白质的空间结构又称为构象（conformation）。各种蛋白质的分子形状、理化特性和生物学活性主要取决于它特定的空间结构。

构象与构型

构象与构型（configuration）的概念不同。构型的改变需有共价键的断裂与生成；而构象的改变无需共价键破坏，只需要单键的旋转和非共价键的改变就可形成新的构象。

（一）蛋白质的二级结构

蛋白质的二级结构（secondary structure）指多肽链主链原子的局部空间结构，不包括氨基酸残基侧链的构象。多肽链主链是指 N（氨基氮）、C_α（α- 碳原子）和 C_O（羰基碳）3 个原子依次重复排列。多肽链主链骨架上的若干肽段可以形成有规律的空间结构，即蛋白质的二级结构。在所有已测定的蛋白质中均有二级结构的存在。

1. 形成基础——肽单元　20世纪30年代末，L.Pauling 和 R.B.Corey 应用 X 线衍射技术研究氨基酸和寡肽的晶体结构，发现形成肽键的 4 个原子（N、H、C、O）以及两端 α- 碳原子（$C_{\alpha1}$、$C_{\alpha2}$）位于同一平面，且 $C_{\alpha1}$ 和 $C_{\alpha2}$ 在平面上为反式构型，故将此 6 个原子构成的平面称为肽单元（图 1-2）。由于肽键（C—N）的键长为 0.132nm，介于 C—N 单键长（0.149nm）和双键长（0.127nm）之间，所以有一定程度双键性能，不能自由旋转，故肽单元为刚性的肽键平面。肽键虽不能自由旋转，但与 C_α

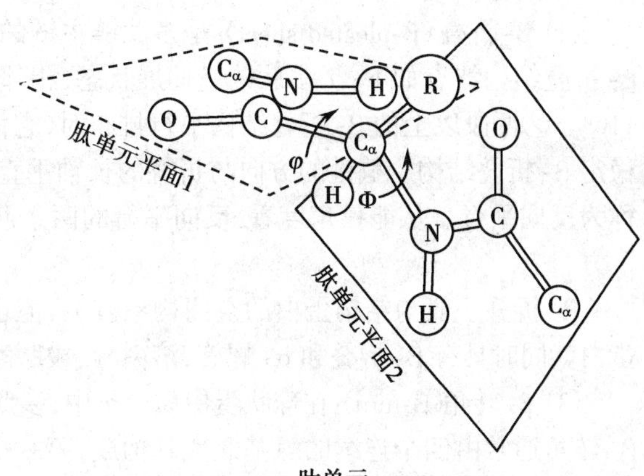

图 1-2　肽单元结构示意图

笔记

相连的键都是典型的单键，可以自由旋转，其旋转角度的大小决定了两个相邻肽单元平面的相对空间位置。

2. 基本形式 肽单元通过折叠、盘曲可形成不同的二级结构类型，分别是α-螺旋、β-折叠、β-转角和无规卷曲。其中，α-螺旋和β-折叠是蛋白质二级结构的主要形式。

(1) α-螺旋(α-helix)：是指多肽链中肽单元通过α-碳原子的相对旋转，围绕中心轴作有规律盘绕形成的一种紧密螺旋结构(图 1-3)。α-螺旋结构特点如下：①多肽链主链以肽单元为单位，以α-碳原子为转折点，形成右手螺旋结构。②螺旋每圈含 3.6 个氨基酸残基，每个残基跨距为 0.15nm，螺旋上升一圈的高度(螺距)为 0.54nm。③每个肽键的亚氨基氢(N—H)和第四个肽键的羰基氧(C═O)在螺旋中相互靠近形成氢键，氢键的方向与螺旋长轴基本平行。肽链中的全部肽键都可形成氢键，以稳定α-螺旋结构。④各氨基酸残基的 R 基团伸向螺旋外侧，R 基团的大小、形状、性质及所带电荷状态都能影响α-螺旋的形成及稳定。如脯氨酸形成的肽键 N 原子上没有 H，不能形成氢键，故不能形成α-螺旋，肽链出现转折；天冬酰胺、亮氨酸的侧链较大，会影响α-螺旋的形成；带相同电荷的 R 基团集中时，由于电荷的相互排斥，也不利于α-螺旋的形成。

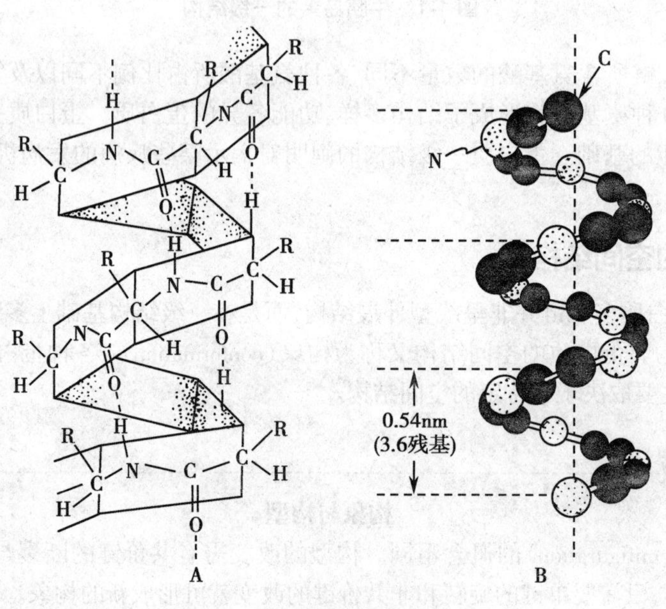

图 1-3 α-螺旋结构示意图

0104
拓展阅读：烫发的原理

α-螺旋是球状蛋白质构象中最常见的二级结构形式。第一个被阐明空间结构的蛋白质——肌红蛋白分子中有许多肽段呈α-螺旋结构；毛发的角蛋白、肌肉的肌球蛋白以及血凝块中的纤维蛋白，它们的多肽链几乎全都卷曲成α-螺旋。

(2) β-折叠(β-pleated sheet)：是多肽链主链的一种比较伸展、呈锯齿状的二级结构形式(图 1-4)。β-折叠结构特点如下：①多肽链呈伸展状态，相邻肽单元之间折叠成锯齿状的结构，两平面间夹角为 110°。②两段以上的β-折叠结构平行排布时，它们之间靠链间肽键的羰基氧与亚氨基氢形成氢键来稳定β-折叠结构。氢键的方向与折叠的长轴垂直。③两条肽链的走向相同称为顺向平行，走向相反称为反向平行。从能量角度看，反向平行的两条肽链更为稳定。④ R 基团交错伸向锯齿状结构的上下方。

β-折叠一般与结构蛋白的空间构象有关，但也存在于某些球状蛋白的空间构象中。如天然丝心蛋白就同时具有β-折叠和α-螺旋，溶菌酶、羧肽酶等球状蛋白中也都存在β-折叠构象。

(3) β-转角(β-turn)：在球状蛋白质分子中，多肽链主链常会出现 180° 回折，回折部分称为β-转角。β-转角通常由四个连续的氨基酸残基构成，第一个氨基酸残基的羰基氧与第四个氨基酸残基的亚氨基氢形成氢键，以维持该构象的稳定(图 1-5)。β-转角的第二个氨基酸残基常为脯氨酸。由于β-转角可使多肽链走向发生改变，故常出现在球状蛋白质分子的表面。

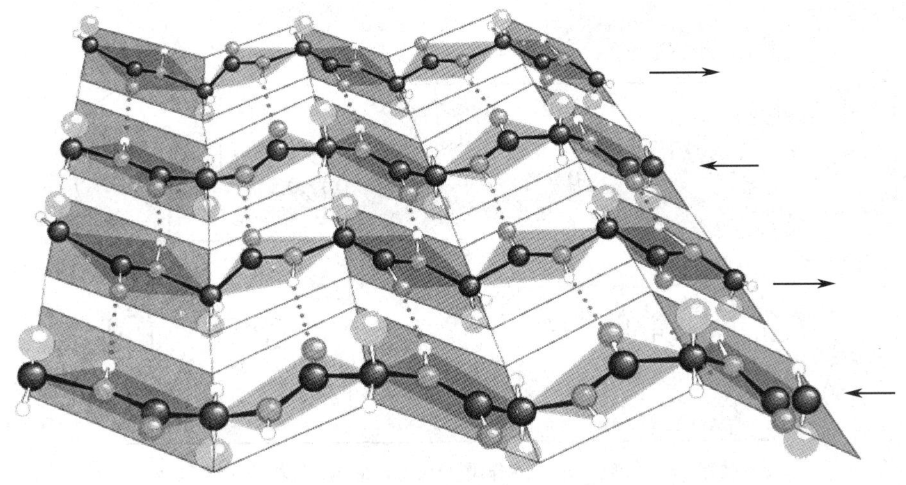

图 1-4　β- 折叠结构示意图

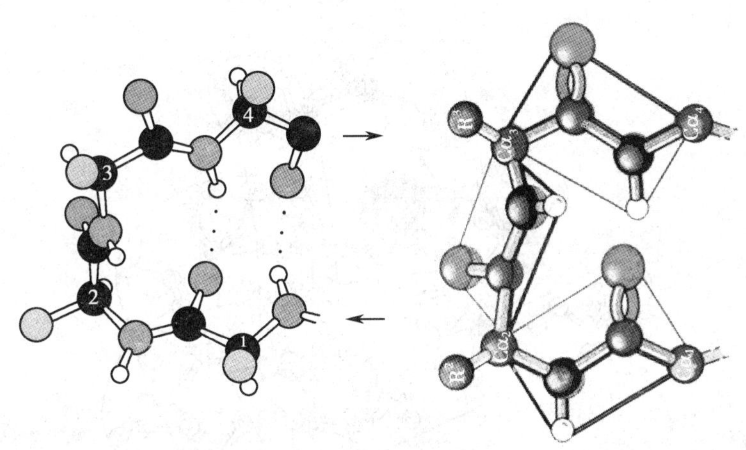

图 1-5　β- 转角示意图

(4) 无规卷曲(random coil):多肽链中除上述几种比较规律的构象外,还存在一些没有确定规律性的局部空间构象,统称为无规卷曲。

一种蛋白质分子可存在多种二级结构形式,只是各结构形式在不同蛋白质中所占比例不同而已。

(二) 蛋白质的三级结构

蛋白质的三级结构(tertiary structure)是指在二级结构的基础上,由于侧链 R 基团的相互作用,多肽链进一步卷曲、折叠所形成的三维空间结构,即整条多肽链所有原子的空间排布。

蛋白质的三级结构由氨基酸残基的排列顺序决定。蛋白质三级结构的形成与稳定主要靠次级键来维系,如疏水作用力、盐键、氢键和范德华力(van der Waals 力)等(图 1-6)。其中,疏水作用力是维持蛋白质三级结构稳定的最主要化学键。

拓展阅读:几种次级键

由一条多肽链构成的蛋白质,只有具有三级结构才能发挥生物学活性。例如,肌红蛋白(myoglobin,Mb)是由 153 个氨基酸残基构成的单条肽链蛋白质,含有一个血红素辅基。在肌红蛋白的三级结构中 α- 螺旋占 75%,构成 8 个螺旋区,两个螺旋区之间有一段无规卷曲。由于侧链 R 基团的相互作用,多肽链缠绕形成一个球状分子,亲水 R 基团大部分分布在球状分子的表面,疏水 R 基团位于分子内部,形成一个疏水“口袋”,血红素位于“口袋”中(图 1-7)。

分子量较大的蛋白质在形成三级结构时,肽链中某些局部的二级结构常常汇集在一起,形成能发挥生物学功能的特定区域,称为结构域(domain)。一般每个结构域由 100~200 个氨基酸残基组成,各有独特的空间结构,并承担不同的生物学功能。如免疫球蛋白(IgG)由 12 个结构域组成,其中两个轻链上各有 2 个,两个重链上各有 4 个;抗原结合部位与补体结合部位处于不同的结构域(图 1-8)。

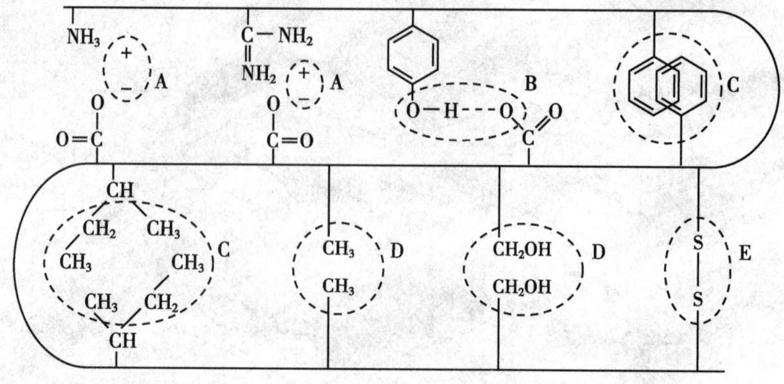

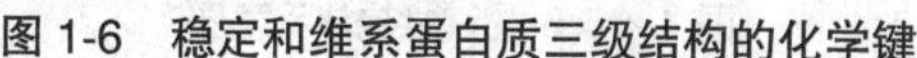

图 1-6　稳定和维系蛋白质三级结构的化学键

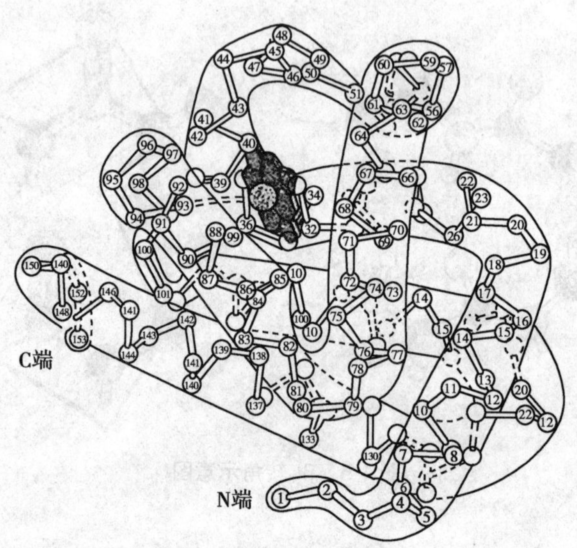

图 1-7　肌红蛋白结构示意图

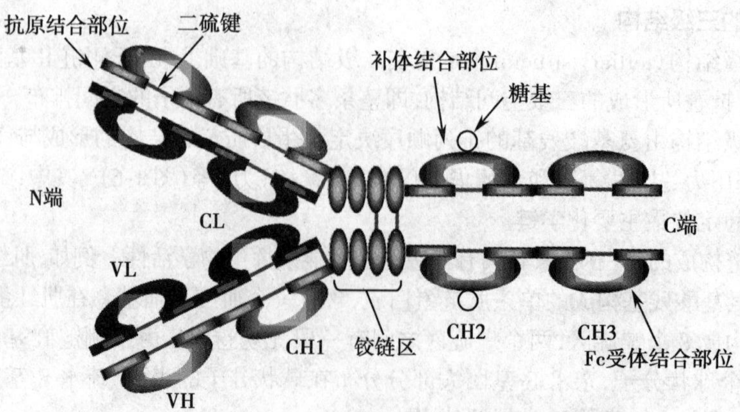

图 1-8　免疫球蛋白结构域示意图

分子伴侣

蛋白质空间构象的正确形成，除一级结构为决定因素外，还需要一类称为分子伴侣(molecular chaperon)的蛋白质参与。蛋白质多肽链在合成时，由于某些还未折叠的肽段有许多疏水基团暴露在外，这些疏水基团在疏水作用力的作用下具有向分子内或分子间聚集的倾向，从而使蛋白质不能形成正确空间构象。分子伴侣能可逆地与未折叠肽段的疏水部分结合，随后松开，如此重复，可防止错误的聚集发生，使肽链正确折叠。分子伴侣也可与错误聚集的肽段结合，使之解聚后，再诱导其正确折叠。此外，已发现有些分子伴侣具有形成二硫键的酶活性作用，在蛋白质分子折叠过程中对特定位置二硫键的正确形成起到重要的作用。

(三) 蛋白质的四级结构

体内许多蛋白质分子含有两条或两条以上的多肽链，每一条多肽链都有独立的三级结构，称为亚基(subunit)，亚基与亚基之间呈特定的三维空间排布，并以非共价键相连接。蛋白质的四级结构(quarternary structure)就是指蛋白质分子中各亚基的空间排布及相互作用。

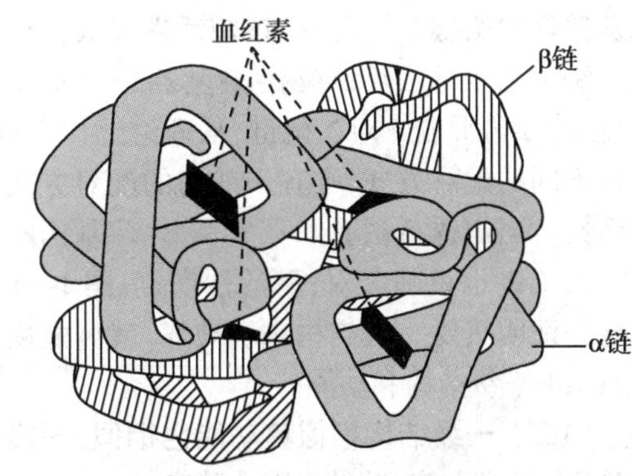

图 1-9　血红蛋白分子的四级结构

在蛋白质的四级结构中，各亚基间的非共价键主要有疏水作用力、氢键和盐键。亚基的种类可以相同，也可以不同。如血红蛋白为 $\alpha_2\beta_2$ 四聚体，即含两个 α 亚基和两个 β 亚基(图 1-9)。具有四级结构的蛋白质，亚基单独存在，一般没有生物学功能，只有聚合成完整的四级结构才有生物学功能。有些蛋白质虽然由两条或两条以上多肽链组成，但肽链间通过共价键(如二硫键等)相连，这种结构不属于四级结构范畴，如胰岛素。

三、蛋白质的分类

(一) 按组成分类

根据蛋白质分子的组成特点，可将蛋白质分为单纯蛋白质和结合蛋白质两大类。

1. 单纯蛋白质　在蛋白质分子中除氨基酸外不含有其他组分的蛋白质称为单纯蛋白质，如清蛋白等。

拓展阅读：蛋白质组成分类

2. 结合蛋白质　结合蛋白质是由蛋白质和非蛋白质两部分组成，非蛋白质部分称为辅基。按辅基的不同，可将结合蛋白质分为糖蛋白、核蛋白、脂蛋白、磷蛋白、金属蛋白及色蛋白等。

(二) 按分子形状分类

根据分子形状的不同，可将蛋白质分为球状蛋白质和纤维状蛋白质两大类。

1. 球状蛋白质　这类蛋白质分子的长轴与短轴相差不大，一般长短轴之比小于 10，整个分子盘曲呈球状或橄榄状。生物界多数蛋白质属球状蛋白，如胰岛素、血红蛋白等。

2. 纤维状蛋白质　这类蛋白质分子的长轴与短轴相差悬殊，一般长短轴之比在 10 倍以上。分子的构象呈长纤维形，多由几条肽链合成麻花状的长纤维，如毛发、指甲中的角蛋白；皮肤、骨、牙和结缔组织中的胶原蛋白和弹性蛋白等。

(三) 按功能分类

根据蛋白质的主要功能，可将蛋白质分为活性蛋白质和非活性蛋白质两大类。属于活性蛋白质的有酶、蛋白质激素、运输和贮存的蛋白质、运动蛋白质和受体蛋白质等；属于非活性蛋白质的有角蛋白、胶原蛋白等。

第三节 蛋白质结构与功能的关系

蛋白质的分子结构纷纭万象，其功能亦多种多样。每种蛋白质都有着特殊的生物学功能，而这些功能又都是与其特异的一级结构和空间构象密切联系。

一、蛋白质一级结构与功能的关系

(一) 一级结构是空间结构与功能的基础

核糖核酸酶是由124个氨基酸残基组成的一条多肽链，分子中8个半胱氨酸的巯基构成4对二硫键。用尿素和β-巯基乙醇处理该酶溶液，分别破坏次级键和二硫键，该酶活性丧失。核糖核酸酶中的4对二硫键被β-巯基乙醇还原成—SH后，若要再形成4对二硫键，从理论上推算有105种不同的配对方式，唯有天然酶的配对方式才有活性。当用透析法去除尿素和β-巯基乙醇后，4对二硫键也正确配对，酶活性恢复(图1-10)。这充分证明只要一级结构未被破坏，就可能恢复到原来的三级结构和功能。

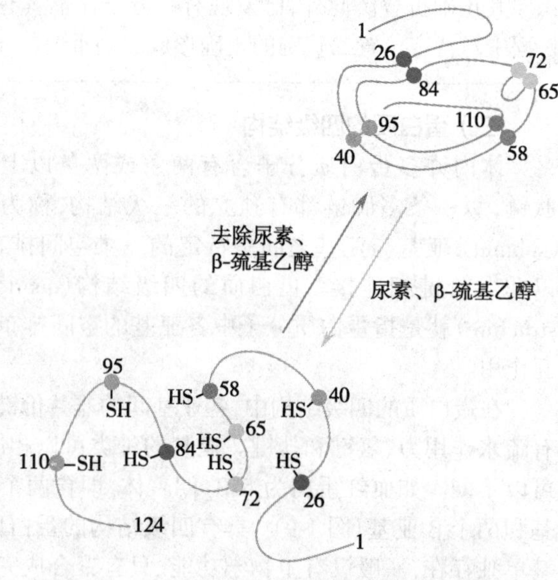

图1-10 牛核糖核酸酶一级结构与空间结构的关系

拓展阅读：人和动物的胰岛素一级结构差别与糖尿病的治疗

(二) 一级结构相似其功能也相似，一级结构关键氨基酸改变，功能也随之改变

不同哺乳类动物的胰岛素分子都是由51个氨基酸的A和B两条链组成，且二硫键的配对位置和空间结构也极其相似，一级结构仅有个别氨基酸差异，因而它们在糖代谢中都起着相同的调节作用。如将胰岛素分子中A链N端的第一个氨基酸残基切去，其活性只剩下2%~10%，如再将紧邻的第2~4位氨基酸残基切去，其活性完全丧失，说明这些氨基酸残基属于胰岛素活性部位的功能基团；将胰岛素A、B两链间的二硫键还原，A、B两链即分离，此时胰岛素的功能也完全消失，说明二硫键是必不可少的。但并非蛋白质分子一级结构中的每个氨基酸都很重要，如将胰岛素分子B链第28~30位氨基酸残基切去，其活性仍能维持原活性的100%，说明这些位置的氨基酸残基与胰岛素的功能活性及整体构象无关。

拓展阅读：镰状红细胞贫血

(三) 重要蛋白质的氨基酸序列改变可引起疾病

正常成人血红蛋白β亚基的第6位氨基酸是谷氨酸，而镰状红细胞贫血患者的血红蛋白中谷氨酸被缬氨酸取代，仅此一个氨基酸的改变，使血红蛋白聚集成丝，相互黏着，导致红细胞变形成为镰刀状而极易破碎，产生贫血。

图片：电镜下的血细胞

二、蛋白质空间结构与功能的关系

蛋白质的特定空间结构与其特殊的功能有着密切的关系。如角蛋白含有大量α-螺旋结构，与富含角蛋白组织的坚韧性和弹性直接相关；又如丝心蛋白含有大量β-折叠结构，致使蚕丝具有伸展和柔软的特性。

(一) 血红蛋白空间结构与功能的关系

血红蛋白(hemoglobin，Hb)的功能是运输O_2。未结合O_2时，Hb的4个亚基之间靠盐键连接，结构较为紧密，称为紧张态(tense state，T态)。随着O_2的结合，4个亚基之间的盐键断裂，其空间结构发生变化，使Hb的结构显得相对松弛，称为松弛态(relaxed state，R态)(图1-11)。T态Hb对氧亲和力低，不易与O_2结合，R态对氧亲和力高，是Hb结合O_2的形式。在肺毛细血管，O_2分压高，促使Hb从T态转变成R态；在组织毛细血管，O_2分压低，促使Hb从R态转变成T态。

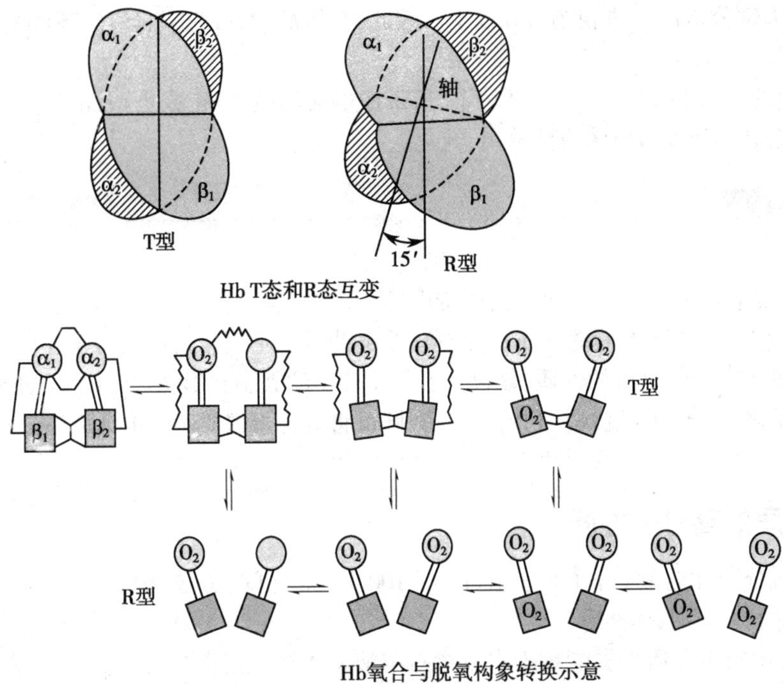

图 1-11 Hb 氧合与脱氧构象转换示意图

（二）蛋白质构象疾病

生物体内蛋白质合成、加工、成熟是一个复杂过程，其中多肽链的正确折叠对其正确构象的形成及功能发挥至关重要。若蛋白质折叠发生错误，尽管氨基酸排列顺序未变，但构象已发生改变，仍可影响其功能，严重时可导致疾病发生，称为蛋白质构象疾病。有些蛋白质错误折叠后互相聚集，常形成抗蛋白水解酶的淀粉样纤维沉淀，产生毒性而致病，表现为蛋白质淀粉样纤维沉淀的病理改变，这类疾病包括人纹状体脊髓变性病、老年痴呆症和亨廷顿舞蹈病等。

拓展阅读：朊病毒蛋白与神经退行性疾病

第四节 蛋白质的理化性质

一、蛋白质的两性解离性质

蛋白质分子中除多肽链两端的游离 α- 氨基和 α- 羧基外，侧链 R 基上还有一些可解离的酸性基团或碱性基团，如谷氨酸及天冬氨酸残基 R 上的—COOH，赖氨酸残基 R 上的—NH_2，精氨酸残基 R 上的胍基，组氨酸残基 R 上的咪唑基等。由于蛋白质分子中既含有能解离出 H^+ 的酸性基团，又含有能结合 H^+ 的碱性基团，因此蛋白质分子为两性电解质。它们在溶液中的解离状态受溶液 pH 的影响。当溶液处于某一 pH 值时，蛋白质分子解离成阳离子和阴离子的趋势相等，即净电荷为零，呈兼性离子状态，此时溶液的 pH 值称为该蛋白质的等电点（pI）。蛋白质分子的解离状态可用下式表示。

$$\mathrm{P}\begin{cases}NH_3^+\\COOH\end{cases} \underset{H^+}{\overset{OH^-}{\rightleftharpoons}} \mathrm{P}\begin{cases}NH_3^+\\COO^-\end{cases} \underset{H^+}{\overset{OH^-}{\rightleftharpoons}} \mathrm{P}\begin{cases}NH_2\\COOH\end{cases}$$

蛋白质阳离子（pH < pI） 蛋白质兼性离子（pH=pI） 蛋白质阴离子（pH > pI）

当蛋白质溶液的 pH>pI 时，该蛋白质解离成带负电荷的阴离子；当蛋白质溶液的 pH<pI 时，该蛋白质解离成带正电荷的阳离子；当蛋白质溶液的 pH=pI 时，该蛋白质颗粒不带电，为兼性离子。

蛋白质的 pI 由构成蛋白质的酸性氨基酸和碱性氨基酸的比例决定。由于各种蛋白质的一级结构不同，所含酸性基团和碱性基团的数目及解离度不同，pI 也各不相同。构成体内蛋白质的氨基酸多为

酸性氨基酸，故大部分蛋白质的 pI 在 7.0 以下。因此，在体液 pH（7.35~7.45）的环境中，大多数蛋白质可解离成阴离子。

各种蛋白质的 pI 不同，在同一 pH 环境下，所带净电荷的性质（正或负）及电荷量也不同。利用这一特性，可将混合蛋白质通过电泳方法分离、纯化。

电　泳

电泳是指带电粒子在电场中向与其所带电性相反电极移动的现象。各种蛋白质的 pI 不同，在同一 pH 环境下，所带净电荷的性质（正或负）及电荷量也不同。蛋白质分子在电场中移动的速度和方向，取决于它所带电荷的性质、数目及蛋白质分子的大小和形状。带电少、分子大的蛋白质泳动速度慢，反之，则泳动速度快。利用这一特性，可将混合蛋白质通过电泳方法分离、纯化。

二、蛋白质的高分子性质

蛋白质是高分子化合物，分子量多在 1 万 ~100 万 Da 之间，分子颗粒大小已达胶体颗粒范围（1~100nm），故蛋白质具有胶体性质。

存在于溶液内的蛋白质大多能溶于水或稀盐溶液。水溶性蛋白质分子大多呈球状，分子中疏水性的 R 基团借疏水作用聚合并掩藏在分子内部，亲水性的 R 基团多位于分子表面，与周围水分子产生水合作用，使蛋白质分子表面有多层水分子包围，形成比较稳定的水化膜，将蛋白质颗粒彼此隔开。同时，亲水 R 基团大都能解离，使蛋白质分子表面带有一定量的相同电荷，互相排斥，防止了蛋白质颗粒聚集沉淀。因此，蛋白质表面的水化膜和同种电荷是维持蛋白质亲水胶体稳定的两个因素。当去掉其水化膜中和电荷时，蛋白质就可从溶液中沉淀出来（图 1-12）。例如，在蛋白质溶液中加入高浓度的中性盐（如硫酸铵、硫酸钠、氯化钠等），破坏蛋白质的胶体稳定性，使蛋白质从水溶液中析出形成沉淀，这种方法称为盐析。盐析法不引起蛋白质变性，只需经透析除去盐分，即可得到较纯的保持原活性的蛋白质。

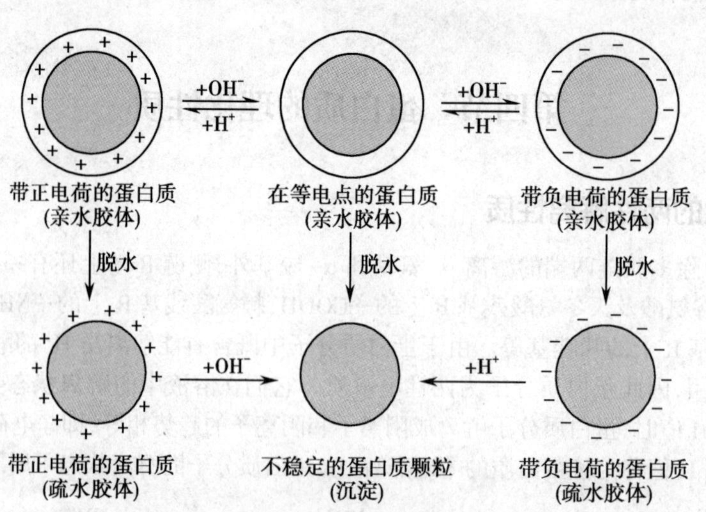

图 1-12　蛋白质胶体颗粒的沉淀

蛋白质胶体颗粒大，不能透过半透膜。当蛋白质溶液中混杂有小分子物质时，可将此溶液放入半透膜做成的袋内，置于蒸馏水或适宜的缓冲液中，小分子杂质从袋中逸出，大分子蛋白质留于袋内，使蛋白质得以纯化。这种用半透膜来分离纯化蛋白质的方法称为透析。人体的细胞膜、线粒体膜、微血管壁等都具有半透膜性质，使各种蛋白质分布于细胞内外的不同部位。

血 液 透 析

血液透析，简称血透，通俗的说法也称之为人工肾、洗肾，是血液净化技术的一种。其利用半透膜原理，通过扩散对血液内各种有害物质以及多余的代谢废物和过多的电解质等小分子物质移出，达到净化血液、纠正水、电解质及酸碱失衡的目的。

蛋白质和其他生物高分子物质一样，在一定的溶剂中经超速离心，可以发生沉降。单位力场中的沉降速度即为沉降系数(S)。沉降系数与蛋白质分子量的大小、分子形状、密度以及溶剂密度的高低有关，分子量大、颗粒紧密，沉降系数也大，故利用超速离心法可以分离纯化蛋白质，也可以测定蛋白质的分子量。有些高分子物质即以沉降系数来命名，如 30S 核糖体小亚基、5S rRNA 等。

拓展阅读：蛋白质的沉淀方法

三、蛋白质的变性、复性与凝固

在某些物理或化学因素作用下，蛋白质的空间结构受到破坏，从而导致其理化性质的改变和生物学活性的丧失，称为蛋白质的变性(denaturation)。蛋白质变性主要是二硫键和非共价键的破坏，不涉及一级结构的改变。蛋白质变性后，其溶解度降低，黏度增加，结晶能力消失，生物学活性丧失，易被蛋白酶水解。造成蛋白质变性的因素有多种，常见的物理因素有高温、高压、紫外线、强烈震荡等，化学因素有强酸、强碱、重金属离子、生物碱试剂、乙醇等有机溶剂等。

蛋白质变性与临床

在临床医学上，高热灭菌、乙醇消毒就是使细菌等病原体中的蛋白质变性，来达到消毒、抗感染的目的。而疫苗等蛋白质生物制剂则需要保存于低温(4℃)以防止蛋白质变性，从而有效地保持其生物学活性。

大多数蛋白质变性后，不能再恢复其天然状态，称为不可逆变性。少数变性蛋白质去掉变性因素后，可自发地恢复原有的空间结构和生物学活性，称为蛋白质的复性(renaturation)。如在核糖核酸酶溶液中加入尿素和 β- 巯基乙醇使其变性，经透析去除尿素和 β- 巯基乙醇，核糖核酸酶又可恢复其原有的构象和活性。

蛋白质变性后，疏水侧链暴露在外，肽链融汇相互缠绕继而聚集，使蛋白质易于沉淀，但沉淀的蛋白质不一定变性。

蛋白质经强酸、强碱作用发生变性后，仍能溶解于强酸或强碱中，若将 pH 调至等电点，则蛋白质立即结成絮状的不溶解物，此絮状物仍可溶解于强酸或强碱中。若再加热，则絮状物可变成比较坚固的凝块，此凝块不再溶于强酸或强碱中，这种现象称为蛋白质的凝固作用(protein coagulation)。实际上凝固是蛋白质变性后进一步发展的不可逆的结果。

四、蛋白质的紫外吸收性质

蛋白质分子中普遍含有酪氨酸及色氨酸残基，这些氨基酸具有紫外吸收特性，最大吸收峰在 280nm 处。因此，测定蛋白质溶液 280nm 的光吸收值，是蛋白质定量分析的一种快速简便方法。

五、蛋白质的呈色反应

蛋白质分子中的肽键及侧链上的各种特殊基团可以和有关试剂呈现一定的颜色反应，这些反应常被用于蛋白质的定性、定量分析。

(一) 双缩脲反应

含有多个肽键的蛋白质或肽在碱性溶液中加热可与 Cu^{2+} 作用，生成紫红色内络盐。此颜色的深浅与蛋白质的含量成正比，故可用于蛋白质、多肽的定量测定。此外，由于氨基酸不呈现此反应，还可

笔记

用于检查蛋白质水解程度。

(二) 茚三酮反应

在弱酸性溶液中,蛋白质分子中游离 α- 氨基能与茚三酮反应生成紫蓝色化合物。凡具有氨基、能释放出氨的化合物都有此反应,故该反应可用于蛋白质、多肽及氨基酸的定性、定量分析。

(三) Folin- 酚试剂反应

蛋白质分子中酪氨酸残基在碱性条件下能与酚试剂(含磷钨酸 - 磷钼酸化合物)反应生成蓝色化合物。该反应的灵敏度比双缩脲反应高 100 倍,是医学科研和临床检验常用的蛋白质定量方法。

本章小结

蛋白质是由氨基酸通过肽键相连而成的生物大分子,组成元素有碳、氢、氧、氮、硫等,其中氮的含量为 16% 左右。组成蛋白质的氨基酸有 20 种,除甘氨酸外都是 L-α- 氨基酸,氨基酸根据侧链基团结构和性质不同分为四类。

蛋白质多肽链中氨基酸的排列顺序称为一级结构,维系键主要是肽键。二级结构是指多肽链中主链原子在局部空间的排布,主要有 α- 螺旋、β- 折叠、β- 转角和无规则卷曲结构,维系键主要是氢键。三级结构是指多肽链在二级结构的基础上进一步盘曲、折叠而形成的整体构象,维系键主要有疏水作用力、盐键、氢键和范德华力及二硫键等。四级结构是指由几条具有独立三级结构的多肽链通过非共价键结合而形成的结构,维系键主要有疏水作用力、盐键、氢键和范德华力等次级键。

蛋白质的一级结构与空间结构都与蛋白质的功能密切相关。蛋白质具有重要的理化性质,如两性电离、等电点、变性、紫外吸收和某些呈色反应,蛋白质是高分子化合物,又表现出胶体性质。

(徐世明)

思考题

1. 组成蛋白质的元素主要有哪几种?哪一元素的含量可表示蛋白质的相对含量?
2. 什么是蛋白质的一、二、三、四级结构?各级结构稳定的维系键各是什么?
3. 举例说明蛋白质结构与功能的关系。

扫一扫,测一测

笔记

第二章 酶

学习目标

1. 掌握：酶、酶原、同工酶、酶的活性中心、必需基团的概念；酶的分子组成；酶促反应特点；影响酶促反应速度的因素。
2. 熟悉：酶的作用机制；变构调节与化学修饰调节；酶与疾病的关系。
3. 了解：酶的命名与分类。
4. 能够运用所学的酶学知识解释某些疾病发生的原因、某些药物的作用机制。
5. 通过酶活性测定进行疾病的辅助诊断和预后判断。

生物体内的物质代谢是一切生命活动的基础，物质代谢过程是通过有序的、连续的、各种各样的化学反应来进行，这些反应的顺利完成有赖于生物体内的高效、特异的生物催化剂（biocatalyst）——酶（enzyme）的催化作用。酶是由活细胞产生的、对其底物具有高度特异性和高度催化作用的蛋白质或核酸。有关酶学研究对于了解生命活动规律、认识疾病的发生、疾病的诊断和治疗具有重要意义。

第一节 酶的结构与功能

绝大部分酶的化学本质是蛋白质。酶所催化的化学反应称为酶促反应。在酶促反应中，被酶催化的物质叫底物，也叫作用物；催化反应所生成的物质叫产物；酶催化化学反应的能力称为酶活性，酶失去催化化学反应的能力称为酶失活。

一、酶的分子组成

酶按其分子组成不同，可分为单纯酶（simple enzyme）和结合酶（conjugated enzyme）两类。

（一）单纯酶

单纯酶是仅由氨基酸构成的蛋白质，催化活性主要由蛋白质结构决定。例如，淀粉酶、脂肪酶、一些消化蛋白酶、脲酶、核酸酶等。

（二）结合酶

结合酶是由蛋白质部分和非蛋白质部分共同组成，其中蛋白质部分称为酶蛋白（apoenzyme），非蛋白质部分称为辅助因子（cofactor），酶蛋白与辅助因子结合在一起称为全酶（holoenzyme）。酶蛋白主要决定酶促反应的特异性及其催化机制；辅助因子决定酶促反应的性质和类型。结合酶中的酶蛋白和辅助因子单独存在时均无催化活性，只有构成全酶才具有催化作用。

辅助因子按其与酶蛋白结合程度与作用特点不同，可分为辅酶（coenzyme）和辅基（prosthetic group）。与酶蛋白结合疏松，用透析或超滤方法可将其除去的称为辅酶，在酶促反应中，辅酶主要参与

图片:酶的分子组成

质子或基团转移。与酶蛋白结合紧密,不能用透析或超滤方法将其除去的称为辅基。

辅助因子多为金属离子或小分子有机化合物。金属离子是最常见的辅助因子,而作为辅助因子的有机化合物多为B族维生素的衍生物(表2-1)。

表2-1　部分辅酶或辅基在酶促反应中的作用

辅酶或辅基	转移的基团	维生素
焦磷酸硫胺素(TPP)	醛基	维生素B_1
黄素单核苷酸(FMN)	氢原子	维生素B_2
黄素腺嘌呤二核苷酸(FAD)	氢原子	维生素B_2
烟酰胺腺嘌呤二核苷酸(NAD^+,辅酶Ⅰ)	H^+、电子	烟酰胺(维生素PP)
烟酰胺腺嘌呤二核苷酸磷酸($NADP^+$,辅酶Ⅱ)	H^+、电子	烟酰胺(维生素PP)
磷酸吡哆醛,磷酸吡哆胺	氨基	维生素B_6
辅酶A(CoA)	酰基	泛酸
生物素	二氧化碳	生物素
四氢叶酸(FH_4)	一碳单位	叶酸
辅酶B_{12}	氢原子、烷基	维生素B_{12}

有的金属离子与酶蛋白结合紧密,提取过程中不易分离,这类酶称为金属酶,如羧基肽酶(含Zn^{2+})、碱性磷酸酶(含Mg^{2+})、谷胱甘肽过氧化物酶(含Se^{2+})等;有的金属离子与酶结合是可逆的,但为酶的活性所必需,这类酶称为金属活化酶,如己糖激酶(含Mg^{2+})、蛋白激酶(含Mg^{2+}、Mn^{2+})、细胞色素氧化酶(Cu^{2+})等。金属离子作为辅助因子的主要作用是维持酶分子的特定空间构象;参与电子的传递;在酶与底物间起连接作用及中和阴离子降低反应中的静电斥力等。

二、酶的活性中心

酶蛋白的结构特征是具有活性中心。酶的活性中心(active center)或活性部位(active site)是酶分子执行其催化功能的部位,是指酶分子中能与底物特异性结合并催化底物转变为产物的具有特定空间结构的区域。酶分子中存在有多种化学基团,如—NH_2、—COOH、—SH、—OH等,但它们不一定都与酶的活性有关。其中,与酶的活性密切相关的基团称为酶的必需基团(essential group)。如组氨酸残基的咪唑基、丝氨酸和苏氨酸残基的羟基、半胱氨酸残基的巯基以及酸性氨基酸残基的羧基等是构成酶活性中心的常见基团。必需基团中能够识别底物并与之特异结合,形成酶-底物复合物的称为结合基团(binding group);催化底物发生活性反应,进而转化为产物的称为催化基团(catalytic group)。有些基团虽然不直接参加酶活性中心的组成,却为维持活性中心空间构象所必需,这些基团称为酶活性中心外的必需基团(图2-1)。

微课:酶的活性中心

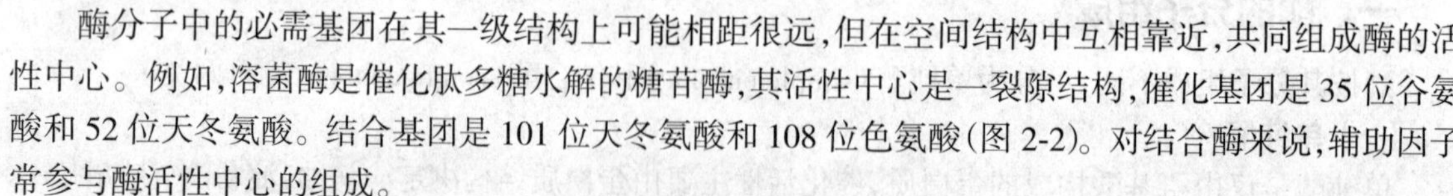

酶分子中的必需基团在其一级结构上可能相距很远,但在空间结构中互相靠近,共同组成酶的活性中心。例如,溶菌酶是催化肽多糖水解的糖苷酶,其活性中心是一裂隙结构,催化基团是35位谷氨酸和52位天冬氨酸。结合基团是101位天冬氨酸和108位色氨酸(图2-2)。对结合酶来说,辅助因子常参与酶活性中心的组成。

三、酶原与酶原激活

有些酶在细胞内合成或初分泌时或在其发挥催化作用前处于无活性状态,但在一定条件下通过蛋白酶的水解作用,去除部分肽段后才能成为有活性的酶。这种无活性的酶的前体物质称为酶原(zymogen)。例如,胃肠道中的蛋白水解酶、血液中的部分凝血因子、免疫系统的补体等在初分泌时均以酶原形式存在。酶原在一定条件下转变成为有活性酶的过程称为酶原激活。酶原激活的机制是由于分子内部一个或多个肽键的断裂,导致空间构象的改变,从而暴露或形成了酶的活性中心,进而成为有催化活性的酶。例如,胰蛋白酶原在胰腺细胞内合成和初分泌时以无活性形式存在,进入小肠后

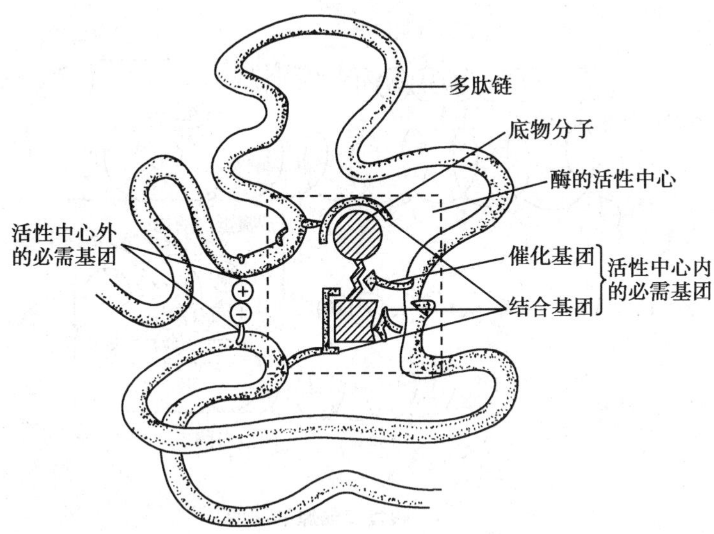

图 2-1　酶的活性中心示意图

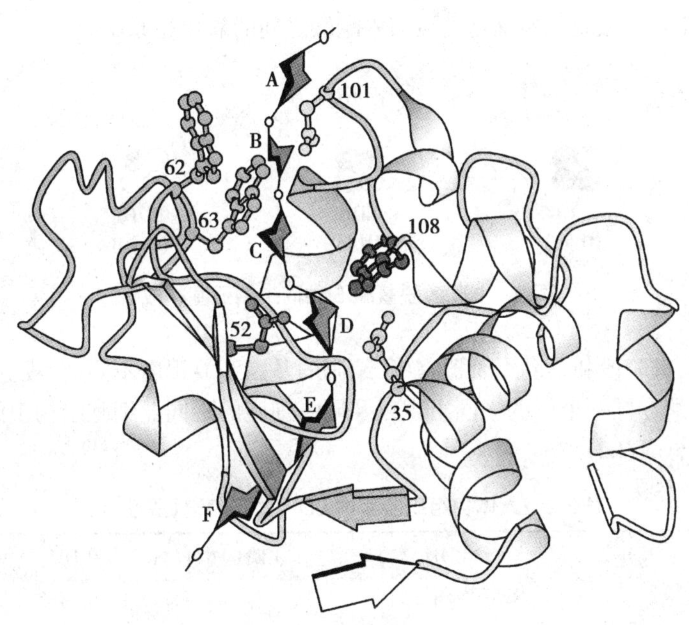

图 2-2　溶菌酶的活性中心

在 Ca^{2+} 存在下受肠激酶作用，从肽链 N 端水解掉一个六肽片段后，引起分子构象发生改变，形成了酶的活性中心，从而成为有催化活性的胰蛋白酶（图 2-3）。

微课：酶原与酶原激活

酶原的存在和酶原的激活具有重要的生理意义。消化道蛋白酶以酶原形式分泌，既可以避免胰腺的自身消化和细胞外基质蛋白遭受蛋白酶的水解破坏，又可保证酶在特定环境和部位发挥其催化作用。生理情况下血管内的凝血因子以酶原形式存在，不发生血液凝固，保证血液流畅，一旦血管破损，凝血因子被激活，发生血液凝固，形成血凝块以阻止出血。

四、同工酶

同工酶（isoenzyme）是指催化的化学反应相同，但酶蛋白的分子结构、理化性质乃至免疫学性质不同的一组酶。同工酶虽然在一级结构上存在差异，但其活性中心的空间构象可能相同或相似，故可以催化相同的化学反应。

体内很多酶具有同工酶，如乳酸脱氢酶、酸性和碱性磷酸酶、肌酸磷酸激酶等。其中，动物体内的乳酸脱氢酶（lactate dehydrogenase，LDH）是一种由心肌型（H 型）和骨骼肌型（M 型）两种亚基组成的

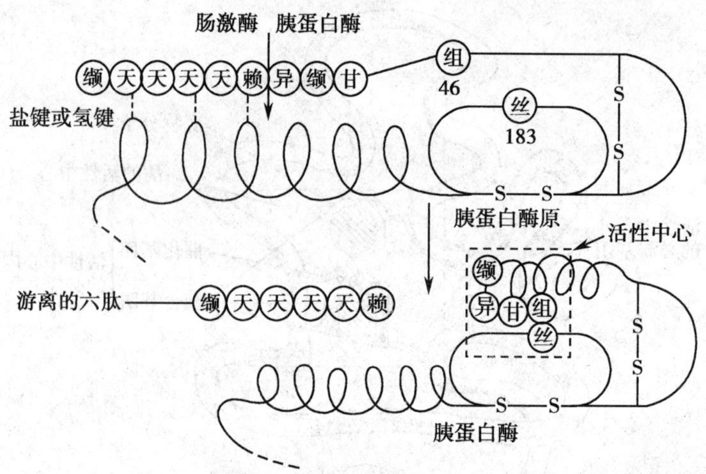

图 2-3 胰蛋白酶原的激活

四聚体酶，两种亚基以不同比例组成 5 种同工酶：LDH_1(H_4)、LDH_2(H_3M_1)、LDH_3(H_2M_2)、LDH_4(H_1M_3)和 LDH_5(M_4)(图 2-4)。乳酸脱氢酶催化乳酸与丙酮酸之间的氧化还原反应。

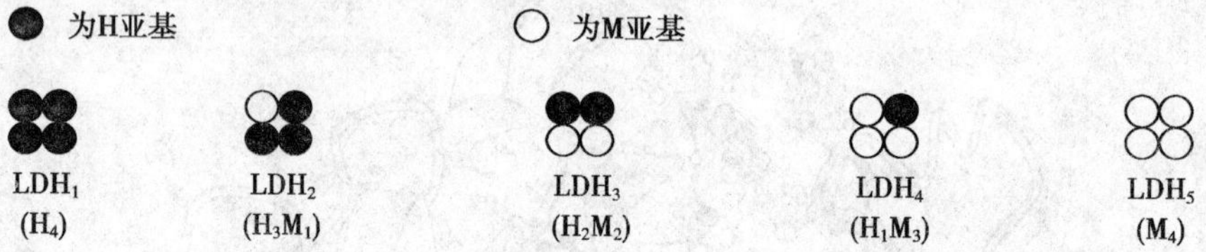

● 为H亚基 ○ 为M亚基

LDH_1 (H_4) LDH_2 (H_3M_1) LDH_3 (H_2M_2) LDH_4 (H_1M_3) LDH_5 (M_4)

图 2-4 乳酸脱氢酶 5 种同工酶亚基构成

同一个体不同发育阶段和不同组织器官中，编码的基因开放程度不同，合成亚基的种类和数量也不同，致使某种同工酶在同一个体的不同组织以及同一细胞的不同亚细胞结构中的分布也不同，从而形成不同的同工酶谱(表 2-2)。

表 2-2 人体各组织器官中 LDH 同工酶谱(活性 %)

组织器官	LDH_1	LDH_2	LDH_3	LDH_4	LDH_5
心肌	73	24	3	0	0
肾	43	44	12	1	0
肝	2	4	11	27	56
骨骼肌	0	0	5	16	79
红细胞	43	44	12	1	0
血清	27	34.7	20.9	11.7	5.7

同工酶在不同组织细胞中的种类、含量与分布比例不同，当组织细胞存在病变时，该组织细胞特异的同工酶可释放入血。因此，临床上可通过检测血清中同工酶活性、分析同工酶谱帮助疾病的诊断和预后判断。例如，肌酸激酶(creatine kinase，CK)是由脑型(B 型)和肌型(M 型)亚基组成的二聚体酶。脑中含有 CK_1(BB 型)，心肌中含有 CK_2(MB 型)，骨骼肌中含有 CK_3(MM 型)。其中，CK_2 仅见于心肌，且含量较高；正常血液中的 CK 主要是 CK_3，几乎没有 CK_2。急性心肌梗死起病后，血中 CK_2 活性 4 小时内增高，12~24 小时达高峰(可达到正常值的 6 倍)，3~4 天恢复正常，其增高的程度能较准确地反映梗死的范围。因此，临床上血清 CK_2 活性检测有助于急性心肌梗死的早期诊断。

同工酶的存在使不同的组织器官和不同的亚细胞结构具有不同的代谢特征，从而为诊断不同组织器官的疾病提供了依据。

五、酶的调节

细胞内许多酶活性的高低可受多种因素影响，其中最主要的是对代谢途径中关键酶的调节，这种调节主要通过改变酶活性和酶含量实现。细胞根据内外环境的变化调节关键酶的活性和含量，实现对细胞内物质代谢的调节作用。

（一）酶活性的调节

细胞对酶活性的调节主要有变构调节和化学修饰调节两种方式。

1. 变构调节　体内一些代谢物可与某些酶活性中心外的某个部位可逆结合，引起酶分子发生构象变化并改变其催化活性，对酶活性的这种调节方式称为变构调节（allosteric regulation），也称别构调节。引起变构效应的物质称为变构效应剂。酶分子中与变构效应剂结合的部位称为变构部位或调节部位。受变构调节的酶称为变构酶。变构酶分子常含有多个（偶数）亚基，有些酶的催化部位与调节部位存在于同一亚基，有些酶则分别存在于不同的亚基，其中含有催化部位的亚基称为催化亚基；含有调节部位的亚基称为调节亚基。根据变构效应剂对变构酶的调节效果不同，变构效应剂也有变构激活剂和变构抑制剂之分。

变构效应剂引起酶的构象变化，影响酶 - 底物复合物的形成而改变酶催化活性，从而改变物质代谢的速度和代谢途径的方向。

2. 化学修饰调节　酶蛋白肽链上的部分特异基团可在某些酶的催化下，与一些化学基团共价结合，或脱掉已结合的化学基团，从而影响酶的活性，酶活性的这种调节方式称为酶的化学修饰（chemical modification）或共价修饰（covalent modification）。在化学修饰过程中，酶的活性发生无活性（或低活性）与有活性（或高活性）两种形式的互变。酶的化学修饰方式有多种，主要有磷酸化与去磷酸化、乙酰化与去乙酰化、甲基化与去甲基化、腺苷化与去腺苷化等，其中以磷酸化与去磷酸化最为常见。化学修饰过程通过酶促反应完成，需要消耗 ATP，作用快，效率高，是体内快速调节的一种重要方式。

（二）酶含量调节

通过改变细胞内酶的含量也能改变酶的活性，进而调节物质代谢过程，这种调节方式称为酶含量调节。酶含量调节主要通过诱导或阻遏酶蛋白的合成，调节酶含量和改变酶蛋白的降解速度实现，消耗 ATP 多，所需时间较长，属迟缓调节。

六、酶的命名与分类

（一）酶的命名

酶的命名可分为习惯命名法和系统命名法。

1. 习惯命名法　依据酶所催化的底物命名，如脂肪酶、蛋白酶等，并可标明其来源，如胰蛋白酶等；依据酶催化的反应性质命名，如脱氢酶、转氨酶等。这种命名常出现混乱，有些酶的名称不能说明酶促反应的本质。为了克服习惯命名的弊端，国际生物化学与分子生物学学会（IUBMB）以酶的分类为依据，于 1961 年提出了酶的系统命名法。

2. 系统命名法　规定每一种酶均有一个系统名称，它标明酶的所有底物与反应性质。底物名称之间用“:”隔开。每种酶的分类编号都由四个数字组成，数字前冠以 EC（enzyme commission）。这种命名法虽然合理，但比较繁琐，许多酶的名称过长和过于复杂，使用不方便。为此，国际酶学委员会又从每种酶的习惯命名中选定一个简便实用的推荐名称（表 2-3）。

表 2-3　某些酶的命名与分类

酶的分类	系统名称	编号	催化的化学反应	推荐名称
氧化还原酶类	乙醇：NAD^+- 氧化还原酶	EC 1.1.1.1	乙醇 $+NAD^+ \rightleftharpoons$ 乙醛 $+NADH+H^+$	乙醇脱氢酶
转移酶类	L- 天冬氨酸：α- 酮戊二酸氨基转移酶	EC 2.6.1.1	L- 天冬氨酸 +α- 酮戊二酸 $\rightleftharpoons$ 草酰乙酸 +L- 谷氨酸	天冬氨酸转氨酶
水解酶类	L- 精氨酸脒基水解酶	EC 3.5.3.1	L- 精氨酸 $+H_2O \longrightarrow$ L- 鸟氨酸 + 尿素	精氨酸酶

续表

酶的分类	系统名称	编号	催化的化学反应	推荐名称
裂合酶类	酮糖 -1- 磷酸裂解酶	EC 4.1.2.7	酮糖 -1- 磷酸$\rightleftharpoons$磷酸二羟丙酮 + 醛	醛缩酶
异构酶类	D- 葡萄糖 -6- 磷酸酮 - 醇异构酶	EC 5.3.1.9	D- 葡萄糖 -6- 磷酸$\rightleftharpoons$D- 果糖 -6- 磷酸	磷酸葡萄糖异构酶
合成酶类	L- 谷氨酸:氨连接酶	EC 6.3.1.2	L- 谷氨酸 +ATP+$NH_3$$\longrightarrow$ L- 谷氨酰胺 +ADP+ 磷酸	谷氨酰胺合成酶

(二) 酶的分类

根据酶催化的反应类型,将酶分为六大类:

1. 氧化还原酶类 催化氧化还原反应的酶。例如,乳酸脱氢酶、细胞色素氧化酶、过氧化氢酶等。

2. 转移酶类 催化底物之间基团转移或交换的酶。例如,氨基转移酶、甲基转移酶、转硫酶和激酶等。

3. 水解酶类 催化底物发生水解反应的酶。例如,淀粉酶、蛋白酶、磷酸酶等。

4. 裂合酶类 催化从底物移去一个化学基团并形成双键的反应或其逆反应的酶。例如,醛缩酶、脱羧酶、水化酶等。

5. 异构酶类 催化分子内部基团的位置互变,几何或光学异构体互变,以及醛酮互变的酶。例如,磷酸丙糖异构酶、表构酶、变位酶等。

6. 合成酶类 催化两种底物形成一种底物并同时耦联有高能键水解和释能的酶,或称连接酶类。例如,谷氨酰胺合成酶、氨基酰 -tRNA 合成酶、DNA 连接酶等。

第二节 酶的工作原理

一、酶促反应特点

酶作为生物催化剂与一般催化剂一样,在化学反应前后没有质和量的改变;只能催化热力学上允许的化学反应;只能加速化学反应的进程,而不能改变反应的平衡点,即不能改变反应的平衡常数。由于酶的化学本质是蛋白质,因此酶促反应又具有与一般催化剂所不同的反应特点和反应机制。

(一) 酶对底物具有极高的催化效率

酶对底物具有极高的催化效率。对于同一化学反应,酶的催化效率通常比非催化反应高 10^8~10^{20} 倍,比一般催化剂高 10^7~10^{13} 倍。例如,蔗糖酶催化蔗糖水解的速率是 H^+ 催化作用的 2.5×10^{12} 倍;脲酶催化尿素水解的速率是 H^+ 催化作用的 7×10^{12} 倍。而且酶的作用不需要较高的反应温度。酶极高的催化效率有赖于酶蛋白与底物分子之间独特的作用机制。

(二) 酶对底物具有高度的特异性

与一般催化剂不同,酶对其催化的底物具有较严格的选择性。即一种酶只能作用于一种或一类底物,或一定的化学键,催化一定的化学反应并生成一定的产物,酶的这种特性称为酶的特异性或专一性(specificity)。根据酶对底物选择的特点,酶的特异性可分为两种类型:

1. 绝对特异性 有的酶只能作用特定结构的底物分子,催化特定的反应,并生成特定结构的产物。酶对底物这种严格的选择性称为绝对特异性。例如,脲酶只能催化尿素水解,而对尿素的衍生物甲基尿素无催化作用。当底物分子具有立体异构现象时,有些酶仅对底物的一种立体异构体具有催化作用,而对其立体对映体不起催化作用。例如,α- 淀粉酶只能水解淀粉中的 α-1,4 糖苷键,而不能水解纤维素中的 β-1,4 糖苷键。

2. 相对特异性 有些酶可对含有相同化学键或化学基团的一类底物起催化作用,酶对底物分子这种不太严格的选择性称为相对特异性。例如,脂肪酶不仅能催化脂肪水解,也可水解简单的酯类化合物;蔗糖酶不仅能水解蔗糖,也可水解棉子糖中的同一种糖苷键。

（三）酶活性的不稳定性

酶的化学本质是蛋白质，酶促反应往往是在一定的酸碱度、温度和压力等条件下进行的。强酸、强碱、高温、高压、重金属盐、紫外线等使蛋白质变性的因素都可使酶蛋白变性而失去催化活性。因此，酶促反应一般在常温、常压和接近中性条件下进行。

（四）酶催化能力的可调节性

正常情况下，物质代谢处于错综复杂、有条不紊的动态平衡中，对代谢过程中酶活性和酶含量的调节是维持这种平衡的重要环节。例如，酶原的激活使酶在合适的环境中被激活并发挥催化作用；胰岛素可诱导胆固醇合成过程中关键酶的活性，而胆固醇则阻遏该酶合成。通过各种调控方式改变酶的催化活性和酶的含量，使体内物质代谢受到精确调控，使机体适应内外环境的不断变化。

图片：酶促反应特点

二、酶的作用机制

（一）活化分子与活化能

在化学反应体系中，反应物分子所含的能量高低不同，自由能较低的分子（基态）很难发生化学反应，只有那些所含能量达到或超过一定水平的分子（过渡态）才有可能发生化学反应，这些分子称为活化分子。活化分子所具有的达到或超过能阈水平的能量称为活化能，即反应物分子从基态转变为过渡态所需要的自由能。酶与一般催化剂加速化学反应的机制是降低反应的活化能，使底物分子只需获得较少的能量就可转变为活化分子（图 2-5），从而提高化学反应速率。

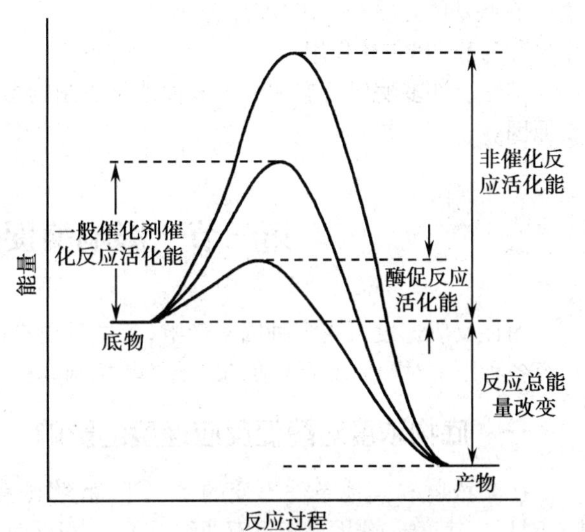

图 2-5　酶促反应活化能的变化

在过氧化氢水解反应中，无催化剂存在时，反应需要活化能 75.6kJ/mol，胶体钯作催化剂时反应需要活化能 49kJ/mol，过氧化氢酶催化时反应需要活化能 8.4kJ/mol。在酶的催化下，反应所需要的活化能由 75.6kJ/mol 降至 8.4kJ/mol 时，反应速度增加百万倍以上。

（二）酶的催化作用机制

1. 酶 - 底物复合物的形成与诱导契合作用　1958 年，D.E.Koshland 提出酶 - 底物结合的诱导契合假说（induced-fit hypothesis）。该假说认为，酶在发挥催化作用前须先与底物结合，这种结合不是锁与钥匙之间的机械关系，而是在酶与底物相互接近时，两者在结构上相互诱导、相互变形和相互适应，进而相互结合并生成酶 - 底物复合物（图 2-6），而后酶催化底物转变成产物并释放出酶。酶的构象改变有利于酶与底物分子的结合，并使底物分子在酶的诱导下转变为不稳定的过渡态，易受酶的催化攻击而转变为产物。

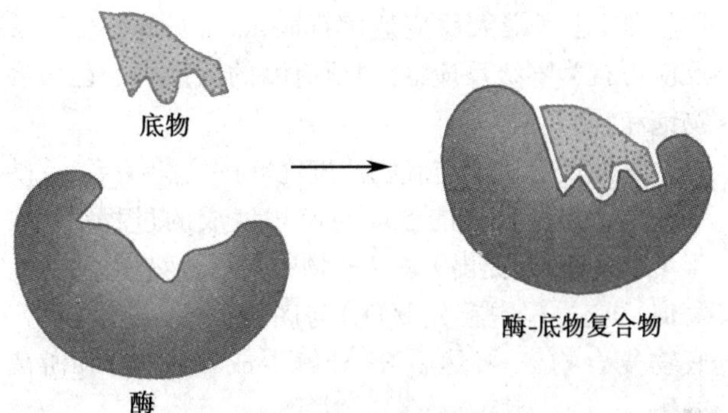

图 2-6　酶 - 底物复合物形成的诱导契合作用

动画：酶的诱导契合

酶 - 底物复合物的形成改变了原来的反应途径，从而大幅度地降低酶促反应所需的活化能，使化学反应速度加快。

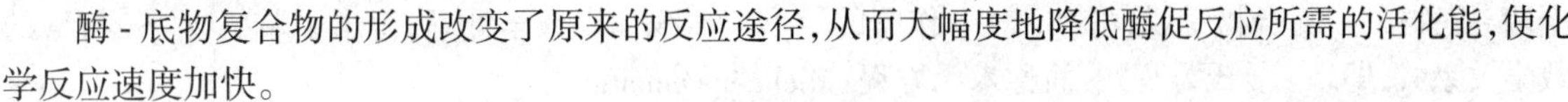

2. 邻近效应与定向排列　在两个以上底物参与的化学反应中，底物之间有效部位必须以正确的方向相互碰撞，才有可能发生反应。酶在反应体系中将各底物结合到酶的活性中心部位，使它们相互接近并形成有利于进行化学反应的正确定向关系，从而加快反应速度（图 2-7）。

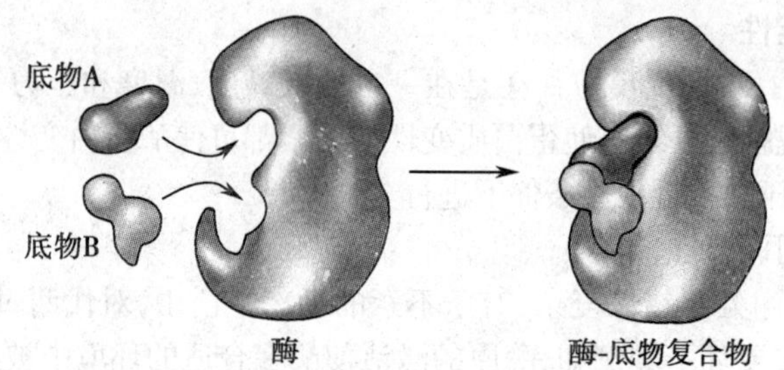

图 2-7　酶与底物的邻近效应与定向排列

3. 表面效应　酶活性中心内部疏水性氨基酸常形成疏水性"口袋"，以容纳并结合底物，疏水环境可排除周围大量水分子对酶和底物分子中功能基团的干扰性吸引或排斥，防止水化膜形成，有利于酶与底物的直接接触和结合，这种现象称为表面效应。

4. 多元催化作用　酶分子中所含有的多种功能基团具有两性解离性质，有些基团是质子供体（酸），有些基团是质子受体（碱）。这些基团参与质子的转移，可极大地提高酶的催化效率，这种催化作用也称为酸 - 碱催化作用。

实际上许多酶促反应常常是多种催化机制的参与共同完成催化反应，这是酶促反应高效率的重要原因。

第三节　影响酶促反应速度的因素

图片：影响酶促反应速度的因素

酶促反应速度可受多种因素影响，其中主要有底物浓度、酶浓度、温度、pH、激活剂和抑制剂等。研究各种因素对酶促反应速度的影响及其机制具有重要的理论和实践意义。

一、底物浓度对酶促反应速度的影响

在酶浓度和其他条件不变的情况下，底物浓度[S]对反应速度（ν）作图呈矩形双曲线。当[S]很低时，ν 随[S]的增加而升高，呈一级反应。随着[S]的不断增加，ν 增加幅度逐渐变缓。继续增加[S]，ν 将不再增加，达到最大反应速度（maximum velocity，V_{max}），反应可视为零级反应，此时所有酶的活性中心已被底物饱和（图 2-8）。

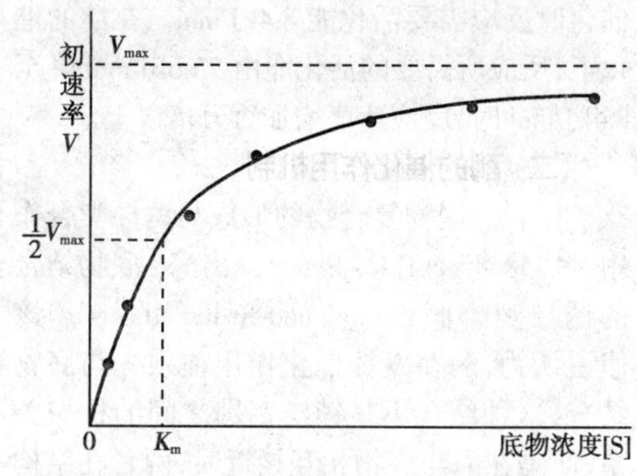

图 2-8　底物浓度对酶促反应速度的影响

酶促反应速度与底物浓度之间的变化关系，反映了酶 - 底物复合物的形成与产物生成的过程。1902 年 Victor Henri 提出了酶 - 底物中间复合物学说，认为酶促反应过程中首先酶（E）与底物（S）结合生成酶 - 底物复合物（ES），然后 ES 分解生成产物（P）和游离的酶。

$$E + S \rightleftharpoons ES \longrightarrow P + E$$

为了解释酶促反应中底物浓度和反应速度的关系，1913 年 Leonor Michaelis 和 Maud L.Menten 根据酶 - 底物中间复合物学说，将[S]对 ν 作图的矩形双曲线加以数学处理，得出了单底物[S]与 ν 的数学关系式，即米 - 曼氏方程式，简称米氏方程（Michaelis equation）。

$$\nu = \frac{V_{max}[S]}{K_m + [S]}$$

笔记

式中，V_{max} 为最大反应速度，[S]为底物浓度，K_m 为米氏常数（Michaelis constant），ν 是在不同[S]时的反应速度。当[S]<<K_m 时，方程式中分母[S]可以忽略不计，则

$$\nu = \frac{V_{max}}{K_m}[S]$$

ν 与[S]成正比。当[S]>>K_m 时，方程式中 K_m 可以忽略不计，则 ν=Vmax，反应速度为最大反应速度。

拓展阅读：K_m 与 V_{max} 的意义

二、酶浓度对酶促反应速度的影响

酶促反应体系中，当[S]>>[E]，酶促反应速度与酶浓度呈现正比关系。即随着酶浓度的增加，酶促反应速度逐渐增大（图 2-9）。

三、温度对酶促反应速度的影响

酶促反应中，温度升高时分子热运动加快，分子碰撞机会增加，酶促反应速度加快。但酶是蛋白质，温度过高可引起酶蛋白变性，使反应速度下降。因此，温度升高对酶促反应速度具有双重影响。升高温度一方面可加快酶促反应速度，同时也增加酶的变性。在较低温度范围内，随着温度升高，酶的活性逐步增加，以致达到最大反应速度。当温度升高到 60℃以上时，大多数酶开始变性；80℃时，多数酶的变性不可逆转，反应速度则因酶蛋白变性而降低（图 2-10）。因此，使酶促反应速度达到最快时反应体系的温度称为酶的最适温度。哺乳类动物组织中酶的最适温度一般在 35~40℃之间。

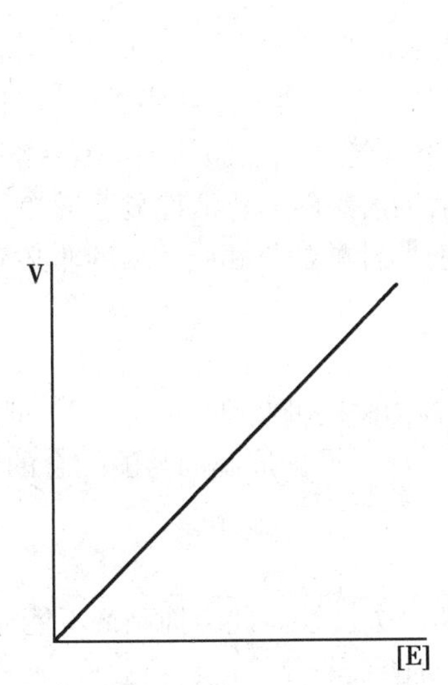

图 2-9　酶浓度对反应速度的影响

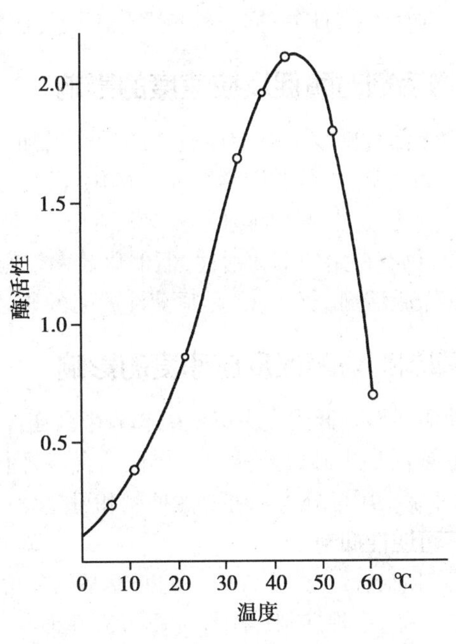

图 2-10　温度对淀粉酶活性的影响

酶的最适温度不是酶的特征性常数，它与反应时间有关。酶可以在短时间内耐受较高的温度。相反，延长反应时间，酶的最适温度降低。酶的活性随温度下降而降低，温度回升后，酶的活性逐渐恢复。酶活性与温度的关系在临床上具有重要意义，如低温麻醉、生物样本的低温保存、高温高压灭菌等。

四、pH 对酶促反应速度的影响

酶分子中的许多极性基团，在不同的 pH 条件下解离状态不同，活性中心的某些必需基团只在某一解离状态时才最容易同底物结合或具有最大催化活性。同时，许多具有解离基团的底物和辅酶的解离状态也受 pH 改变的影响，从而影响酶与它们的结合力。此外，pH 还可影响酶活性中心的空间构

象,从而影响酶的催化活性。因此,pH 的改变对酶的催化作用影响很大(图 2-11)。使酶催化活性最大时的反应体系的 pH 称为酶的最适 pH。

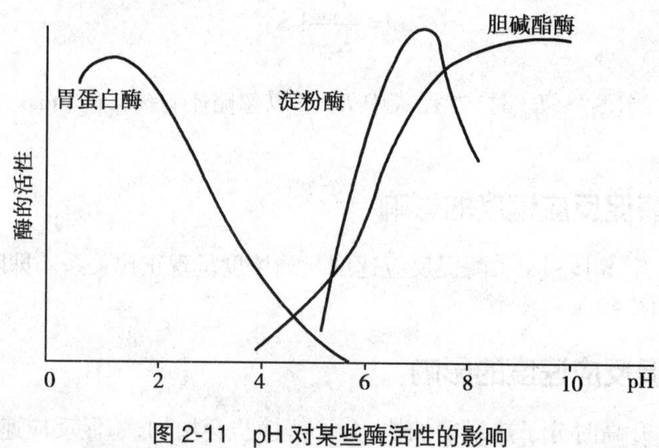

图 2-11 pH 对某些酶活性的影响

最适 pH 不是酶的特征性常数,它受底物浓度、缓冲液的种类与浓度、酶的纯度等因素影响。溶液的 pH 高于或低于最适 pH,酶的活性降低,酶促反应速度减慢,远离最适 pH 时甚至可导致酶的变性失活。每一种酶都有其各自的最适 pH。

动物体内大多数酶的最适 pH 接近中性,但也有例外,如胃蛋白酶的最适 pH 约为 1.8,肝精氨酸酶的最适 pH 约为 9.8。此外,同一种酶催化不同的底物其最适 pH 也稍有不同。

五、激活剂对酶促反应速度的影响

使酶由无活性转变为有活性或使酶活性增加的物质称为酶的激活剂。激活剂大多为金属离子,如 Mg^{2+}、K^{+}、Mn^{2+} 等,少数为阴离子或有机化合物,如 Cl^{-}、胆汁酸盐等。有些金属离子激活剂对酶促反应是不可缺少的,这类激活剂称为必需激活剂,如 Mg^{2+} 是大多数激酶的必需激活剂。有些酶即使激活剂不存在时,仍有一定的催化活性,但催化效率较低,加入激活剂后酶的催化活性显著增加,这类激活剂称为非必需激活剂。例如,Cl^{-} 是唾液淀粉酶的非必需激活剂;胆汁酸盐是胰脂肪酶的非必需激活剂。

六、抑制剂对酶促反应速度的影响

凡能使酶活性降低或丧失但不引起酶蛋白变性的物质统称为酶的抑制剂(inhibitor)。抑制剂可与酶活性中心或活性中心以外的调节部位结合,从而抑制酶的活性。根据抑制剂与酶结合的紧密程度不同,酶的抑制作用可分为不可逆性抑制和可逆性抑制两类。

(一) 不可逆性抑制

微课:有机磷农药中毒机制

这类抑制剂通常与酶活性中心的必需基团共价结合,使酶失去活性。此类抑制剂不能通过透析、超滤等方法去除,这种抑制作用称为不可逆性抑制。例如,有机磷农药(敌百虫、敌敌畏、乐果等)能特异性地与胆碱酯酶活性中心丝氨酸残基的羟基(—OH)结合,使酶失去活性。有机磷农药中毒时,由于胆碱酯酶活性受到抑制,导致乙酰胆碱堆积,患者表现出胆碱能神经兴奋的一系列症状。临床上常应用乙酰胆碱拮抗剂阿托品和胆碱酯酶复活剂解磷定治疗有机磷农药中毒。这种抑制可依靠某些药物解除,使酶恢复活性。

某些重金属离子(Hg^{+}、Ag^{+}、Pb^{2+} 等)及 As^{3+} 等可与巯基酶分子中的巯基(—SH)结合,使酶失去活性。例如,路易士气(一种化学毒气)为含砷的化合物,它能抑制体内巯基酶活性,引起中毒,出现神经系统、皮肤、黏膜、毛细血管等病变和代谢功能紊乱。应用二巯基丙醇或二巯基丁二酸钠可解除这类抑制剂对巯基酶的抑制。

(二) 可逆性抑制

这类抑制剂通过非共价键与酶和(或)酶 - 底物复合物可逆性结合,使酶活性降低或丧失。此种抑制采用透析、超滤或稀释等方法可将抑制剂除去,使酶的活性恢复。可逆性抑制作用主要有三种类型。

1. 竞争性抑制作用 抑制剂(I)和酶的底物结构相似,可与底物分子竞争酶的活性中心,从而阻碍酶与底物结合形成中间产物,这种抑制作用称为竞争性抑制作用(competitive inhibition)。竞争性抑制作用具有以下特点:①抑制剂在化学结构上与底物分子相似,两者竞相争夺同一酶的活性中心;②抑制剂与酶的活性中心结合后,酶失去催化作用;③抑制剂对酶的抑制程度取决于抑制剂与酶的相对亲和力以及抑制剂浓度与底物浓度的相对比例。抑制剂浓度不变时,通过增加底物浓度可以减弱甚至解除抑制剂对酶的抑制作用。例如,丙二酸对琥珀酸脱氢酶的抑制作用属于竞争性抑制作用,当丙二酸与琥珀酸的浓度比例为 1∶50 时,酶的活性被抑制 50%。增大琥珀酸浓度,此种抑制作用可被减弱。E、S、I 及其催化反应的关系如下式:

$$E + S \rightleftharpoons ES \longrightarrow E + P$$
$$E + I \rightleftharpoons EI;\quad EI + S \rightleftharpoons ES + I$$

磺胺类药物的抑菌机制属于竞争性抑制作用。对磺胺类药物敏感的细菌在生长繁殖过程中,不能直接利用环境中的叶酸,而是利用对氨基苯甲酸(PABA)、谷氨酸和二氢蝶呤为底物,在菌体内二氢叶酸合成酶的催化下合成二氢叶酸(FH_2),后者进一步在二氢叶酸还原酶的催化下合成四氢叶酸(FH_4),而四氢叶酸是细菌合成核酸过程中不可缺少的辅酶。磺胺类药物与对氨基苯甲酸的化学结构相似,是二氢叶酸合成酶的竞争性抑制剂,可以抑制二氢叶酸的合成,影响四氢叶酸的合成,干扰一碳单位的代谢,进而干扰核酸的合成。

$H_2N-C_6H_4-COOH$　　$H_2N-C_6H_4-SO_2NHR$

对氨苯甲酸　　磺胺类药物

对氨苯甲酸、二氢蝶呤、谷氨酸 —(二氢叶酸合成酶;磺胺类药物(–))→ 二氢叶酸 —(二氢叶酸还原酶)→ 四氢叶酸

人体可直接利用食物中叶酸,体内核酸合成不受磺胺类药物的干扰。

许多抗代谢类抗癌药物,如氨甲蝶呤(MTX)、5- 氟尿嘧啶(5FU)、6- 巯基嘌呤(6MP)等,几乎都是酶的竞争性抑制剂,它们分别通过抑制四氢叶酸、脱氧胸苷酸及嘌呤核苷酸的合成,达到抑制肿瘤生长的目的。

2. 非竞争性抑制作用 此类抑制剂与酶活性中心外的结合位点相结合,此种结合不影响酶与底物的结合,底物也不影响酶与抑制剂的结合。底物与抑制剂之间无竞争关系,但酶与抑制剂的结合导致酶的三维构象改变,使酶活性降低或酶 - 底物 - 抑制剂复合物(ESI)不能进一步释放产物。这种抑制作用称为非竞争性抑制作用(non-competitive inhibition)。例如,亮氨酸对精氨酸酶的抑制和麦芽糖对 α 淀粉酶的抑制属于非竞争性抑制作用。非竞争性抑制作用的反应过程是:

$$E + S \rightleftharpoons ES \longrightarrow E + P$$
$$E + I \rightleftharpoons EI;\quad ES + I \rightleftharpoons ESI;\quad EI + S \rightleftharpoons ESI$$

非竞争性抑制作用的强弱取决于抑制剂的浓度,此种抑制作用不能通过增加底物浓度减弱或消除。

3. 反竞争性抑制作用 此类抑制剂不能与游离的酶结合,而是与酶 - 底物复合物(ES)结合,使中间产物(ES)的量下降(即 ES+I→ESI),这样减少了从中间产物转化为产物的量。在反应体系中由于

表格：不可逆性抑制与可逆性抑制特点比较

拓展阅读：具有代表性的酶抑制剂药物

ESI的形成，使ES的量下降，增加了酶与底物的亲和力，从而增加了酶与底物的结合，这种抑制作用称为反竞争性抑制作用（uncompetitive inhibition）。例如，苯丙氨酸对胎盘型碱性磷酸酶的抑制属于反竞争性抑制作用。反竞争性抑制作用的反应过程如下：

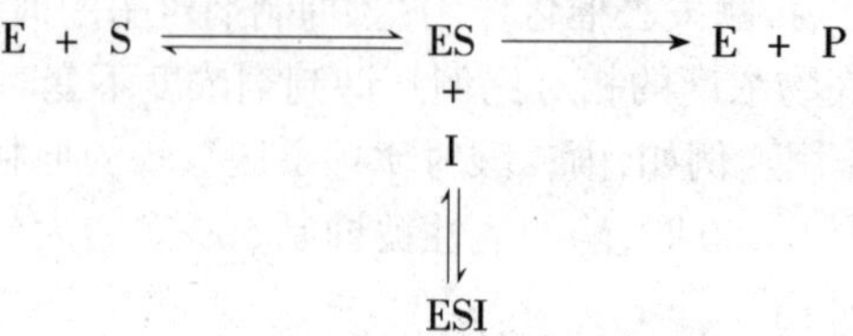

第四节　酶与医学的关系

酶催化体内物质代谢有条不紊地进行，同时又对代谢过程发挥调节作用。酶在生物体内物质代谢及其调节过程中的重要作用，使酶在医学领域上得到了广泛应用。人类的许多疾病与酶的质和量的改变有关。同时，体液中酶活性的改变对许多疾病的发生、发展及预后判断具有重要意义。

一、酶与疾病的关系

（一）酶与疾病的发生

酶的先天性缺乏是引起先天性疾病的重要原因之一。现已发现的140多种先天性代谢缺陷病中，多数由酶的先天性或遗传性缺损所致。例如，酪氨酸酶遗传性缺陷时，酪氨酸不能转化成黑色素，导致色素沉着障碍而引起白化病；苯丙氨酸羟化酶缺乏引起苯丙酮酸尿症等。表2-4列出部分酶遗传性缺陷病及其所缺陷的酶。

表2-4　遗传性酶缺陷所致疾病

缺陷酶	相应疾病
酪氨酸酶	白化病
黑尿酸氧化酶	黑尿酸症
苯丙氨酸羟化酶系	苯丙酮酸尿症
1-磷酸半乳糖尿苷移换酶	半乳糖血症
葡萄糖-6-磷酸酶	糖原累积症
6-磷酸葡萄糖脱氢酶	蚕豆病
高铁血红蛋白还原酶	高铁血红蛋白血症
谷胱甘肽过氧化物酶	新生儿黄疸

许多疾病可引起酶的异常，这种异常又可加重病情。例如，急性胰腺炎时胰蛋白酶原在胰腺中被激活，造成胰腺组织被水解破坏。

有些疾病是由于酶活性受到抑制所致。例如，有机磷农药中毒是由于抑制了胆碱酯酶活性；重金属盐中毒抑制了巯基酶活性；氰化物中毒抑制了细胞色素氧化酶等。

白　化　病

白化病是由于酪氨酸酶缺乏或功能减退引起的一种皮肤及附属器官黑色素缺乏或合成障碍所引起的遗传性疾病。患者主要表现为全身皮肤呈乳白色或粉红色，毛发为淡白色或淡黄色。由于缺乏黑色素的保护，患者皮肤对光线高度敏感，日晒后易发生晒斑和各种光感性皮炎，并可发生

基底细胞癌或鳞状细胞癌。眼部由于色素缺乏，虹膜为粉红色或淡蓝色，常有畏光、流泪、眼球震颤及散光等症状。大多数白化病患者体力及智力发育较差。目前药物治疗无效，仅能通过物理方法，尽量减少紫外辐射对眼睛和皮肤的损害。除对症治疗外，应以预防为主。

（二）酶与疾病的诊断

临床酶学检测一般是测定血清或血浆、尿液等体液中酶的活性变化，以对疾病进行辅助诊断和预后判断。

目前，临床上最为常用的是血清酶的测定。正常人血清酶活性比较稳定，波动在一定的范围内。当疾病发生时，血清酶的活性会发生较大变动，其主要原因可归纳为几个方面：①某些组织器官受到损伤造成细胞破坏或细胞膜通透性增加时，细胞内的某些酶可大量释放入血。例如急性胰腺炎时，血清和尿液中淀粉酶活性升高；急性肝炎或心肌炎时，血清转氨酶活性增高等。②细胞的转换率增高或细胞的增殖加快，其特异性的标志酶可释放入血。例如，前列腺癌患者可有大量酸性磷酸酶释放入血。③酶的合成或诱导增强。例如，巴比妥盐类或酒精可诱导肝中 γ- 谷氨酰转移酶生成增多。④酶的清除受阻也可引起血清酶的活性升高。肝硬化时，血清碱性磷酸酶不能被及时清除，胆管阻塞影响了血清碱性磷酸酶的排泄，均可造成血清中此酶的含量明显升高。⑤肝功能障碍。由于许多酶的合成、降解、排泄均在肝脏进行，肝功能严重障碍时会影响这类酶的含量变化。例如，血清凝血酶原、凝血因子Ⅻ等含量下降。此外，许多遗传性疾患是由于先天性缺乏某种有活性的酶所致，故在出生前可从羊水或绒毛中检出该酶的缺陷或其基因表达的缺如，从而可采取早期流产，防患于未然。临床上常通过测定这些体液中某些酶的活性来协助诊断相关的疾病。

（三）酶与疾病的治疗

某些酶可作为药物用于疾病治疗。酶作为药物最早用于助消化，如胃蛋白酶、胰蛋白酶、胰淀粉酶、胰脂肪酶等，可用于消化腺分泌功能下降所致的消化不良。酶用于清洁伤口和抗炎，如溶菌酶、胰蛋白酶、胰凝乳蛋白酶、木瓜蛋白酶等加入清洁化脓伤口的清洗液中，用于外科扩创、伤口的净化和防治浆膜粘连等。有些酶具有溶解血栓作用，如链激酶、尿激酶和纤溶酶等均可溶解血栓，可用于脑血栓、心肌梗死等疾病的防治。

有些药物通过抑制体内某些酶，达到治疗疾病的目的。如磺胺类药物是细菌体内二氢叶酸合成酶的竞争性抑制剂；氯霉素通过抑制某些细菌转肽酶的活性抑制其蛋白质的合成；洛伐他汀通过抑制 HMG-CoA 还原酶的活性，减少胆固醇的合成，治疗高胆固醇血症；甲氨蝶呤、6- 巯基嘌呤、5- 氟尿嘧啶等药物是细胞核酸代谢途径中相关酶的竞争性抑制剂，它们通过抑制肿瘤细胞核苷酸的合成代谢而用于肿瘤治疗。

二、酶在临床检验和科学研究中的应用

酶作为检测试剂用于临床检验。临床上利用酶标记法检测某些微量物质时，将酶与被检测物质结合，从而使该物质被酶标记，然后通过测定标记酶的活性来判断被标记物质或与其定量结合的物质的存在和含量。

某些酶作为基因工程常用的工具酶用于科学研究。在分子生物学研究领域中，利用酶具有高度特异性的特点，以限制性核酸内切酶和连接酶等为工具，在分子水平上对某些生物大分子进行定向的分割与连接。例如，Ⅱ型限制性核酸内切酶、DNA 连接酶、逆转录酶、DNA 聚合酶等。

此外，酶在工业和日常生活中的应用也非常广泛，如用特定的酶来合成抗生素；加酶洗衣粉帮助去除衣物上的污渍和油渍等。

酶是由活细胞产生的对其特异性底物具有高效催化作用的蛋白质，可分为单纯酶和结合酶两

类。结合酶由酶蛋白和辅助因子组成，酶蛋白决定反应特异性，辅助因子决定反应类型。酶的活性中心是酶行使催化功能的特定空间区域。酶原和同工酶是酶的两种存在形式，在临床上有重要意义。

酶具有高度催化效率、高度特异性、不稳定性及可调节性等特点。酶活性的调节主要有变构调节和化学修饰调节两种形式。酶促反应速度可受底物浓度、酶浓度、温度、pH、激活剂、抑制剂等多种因素影响。其中，抑制剂对酶的抑制作用包括不可逆性抑制和可逆性抑制两种，可逆性抑制又分为竞争性抑制、非竞争性抑制和反竞争性抑制。

王某，男，57岁，因头晕、头痛、腹痛、呕吐、冒冷汗、流涎、胸闷、视力模糊等症状来医院就诊。病史：平日身体健康，不吸烟喝酒，无药物过敏史及特殊疾病。因数小时前在农田喷洒农药（氧化乐果）后出现上述症状。

实验室检查：血清胆碱酯酶偏低（<200U/L，正常参考值：4300~10 500U/L）

请分析：

1. 如何对患者进行诊断？
2. 运用所学知识，解释患者出现上述症状的原因。
3. 拟定治疗方案。

0211 案例分析

（田 野）

思考题

1. 何谓酶的活性中心？
2. 比较三种可逆性抑制作用的特点。
3. 举例说明竞争性抑制作用在临床上的应用。

扫一扫，测一测

第三章 维 生 素

学习目标

1. 掌握维生素的概念、分类、缺乏的原因。
2. 熟悉维生素 A、D、E、K 的功能及缺乏症。
3. 熟悉 B 族维生素与辅助因子的关系和维生素 C 的功能及缺乏症。
4. 灵活运用维生素知识，正确理解维生素类药物，科学对待维生素类保健食品。

维生素(vitamin)是一类维持正常生命活动过程所必需的营养素，是人体内不能合成或合成量甚少不能满足机体需要，必须由食物供给的一组低分子有机化合物。维生素不是构成机体组织的成分，也不是供能物质，然而在调节人体物质代谢和维持正常功能等方面却发挥着极其重要的作用，是必需营养素。长期缺乏某种维生素时，机体可发生物质代谢的障碍并出现相应的维生素缺乏病。

引起维生素缺乏的常见原因主要有：①食物摄入不足，如饮食单一、贮存不当、烹饪破坏等；②吸收障碍，利用率降低，常见于消化系统疾病或摄入脂肪量过少从而影响脂溶性维生素吸收的人，如长期腹泻、呕吐等；③维生素需要量相对增加，如妊娠和哺乳期妇女、儿童、特殊工种、特殊环境下的人群；④不合理使用抗生素会导致对维生素的需要量增加。

微课：维生素概述

维生素按其溶解性不同，可分为脂溶性维生素(lipid-soluble vitamin)和水溶性维生素(water-soluble vitamin)两大类。

第一节 脂溶性维生素

脂溶性维生素包括 A、D、E、K，为疏水性化合物，溶于脂溶剂。它们常随脂类物质吸收，在血液中与脂蛋白或特异性结合蛋白结合而被运输，不易被排泄，在体内有一定储量。脂类吸收障碍和食物中长期缺乏此类维生素可引起缺乏症，摄入过多可发生中毒。

笔记

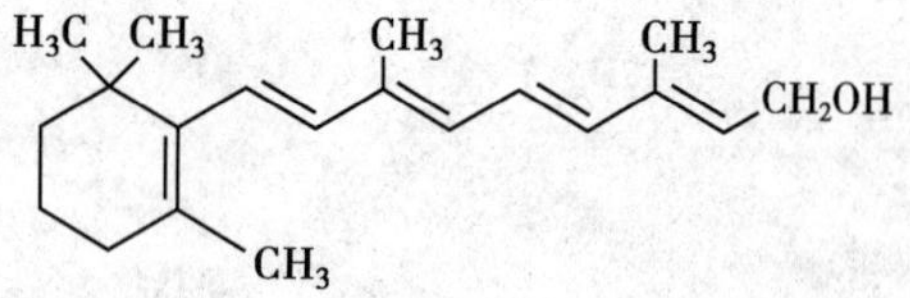

维生素A（视黄醇）

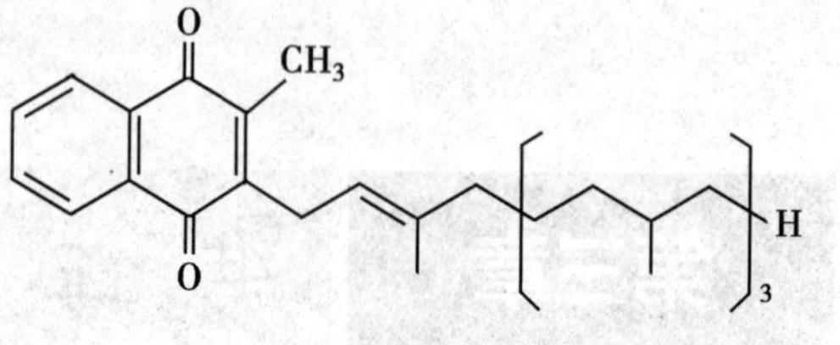

维生素K_1（叶绿醌）

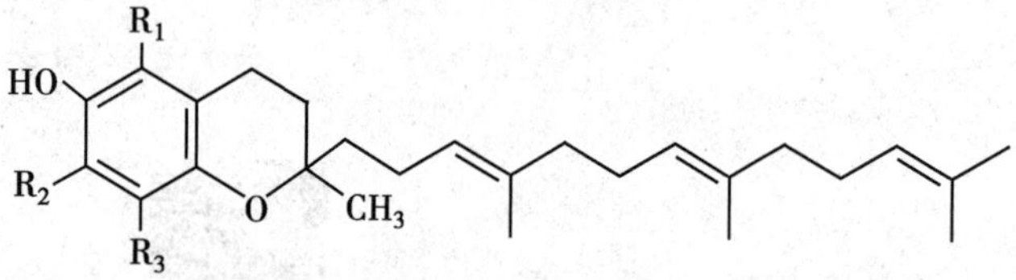

维生素E（生育三烯酚）

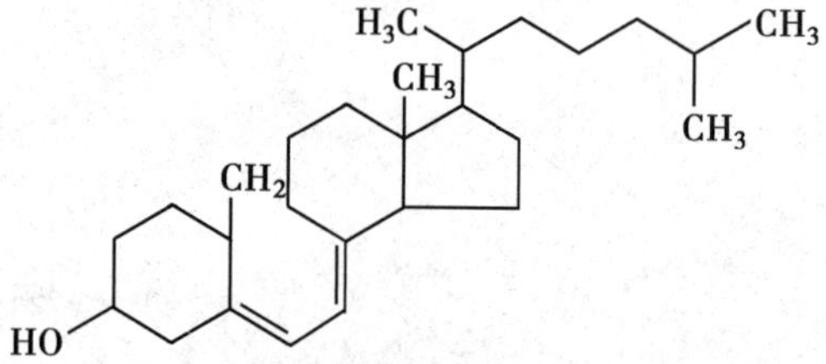

维生素D（胆钙化醇）

一、维生素A

（一）化学本质与活性形式

维生素A是由β-白芷酮环和异戊二烯构成的多烯化合物，天然的维生素A有A_1（视黄醇）和A_2（3-脱氢视黄醇）。

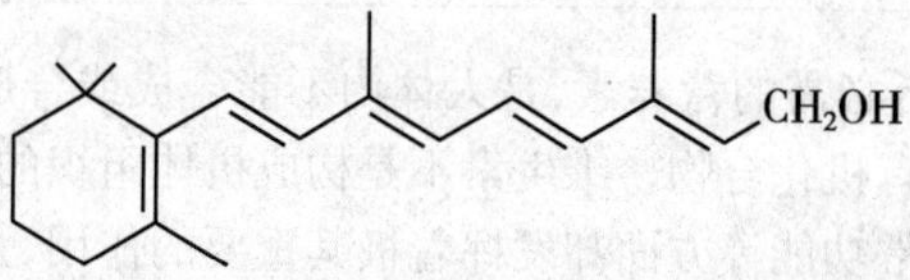

维生素A_1（视黄醇） 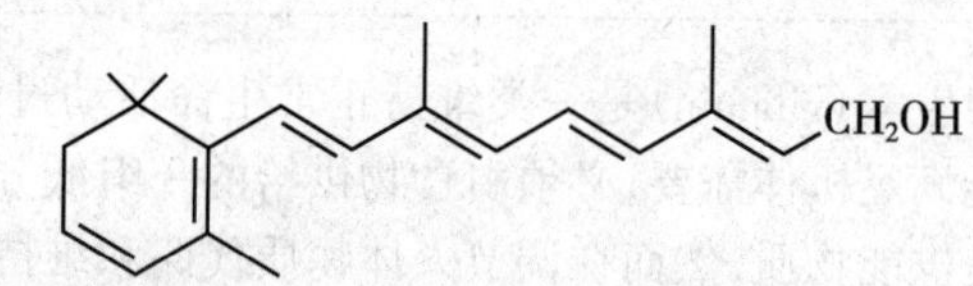　　维生素A_2（3-脱氢视黄醇）

维生素A极易氧化，遇热和光更易氧化。动物性食品如肝、肉类、蛋黄、乳制品、鱼肝油中维生素A含量丰富。植物中不存在维生素A，但含有被称作维生素A原（provitamin A）的多种胡萝卜素，其中以β-胡萝卜素（β-carotene）最为重要。β-胡萝卜素可在小肠黏膜内的β-胡萝卜素加氧酶的作用下，加氧断裂为2分子的视黄醇。

细胞内，视黄醇在醇脱氢酶催化下脱氢氧化成视黄醛，视黄醛又可在醛脱氢酶催化下氧化生成视黄酸。视黄醇、视黄醛和视黄酸是维生素A的活性形式。

（二）生理功能

1. 视黄醛与视蛋白结合生成视紫红质以维持正常视觉功能　在视网膜杆状细胞中，维生素A_1转变成的11-顺视黄醛与视蛋白结合生成视紫红质后，发挥视觉功能，并通过视循环进行转变（图3-1）。

视紫红质是感受弱光或暗光的感光物质。维生素A缺乏时，视紫红质合成减少，对弱光敏感性降低，暗适应时间延长，严重时会发生“夜盲症”。

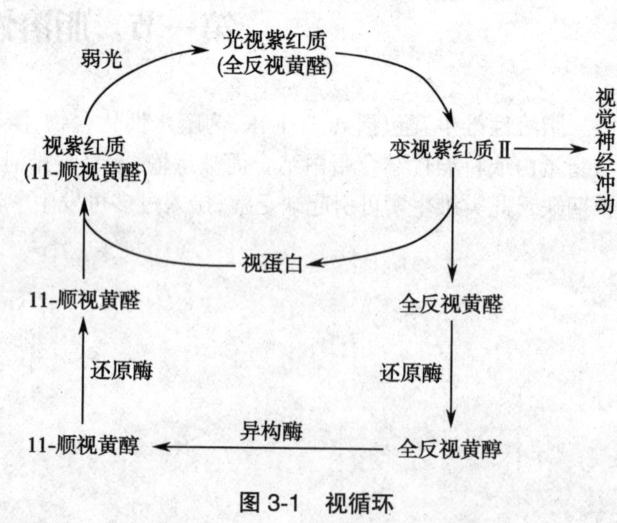

图3-1　视循环

2. 维生素A维持上皮组织的功能和促进生长发育　维生素A缺乏时，皮肤及各器官如呼吸道、消化道、腺体等的上皮组织干燥、增生和角质化，表现为皮肤粗糙、毛囊角质化等。在眼部的病变是角膜和结膜表皮细胞退变，泪液分泌减少，泪腺萎缩，失去抵抗细菌入侵的

功能，称为干眼病。因此，维生素 A 又称抗干眼病维生素。此外，视黄酸对基因表达和人体生长、发育、细胞分化等过程具有重要的调控作用。

3. 维生素 A 是有效的抗氧化剂　维生素 A 和胡萝卜素在氧分压较低的条件下能直接清除自由基，有助于控制细胞膜和富含脂质组织的脂质过氧化，是有效的抗氧化剂。

4. 维生素 A 及其衍生物具有抗肿瘤作用　维生素 A 及其衍生物可诱导肿瘤细胞分化和凋亡，增加癌细胞对化疗药物的敏感性，抑制肿瘤生长。

维生素 A 摄入过多可引起中毒。维生素 A 中毒多见于婴幼儿，主要表现有毛发易脱、皮肤干燥、瘙痒、烦躁、厌食、肝大及易出血等症状。引起维生素 A 中毒的原因一般为鱼肝油服用过多。

微课：维生素 A

暗 适 应

当人从亮处到暗处，最初视物不清，是因为杆状细胞内视紫红质被光照分解，待重新合成后感弱光，方能看清弱光下的物体，这一过程称为暗适应。

二、维生素 D

(一) 化学本质与活性形式

维生素 D 是类固醇衍生物。天然维生素 D 有维生素 D_2(麦角钙化醇) 和维生素 D_3(胆钙化醇) 两种形式。植物中含有维生素 D_2，鱼油、蛋黄、肝等富含维生素 D_3。

人体皮肤中储存有由胆固醇生成的 7- 脱氢胆固醇，后者在紫外线照射下，可转变成维生素 D_3，故 7- 脱氢胆固醇又被称为维生素 D 原。适当的户外光照可以满足人体对维生素 D 的需要。

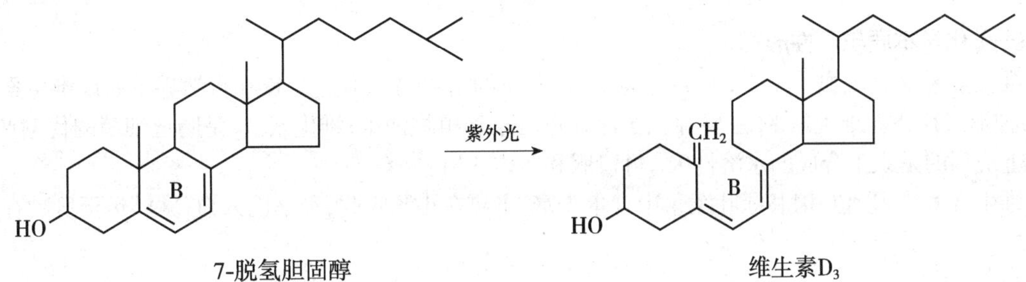

维生素 D_3 被吸收后经肝和肾的羟化作用，生成 1,25- 二羟维生素 D_3 [1,25-$(OH)_2$-D_3]。1,25-$(OH)_2$-D_3 是维生素 D_3 的活性形式。

(二) 生理功能

微课：维生素 D

1,25-$(OH)_2$-D_3 具有类固醇激素样作用，可调节钙结合蛋白基因、骨钙蛋白基因等表达，还可通过信号转导系统使钙通道开放。因此，1,25-$(OH)_2$-D_3 能够促进小肠对钙、磷的吸收，促进肾对钙、磷的重吸收；影响骨组织钙代谢，维持血钙、血磷的正常水平，促进骨和牙的钙化。

维生素 D 缺乏时，儿童可患佝偻病，成人则发生软骨病。长期每日摄入过量维生素 D 可引起中毒，引起高钙血症、高钙尿症、高血压及软组织钙化等症状。

三、维生素 E

(一) 化学本质与活性形式

维生素 E 是苯骈二氢吡喃的衍生物，包括生育酚和三烯生育酚两大类。天然维生素 E 主要存在于植物油、油性种子和麦芽等中，以 α- 生育酚分布最广，活性最高。

笔记

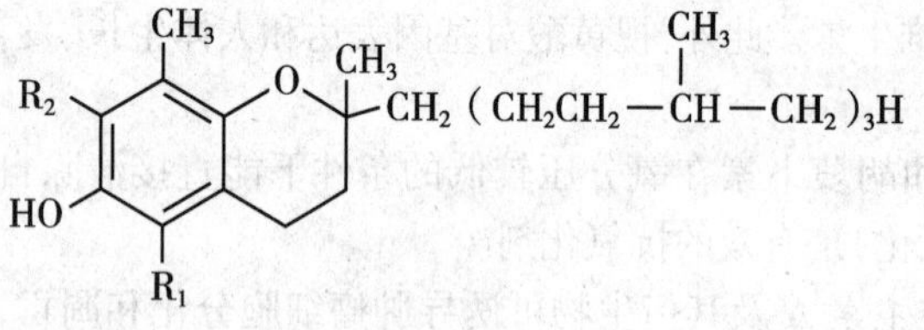

生育酚 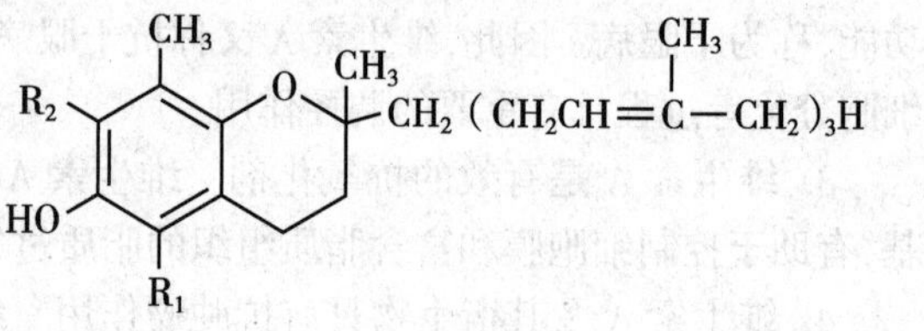　　生育三烯酚

维生素E为微带黏性的淡黄色油状物，维生素E在无氧条件下较为稳定，但在空气中极易被氧化，故可保护其他物质不被氧化，因此具有抗氧化作用。常用作食品添加剂加入食品中，以保护脂肪或维生素A、不饱和脂肪酸不受氧化。

（二）生理功能

1. 维生素E的抗氧化作用　维生素E可清除生物膜脂质过氧化所产生的自由基，保护生物膜的结构与功能。

2. 维生素E具有调节信号转导过程和基因表达作用　维生素E可调节脂类代谢相关基因、表达某些细胞外基质蛋白的基因、细胞黏附与炎症的相关基因以及细胞信号转导系统和细胞周期调节的相关基因等，因而具有抗炎、维持正常免疫功能和抑制细胞增殖的作用，并可降低血浆低密度脂蛋白的浓度。维生素E在预防和治疗冠心病、肿瘤和延缓衰老等方面具有一定作用。

3. 维生素E促进血红素合成　维生素E能提高血红素合成过程中的关键酶δ-氨基-γ-酮戊酸（ALA）合酶和ALA脱水酶的活性，从而促进血红素的合成。

维生素E一般不易引起缺乏。临床上常用维生素E治疗先兆流产及习惯性流产。人类尚未发现维生素E中毒症。

四、维生素K

（一）化学本质与活性形式

维生素K又称凝血维生素，为2-甲基-1,4-萘醌的衍生物。维生素K在自然界主要以维生素K_1、K_2两种形式存在。维生素K_1主要存在于深绿色蔬菜和植物油中；维生素K_2是肠道细菌的代谢产物。临床上应用的是人工合成的水溶性K_3，可口服和肌内注射。

维生素K在肝、鱼、肉和绿叶蔬菜中含量丰富，主要在小肠吸收，经淋巴入血，并转运至肝贮存。

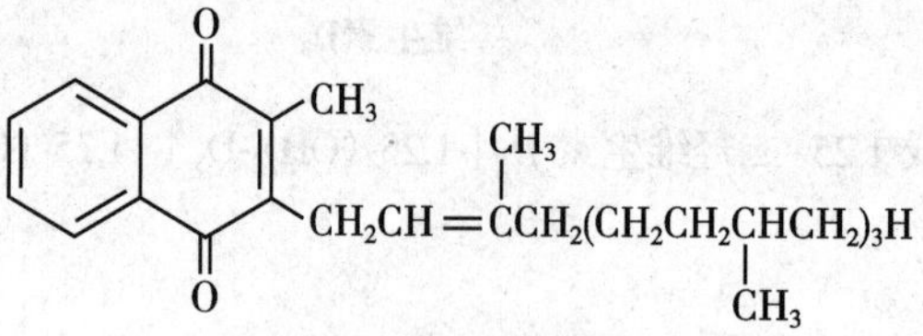

维生素K_1 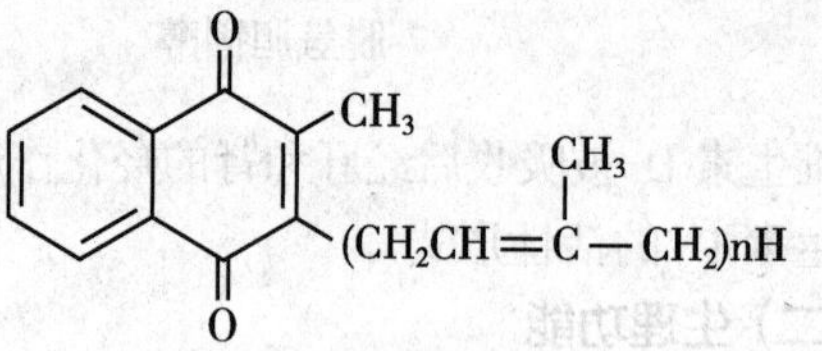　　维生素K_2

（二）生理功能

1. 维生素K具有促进凝血作用　凝血因子Ⅱ、Ⅶ、Ⅸ、Ⅹ及抗凝血因子蛋白C和蛋白S在肝细胞中是以无活性前体形式合成，这些前体需要经过γ-谷氨酰羧化酶的催化才能转变为活性形式。维生素K是γ-谷氨酰羧化酶的辅酶。因此，维生素K是合成凝血因子所必需的。

2. 维生素K对骨代谢具有重要作用　骨中骨钙蛋白和骨基质Gla蛋白为维生素K依赖性蛋白。

维生素K在绿色植物中含量丰富，体内肠菌也能合成，一般不易缺乏。因为维生素K不能通过胎盘，新生儿出生后肠道内又无细菌，故新生儿易发生维生素K的缺乏。胰腺、胆管疾病和小肠黏膜萎缩及脂肪便等也可引发维生素K缺乏症。另外，长期应用广谱抗生素的人群也可能引起维生素K缺乏。维生素K缺乏的主要症状是凝血障碍，出现皮下、肌肉及胃肠道出血等。

第二节　水溶性维生素

水溶性维生素包括B族维生素和维生素C。B族维生素又包括维生素B_1、B_2、B_6、B_{12}、维生素PP、泛酸、叶酸、生物素等。水溶性维生素的作用主要是在体内构成酶的辅助因子，影响酶的活性，进而影响物质代谢。体内过剩的水溶性维生素可随尿排出体外，体内很少蓄积，必须从膳食中不断供应，很少出现中毒现象。

一、B族维生素与辅酶

（一）维生素B_1

维生素B_1又称硫胺素（thiamine），主要存在于豆类和种子的外皮、胚芽、酵母和瘦肉中。维生素B_1极易溶于水，酸性环境中稳定，中性或碱性溶液中不稳定。

硫胺素

硫胺素易被小肠吸收，入血后主要在肝和脑组织中经硫胺素焦磷酸激酶催化生成焦磷酸硫胺素，构成体内某些酶的辅酶。因此，维生素B_1的活性形式是焦磷酸硫胺素（thiamine pyrophosphate，TPP）。

焦磷酸硫胺素

TPP是α-酮酸(如丙酮酸、α-酮戊二酸)氧化脱羧酶、转酮醇酶的辅酶，在糖代谢中发挥重要作用。此外，TPP还有抑制胆碱酯酶活性的作用。

维生素B_1缺乏时，TPP合成不足，导致糖代谢中间产物丙酮酸氧化脱羧反应受阻，血中丙酮酸和乳酸堆积，影响组织细胞的功能，累及神经组织和循环系统，可导致慢性末梢神经炎、心动过速，严重者可出现水肿、心力衰竭等，临床上称为“脚气病”。因此，维生素B_1又称抗神经炎或抗脚气病维生素。

再者，合成乙酰胆碱所需的乙酰CoA主要来自丙酮酸的氧化脱羧。当维生素B_1缺乏时，一方面可使乙酰胆碱合成减少；另一方面，TPP对胆碱酯酶活性的抑制减弱，使乙酰胆碱分解增加，从而影响神经传导。临床上，主要表现为消化液分泌减少、胃蠕动变慢、食欲缺乏、消化不良等症状。

（二）维生素B_2

维生素B_2又称核黄素（riboflavin）。由于其结构中的异咯嗪环上第1和第10位氮原子与活泼的双键连接，可反复进行接受或释放氢的反应，因而具有可逆的氧化还原性。

维生素B_2广泛存在于动植物中，奶与奶制品、肝、蛋类和肉类等含量丰富。

维生素B_2的活性形式是黄素单核苷酸（flavin mononucleotide，FMN）和黄素腺嘌呤二核苷酸（flavin adenine dinucleotide，FAD）。

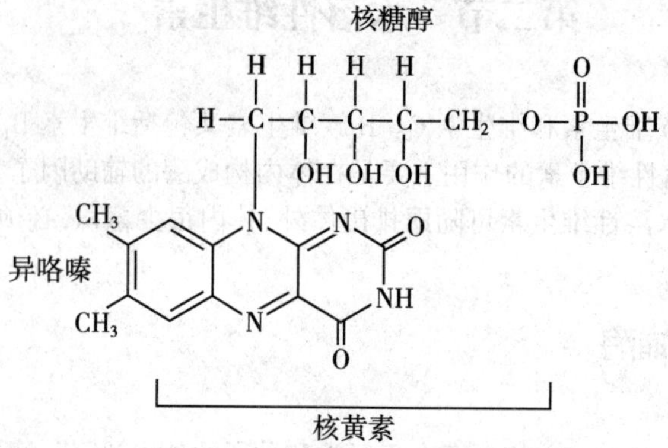

核糖醇

异咯嗪

核黄素

黄素单核苷酸（FMN）

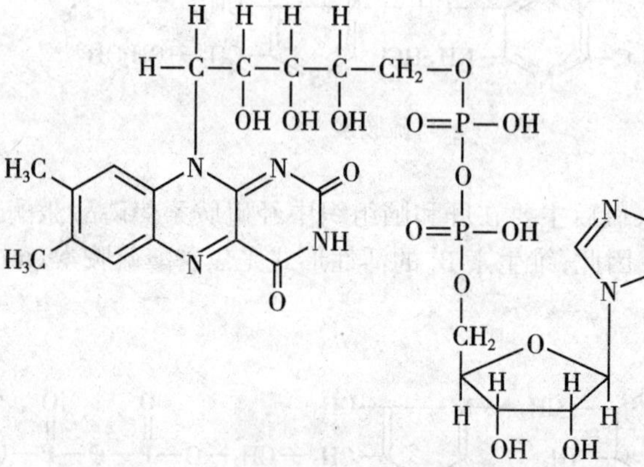

黄素腺嘌呤二核苷酸（FAD）

FMN 和 FAD 是体内多种氧化还原酶(如琥珀酸脱氢酶、脂酰辅酶 A 脱氢酶、黄嘌呤氧化酶等)的辅基,在生物氧化过程中主要起递氢作用,能促进糖、脂肪和蛋白质等的代谢,对维持皮肤、黏膜和视觉的正常功能均有一定的作用。

维生素 B_2 缺乏时,可引起口角炎、舌炎、阴囊炎、眼睑炎、畏光等症状。维生素 B_2 缺乏的原因常见于食物烹调不当或膳食供应不足。临床上,用光照疗法治疗新生儿黄疸时,在破坏皮肤胆红素的同时,核黄素也可同时遭到破坏,引起新生儿维生素 B_2 缺乏症。

(三) 维生素 PP

维生素 PP 包括烟酸(nicotinic acid)和烟酰胺(nicotinamide),两者均为吡啶衍生物。维生素 PP 广泛存在于自然界,体内色氨酸代谢可生成维生素 PP,但转化效率较低。

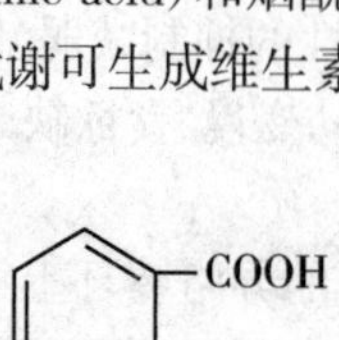

烟酸 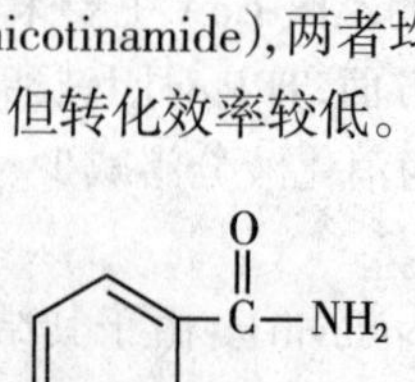　　烟酰胺

维生素 PP 的活性形式是烟酰胺腺嘌呤二核苷酸(NAD^+)和烟酰胺腺嘌呤二核苷酸磷酸($NADP^+$)。

NAD⁺的结构

NADP⁺的结构

NAD^+ 和 $NADP^+$ 分子中的烟酰胺部分中的吡啶氮为五价，能够可逆地接受电子变成三价，其对侧的碳原子性质活泼，能可逆地加氢或脱氢。烟酰胺每次可接受一个质子和两个电子（另一个质子游离于介质中）。因此，NAD^+ 和 $NADP^+$ 是生物体内多种不需氧脱氢酶的辅酶，在生物氧化过程中起递氢的作用，广泛参与体内各种代谢。维生素 PP 缺乏可引起癞皮病，其典型症状是皮肤暴露部位的对称性皮炎、腹泻和痴呆。

长期以玉米为主食者易缺乏维生素 PP，一方面因为玉米中色氨酸含量较低，影响烟酸合成，另一方面维生素 PP 在玉米中常以不易被吸收的结合形式存在。抗结核药物异烟肼的结构与维生素 PP 十分相似，两者有拮抗作用，因此长期服用异烟肼可引起维生素 PP 的缺乏。

此外，由于烟酸能抑制脂肪动员，使肝中 VLDL 的合成下降，从而降低血浆甘油三酯，所以临床上烟酸作为药物可用于高脂血症的治疗。但大量服用烟酸或烟酰胺（每日 1~6g）会引发血管扩张、脸颊潮红、痤疮及胃肠不适等症状。长期日服用量超过 500mg 可引起肝损伤。

（四）维生素 B_6

维生素 B_6 包括吡哆醇（pyridoxine）、吡哆醛（pyridoxal）和吡哆胺（pyridoxamine）。维生素 B_6 在酸性环境中较为稳定，但易被碱破坏，中性环境中易被光破坏，高温下可迅速被破坏。维生素 B_6 在动植物中分布很广，麦胚芽、米糠、大豆、酵母、蛋黄、肝、肾、肉、鱼中及绿叶蔬菜中含量丰富。肠道细菌可合成维生素 B_6，但只有少量被吸收利用。

吡哆醇　　吡哆醛　　吡哆胺

维生素 B_6 的活性形式是磷酸吡哆醛和磷酸吡哆胺，它们是转氨酶的辅酶，两者通过相互转化在氨基酸转氨基过程中发挥转移氨基的作用。

磷酸吡哆醛还是脱羧酶、δ- 氨基 -γ- 酮戊酸（ALA）合酶、同型半胱氨酸分解代谢酶的辅酶，分别参与氨基酸及其衍生物的脱羧反应、血红素的合成及同型半胱氨酸转化为甲硫氨酸的反应。

缺乏维生素 B_6 可产生小细胞低色素性贫血、血清铁含量增高或是高同型半胱氨酸血症。近年发现，高同型半胱氨酸血症是心脑血管疾病、血栓生成和高血压的危险因子。

人类未发现维生素 B_6 缺乏的典型病例。过量服用维生素 B_6 可引起中毒，表现为周围感觉神经病。

抗结核药异烟肼可与吡哆醛结合，形成异烟腙从尿中排出，容易引起维生素 B_6 缺乏症。因此，长期服用异烟肼时，应注意补充维生素 B_6。

(五) 生物素

生物素（biotin）又称维生素 H、维生素 B_7、辅酶 R 等。自然界存在的生物素至少有两种，α- 生物素和 β- 生物素。

α-生物素：—CH(COOH)—CH(CH_3)—CH_3 侧链

β-生物素：—$[CH_2]_4$—COOH 侧链

生物素是体内多种羧化酶的辅基，参与体内 CO_2 固定过程，与糖、脂肪、蛋白质和核酸的代谢密切相关。近年研究证明，生物素还参与细胞信号转导和基因表达，影响细胞周期、转录和 DNA 损伤的修复等。

生物素在动植物界分布广泛，如肝、肾、蛋黄、酵母、蔬菜、谷类中含量丰富。肠道细菌也能合成生物素，故很少出现缺乏症。新鲜鸡蛋清中有一种抗生物素蛋白，它能与生物素结合而不能被吸收，蛋清加热后这种蛋白遭破坏而失去作用。长期使用抗生素可能造成生物素的缺乏，主要症状是疲乏、恶心、呕吐、食欲缺乏、皮炎及脱屑性红皮病等。

(六) 泛酸

泛酸又称遍多酸（pantothenic acid）、维生素 B_5，因广泛存在于动、植物组织中而得名。

$$HO-CH_2-C(CH_3)_2-CH(OH)-CO-NH-CH_2-CH_2-COOH$$

泛酸

泛酸是构成辅酶 A（coenzyme A，CoA）和酰基载体蛋白（acyl carrier protein，ACP）的组成成分。CoA 及 ACP 是体内 70 多种酶的辅酶，广泛参与糖、脂类、蛋白质代谢及肝的生物转化作用。

泛酸　　β- 巯基乙胺

$O-CH_2-C(CH_3)_2-CHOHCONHCH_2CH_2CO-NHCH_2CH_2SH$

AMP

因泛酸分布广泛，肠道细菌亦可合成，故很少出现缺乏症。

(七) 叶酸

叶酸（folic acid）又称蝶酰谷氨酸（PGA），由 2- 氨基 -4- 羟基 -6- 甲基蝶呤啶（pteridine）、对氨基苯甲酸(paminobenzoic acid,PABA)和 L- 谷氨酸三部分组成。叶酸因在绿叶中含量丰富而得名,肝、酵母、水果中含量也丰富。

2-氨基-4-羟基-6-甲基蝶呤啶 对氨基苯甲酸(PABA) L-谷氨酸

叶酸的活性形式是四氢叶酸(tetrahydrofolic acid,THFA 或 FH_4)。人体内的叶酸被二氢叶酸还原酶还原为二氢叶酸(FH_2),后者再进一步还原为 5,6,7,8-FH_4,反应过程需要 $NADPH+H^+$ 和维生素 C 参与。

FH_4 是体内一碳单位转移酶的辅酶,分子中 N^5 和 N^{10} 是一碳单位的结合位点。一碳单位在体内参加嘌呤、胸腺嘧啶核苷酸的合成及甲硫氨酸循环等,与蛋白质、核酸代谢和红细胞、白细胞成熟有关。

叶酸在食物中含量丰富,肠道细菌也能合成,一般不发生缺乏症。孕妇及哺乳期妇女因代谢较旺盛,应适量补充叶酸。叶酸的应用还可以降低胎儿脊柱裂和神经管缺乏的危险性。口服避孕药或抗惊厥药能干扰叶酸的吸收及代谢,如长期服用时应考虑补充叶酸。

叶酸缺乏时,骨髓幼红细胞 DNA 合成减少,细胞分裂速度降低,细胞体积增大,造成巨幼红细胞性贫血(macrocytic anemia)。

再者,叶酸缺乏还可影响同型半胱氨酸甲基化生成甲硫氨酸,引起高同型半胱氨酸血症;引起 DNA 甲基化程度降低,增加某些癌症(如结肠直肠癌)的危险性。因此,富含叶酸的食物可降低这类癌症的风险。

(八) 维生素 B_{12}

维生素 B_{12} 含有金属元素钴,故又称钴胺素(cobalamine),是唯一含有金属元素的维生素。

维生素 B_{12} 在体内因结合的基团不同,可有多种存在形式。其中,甲钴胺素(methylcobalamin)、5′-脱氧腺苷钴胺素(5′-deoxyadenosylcobalamin)是维生素 B_{12} 的活性形式,也是血液中存在的主要形式。

钴胺素的结构

甲钴胺素是 $N^5\text{-}CH_3\text{-}FH_4$ 转甲基酶(甲硫氨酸合成酶)的辅酶,该酶催化同型半胱氨酸甲基化生成甲硫氨酸,参与甲基的转移。维生素 B_{12} 缺乏时,$N^5\text{-}CH_3\text{-}FH_4$ 的甲基不能转移出去,一方面可引起甲硫氨酸合成减少,可造成高同型半胱氨酸血症,加速动脉硬化、血栓生成和高血压的危险性;另一方面可影响 FH_4 的再生,组织中游离的 FH_4 含量减少,一碳单位的代谢受阻,造成核酸合成障碍,产生巨幼红细胞性贫血。

5′- 脱氧腺苷钴胺素是 L- 甲基丙二酰 CoA 变位酶的辅酶,该酶催化 L- 甲基丙二酰 CoA 转变为琥珀酰 CoA。维生素 B_{12} 缺乏时,L- 甲基丙二酰 CoA 大量堆积。因 L- 甲基丙二酰 CoA 的结构与脂肪酸合成的中间产物丙二酰 CoA 相似,因而影响脂肪酸的正常合成。脂肪酸合成的异常可以影响神经髓鞘的转换,造成髓鞘质变性退化,引发进行性脱髓鞘。所以临床上维生素 B_{12} 具有营养神经的作用。肝、肾、瘦肉、鱼及蛋类食物中的维生素 B_{12} 含量较高,肠道细菌也能合成,所以正常膳食者很少发生维生素 B_{12} 缺乏症。但维生素 B_{12} 的吸收需要一种由胃壁细胞分泌的高度特异的糖蛋白(内因子)和胰腺分泌的胰蛋白酶参与,故胃和胰腺功能障碍时,可引起维生素 B_{12} 的缺乏。

微课:维生素 B_{12} 和叶酸

二、维生素 C

维生素 C 又称 L- 抗坏血酸。抗坏血酸分子中 C_2 与 C_3 羟基可以氧化脱氢生成氧化型抗坏血酸,后者可接受氢再还原成抗坏血酸。

O=C, HO—C, HO—C, H—C, HO—C—H, CH_2OH $\underset{+2H}{\overset{-2H}{\rightleftharpoons}}$ O=C, O=C, O=C, H—C, HO—C—H, CH_2OH

L-抗坏血酸　　　　氧化型抗坏血酸

维生素 C 呈酸性,对碱和热不稳定,烹饪不当可引起维生素 C 大量丧失。维生素 C 广泛存在于新鲜的蔬菜和水果中。植物中的抗坏血酸氧化酶能将维生素 C 氧化灭活为二酮古洛糖酸,所以久存的水果和蔬菜中维生素 C 含量大量减少。

(一) 维生素 C 作为体内一些羟化酶的辅酶参与多种羟化反应

1. 促进胶原蛋白的生成　胶原蛋白是骨、毛细血管和结缔组织的重要构成成分。维生素 C 缺乏时,胶原蛋白合成降低,影响细胞间质物质的完整,出现毛细血管脆性增强易破裂、牙龈出血腐烂、牙齿松动、脱离、骨折及创口不易愈合等,临床上称"坏血病"。由于机体可贮存一定量的维生素 C,坏血病的症状常在维生素 C 缺乏 3~4 个月后出现。

2. 参与胆固醇转化成胆汁酸的过程　胆固醇转变为胆汁酸时,首先羟化生成 7α- 羟胆固醇,维生素 C 是催化这一反应的 7α- 羟化酶的辅酶。故维生素 C 缺乏时,可影响胆固醇的转化,引起体内胆固醇增多,成为动脉粥样硬化的危险因素。

3. 参与芳香族氨基酸的代谢　酪氨酸经转氨酶作用生成对羟苯丙酮酸,后者在对羟苯丙酮酸羟化酶催化下生成尿黑酸。维生素 C 缺乏时,尿中出现大量对羟苯丙酮酸。维生素 C 还参与酪氨酸转变为儿茶酚胺、色氨酸转变为 5- 羟色胺的反应。

4. 参与肉碱合成　体内肉碱合成过程需要依赖于维生素 C 的羟化酶。维生素 C 缺乏时,由于脂肪酸 β- 氧化减弱,患者往往出现倦怠乏力。

(二) 维生素 C 作为抗氧化剂,参与体内氧化还原反应

1. 维持 GSH 的还原性　GSH 有还原型和氧化型两种形式,彼此可以互变。维生素 C 在谷胱甘肽还原酶作用下,使氧化型谷胱甘肽(GSSG)还原为还原型谷胱甘肽(GSH),还原型谷胱甘肽对保护生物膜中含巯基的蛋白质与酶等不被氧化、维持生物膜的完整性具有重要作用。

2. 促进红细胞运输氧能力的恢复 维生素 C 能使红细胞中的高铁血红蛋白(MHb)还原为血红蛋白(Hb),恢复其运输氧的能力。

3. 有利于铁的吸收 肠道中的维生素 C 能使 Fe^{3+} 还原 Fe^{2+},有利于食物中铁的吸收。

4. 维生素 C 具有提高机体免疫力的作用 维生素 C 能够促进体内抗菌活性、NK 细胞活性,增加淋巴细胞的生成,提高吞噬细胞的吞噬能力,促进免疫球蛋白的合成,从而提高机体免疫力。因此,维生素 C 在临床上常用于心血管疾病、感染性疾病等的支持性治疗。

微课:维生素 C

此外,维生素 C 能够影响细胞内活性氧敏感的信号转导系统,调节基因表达,维持细胞功能,促进细胞分化。

本章小结

维生素是人体内不能合成或合成量甚少必须由食物供给的低分子有机化合物。维生素在调节人体物质代谢和维持正常功能等方面发挥着极其重要的作用。长期缺乏某种维生素时,可发生物质代谢障碍并出现相应的维生素缺乏病。维生素分为脂溶性、水溶性维生素两大类。

脂溶性维生素包括 A、D、E、K。维生素 A 主要维持正常视觉功能,缺乏时,暗适应时间延长。维生素 A 对基因表达和生长发育、细胞分化等也具有调控作用,维持上皮组织正常形态与生长,缺乏时,可引起眼干燥症。1,25- 二羟维生素 D_3 是维生素 D_3 的活性形式,具有类固醇激素样作用,能够促进钙、磷吸收,影响骨的代谢,维持血钙、血磷正常水平,缺乏时,儿童可患佝偻病,成人则发生软骨病。维生素 E 是体内重要的脂溶性抗氧化剂,可清除自由基保护生物膜的结构与功能。维生素 E 还具有调节信号转导过程和基因表达过程的作用。维生素 K 具有促进凝血作用。

水溶性维生素包括 B 族维生素和维生素 C。B 族维生素主要构成辅助因子,影响某些酶的活性,进而影响物质代谢。维生素 B_1 缺乏时,可引起脚气病。维生素 B_2 缺乏时,可引起口角炎、舌炎、阴囊炎等症。叶酸和维生素 B_{12} 在一碳单位和甲硫氨酸代谢中具有重要作用,缺乏可引起巨幼红细胞性贫血。维生素 C 作为体内一些羟化酶的辅酶参与多种羟化反应,维生素 C 还是水溶性抗氧化剂,参与体内氧化还原反应。

案例讨论

患者,女性,67 岁,主诉发现身高由原来 162 厘米变为 157 厘米,除偶尔夜间腿抽筋外无其他异常感觉。X 线片提示:骨质疏松。

案例分析

请分析:

该病人为什么变矮了?应采取哪些治疗措施?

(刘雪梅)

思考题

1. 引起维生素缺乏症的原因有哪些?
2. 为什么缺乏维生素 A 引起夜盲症?
3. 举例说明 B 族维生素在物质代谢中的作用。
4. 试述目前维生素 C 的临床应用有哪些?

扫一扫,测一测

第四章　糖　代　谢

学习目标

1. 掌握:糖的各条代谢途径的基本过程、关键酶及生理意义。
2. 熟悉:血糖的来源与去路、血糖恒定的意义及调节。
3. 了解:糖的储存与利用;非糖物质的转化过程及意义。
4. 能够阐明糖代谢紊乱及糖尿病时出现持续性高血糖和糖尿的原因,学会正确判断糖代谢紊乱的类型。
5. 认识生命中糖分解代谢的重要性,逐步建立代谢联系、整体统一的观点。

第一节　概　　述

图片:食物中的糖是人体重要的碳源物质

糖类又被称为碳水化合物(carbohydrate),是指多羟基醛或者多羟基酮以及它们的缩合物和某些衍生物。含有醛基的糖称为醛糖(aldose),含有酮基的糖称为酮糖(ketose)。

根据聚合度的不同,糖类可以分为单糖、寡糖和多糖。糖类是机体的一种重要的能量来源,人体所需能量的 50%~70% 都是由糖提供的,此外糖类还可以作为合成其他生物分子的前体和细胞的结构组分。

一、糖的存在形式

自然界中,糖广泛分布于动植物体内。在植物体内,糖主要以淀粉和纤维素形式存在。其中,淀粉是植物的主要养分,也是人类从食物中摄取糖的主要来源;纤维素是植物的骨架,人体内没有催化水解纤维素的酶,故纤维素不能作为营养物质。在动物体内,糖主要以葡萄糖(glucose)和糖原(glucogen)的形式存在;其中,葡萄糖(单糖类)是动物体内糖的主要运输形式,是体内血糖的主要成分;糖原是多聚葡萄糖(多糖类),是动物体内糖的贮存形式,主要有肝糖原和肌糖原。

二、糖的生理功能

1. 氧化供能　1mol 葡萄糖完全氧化成二氧化碳和水,可释放 2840kJ(676kcal)的能量,其中 34% 转化为 ATP,作为生理活动的化学能,是人体所需能量的最主要来源。

2. 贮存能量,补充血糖　糖在体内以糖原形式将能量储存起来,需要能量供应时,其中的肝糖原可以很快分解并释放入血,直接维持血糖浓度的相对恒定。

3. 提供合成其他物质的原料　糖在体内代谢过程中产生的中间产物可以作为体内其他物质的合成原料。例如,糖代谢过程中产生的 α- 磷酸甘油可用于脂肪的合成,丙酮酸转化成丙氨酸用于蛋白

质合成等。

4. 参与组织细胞的构成　糖蛋白参与生物膜和神经组织的构成，蛋白聚糖参与结缔组织、软骨和骨基质等的构成等。

5. 参与构成生物活性物质　糖能够参与免疫球蛋白（包括抗体）、激素、酶、凝血因子等生物活性物质的构成。

三、糖的消化吸收

食物中的淀粉进入机体后，必须要经过消化水解为单糖（主要是葡萄糖）才能被机体所吸收。唾液和胰液都含有能水解淀粉的淀粉酶，但由于食物在口腔中停留的时间较短，所以淀粉的消化主要在小肠中进行。在肠腔胰α-淀粉酶的催化下，淀粉被水解为麦芽糖、麦芽三糖，异麦芽糖和α-极限糊精；再经小肠黏膜上皮细胞分解成为葡萄糖（表 4-1）。

糖主要的吸收部位是小肠上段。葡萄糖被小肠上皮细胞摄取是一个依赖特定载体转运的主动耗能过程。

表 4-1　糖的消化吸收

部位	过程	作用酶
口腔	淀粉水解成少量麦芽糖、麦芽寡糖及其糊精	α-淀粉酶
胃	不消化糖类	
小肠	淀粉、少量麦芽糖、麦芽寡糖及其糊精分解成葡萄糖	胰淀粉酶 α-淀粉酶 糖淀粉酶 麦芽糖酶
血液	葡萄糖被小肠黏膜细胞吸收后经门静脉进入血循环	

微课：乳糖不耐受症

四、糖代谢的概况

葡萄糖吸收入血后，在体内代谢首先需进入细胞。在贫能的状态下通过糖类的分解代谢产生ATP，为细胞供能；而在富能状态下进行糖类的合成代谢，将单糖转变为多糖，以糖原形式暂时储存。

体内糖代谢的途径主要有糖的无氧氧化、糖的有氧氧化、磷酸戊糖途径、糖原合成与分解、糖异生等途径（图 4-1）。

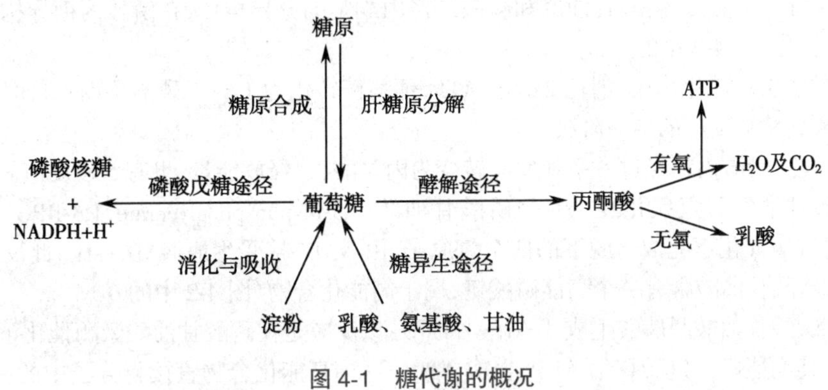

图 4-1　糖代谢的概况

第二节　糖的分解代谢

葡萄糖在体内的分解代谢主要有三条途径：糖的无氧氧化（anaerobic oxidation）、糖的有氧氧化（aerobic oxidation）和磷酸戊糖途径（pentose phosphate pathway，PPP）。

笔记

一、糖的无氧氧化

（一）基本概念与发生部位

葡萄糖或糖原在缺氧或氧供应不足的情况下分解产生乳酸的过程，称为糖的无氧氧化。糖无氧氧化主要在细胞液中进行。

（二）反应过程

糖无氧氧化的反应过程大体可分为两个阶段：第一阶段为葡萄糖或糖原生成丙酮酸的过程；第二个阶段为丙酮酸生成乳酸的过程。

1. 丙酮酸的生成（糖酵解途径） 该阶段根据能量变化特点又分为耗能和产能两个阶段。该阶段中葡萄糖转变为丙酮酸，与酵母使糖生醇发酵的过程相似，故又称为糖酵解（glycolysis）。因 Embden 和 Meyerhof 对此途径进行了透彻的描述，故又称 Embden-Meyerhof 途径（EMP）。糖酵解是生物体内最重要的分解代谢途径之一，几乎发生在所有的活细胞的基质中，只是速率有别。

（1）耗能阶段：1 分子葡萄糖裂解为 2 分子磷酸丙糖，需消耗能量，共进行 5 步反应。

1）葡萄糖磷酸化成 6- 磷酸葡萄糖（glucose-6-phosphate，G-6-P）：该反应是糖酵解的第一步磷酸化反应，由己糖激酶（hexokinase，HK）催化完成，同时需要 ATP 提供能量和磷酸基，故该步骤消耗 1 分子的 ATP。己糖激酶是糖酵解的第一个关键酶（key enzyme），其催化的反应不可逆（图 4-2 中的①）。

己 糖 激 酶

己糖激酶的专一性不强，可作用于多种己糖，如葡萄糖、果糖等（在肝脏中的己糖激酶也被称为葡萄糖激酶）。在胰腺 β- 细胞中，己糖激酶作为葡萄糖磷酸化反应主要的酶，并作为葡萄糖浓度的感应器，决定胰岛素分泌的阈值。己糖激酶活性的突变，会引起青少年 2 型糖尿病（$MODY_2$）。

2）6- 磷酸葡萄糖异构为 6- 磷酸果糖（fructose-6-phosphate，F-6-P）：该反应在磷酸己糖异构酶催化下完成，此反应可逆（图 4-2 中的②）。

3）6- 磷酸果糖磷酸化成 1,6- 二磷酸果糖（fructose-1,6-bisphosphate，F-1,6-BP）：该反应是糖酵解的第二步磷酸化反应，由磷酸果糖激酶 -1（phosphofructokinase，PFK-1）催化完成，同样需要消耗 1 分子的 ATP。磷酸果糖激酶 -1 是糖酵解的第二个关键酶，其催化的反应不可逆（图 4-2 中的③）。

4）1,6- 二磷酸果糖裂解成 2 分子的磷酸丙糖：该反应在醛缩酶（aldolase）的催化下完成，生成的 2 分子的磷酸丙糖，分别为 3- 磷酸甘油醛和磷酸二羟丙酮，此反应可逆（图 4-2 中的④）。

5）磷酸丙糖的互变：3- 磷酸甘油醛和磷酸二羟丙酮是同分异构体，在磷酸丙糖异构酶的催化下，两者可以相互转化（图 4-2 中的⑤）。

至此，通过两次磷酸化作用，消耗 2 分子 ATP，葡萄糖转化为 1,6- 二磷酸果糖，进而裂解为 2 分子磷酸丙糖，完成糖酵解反应的第一阶段。

（2）产能阶段：磷酸丙糖经过一系列反应转变为丙酮酸，并释放能量，也有 5 步反应。

1）3- 磷酸甘油醛脱氢氧化成 1,3- 二磷酸甘油酸（1,3-bisphosphoglycerate，1,3-BPG）：该反应在 3- 磷酸甘油醛脱氢酶催化下完成。脱下的两个氢原子，由 NAD^+ 接受生成 $NADH+H^+$，此反应是可逆的。生成的 1,3- 二磷酸甘油酸含有一个高能磷酸键，属于高能化合物（图 4-2 中的⑥）。

知识链接：2,3-BPG 支路与高原耐力训练

2）1,3- 二磷酸甘油酸脱磷酸生成 3- 磷酸甘油酸：该反应是在磷酸甘油酸激酶催化下完成，1,3- 二磷酸甘油酸将其高能磷酸键转移给 ADP，生成 ATP。这种高能化合物直接将分子中的高能键转移给 ADP（或 GDP）生成 ATP（或 GTP）的过程称为底物水平磷酸化（substrate level phosphorylation）。因此，该反应产生 1 分子的 ATP（图 4-2 中的⑦）。

在红细胞中，除了上述反应之外，1,3- 二磷酸甘油酸在磷酸甘油酸变位酶的催化下还可转变成 2,3- 二磷酸甘油酸（2,3-bisphosphoglycerate，2,3-BPG），后者在 2,3- 二磷酸甘油酸磷酸酶的催化下生成 3- 磷酸甘油酸，这条代谢途径称为 2,3- 二磷酸甘油酸支路，对于红细胞血红蛋白运氧具有重要作用。

3）3- 磷酸甘油酸转变为 2- 磷酸甘油酸：该反应是在磷酸甘油酸变位酶催化下完成的，此反应可逆（图 4-2 中的⑧ ）。

4）2- 磷酸甘油酸生成磷酸烯醇式丙酮酸（phosphoenolpyruvate，PEP）：该反应在烯醇化酶的催化下完成，此反应可逆。生成的磷酸烯醇式丙酮酸是高能化合物（图 4-2 中的⑨）。

5）磷酸烯醇式丙酮酸生成丙酮酸：该反应在丙酮酸激酶（pyruvate kinase，PK）的催化下完成。磷酸烯醇式丙酮酸将高能磷酸键转移给 ADP，生成 ATP 和烯醇式丙酮酸，烯醇式丙酮酸不稳定，可自动转变为丙酮酸。丙酮酸激酶是糖酵解过程的第三个关键酶，催化不可逆反应。此反应同样是底物水平磷酸化反应，可生成 1 分子 ATP（图 4-2 中的⑩）。

至此，一分子磷酸丙糖转变为丙酮酸，经两次底物水平磷酸化，可生成 2 分子 ATP，完成糖酵解途径的第二阶段。由于 1 分子葡萄糖裂解为 2 分子的磷酸丙糖，故该阶段共生成 4 分子 ATP。

2. 乳酸的生成　丙酮酸在乳酸脱氢酶的催化下，由 3- 磷酸甘油醛脱氢氧化生成的 $NADH+H^+$ 提供氢，还原生成乳酸，此反应可逆。

糖酵解反应的全过程见图 4-2。

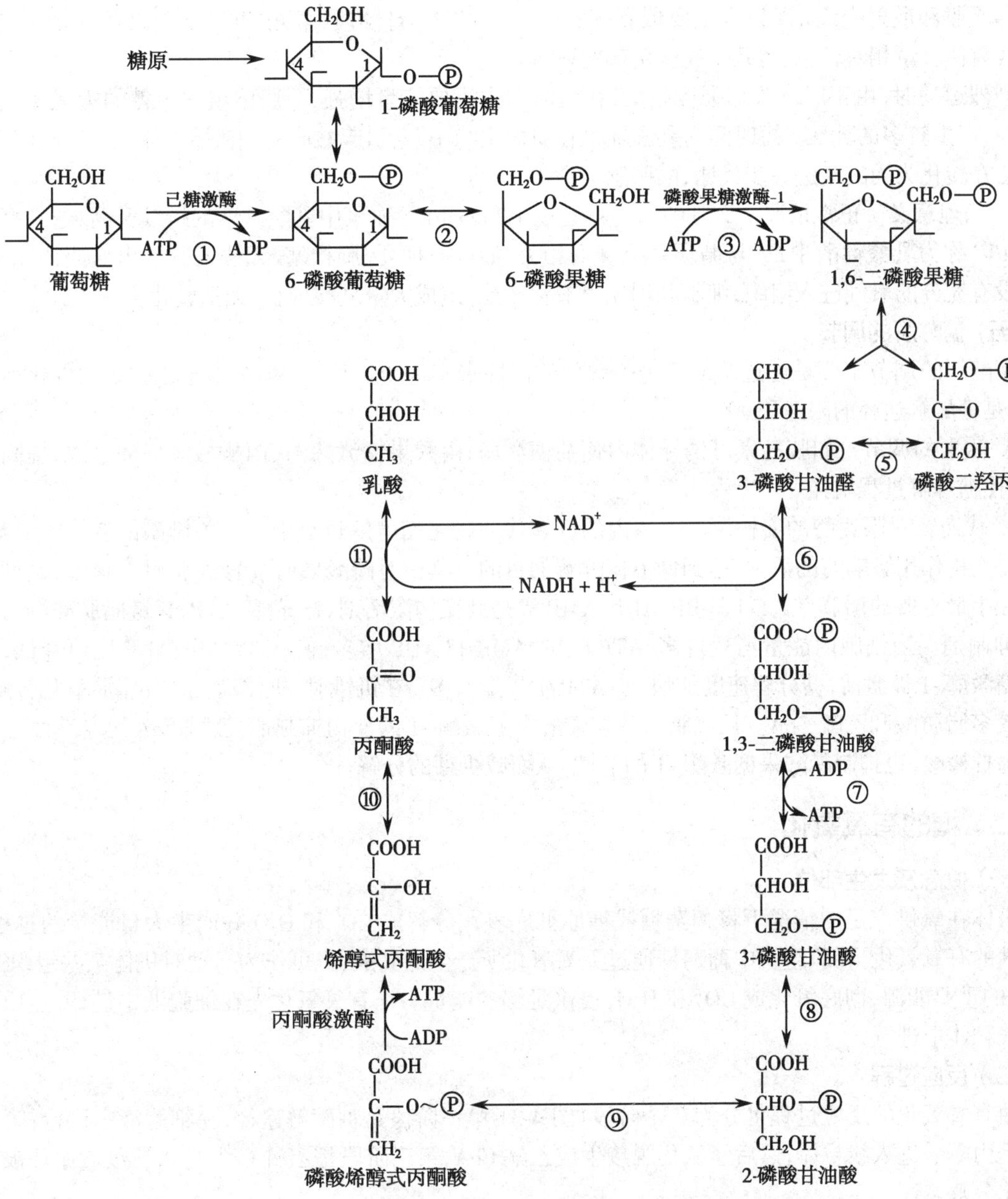

微课：糖的无氧氧化

图 4-2　糖酵解反应的全过程

(三) 反应特点

1. 反应全过程均在细胞液中进行,没有氧的参与,乳酸是糖无氧氧化的终产物。

2. 糖酵解反应过程中有三步不可逆的单向反应,导致整个过程不可逆。催化这三步反应的已糖激酶(葡萄糖激酶)、磷酸果糖激酶 -1 和丙酮酸激酶是糖酵解途径的关键酶。

3. 葡萄糖进行无氧氧化可净生成 2 分子的 ATP;糖原进行无氧氧化时,因少消耗 1 分子的 ATP,故可生成 3 分子的 ATP(见本章第三节)。

(四) 生理意义

1. 是机体在缺氧情况下获得能量的主要方式　在生理性缺氧情况下,如剧烈运动时,能量需求增加,糖酵解可迅速为肌肉收缩提供急需的能量;人从平原进入高原的初期,由于氧供不足,此时组织细胞的糖酵解会增强。在病理性缺氧情况下,如呼吸、循环功能障碍、严重贫血、大量失血等造成机体缺氧时,组织细胞内的糖酵解会加强,来满足机体对能量的需求。但需要注意的是,糖酵解增强会导致乳酸产生过多,有发生酸中毒的可能。

2. 在正常生理状况下,也是个别组织细胞的主要获能方式　例如,成熟红细胞没有线粒体,不能进行有氧氧化,只能通过糖酵解获取能量。角膜、晶状体和视网膜血供有限,并且缺乏线粒体(因为线粒体会吸收和散射光线),所以也主要依靠糖酵解生成 ATP。肾髓质、睾丸、淋巴细胞以及白肌纤维细胞中线粒体含量相对较少,也几乎完全依赖糖酵解供能。

0405

拓展阅读:果糖不耐症与乳酸性酸中毒

剧烈运动时,由于肌肉收缩强度较大,在短时间内需要能量增强,故肌肉组织中糖的无氧氧化程度加强,产生较多的乳酸。短时间内乳酸堆积在肌肉组织中,会引起酸胀的刺激感。休息一段时间后,乳酸会在转化为丙酮酸进一步代谢,酸胀感会消失。

3. 病理意义　正常情况下血乳酸水平不超过 1.2mmol/L。血浆中乳酸浓度的持续升高(通常高过 5mmol/L)称为乳酸性酸中毒,与循环系统衰竭相关,如心肌梗死、肺栓塞、无法控制的出血或休克等。由于没有充分的氧气进入组织,细胞利用无氧氧化产能,造成大量乳酸堆积,无法转化。

(五) 糖酵解的调节

糖酵解的调节主要是通过调节三个关键酶的活性来实现的。其中,磷酸果糖激酶 -1 的催化活性最低,是糖酵解途径的限速酶。

1. 激素的调节　如胰岛素可诱导体内葡萄糖激酶、磷酸果糖激酶 -1、丙酮酸激酶的合成,提高其活性,使糖酵解过程增强。

0406

图片:糖酵解在体内受到严格的调控

2. 代谢物对限速酶的变构调节　体内的许多代谢物是糖酵解过程中三个关键酶的变构效应剂,可通过变构作用影响酶的活性,达到调节糖酵解的目的。其中对磷酸果糖激酶 -1 活性的调节,是糖酵解途径中最重要的调节点。F-1、6-BP、ADP、AMP 等是其变构激活剂;柠檬酸、ATP、长链脂肪酸等为其变构抑制剂。当细胞内能量消耗过多,ATP 减少,AMP 和 ADP 增多,使 ATP/AMP、ADP 比值降低,磷酸果糖激酶 -1 被激活,糖分解速度加快,使 ATP 生成量增多。在饥饿时,机体动员贮存脂肪氧化分解,生成较多脂肪酸和乙酰 CoA。长链脂肪酸是磷酸果糖激酶 -1 的变构抑制剂;乙酰 CoA 可与草酰乙酸缩合为柠檬酸,也抑制磷酸果糖激酶 -1 的活性,从而减少糖的分解。

二、糖的有氧氧化

(一) 概念及发生部位

机体在氧供充足的情况下将葡萄糖或糖原彻底氧化分解成 CO_2 和 H_2O 并产生大量能量的过程,称为糖的有氧氧化。在肌组织中葡萄糖通过无氧氧化所产生的乳酸,也可作为运动时机体某些组织(如心肌)的重要能源,彻底氧化成 CO_2 和 H_2O,提供足够的能量。糖有氧氧化先在细胞液中进行,然后再进入线粒体中进行。

(二) 反应过程

糖有氧氧化的反应过程可分为三个阶段(图 4-3):第一阶段是糖酵解途径,在细胞液中进行;第二阶段是丙酮酸进入线粒体,然后经氧化脱羧生成乙酰 CoA;第三阶段是乙酰 CoA 进入三羧酸循环被彻底氧化分解。

1. 葡萄糖经糖酵解生成丙酮酸　同糖无氧氧化第一阶段。

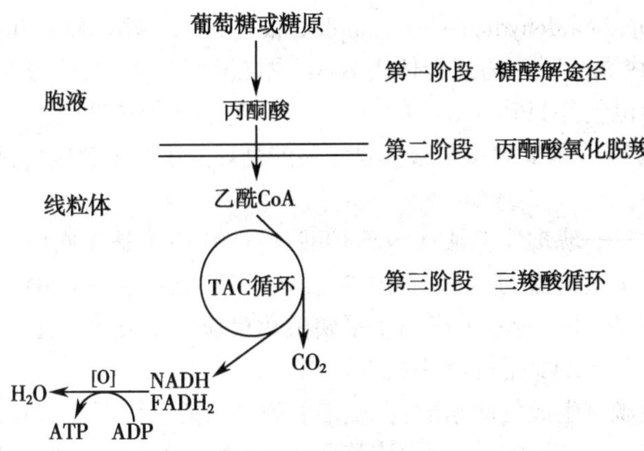

图 4-3 糖有氧氧化的三个阶段

2. 丙酮酸进入线粒体氧化脱羧生成乙酰 CoA 在丙酮酸脱氢酶系（pyruvate dehydrogenase system）的催化下，丙酮酸经 5 步反应与辅酶 A 结合生成含有高能键的乙酰 CoA。总反应过程如下：

$$\begin{matrix} COOH \\ | \\ C{=}O \\ | \\ CH_3 \\ \text{丙酮酸} \end{matrix} + \underset{\text{辅酶A}}{CoA\text{-}SH} \xrightarrow[NAD^+ \quad NADH+H^+]{\text{丙酮酸脱氢酶系}} \begin{matrix} CH_3 \\ | \\ CO{\sim}SCoA \\ \text{乙酰辅酶A} \end{matrix} + CO_2$$

丙酮酸脱氢酶系为一多酶复合体，由三种酶蛋白、五种辅酶组成（表 4-2）。

表 4-2 丙酮酸脱氢酶系的组成

酶	辅酶（辅基）	所含维生素
丙酮酸脱羧酶（E_1）	TPP	维生素 B_1
二氢硫辛酸乙酰转移酶（E_2）	二氢硫辛酸、辅酶 A	硫辛酸、泛酸
二氢硫辛酸脱氢酶（E_3）	FAD、NAD^+	维生素 B_2、维生素 PP

在整个反应中，由于产生的中间产物并未离开多酶复合体，所以此反应过程是迅速的、不可逆的。

3. 乙酰 CoA 进入三羧酸循环被彻底氧化分解成 CO_2 和 H_2O。

拓展阅读：维生素 B_1 缺乏与韦尼克脑病

（三）三羧酸循环

三羧酸循环（tricarboxylic acid cycle，TAC）是指从乙酰 CoA 与草酰乙酸缩合生成含有三个羧基的柠檬酸开始，经历一系列反应，又生成草酰乙酸的过程，又称之为柠檬酸循环（cirtic acid cycle）。因为这个过程是由德裔科学家 Krebs 提出的，又被称为 Krebs 循环。

1. 三羧酸循环的反应过程

（1）缩合——乙酰 CoA 与草酰乙酸缩合为柠檬酸：此反应由柠檬酸合酶（citrate-synthase）催化。柠檬酸合酶是三羧酸循环的第一个关键酶，故该步反应不可逆（图 4-4 中的①）。

（2）脱水 + 水合——柠檬酸异构化形成异柠檬酸：在顺乌头酸酶的催化下，柠檬酸通过脱水反应形成顺乌头酸；然后再加水生成异柠檬酸（图 4-4 中的② a- ② b）。

（3）氧化脱羧——异柠檬酸氧化脱羧生成 α- 酮戊二酸：此反应由异柠檬酸脱氢酶（isocitrate dehydrogenase）催化，是三羧酸循环中的第一次氧化脱羧反应，生成 1 分子 CO_2，反应脱下的氢由 NAD^+ 传递，生成 1 分子的 H_2O。异柠檬酸脱氢酶是三羧酸循环的第二个关键酶，该反应不可逆（图 4-4 中的③）。

异柠檬酸脱氢酶催化活性最低，是三羧酸循环的限速酶，其活性受 ADP 的变构激活，受 ATP 的变构抑制。

（4）氧化脱羧——α- 酮戊二酸氧化脱羧生成琥珀酰辅酶 A（succinyl CoA）：此反应由 α- 酮戊二酸

脱氢酶复合体(α-ketoglutatrate dehydrogenase complex)催化,是三羧酸循环中的第二次氧化脱羧反应,生成 1 分子 CO_2。α- 酮戊二酸脱氢酶复合体由 α- 酮戊二酸脱氢酶、二氢硫辛酸琥珀酰转移酶、二氢硫辛酸脱氢酶组合而成,也包含 TPP、NAD^+、FAD、硫辛酸、辅酶 A 等辅助因子。脱下的氢由 NAD^+ 传递,生成 1 分子的 H_2O。α- 酮戊二酸脱氢酶复合体是三羧酸循环的第三个关键酶,故该反应不可逆(图 4-4 中的④)。

(5) 底物水平磷酸化——琥珀酰 CoA 生成琥珀酸:琥珀酰 CoA 是高能化合物,在琥珀酰 CoA 合成酶的催化下,其分子中的高能硫酯键水解,释放能量,转移给 GDP,使之磷酸化生成 GTP;琥珀酰 CoA 生成琥珀酸。这是三羧酸循环中唯一的底物水平磷酸化反应。生成的 GTP 可直接利用,也可将其高能磷酸基团转移给 ADP 生成 ATP(图 4-4 中的⑤)。

(6) 脱氢——琥珀酸脱氢生成延胡索酸:在琥珀酸脱氢酶的催化下,琥珀酸脱氢生成延胡索酸,脱下的氢由 FAD 传递,可生成 1 分子的 H_2O。该酶是 TAC 循环中唯一与线粒体内膜结合的酶(图 4-4 中的⑥)。

(7) 水合——延胡索酸加水生成苹果酸:此反应由延胡索酸酶催化(图 4-4 中的⑦)。

(8) 脱氢——苹果酸脱氢生成草酰乙酸:在苹果酸脱氢酶催化下,苹果酸脱氢生成草酰乙酸,脱下的氢由 NAD^+ 传递,生成 1 分子的 H_2O;草酰乙酸可再次携带乙酰基进入三羧酸循环(图 4-4 中的⑧)。

三羧酸循环全过程见图 4-4。

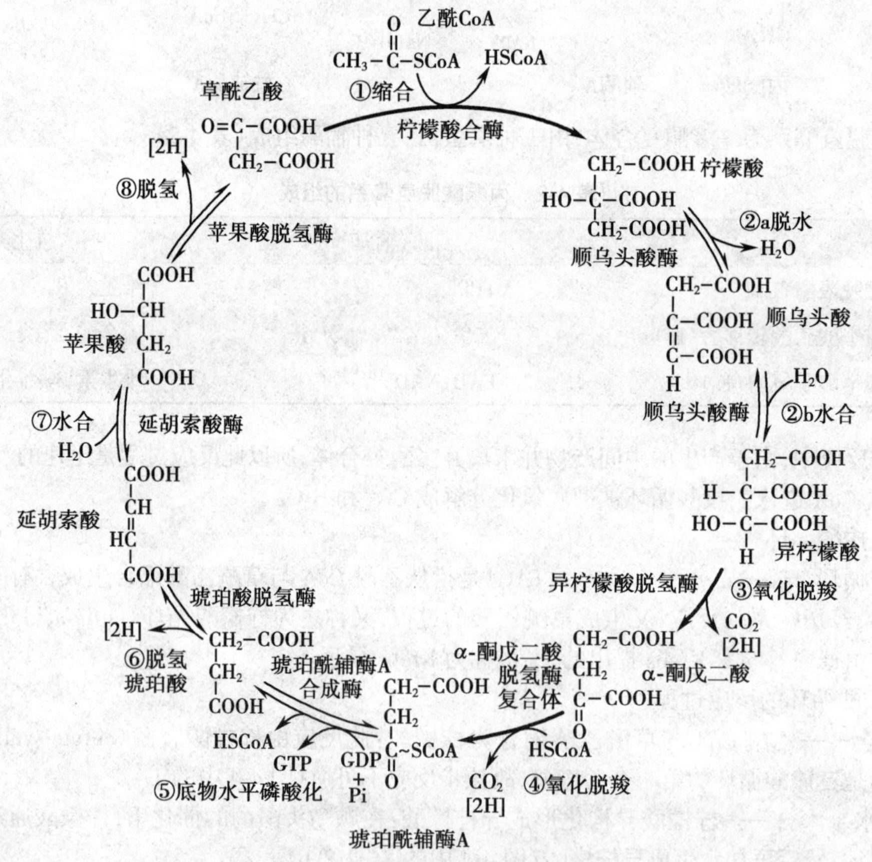

图 4-4 三羧酸循环反应全过程

2. 三羧酸循环的特点

(1) 三羧酸循环有三个关键酶催化的三步反应是单向不可逆的,所以整个循环不可逆。这三个关键酶是柠檬酸合酶、异柠檬酸脱氢酶、α- 酮戊二酸脱氢酶复合体。

(2) 三羧酸循环必须有氧参加,两个碳原子的乙酰 CoA 进入三羧酸循环,最后以 2 份 CO_2 的形式离开。每循环 1 周,有 2 次脱羧,4 次脱氢。2 次脱羧可生成 2 分子 CO_2,是机体产生 CO_2 的主要方式;

4 次脱氢共生成 3 分子 NADH+H^+ 和 1 分子 $FADH_2$，经氧化磷酸化后可生成 4 分子 H_2O，并产生能量(在呼吸链一章介绍)。

(3) 三羧酸循环是体内能量生成的主要途径。1 分子乙酰 CoA 经三羧酸循环可生成 10 分子 ATP。

微课：一分子乙酰 CoA 进入三羧酸循环的简要过程

回 补 反 应

体内各代谢途径是彼此联系、相互交汇且相互转化的，三羧酸循环的中间产物常移出循环而参与其他代谢途径，如草酰乙酸可转变为天冬氨酸而参与蛋白质代谢，琥珀酰 CoA 可用于血红素的合成，α- 酮戊二酸可转变为谷氨酸等。因此，为了维持三羧酸循环中间产物的一定浓度，保证循环的正常进行，就必须不断补充被消耗的中间产物，如某些氨基酸的碳架可转变为三羧酸循环的中间产物。这种由其他物质转变为三羧酸循环中间产物的反应称为回补反应。

3. 三羧酸循环的生理意义

(1) 三羧酸循环是体内营养物质彻底氧化分解的共同通路。乙酰 CoA 不仅来自糖的分解代谢，也是脂肪、蛋白质等营养物质分解的共同产物。进入三羧酸循环的乙酰 CoA 完全氧化分解为 CO_2 和 H_2O，并释放大量能量以满足机体需要。因此，三羧酸循环是三大营养物质彻底氧化分解的共同途径。

图片：三羧酸循环的中间产物为其他代谢途径提供前体物质

(2) 三羧酸循环是体内物质代谢相互联系和转变的枢纽。三羧酸循环反应是一个开放系统，它的许多中间产物与其他代谢途径相沟通。如某些氨基酸的碳架可转变为三羧酸循环的中间产物，再经糖异生途径转变为糖或甘油；三羧酸循环所提供的 α- 酮戊二酸、草酰乙酸等可转变为氨基酸；脂肪酸、胆固醇、氨基酸等的合成也需三羧酸循环协助提供前体物质。

(四) 糖有氧氧化的生理意义

糖有氧氧化是机体获能的主要方式。1 分子葡萄糖经有氧氧化可净生成 30 或 32 分子 ATP(表 4-3)。因此在正常生理条件下，糖的有氧氧化是机体大多数组织细胞的主要获能方式。

表 4-3　葡萄糖有氧氧化时 ATP 的生成与消耗

反应过程	ATP 生成方式	ATP 数量
葡萄糖→6- 磷酸葡萄糖		−1
6- 磷酸果糖→1,6- 二磷酸果糖		−1
3- 磷酸甘油醛→1,3- 二磷酸甘油酸	NADH(FADH)呼吸链氧化磷酸化	2.5(1.5)×2*
1,3- 二磷酸甘油酸→3- 磷酸甘油酸	底物水平磷酸化	1×2**
磷酸烯醇式丙酮酸→烯醇式丙酮酸	底物水平磷酸化	1×2
丙酮酸→乙酰辅酶 A	NADH 呼吸链氧化磷酸化	2.5×2
异柠檬酸→α- 酮戊二酸	NADH 呼吸链氧化磷酸化	2.5×2
α- 酮戊二酸→琥珀酰辅酶 A	NADH 呼吸链氧化磷酸化	2.5×2
琥珀酰辅酶 A→琥珀酸	底物水平磷酸化	1×2
琥珀酸→延胡索酸	FADH 呼吸链氧化磷酸化	1.5×2
苹果酸→草酰乙酸	NADH 呼吸链氧化磷酸化	2.5×2
合计		30 或 32

* 根据 NADH+H^+ 进入线粒体的方式不同，如经 α- 磷酸甘油穿梭只产生 2×1.5 ATP；

**1 分子葡萄糖生成 2 分子 3- 磷酸甘油醛，故 ×2。

(五) 糖有氧氧化的调节

糖酵解途径的调节同糖的无氧氧化。丙酸酸氧化脱羧和三羧酸循环的调节是通过调节丙酮酸脱氢酶系及三羧酸循环中的三个关键酶的活性实现的。

1. 丙酮酸脱氢酶系的调节　通过变构效应和共价修饰两种方式，可以快速调节丙酮酸脱氢酶系

的活性。ATP 是丙酮酸脱氢酶系的抑制剂,乙酰辅酶 A、NADH 可反馈抑制该酶系的活性;AMP、辅酶 A 和 NAD^+ 则为其激活剂。丙酮酸脱氢酶系还受到共价修饰调节,经磷酸化后,活性受到抑制,脱磷酸化活性则恢复。

2. 三羧酸循环的调节　三羧酸循环的速率和流量受多种因素的调控。柠檬酸合酶、异柠檬酸脱氢酶和 α- 酮戊二酸脱氢酶复合体是三羧酸循环的重要调节点,它们均受代谢物浓度的调节。例如,ATP、α- 酮戊二酸、NADH、长链脂酰 CoA 是柠檬酸合酶的变构抑制剂,可抑制其活性;AMP 可对抗 ATP 的抑制作用,可激活柠檬酸合酶。ADP 是异柠檬酸脱氢酶的激活剂,而 ATP、NADH 是此酶的抑制剂。ATP、GTP、NADH 和琥珀酰 CoA 可抑制 α- 酮戊二酸脱氢酶复合体的活性(图 4-5)。

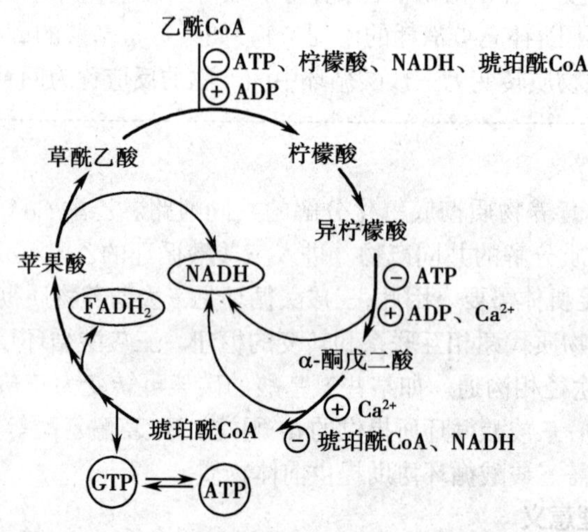

图 4-5　三羧酸循环的调节

再者,三羧酸循环还受细胞内能量状态的影响。当 $NADH/NAD^+$、ATP/(ADP、AMP)比值高时,上述三种酶的活性被反馈抑制,使三羧酸循环速度减慢。

3. 糖有氧氧化和糖酵解可相互调节　糖有氧氧化对糖酵解有抑制作用,这种现象称为巴士德效应(Pasteur effect),是由 Pasteur 在研究酵母菌发酵时发现的。

巴士德效应、反巴斯德效应与 PET-CT

法国微生物学家路易·巴士德(L.Pasteur)在研究酵母菌发酵时,发现在供氧充足的情况下,细胞内糖酵解受到抑制,乳酸生成减少。这种有氧氧化对糖酵解的抑制作用称为巴士德效应(Pasteur effect)。克勒勃屈利(Crabtree)发现高浓度的葡萄糖可以抑制有氧氧化,将这种现象称为葡萄糖效应或 Crabtree 效应,也可称为反巴斯德效应。反巴士德效应普遍存在于肿瘤细胞中,这是因为肿瘤细胞的调节功能失常,会导致大量乳酸产生。正电子成像术(positron emission tomography,PET)就是利用放射性元素示踪剂作为探针,检测糖酵解异常活跃部位,以识别肿瘤部位。目前 PET 大都与 CT 组合,称为 PET-CT。

三、磷酸戊糖途径

(一) 概念与部位

在体内某些代谢比较活跃的组织中,糖在分解代谢的过程还能产生磷酸戊糖和 NADPH,称为磷酸戊糖途径,是糖分解代谢的又一条重要途径。该途径主要发生在肝、脂肪组织、哺乳期的乳腺、肾上腺皮质、性腺、骨髓和红细胞等。

(二) 反应过程

磷酸戊糖途径的反应过程由 6- 磷酸葡萄糖开始,经过氧化反应和基团转移反应两个阶段,生成糖

酵解途径的中间产物。

1. 氧化反应阶段　6- 磷酸葡萄糖首先在 6- 磷酸葡萄糖脱氢酶的催化下，脱氢生成为 6- 磷酸葡萄糖酸；后者再次脱氢、脱羧，生成 5- 磷酸核酮糖；再经异构化反应生成 5- 磷酸核糖。6- 磷酸葡萄糖脱氢酶是磷酸戊糖途径的关键酶，其催化的 6- 磷酸葡萄糖脱氢反应是磷酸戊糖途径的限速步骤，反应不可逆。

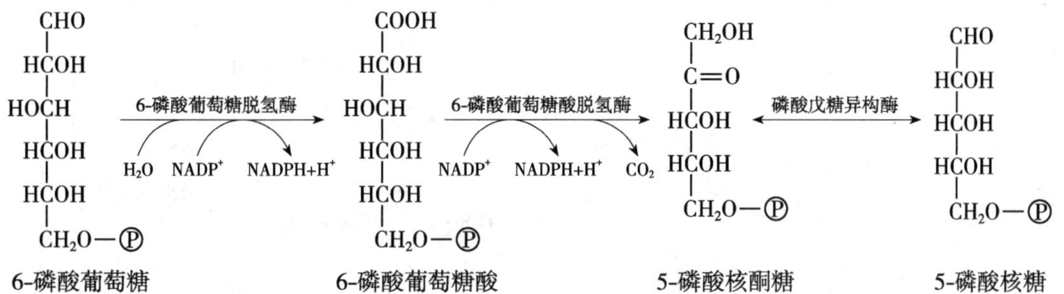

2. 基团转移反应阶段　5- 磷酸核酮糖经过一系列转酮基及转醛基反应，经过磷酸丁糖、磷酸戊糖及磷酸庚糖等中间代谢物，最后生成 3- 磷酸甘油醛及 6- 磷酸果糖，后两者则可进入糖酵解途径进一步分解，反应过程可逆（图 4-6）。

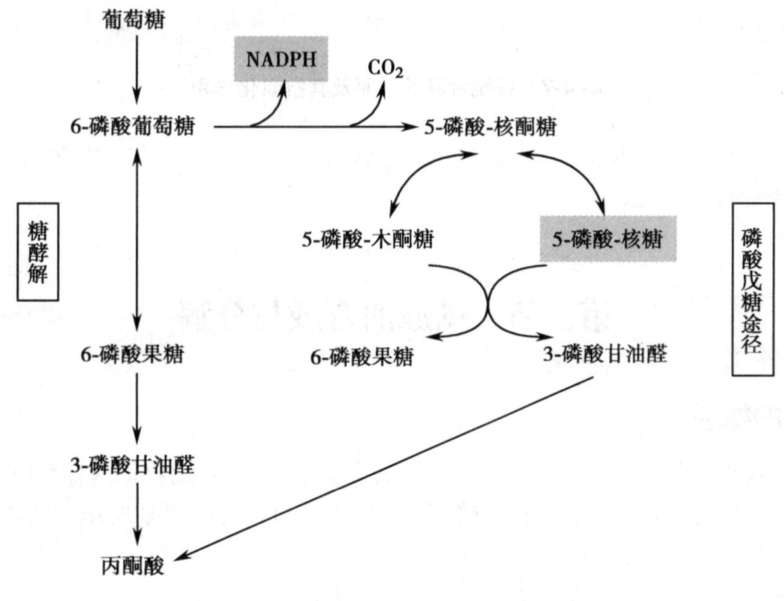

图 4-6　磷酸戊糖途径与糖酵解的联系

磷酸戊糖途径的总反应为：

$$\boxed{\text{6- 磷酸葡萄糖}} \times 3 + \text{NADPH}^+ \longrightarrow \boxed{\text{6- 磷酸果糖}} \times 2 + \boxed{\text{3- 磷酸甘油醛}} + \boxed{\text{NADPH+H}^+} \times 6 + \boxed{CO_2} \times 3$$

（三）生理意义

1. 生成 5- 磷酸核糖　磷酸戊糖途径是葡萄糖在体内生成 5- 磷酸核糖的唯一途径。5- 磷酸核糖是合成核苷酸及其衍生物的重要原料，故此代谢途径在损伤后修复再生的组织、更新旺盛的组织（如肾上腺皮质、梗死后的心肌及部分切除后的肝等）中比较活跃。

2. 生成 NADPH+H$^+$ 的作为供氢体，参与体内许多重要的代谢反应

（1）NADPH+H$^+$ 作为供氢体参与体内多种生物合成反应，如脂肪酸、胆固醇和类固醇激素的生物合成等。

（2）作为谷胱甘肽还原酶的辅酶，对维持谷胱甘肽（GSH）的还原性有重要作用（图 4-7）。还原型

谷胱甘肽是体内重要的抗氧化剂，可作为供氢体而保护细胞膜上含巯基的蛋白质或酶免遭氧化而丧失正常结构与功能，尤其对于维持红细胞膜的正常结构与功能是十分重要的。此外，还原型谷胱甘肽还可与 H_2O_2 作用而消除其氧化作用；还原型谷胱甘肽还有助于维持血红蛋白的亚铁状态。

遗传性 6- 磷酸葡萄糖脱氢酶缺陷的患者磷酸戊糖途径不能正常进行，导致 NADPH 缺乏，不能有效维持 GSH 的还原状态，所以红细胞膜（尤其是较老的红细胞）很容易在某些因素的诱发下破裂而发生急性溶血，临床上称蚕豆病。

拓展阅读：蚕豆病

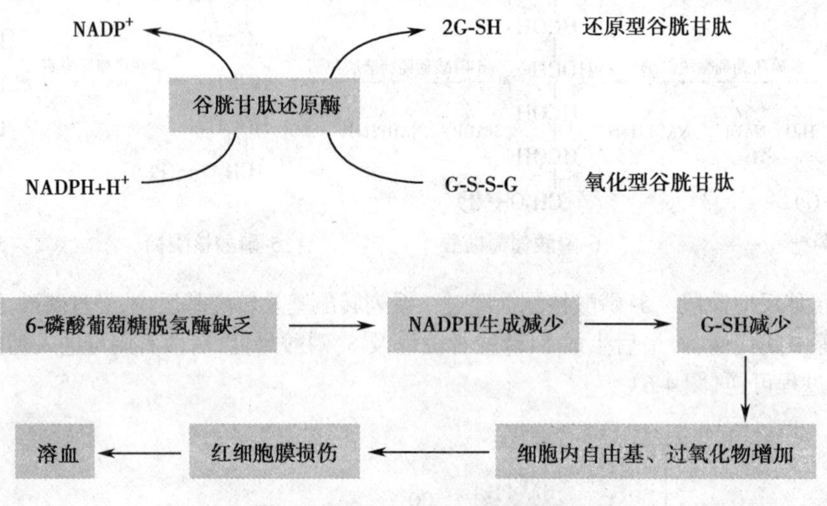

图 4-7 谷胱甘肽的还原及其抗氧化作用

图片：其他单糖进入糖代谢途径

(3) $NADPH+H^+$ 参与羟化反应，体内的羟化反应常有 $NADPH+H^+$ 参与。这些反应有的与生物合成有关，有的与生物转化有关。

第三节 糖原的合成与分解

一、糖原的概述

糖原是由葡萄糖聚合而成的具有多分支结构的大分子多糖，是动物体内葡萄糖的贮存形式（图 4-8）。糖原主要储存在肝和骨骼肌中，其中储存在肝中的糖原称为肝糖原，占糖原总量的 1/3，主要用

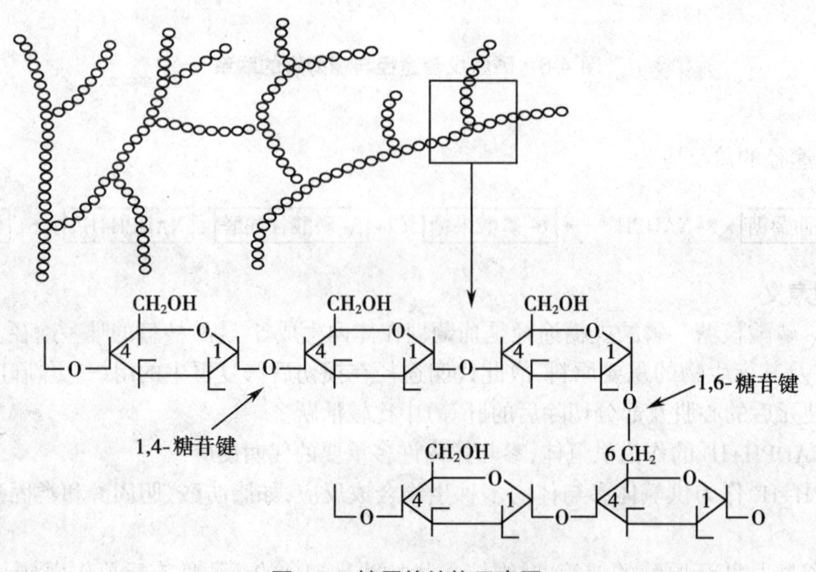

图 4-8 糖原的结构示意图

于调节血糖浓度。储存在骨骼肌中的糖原称为肌糖原,约占糖原总量的 2/3,主要用于肌肉收缩。因为个体肌肉发达程度的不同,肌糖原的含量存在较大差异。

二、糖原的合成

(一) 概念与部位

由单糖(主要是葡萄糖)合成糖原的过程,称为糖原的合成。糖原合成是动物细胞贮存能量的一种有效方式,在细胞液中进行。

(二) 反应过程

1. 葡萄糖磷酸化成 6- 磷酸葡萄糖 此过程与糖酵解的第一步反应相同,消耗 1 分子 ATP。游离的葡萄糖不能直接作为糖原合成的底物,而需要在细胞内首先活化为 6- 磷酸葡萄糖。

2. 6- 磷酸葡萄糖转变为 1- 磷酸葡萄糖 该反应由磷酸葡萄糖变位酶催化,为可逆反应。

3. 尿苷二磷酸葡萄糖的生成 在尿苷二磷酸葡萄糖焦磷酸化酶的催化下,UTP 作用于 1- 磷酸葡萄糖,生成尿苷二磷酸葡萄糖(uridine diphosphate glucose,UDPG)。UDPG 作为体内糖原合成的葡萄糖供体,常被称为"活性葡萄糖"。

4. 糖原的生成 在糖原合酶(glycogen synthase)的作用下,UDPG 将葡萄糖单位转移到细胞内原有的糖原引物(primer)上,糖原引物可以是尚未降解完的糖原分子,也可以是由两种相同亚基组成的引物蛋白——糖原素(glycogenin)。由此,糖原引物上即增加一个葡萄糖单位。糖原合酶是糖原合成过程的关键酶

$$\text{UDPG} + \text{糖原}(\text{Gn}^*) \xrightarrow{\text{糖原合酶}} \text{糖原}(\text{Gn}+1) + \text{UDP}$$

*糖原引物中葡萄糖残基数

上述四个步骤不断进行,每进行一次,在原有糖链的基础上增加一个葡萄糖单位,从而使糖原分子不断延长。每增加一个葡萄糖单位,需要消耗 2 个高能磷酸键。

5. 糖原分支的形成 糖原分支的形成需要分支酶(branching enzyme)的作用。当糖链长度达到 12~18 个葡萄糖单位时,分支酶可将一段糖链(6~7 个葡萄糖单位)转移到邻近的糖链上,并以 α-1,6 糖苷键相连接,形成分支结构(图 4-9)。

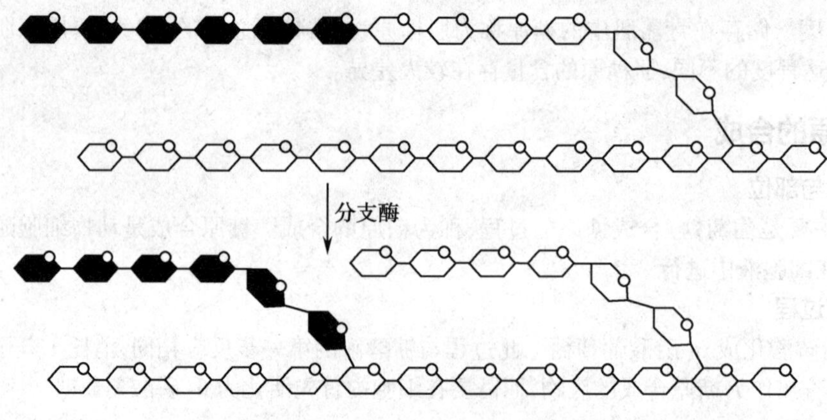

图 4-9　糖原分支结构的形成

三、糖原的分解

由肝糖原分解成葡萄糖的过程称为糖原的分解。

糖原分解的反应过程并非糖原合成的逆过程，其反应过程如下：

1. 糖原分解为 1- 磷酸葡萄糖　从糖原分子的非还原端开始，在糖原磷酸化酶（glycogen phosphorylase）催化下，使 α-1,4 糖苷键断裂，分解下一个葡萄糖单位，生成 1- 磷酸葡萄糖。糖原磷酸化酶是糖原分解的限速酶。

$$\text{糖原}(G_n)\xrightarrow[\text{Pi}]{\text{糖原磷酸化酶}}G_{n-1}+1\text{-磷酸葡萄糖}$$

2. 1- 磷酸葡萄糖转变为 6- 磷酸葡萄糖　该反应由磷酸葡萄糖变位酶催化，是糖原合成第二步的逆反应。

3. 6- 磷酸葡萄糖脱磷酸生成葡萄糖　该反应由葡萄糖 -6- 磷酸酶催化，生成的葡萄糖进入血液，补充血糖。葡萄糖 -6- 磷酸酶主要存在于肝细胞中，而不存在于肌肉组织中，所以肌糖原不能直接分解为葡萄糖，只能通过糖酵解或有氧氧化为肌肉收缩提供能量，而不会离开肌组织成为血糖的来源。

$$\text{6-磷酸葡萄糖}\ (CH_2O-Ⓟ)\xrightarrow[H_2O\ \rightarrow\ Pi]{\text{葡萄糖-6-磷酸酶}}\text{葡萄糖}\ (CH_2OH)$$

4. 糖原分支的水解　糖原磷酸化酶只催化糖原 α-1,4 糖苷键的断裂，当其催化至距分支点（α-1,6 糖苷键）4 个葡萄糖单位时就不再起作用。这时糖原继续分解就需要脱支酶（debranching enzyme）的作用。脱支酶是一种双功能酶，第一种功能是 4-α 葡聚糖基转移酶活性，即将糖原上 4 葡聚糖分支链上的 3 葡聚糖基转移到邻近的糖链末端上，以 α-1,4 糖苷键相连，结果使直链延长了 3 个葡萄糖单位，可继续受磷酸化酶的作用而分解；第二个功能是 α-1,6 糖苷酶活性，可以水解分支点处剩余的单个葡萄糖单位，生成游离葡萄糖（图 4-10）。

糖原在磷酸化酶与脱支酶的协同和反复作用下，糖原分支不断减少，分子逐渐缩小，最终生成 1- 磷酸葡萄糖和少量的游离葡萄糖，完成糖原分解过程。而 1- 磷酸葡萄糖则按上述第 2、第 3 代谢。

四、糖原合成与分解的生理意义

糖原是葡萄糖的一种高效储能形式。当机体糖供应丰富及细胞中能量充足时，如刚进餐后，葡萄糖在肝和肌肉中合成糖原储存起来，防止血糖浓度过高；当血糖浓度降低时，肝糖原直接分解为葡萄糖，释放入血，补充血糖（图 4-11）。

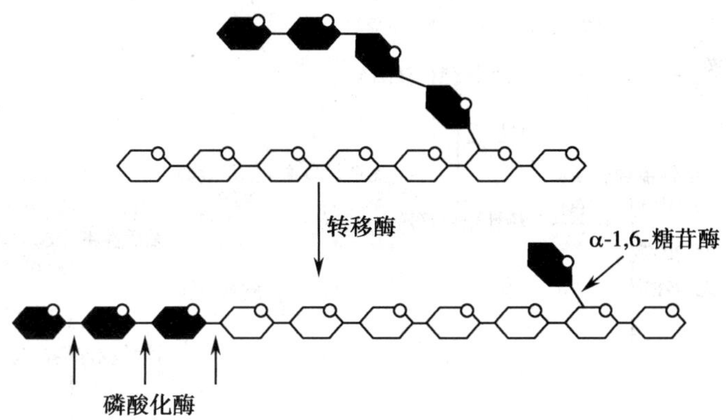

图 4-10 脱支酶的作用

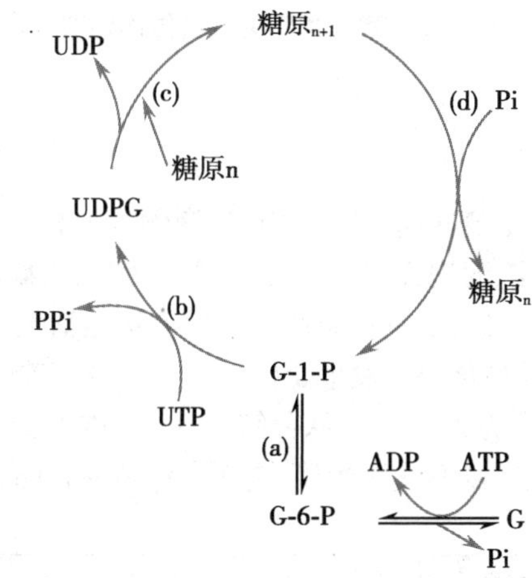

图 4-11 糖原合成与分解

(a)磷酸葡萄糖变位酶;(b)UDPG 焦磷酸化酶;(c)糖原合酶和分支酶;(d)糖原磷酸化酶和脱支酶

图片:肝糖原和肌糖原的功能

五、糖原合成与分解的调节

糖原的合成与分解是由不同的酶体系催化的反应过程。糖原合成与分解的调节就是通过调节两个途径的关键酶(糖原合酶和糖原磷酸化酶)的活性而实现的。糖原合酶与糖原磷酸化酶在体内均有活性型和无活性型两种形式,均受到共价修饰调节和变构调节双重作用。

(一) 共价修饰调节

糖原合酶与糖原磷酸化酶经磷酸化或去磷酸化后,具有 a、b 两种形式,其活性的改变是不同的。发生磷酸化的糖原合酶 b 是无活性的,而发生磷酸化的糖原磷酸化酶 a 则是有活性的。

$$\underset{\text{有活性}}{\text{糖原合酶 a}} \underset{\text{去磷酸化反应}}{\overset{\text{磷酸化反应}}{\rightleftharpoons}} \underset{\text{无活性}}{\text{糖原合酶 b}}$$

$$\underset{\text{活性强}}{\text{糖原磷酸化酶 a}} \underset{\text{磷酸化反应}}{\overset{\text{去磷酸化反应}}{\rightleftharpoons}} \underset{\text{活性很弱}}{\text{糖原磷酸化酶 b}}$$

当机体受到某些因素的影响时,如血糖水平下降、剧烈运动、应激反应状态等,肾上腺素、胰高血糖素分泌增加,两者与细胞膜上的特异性受体结合,使 cAMP 生成增加,进而激活蛋白激酶 A;活化的蛋白激酶 A 使糖原合酶和糖原磷酸化酶都发生磷酸化修饰作用。糖原合酶 a 发生磷酸化后,由有活性而变为无活性的糖原合酶 b,从而使糖原合成过程减弱;糖原磷酸化酶 b 发生磷酸化后,由原来的无活性变为有活性的糖原磷酸化酶 a,从而使糖原分解增强。这种双向调节的最终结果是抑制了糖原合成,促进了糖原分解(图 4-12)。

可见在这种调控下,使得在特定的条件下糖原代谢仅向一个方向进行,避免了分解与合成同时进

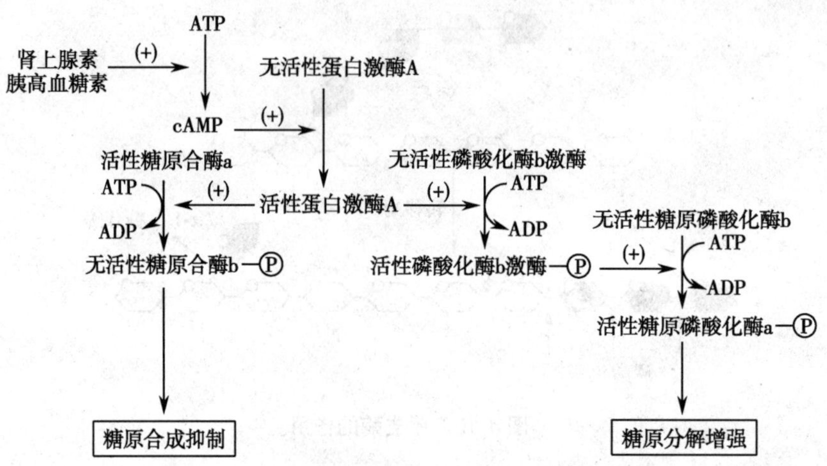

图 4-12　糖原代谢的共价修饰调节

行造成无效循环。

（二）变构调节

糖原合酶与糖原磷酸化酶都是变构酶，都可受到代谢物的变构调节（图 4-13）。6- 磷酸葡萄糖是糖原合酶的变构激活剂。当血糖浓度增高时，进入组织细胞的葡萄糖增多，6- 磷酸葡萄糖生成增加，可激活糖原合酶，加速糖原合成。AMP 是糖原磷酸化酶的变构激活剂。当细胞内能量供应不足，AMP 浓度升高时，可使无活性的糖原磷酸化酶 b 发生变构而易受到糖原磷酸化酶 b 激酶的催化，进行磷酸化修饰，形成有活性的糖原磷酸化酶 a，加速糖原分解。反之，ATP 是糖原磷酸化酶 a 的变构抑制剂，使糖原分解减弱。此外，Ca^{2+} 可激活磷酸化酶激酶，进而激活磷酸化酶，促进糖原分解。

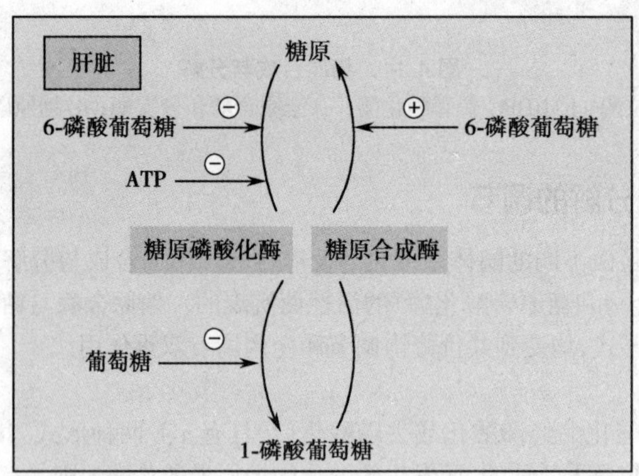

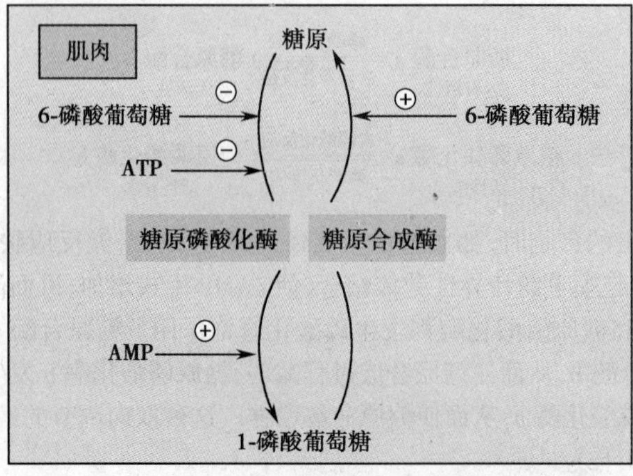

图 4-13　糖原代谢的变构调节

糖原累积症

糖原累积症(glycogen storage disease,GSD)是由于糖原合成和分解所需的酶有遗传性缺陷,导致糖原代谢障碍,使体内某些组织器官中有大量糖原堆积,造成组织器官功能损害,是一种临床上比较少见的遗传性疾病。本病多发生于婴儿、幼儿和青少年儿童。根据所缺陷的酶在糖原代谢中的作用不同、受累器官不同、糖原结构不同等,该病对健康或生命的影响程度也不相同。如肌糖原磷酸化酶缺乏,肝脏酶正常,肌糖原分解障碍,骨骼肌受累,产生暂时性虚弱和运动后肌痉挛,但婴儿仍可成长,智力发育正常。若葡萄糖-6-磷酸酶缺乏,则肝糖原分解障碍,不能用以维持血糖,将对机体造成严重后果。溶酶体的α-葡萄糖苷酶缺乏,会影响α-1,4糖苷键和α-1,6糖苷键的水解,使组织受损,甚至可导致心肌受损而突然死亡。不同的糖原累积病的类型虽各有其临床特征,但低血糖症和肌无力是所有类型的糖原累积症所共有的临床表现。

拓展阅读:糖原积累症的分型

第四节 糖 异 生

一、概念与部位

一些组织(如大脑、红细胞、肾髓质、眼晶状体和角膜、睾丸和运动中的肌肉)需要持续供给葡萄糖作为代谢的能源物质,血糖浓度的恒定对于维持机体重要器官的能量供应十分重要。空腹或饥饿时,机体首先依靠肝糖原分解补充血糖,但肝糖原的储量是有限的,空腹8~12小时后,肝糖原就会被消耗殆尽,这时糖异生就是补充血糖的重要来源。将甘油、乳酸、丙酮酸及生糖氨基酸等非糖物质转变为葡萄糖的过程称为糖异生(gluconeogenesis)。肝是体内进行糖异生的主要器官,其次是肾。正常情况下,肾的糖异生能力为肝的1/10,但在长期饥饿时,可大大增强。

二、糖异生途径

丙酮酸能够逆着糖酵解反应的方向生成葡萄糖,乳酸和一些生糖氨基酸就是通过丙酮酸进入糖异生途径的。糖异生与糖酵解的多数反应式可逆的,但糖酵解中的三个限速步骤所对应的逆反应却需要糖异生特有的关键酶来催化,所以糖异生不完全是糖酵解的逆反应。

(一)丙酮酸转变为磷酸烯醇式丙酮酸

丙酮酸需要在丙酮酸羧化酶和磷酸烯醇式丙酮酸羧激酶的催化下,才能转变为磷酸烯醇式丙酮酸。该过程分两步反应来完成:丙酮酸在丙酮酸羧化酶的催化下生成草酰乙酸,后者在磷酸烯醇式丙酮酸羧激酶的催化下脱羧生成磷酸烯醇式丙酮酸,此过程称为丙酮酸羧化支路(pyruvate carboxylation shunt)(图4-14)。

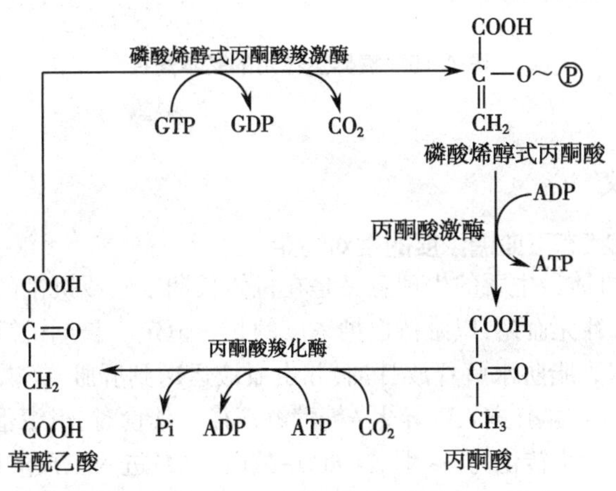

图4-14 丙酮酸羧化支路

(二) 1,6- 二磷酸果糖转变为 6- 磷酸果糖

该反应需要由果糖 -1,6- 二磷酸酶催化完成。在该酶的催化下，1,6- 二磷酸果糖脱去 C_1 位上的磷酸，生成 6- 磷酸果糖。

(三) 6- 磷酸葡萄糖转变为葡萄糖

该反应需要由葡萄糖 -6- 磷酸酶催化完成。此步反应与肝糖原分解的最后一步反应相同。

因此，糖异生作用的四个关键酶是：丙酮酸羧化酶、磷酸烯醇式丙酮酸羧激酶、果糖二磷酸酶、葡萄糖 -6- 磷酸酶，主要存在于肝脏中，肾脏中有少量。糖异生作用的基本途径见图 4-15。

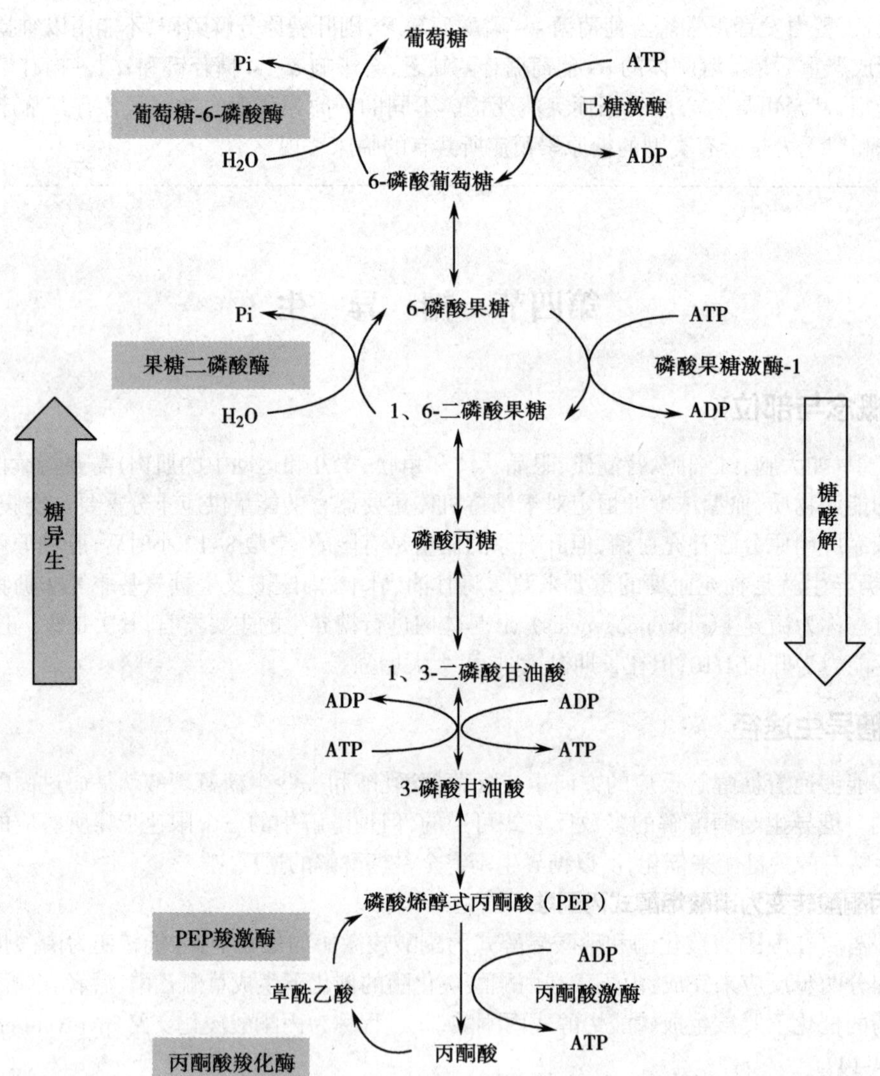

图 4-15 糖异生作用的基本途径

微课：糖异生作用

三、糖异生的意义

(一) 维持空腹或饥饿状态下血糖浓度的相对恒定

如上所述，糖异生对机体最主要的生理意义是在机体长期空腹或饥饿的状态下，可将体内的一些非糖物质转变为葡萄糖来补充血糖，以维持血糖浓度的相对恒定。长期饥饿时，糖异生的原料主要来源于脂肪和蛋白质的分解。脂肪水解释放甘油，并由血液运送到肝脏，经磷酸化反应生成磷酸甘油，再经脱氢氧化生成磷酸二羟丙酮，进入糖异生 / 糖酵解途径。禁食时，组织蛋白水解产生的氨基酸，部分氨基酸（生糖氨基酸）进一步转化为 α- 酮酸（如 α- 酮戊二酸）进入三羧酸循环，形成草酰乙酸，即磷酸烯醇式丙酮酸（PEP）的直接前体。非糖物质进入糖异生的途径见图 4-16。

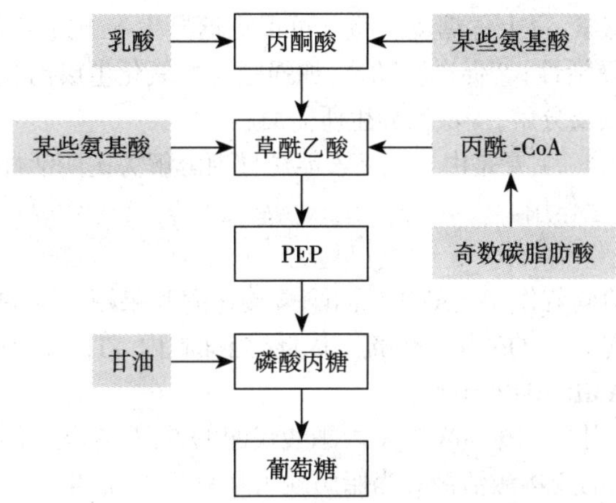

图 4-16 非糖物质进入糖异生的途径

(二) 有利于乳酸的再利用

在剧烈运动或某些原因导致缺氧时，肌糖原酵解增强，产生大量乳酸，这些乳酸的大部分随血液运输到肝，经糖异生作用异生为葡萄糖以补充血糖；血糖可再被肌肉摄取利用，如此形成一个循环过程，称为乳酸循环（Cori 循环）（图 4-17）。乳酸循环的意义在于：有利于乳酸的再利用的同时，也利于防止因乳酸堆积而导致的乳酸酸中毒的发生。

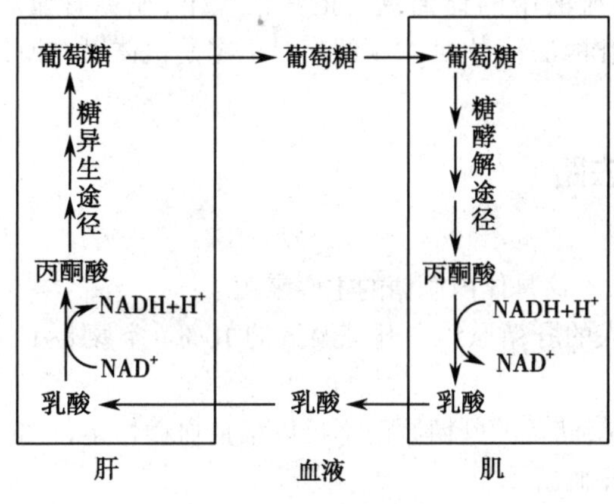

图 4-17 乳酸循环

(三) 协助氨基酸代谢

有些氨基酸在体内可以转化为丙酮酸、α- 酮戊二酸和草酰乙酸等，进而通过糖异生作用转变为葡萄糖。实验证明，长期禁食时糖异生作用增强，可促进组织蛋白的分解，使血中的氨基酸增加。这时，氨基酸是糖异生的主要原料来源，以维持血糖。

(四) 有利于维持酸碱平衡

长期饥饿时，肾糖异生增强，有利于维持酸碱平衡。肾糖异生增强时，肾中 α- 酮戊二酸因进行糖异生而含量减少，这可促进谷氨酰胺脱氨生成谷氨酸，后者再脱氨基生成 α- 酮戊二酸，生成的 NH_3 分泌进入管腔中，与原尿中 H^+ 结合，降低原尿中 H^+ 浓度，有利于排氢保钠作用的进行，这对防止酸中毒，维持酸碱平衡有重要作用。

四、糖异生的调节

(一) 激素的调节

激素对糖异生的调节，主要是通过调节糖异生途径关键酶的活性以及调节糖异生的原料供应这两方面来实现的。

1. 胰高血糖素、肾上腺素、肾上腺糖皮质激素可促进糖异生 通过三个方面来实现：①诱导糖异生过程4个关键酶的合成及活性；②促进脂动员，加强脂肪酸氧化生成乙酰CoA，促进糖异生；③肾上腺糖皮质激素促进肝外蛋白质分解，提供糖异生所需原料。

2. 胰岛素可抑制糖异生 主要是由于胰岛素能诱导糖酵解关键酶活性，促进组织利用葡萄糖，并且抑制脂肪动员，抑制糖异生作用。

(二) 代谢物的调节

1. ATP/(AMP、ADP)的调节作用 ATP是丙酮酸羧化酶和果糖二磷酸酶-1的变构激活剂，同时又是丙酮酸激酶和磷酸果糖激酶的变构抑制剂。因此，当细胞内ATP含量较高时，促进了糖异生过程而抑制了糖的分解过程。AMP、ADP与此相反。

图片：肝脏中糖酵解和糖异生作用的协同调控

2. 乙酰CoA的调节作用 乙酰CoA决定丙酮酸代谢的方向，它既是丙酮酸脱氢酶复合体的变构抑制剂，又是丙酮酸羧化酶的变构激活剂。当脂肪酸大量氧化时，产生过多的乙酰CoA。它一方面反馈抑制丙酮酸脱氢酶系的活性，使丙酮酸氧化受阻而大量堆积，为糖异生提供了丰富的原料；另一方面又可激活丙酮酸羧化酶，加速丙酮酸生成草酰乙酸，进而促进糖异生作用。再者，乙酰CoA与草酰乙酸缩合生成的柠檬酸进入细胞液后，可以抑制磷酸果糖激酶，使果糖二磷酸酶-1活性升高，促进糖异生。

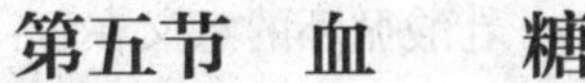

第五节 血 糖

血糖(blood sugar)是指血液中的葡萄糖。正常情况下，血糖含量相对恒定，空腹血糖维持在3.89~6.11mmol/L(葡萄糖氧化酶法)。血糖浓度的相对恒定是机体对血糖的来源和去路进行精细调节使之维持动态平衡的结果。

一、血糖的来源和去路

(一) 血糖的来源

1. 食物中糖的消化吸收 这是体内血糖的主要来源。

2. 肝糖原分解 健康人的肝糖原约占肝脏湿重的10%。空腹8~12小时以内，肝糖原分解补充血糖。

3. 糖异生 长期饥饿时，储备的肝糖原已不足以维持血糖恒定，这时糖异生作用增强，将体内的大量非糖物质转变为糖，补充血糖。

(二) 血糖的去路

1. 氧化供能 血糖的最主要去路。

2. 合成糖原 当机体糖供应充足时，葡萄糖在肝、肌肉等组织合成糖原而贮存。

3. 转变为其他物质 血糖不但可以转变为脂肪及某些非必需氨基酸，还可转变为其他糖类及其衍生物，如核糖、氨基糖、葡萄糖醛酸等。

4. 随尿排出 当血糖浓度高于8.89~10.0mmol/L(肾糖阈)时，超过肾小管最大重吸收的能力，葡萄糖则随尿排出，出现糖尿。尿排糖不是血糖的正常去路。

血糖的来源与去路见图4-18。

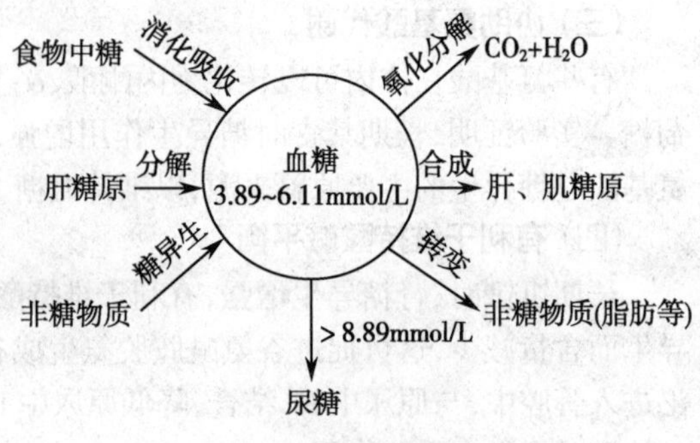

图4-18 血糖的来源和去路

肾　糖　阈

正常人肾小管可将肾小球滤液中的葡萄糖绝大部分重吸收回血液中，尿中只有极微量的葡萄糖，一般方法检测不出，所以正常人尿糖检测是阴性的。但是近端小管对葡萄糖的重吸收有一定的限度，当血中的葡萄糖浓度超过8.89~10.0mmol/L时，部分近端小管上皮细胞对葡萄糖的吸收已达极限，葡萄糖就不能被全部重吸收，随尿排出而出现糖尿。尿中开始出现葡萄糖时的最低血糖浓度，称为肾糖阈（renal glucose threshold）。当血糖浓度超过肾糖阈时，就开始出现尿糖。老年人及糖尿病患者肾糖域值会升高，血糖超过10.0mmol/L甚至超过13.00~16.80mmol/L时，也可以没有糖尿。相反，妊娠期妇女及肾性糖尿病患者，由于肾糖阈降低，血糖正常时也可以出现糖尿。

二、血糖的调节

（一）肝对血糖浓度的调节

肝是调节血糖浓度最主要的器官。当餐后血糖浓度增高时，肝糖原合成增加，而使血糖浓度下降；空腹时，肝糖原分解加强，使血糖浓度上升；长期饥饿或不能进食情况下，肝的糖异生作用增强，以维持血糖浓度的恒定。

（二）激素对血糖的调节

胰岛素是体内唯一降血糖激素；肾上腺素、胰高血糖素、糖皮质激素和生长素等均为升高血糖激素。这几种激素相互协调，共同调节血糖浓度的恒定（表4-4）。

表4-4　激素对血糖水平的调节

降低血糖激素		升高血糖的激素	
激素名称	作用	激素名称	作用
胰岛素	1. 促进葡萄糖进入肌肉、脂肪等组织细胞 2. 加速葡萄糖在肝、肌肉组织合成糖原促进糖的有氧氧化 3. 促进糖的有氧氧化 4. 促进糖转变为脂肪 5. 抑制糖异生作用 6. 抑制肝糖原分解	肾上腺素	1. 促进肝糖原分解 2. 促进肌糖原酵解 3. 促进糖异生作用
		胰高血糖素	1. 抑制肝糖原合成 2. 促进糖异生作用
		糖皮质激素	1. 促进糖异生作用 2. 促进肝外组织蛋白分解生成氨基酸

拓展阅读：垂体瘤引发的高血糖

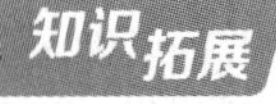

胰岛素的发明和世界糖尿病日

20世纪20年代加拿大医生弗雷德里克·班廷（Frederick Banting）发现了动物体内的胰岛素对糖尿病有治疗效果，并成功提取用以治疗1型糖尿病的胰岛素。50年代英国生物化学家弗雷德里克·桑格（Frederick Sanger）发现胰岛素的结构是由51个氨基酸构成的一种蛋白质分子，并于1958年获得诺贝尔奖。我国科学家也在这个领域取得成绩，1963年我国首次用化学合成法合成了牛胰岛素。现在普遍使用的是基因工程法合成胰岛素。1991年国际卫生组织和国际糖尿病联合会共同发起，以每年的弗雷德里克·班廷生日，11月14日为“世界糖尿病日”。

三、高血糖和低血糖

（一）高血糖

空腹血糖浓度高于6.9mmol/L时，称为高血糖。引起高血糖的原因有两方面：一方面是生理性高

血糖,如一次性进食或静脉输入大量葡萄糖时,糖来源增加,使血糖浓度急剧增高,可引起饮食性高血糖;情绪激动时,肾上腺素分泌增加,使血糖浓度增高,可出现情感性高血糖。另一方面是病理性高血糖,即由于糖尿病、甲状腺功能亢进、颅外伤、脱水或服用某些药物等病理情况下引起的高血糖。其中糖尿病是临床上导致高血糖最常见的原因。

案例分析

患者,女性,51岁,体检发现空腹血糖16.8mmol/L,并出现多食、多饮、多尿和双足麻木的现象。自述每天喝水两暖瓶(3000~4000ml)。至二级医院内分泌专科就诊,先后经过各项系统检查以后,确诊为2型糖尿病。医生为其开出药物治疗处方后,还为其制定了饮食指导方案和运动治疗方案。

(二) 低血糖

空腹血糖浓度低于3.0mmol/L时,称为低血糖。引起低血糖的常见原因包括:①长期饥饿或不能进食时,糖的来源不足;②胰岛β-细胞增生(如胰岛肿瘤)时,胰岛素分泌过多;③严重肝病时,肝功能障碍,肝不能及时有效地调节血糖浓度;④内分泌异常(如垂体功能或肾上腺功能低下)时,升血糖激素分泌减少;⑤空腹饮酒。

表格:临床常见的两种血糖异常类型

低血糖的主要危害是影响脑的正常功能。因为脑细胞所需的能量主要来自血中葡萄糖的氧化分解。低血糖时,会导致脑细胞的能量供应障碍,进而影响脑的正常功能,患者常出现头晕、心悸、出冷汗、手颤、倦怠无力等症状。当血糖浓度低于2.2mmol/L时,还可能出现昏迷,发生低血糖性休克,甚至导致死亡。

知识拓展

空腹饮酒为什么会引起低血糖?

由于乙醇在肝脏中脱氢氧化,会使NAD^+过多地转化为$NADH+H^+$,进而使丙酮酸更趋向于在细胞基质中就还原为乳酸,不仅造成乳酸浓度的升高,并会抑制糖异生作用,减少血糖来源,引起低血糖。

本章小结

食物中的淀粉是机体获得外源性糖类的主要来源。糖类主要在小肠中被水解,以单糖形式吸收,并以葡萄糖形式在血液中运输。

葡萄糖的分解方式主要包括无氧氧化、有氧氧化和磷酸戊糖途径。

无氧氧化是细胞缺氧时利用葡萄糖急速产能的方式,主要在细胞质中进行,1分子葡萄糖可以通过此方式产生2ATP,同时产生2分子乳酸。反应分为两个阶段,第一阶段是从葡萄糖转变为丙酮酸,称为糖酵解;第二阶段是丙酮酸还原为乳酸。三个关键酶是已糖激酶、磷酸果糖激酶-1、丙酮酸激酶。

糖的有氧氧化是机体利用糖产能的主要方式,也是机体获得能量的主要方式。在胞液中完成糖酵解过程,生成丙酮酸,然后丙酮酸进入线粒体生成乙酰辅酶A开始三羧酸循环。经过氧化磷酸化和底物磷酸化,最终完全氧化生成CO_2和H_2O,生成32(30)ATP。

磷酸戊糖途径产生磷酸核糖和NADPH,虽然与产能无关,但与体内的核酸代谢等多种生理作用有关。关键酶是6-磷酸葡萄糖脱氢酶。

糖原的合成与分解是体内血糖浓度调节的重要方式。葡萄糖可以合成肝糖原和肌糖原。但是空腹时,只有肝糖原可以分解为葡萄糖进入血糖,而肌糖原直接氧化产能,这与糖原分解的关键酶有关。

糖异生是机体利用一些非糖物质合成葡萄糖的过程，主要在肝脏中进行，是饥饿时维持血糖浓度平衡的重要作用。关键酶是丙酮酸羧化酶、磷酸烯醇式丙酮酸羧激酶、果糖二磷酸酶、葡萄糖-6-磷酸酶，主要在肝脏中存在。

血糖浓度的恒定受多种激素调控。糖代谢紊乱可导致高血糖和低血糖。

案例讨论

新生儿，男性，孕34周出生，体重2.4kg，母亲有糖尿病、妊娠高血压病史。出生后血糖浓度为1.7mmol/L。

请分析：

此新生儿为何出现低血糖并提出治疗及护理对策。

案例分析

（秦建晔）

思考题

1. 简述糖的分解代谢的各条途径及其相互联系的方式。
2. 简述肝脏在糖代谢过程中所起的作用。
3. 糖异生过程中如何通过酵解过程的三步不可逆反应？
4. 简述血糖的来源和去路。
5. 简述胰岛素在降糖中所起的作用。
6. 某田径运动员因最近调整饮食结构，改吃低糖高蛋白的食物，预测该运动员在饮食调节后的运动成绩是否会受到影响？
7. 为什么空腹饮酒容易引起低血糖？

扫一扫，测一测

第五章 脂质代谢

学习目标

1. 掌握：脂肪动员、脂肪酸的β-氧化、酮体的生成和利用；脂肪酸、胆固醇合成原料、限速酶及胆固醇的转化作用；血浆脂蛋白的组成、分类及生理功能。
2. 熟悉：甘油磷脂代谢；血浆脂蛋白代谢及高脂血症。
3. 了解：脂质的消化吸收、脂质的分布及生理功能。
4. 运用本章知识解释并应用到临床脂质代谢紊乱疾病中的防治。
5. 培养学生应具有严谨求实的工作态度和良好的职业素养。

脂质(lipids)是脂肪(fat)和类脂(lipoid)的总称。脂肪是由1分子甘油与3分子脂肪酸通过酯键结合而生成，故又称甘油三酯(triglyceride，TG)或三脂酰甘油。类脂是某些物理性质与脂肪相似的物质，包括磷脂(phospholipids，PL)、糖脂(glycolipid，GL)、胆固醇(cholesterol，Ch)及胆固醇酯(cholesteryl ester，CE)。脂质是一类不溶于水而易溶于有机溶剂的有机化合物。

第一节 概　　述

一、脂质的生理功能

(一) 脂肪的生理功能

1. 储能和供能　脂肪在体内最重要的生理功能是储能和供能。1克脂肪在体内完全氧化时可释放出38kJ(9.3kcal)能量，比1克糖或蛋白质所放出的能量多1倍以上。体内可贮存大量的脂肪，当机体需要时，可及时动员出来氧化分解供给机体能量。空腹时，机体50%以上的能源来自脂肪氧化。因此，脂肪是机体饥饿或禁食期间能量的主要来源。

2. 保持体温和保护内脏　分布在人体皮下的脂肪组织不易导热，可防止热量散失而保持体温。内脏周围的脂肪组织还能缓冲外界的机械冲击，使内脏器官免受损伤。

3. 供给必需脂肪酸　多数不饱和脂肪酸在体内能够合成，但亚油酸(18∶2，$\Delta^{9,12}$)、亚麻酸(18∶3，$\Delta^{9,12,15}$)和花生四烯酸(20∶4，$\Delta^{5,8,11,14}$)不能在体内合成，必须从食物中摄取，故将此类脂肪酸称为人体营养必需脂肪酸(essential fatty acid，EFA)。花生四烯酸可在体内转变生成前列腺素、白三烯和血栓素等多种具有生物活性的物质。

必需脂肪酸

必需脂肪酸是人体细胞的重要组成成分，能够增强免疫力，调节神经系统，增强心血管系统功能，还能促进营养吸收，有助于大脑和视觉系统发育。富含必需脂肪酸的食物有深海鱼、亚麻籽油、菜籽油、葵花子油、玉米油、豆油等。在婴儿时期，花生四烯酸属于必需脂肪酸，是因为婴儿体内合成花生四烯酸的能力较低，而婴儿处于体格发育黄金期，花生四烯酸对于人体组织器官的发育尤其是大脑和神经系统发育非常重要，所以在食物中提供一定的花生四烯酸更有利于婴儿的体格发育。成长后人体内花生四烯酸能由必需脂肪酸亚油酸、亚麻酸转化而成，因此属于半必需脂肪酸。

（二）脂肪酸的生理功能

脂肪酸是最简单的脂质，也是许多复杂脂质的组成成分。脂肪酸在氧供应充足的情况下可以氧化分解为 CO_2 和 H_2O，释放大量的能量，因此脂肪酸是机体重要的能源物质。亚油酸、亚麻酸和花生四烯酸是人体必需脂肪酸，它们与儿童生长发育和智力发育密切相关，还有降血脂、预防冠心病及增强记忆力等生理功能。

图片：概述知识导图

（三）磷脂的生理功能

1. 维持生物膜的结构和功能　磷脂是构成生物膜的重要组分，其所具有的亲水头部和疏水尾部构成生物膜脂质双分子层结构的基本骨架，不仅构成了镶嵌膜蛋白的基质，也为细胞提供了通透性屏障，从而维持细胞正常结构与功能。

2. 作为第二信使参与代谢调节　细胞膜上的磷脂如磷脂酰肌醇 -4,5- 二磷酸（PIP_2）可水解生成三磷酸肌醇（IP_3）和甘油二酯（DAG），两者均可作为第二信使传递信息。

（四）胆固醇的生理功能

胆固醇是细胞膜的基本结构成分，它嵌在细胞膜的磷脂双层之间，使细胞膜结构富有流动性。胆固醇在体内可转变成胆汁酸、维生素 D_3、性激素及肾上腺皮质激素等具有重要功能的物质。

此外，脂类物质对促进脂溶性维生素（A、D、E、K）的吸收等亦起着重要作用。

二、脂质在体内的分布

（一）脂肪的分布

脂肪组织多分布于皮下、肠系膜、腹腔大网膜、肾周围等，这部分脂肪称为贮存脂，脂肪组织则称为脂库。脂肪含量因人而异，成年男性的脂肪含量一般占体重的10%~20%，女性稍高，易受膳食、运动、营养状况、疾病等多种因素的影响而发生变动，故又称可变脂。

脂肪细胞能分泌大量的激素和细胞因子，如脂联素、瘦素、抵抗素、肿瘤坏死因子 -α、白细胞介素 -6 等，统称为脂肪细胞因子（adipocytokines）。脂肪细胞因子在调节机体代谢等方面发挥重要作用。

瘦素与肥胖

瘦素（leptin，LP）主要是由脂肪细胞分泌的一种蛋白质类激素，是肥胖基因（obese，Ob）在脂肪细胞的表达产物。瘦素通过作用下丘脑弓状核受体发挥阻断饥饿感、抑制食欲、减少能量摄取、增加能量消耗、抑制脂肪合成、调节能量平衡的作用。肥胖的情况下，机体对瘦素的敏感性降低，导致在高能量储存的状态下无法产生饱腹感，而不断摄入食物，加重肥胖。缺失 Ob 基因的大鼠食欲旺盛，体重显著增加，导致病态肥胖。

（二）类脂的分布

类脂是生物膜的基本组成成分，约占生物膜总重量的一半以上，在各器官和组织中含量恒定，基本上不受膳食、营养状况和机体活动的影响，故又被称为固定脂或基本脂。

笔记

三、脂质的消化吸收

(一) 脂质的消化

食物中的脂质主要是甘油三酯,还有少量磷脂和胆固醇酯。脂质的消化主要在小肠上段进行,消化酶有胰腺分泌的胰脂酶、磷脂酶 A_2、胆固醇酯酶等。脂质难溶于水,需肝分泌的胆汁酸盐乳化成微小的颗粒溶于消化液中,才能被脂酶消化。甘油三酯在胰脂酶作用下逐步水解,生成甘油、脂肪酸及少量的甘油一酯;磷脂在磷脂酶的作用下被水解,生成游离脂肪酸和溶血磷脂;而胆固醇酯则在胆固醇酯酶的作用下,产生游离脂肪酸和游离胆固醇。

(二) 脂质的吸收

脂质的吸收主要在十二指肠下段和空肠上段。大部分甘油三酯水解至甘油一酯后即被吸收,极少量的甘油三酯经胆汁酸乳化后被直接吸收,在肠黏膜细胞内脂肪酶的作用下,水解为脂肪酸及甘油,通过门静脉入血。中链、短链脂肪酸吸收迅速,通过门静脉入血。长链脂肪酸在肠黏膜细胞内再合成甘油三酯,与载脂蛋白、胆固醇等结合成乳糜微粒经淋巴入血,最后输送到各部分组织,被机体利用。

第二节 甘油三酯的代谢

甘油三酯在体内不断进行着分解代谢与合成代谢,其中在脂肪组织和肝细胞中代谢最为活跃,其次为肠黏膜上皮细胞。

一、甘油三酯的分解代谢

(一) 脂肪动员

储存在脂肪组织中的甘油三酯在脂肪酶的催化下逐步水解为游离脂肪酸和甘油并释放入血,以供其他组织氧化利用,此过程称为脂肪动员。

脂肪组织中含有的脂肪酶包括甘油三酯脂肪酶、甘油二酯脂肪酶及甘油一酯脂肪酶。甘油三酯脂肪酶的活性最低,是脂肪动员的限速酶。该酶的活性受多种激素的调控,故又称为激素敏感性甘油三酯脂肪酶(hormone-sensitive-triglyceride lipase,HSL)。肾上腺素、去甲肾上腺素、胰高血糖素、ACTH等能激活细胞膜上的腺苷酸环化酶,进而激活依赖 cAMP 的蛋白激酶 A(protein kinase A,PKA),使HSL 活化,促进脂肪动员。胰岛素、前列腺素 E_2 等能抑制腺苷酸环化酶活性,抑制 HSL 活性,减少脂肪动员(图 5-1)。能促进脂肪动员的激素称脂解激素,反之,称抗脂解激素。

0502

微课:激素敏感性甘油三酯脂肪酶

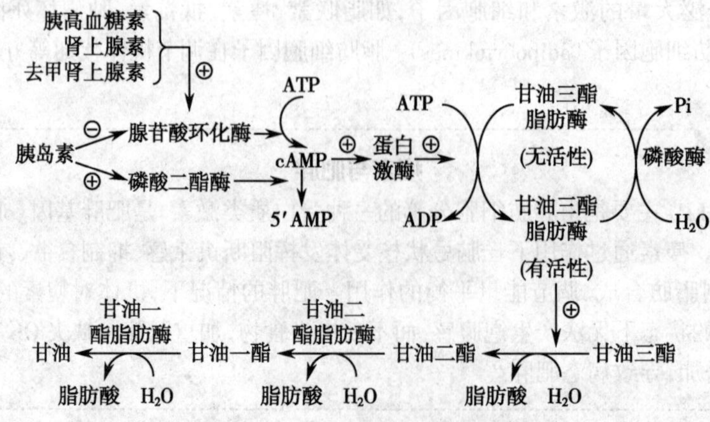

图 5-1 激素调节脂肪动员作用示意图

图片：脂肪动员

图片：甘油三酯分解代谢导图

脂肪动员生成的脂肪酸和甘油直接释放入血，而游离的脂肪酸难溶于水，入血后与清蛋白结合形成脂肪酸 - 清蛋白复合物运输，供全身各组织利用。

（二）脂肪酸的β- 氧化

脂肪酸是机体重要的能源物质。在供氧充足的条件下，脂肪酸在体内可彻底氧化分解成 CO_2 和 H_2O，并释放大量能量供机体利用。除脑组织和成熟红细胞外，大多数组织都能氧化利用脂肪酸，但以肝和肌肉组织最为活跃。脂肪酸氧化过程可大致分为四个阶段：脂肪酸的活化、脂酰 CoA 进入线粒体、β- 氧化过程及乙酰 CoA 的彻底氧化。

1. 脂肪酸的活化　脂肪酸在脂酰 CoA 合成酶催化下生成脂酰 CoA 的过程称为脂肪酸的活化。此反应在细胞液中进行，由 ATP 供能，需要 HSCoA 和 Mg^{2+} 参与。

$$\text{R-COOH+ATP+HS}\sim\text{CoA} \xrightarrow[\text{Mg}^{2+}]{\text{脂酰 CoA 合成酶}} \text{R-CO}\sim\text{SCoA+AMP+PPi}$$

活化后生成的脂酰 CoA 分子中不仅含有高能硫酯键，且极性增强，提高了脂肪酸的代谢活性。该反应为脂肪酸分解过程中唯一耗能的反应。反应过程中生成的焦磷酸（PPi）立即被细胞内的焦磷酸酶水解，阻止了逆向反应的进行。因此，1 分子脂肪酸的活化实际上消耗了 2 个高能磷酸键的能量。

2. 脂酰 CoA 进入线粒体　脂肪酸的活化在胞液中进行，而催化脂酰 CoA 氧化分解的酶系分布在线粒体的基质内。长链脂酰 CoA 不能直接透过线粒体内膜，需借助肉碱（carnitine）即 L-β- 羟 -γ- 三甲氨基丁酸的转运才能进入线粒体基质。

线粒体外膜存在着肉碱脂酰基转移酶Ⅰ（carnitine acyl transferaseⅠ，CATⅠ），它催化脂酰 CoA 的酰基转移至肉碱，生成脂酰肉碱，后者通过内膜上的载体转运至线粒体基质。进入线粒体的脂酰肉碱，在位于线粒体内膜内侧面的肉碱脂酰基转移酶Ⅱ（CATⅡ）的催化下，将脂酰基转移至基质内的 CoA 分子上，重新生成脂酰 CoA 并释放出肉碱，肉碱转运至线粒体胞质，继续发挥转运脂酰基的作用；而脂酰 CoA 即可在线粒体基质中氧化分解（图 5-2）。

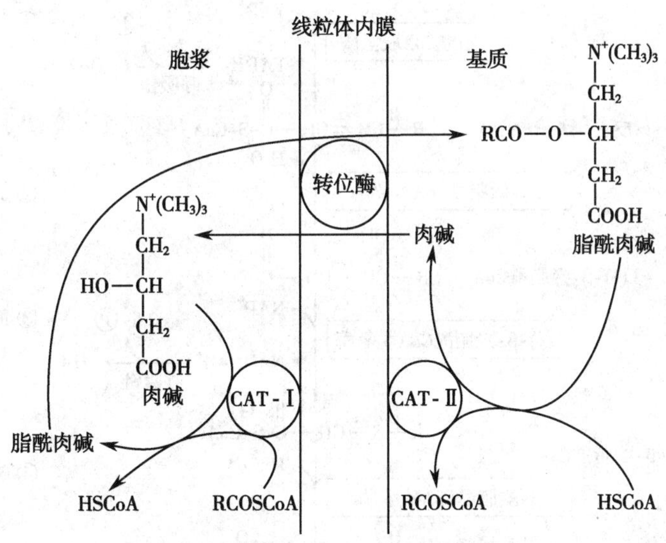

图 5-2　脂酰 CoA 进入线粒体的机制

拓展阅读：营养强化剂左旋肉碱

脂酰 CoA 进入线粒体是脂肪酸氧化的主要限速步骤，CATⅠ是其限速酶。该酶的活性直接调控脂肪酸的转运速度，决定脂肪酸是否进入线粒体氧化分解。在饥饿、高脂低糖膳食及糖尿病等情况下，CATⅠ活性增高，脂肪酸氧化增强。反之，饱食后，丙二酰 CoA 及脂肪合成增多，抑制 CATⅠ活性，导致脂肪酸的氧化减少。

3. 脂酰 CoA 的β- 氧化　脂酰 CoA 进入线粒体后，在脂肪酸β- 氧化多酶复合体的催化下，从脂酰基的β- 碳原子开始，进行脱氢、加水、再脱氢和硫解四步连续反应，脂酰基断裂生成 1 分子乙酰 CoA 和比原来少 2 个碳原子的脂酰 CoA。

脂酰 CoA 的 β- 氧化过程如下。

(1) 脱氢：脂酰 CoA 在脂酰 CoA 脱氢酶的催化下，α 和 β 碳原子上各脱去一个氢原子，生成反 Δ^2-烯脂酰 CoA，脱下的 2H 由该酶的辅基 FAD 接受，还原为 $FADH_2$。

(2) 加水：反 Δ^2- 烯脂酰 CoA 在 Δ^2- 烯脂酰水化酶的催化下，加 1 分子 H_2O，生成 L-β- 羟脂酰 CoA。

(3) 再脱氢：L-β- 羟脂酰 CoA 在 β- 羟脂酰 CoA 脱氢酶的催化下，脱去 2H 生成 β- 酮脂酰 CoA，脱下的 2H 由该酶的辅酶 NAD^+ 接受，还原为 $NADH+H^+$。

(4) 硫解：β- 酮脂酰 CoA 在 β- 酮脂酰 CoA 硫解酶的催化下，加 1 分子 HSCoA，使 α 与 β 碳原子之间的化学键断裂，生成 1 分子乙酰 CoA 和 1 分子比原来少 2 个碳原子的脂酰 CoA。

如此反复进行，每进行一次 β- 氧化，可产生 1 分子乙酰 CoA、1 分子 $FADH_2$、1 分子 $NADH+H^+$ 和比原来少 2 个碳原子的脂酰 CoA。后者又可再次进行脱氢、加水、再脱氢和硫解反应，直到脂酰 CoA 全部生成乙酰 CoA（图 5-3）。

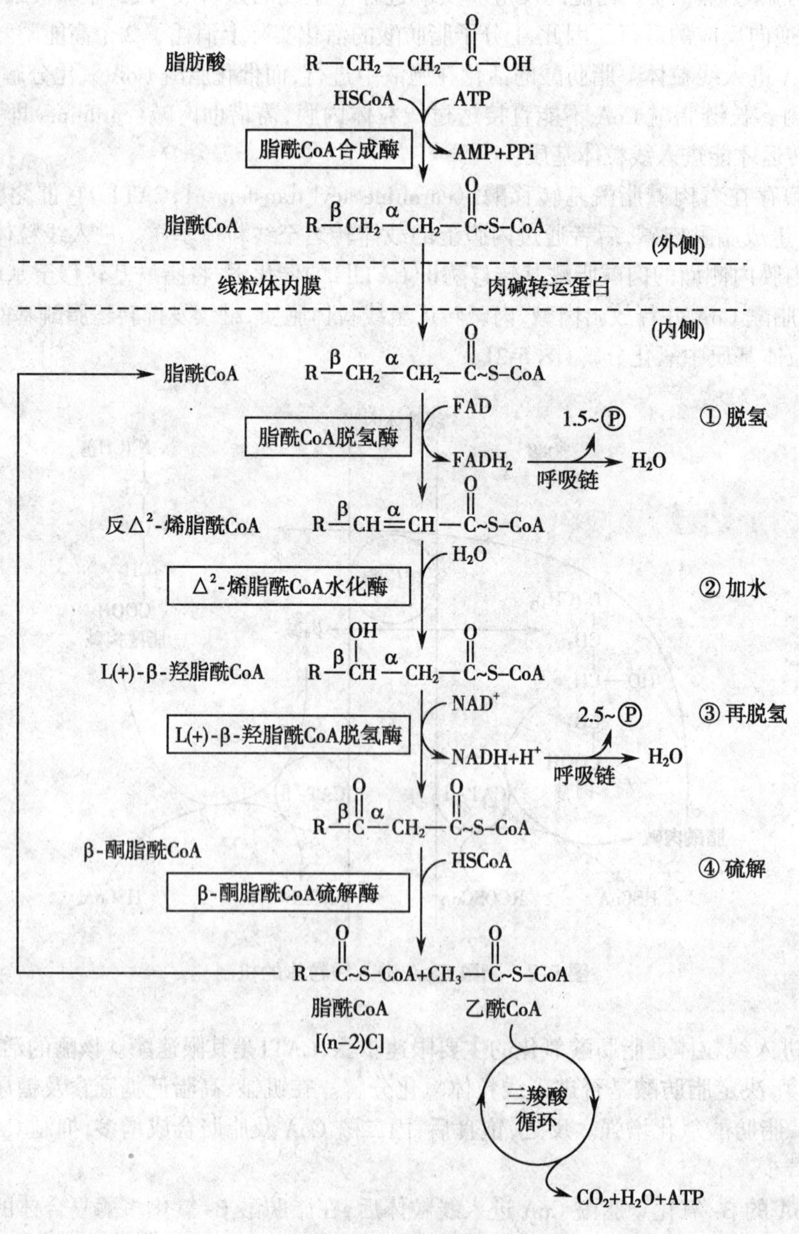

图 5-3 脂肪酸的氧化

4. 乙酰 CoA 的彻底氧化　脂肪酸 β- 氧化过程中生成的乙酰 CoA，主要在线粒体中进入三羧酸循环被彻底氧化生成 H_2O 和 CO_2，并释放能量；一部分也可转变为其他代谢中间产物，如在肝细胞线粒体可缩合成酮体，通过血液循环运送至肝外组织氧化利用。

5. 脂肪酸氧化的能量生成　脂肪酸作为重要能源物质可氧化供能。以 1 分子 16 碳软脂酸为例，其氧化的总反应式如下：

$$CH_3(CH_2)_{14}CO\sim SCoA+7\ HSCoA+7\ FAD+7\ NAD+7\ H_2O \longrightarrow 8\ CH_3CO\sim SCoA+7\ FADH_2+7\ NADH+H^+$$

每分子乙酰 CoA 通过三羧酸循环氧化产生 10 分子 ATP，每分子 $NADH+H^+$ 通过呼吸链氧化产生 2.5 分子 ATP，每分子 $FADH_2$ 氧化产生 1.5 分子 ATP。因此，1 分子软脂酸彻底氧化生成 ATP 数量计算如下：

计算公式	ATP 量
$7\ FADH_2 \times 1.5\ ATP/FADH_2$	10.5
$7\ NADH+H^+ \times 2.5\ ATP/NADH+H^+$	17.5
$8\ CH_3CO\sim SCoA \times 10\ ATP/CH_3CO\sim SCoA$	80
总和	108

减去脂肪酸活化时消耗的 2 个高能磷酸键，相当于 2 个 ATP，净生成 106 分子 ATP。1mol ATP 水解释放的自由能为 −30.54kJ，106mol ATP 水解释放的自由能为 −3237kJ，1mol 软脂酸在体外彻底氧化成 CO_2 和 H_2O 时的自由能为 −9790kJ，所以其能量利用率为 33%（3237 ÷ 9790 × 100%），其余以热能方式散失。

脂肪酸氧化分解以 β- 氧化方式为主，此外还有 ω- 氧化和 α- 氧化等方式。

奇数碳的脂肪酸也可进行 β- 氧化，其产物除生成乙酰 CoA 外，最后生成 1 分子丙酰 CoA，经丙酰 CoA 羧化酶的催化生成甲基丙二酰 CoA，再经变位酶的作用生成琥珀酰 CoA，进入三羧酸循环被彻底氧化。

生物体内脂肪酸约半数以上是不饱和脂肪酸，不饱和脂肪酸也能在线粒体内进行 β- 氧化。但区别在于，饱和脂肪酸 β- 氧化中产生反式烯脂酰 CoA，而天然不饱和脂肪酸中的双键均为顺式。因此，当不饱和脂肪酸在 β- 氧化时，需经线粒体内特异的反烯脂酰 CoA 异构酶催化，将顺式转变反式构型，β- 氧化才能进行。

（三）酮体的生成与利用

在心肌和骨骼肌等组织中，脂肪酸经 β- 氧化生成的乙酰 CoA 能够彻底氧化成 CO_2 和 H_2O。但在肝细胞中的脂肪酸经 β- 氧化生成的乙酰 CoA 除通过氧化产生 ATP 供能外，还可缩合生成酮体。酮体（ketone bodies）包括乙酰乙酸（acetoacetate）、β- 羟丁酸（β-hydroxybutyrate）和丙酮（acetone）。酮体是肝对脂肪酸氧化分解时所产生的特有中间产物。

1. 酮体的生成　酮体在肝细胞的线粒体内合成。合成原料为脂肪酸 β- 氧化产生的乙酰 CoA。肝细胞线粒体内含有各种合成酮体的酶类，特别是 HMGCoA 合酶，该酶催化的反应是酮体生成的限速步骤。其合成过程如下（图 5-4）：

（1）2 分子乙酰 CoA 在乙酰乙酰 CoA 硫解酶的催化下，缩合生成乙酰乙酰 CoA，并释放 1 分子 HSCoA。

（2）乙酰乙酰 CoA 在羟甲基戊二酰 CoA（β-hydroxy-β-methyl glutaryl CoA，HMGCoA）合酶的催化下，再与 1 分子乙酰 CoA 缩合生成 HMGCoA，并释放 1 分子 HSCoA。HMGCoA 在 HMGCoA 裂解酶的催化下，裂解生成乙酰乙酸和乙酰 CoA。此外，乙酰乙酰 CoA 还可在乙酰乙酰 CoA 脱酰酶催化下，直接生成乙酰乙酸。

（3）乙酰乙酸在 β- 羟丁酸脱氢酶的催化下还原生成 β- 羟丁酸，反应所需的氢由 $NADH+H^+$ 提供，还原的速度取决于线粒体内 $NADH/NAD^+$ 的比值；一部分乙酰乙酸由乙酰乙酸脱羧酶催化脱羧或自发脱羧生成丙酮。

微课：酮体的生成

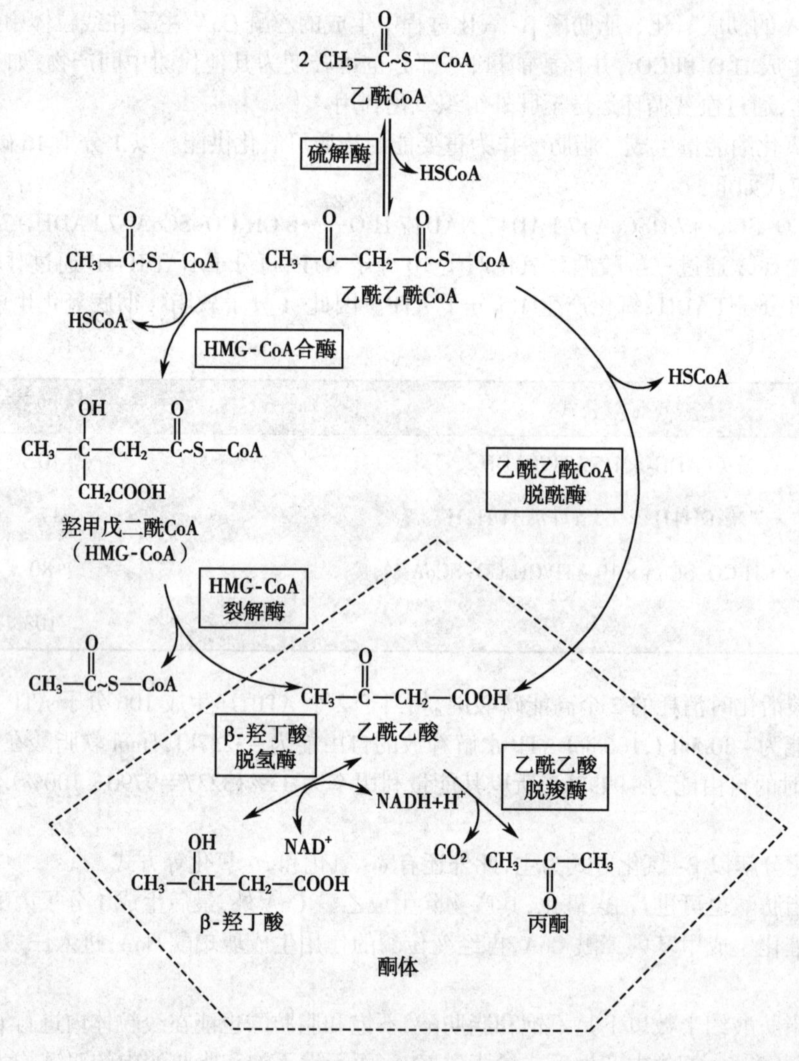

图 5-4 酮体的生成

生成酮体是肝特有的功能，但由于肝细胞内缺乏氧化利用酮体的酶，肝生成的酮体必须通过细胞膜进入血液循环，运输到肝外组织被氧化利用。

2. 酮体的利用　肝外组织特别是骨骼肌、心肌、脑和肾有活性很强的利用酮体的酶，如琥珀酰CoA转硫酶、乙酰乙酸硫激酶及硫解酶。酮体的利用，首先要进行活化，其活化过程由琥珀酰CoA转硫酶或乙酰乙酸硫激酶催化完成。乙酰乙酸在琥珀酰CoA转硫酶或乙酰乙酸硫激酶的催化下，转变为乙酰乙酰CoA，乙酰乙酰CoA在硫解酶的催化下分解成2分子乙酰CoA，后者进入三羧酸循环彻底氧化。β-羟丁酸可在β-羟丁酸脱氢酶催化下氧化生成乙酰乙酸，然后沿上述途径氧化。丙酮由于量微在代谢上不占重要地位，主要随尿排出，当血中酮体显著升高时，丙酮也可从肺直接呼出，使呼出气体有烂苹果味(图 5-5)。

酮体从肝内到肝外组织的净流动是由于肝内有生酮的酶系，但缺乏利用酮体的酶系而使酮体不能在肝内利用；肝外组织则正好相反，不能生成酮体，但含有分解利用酮体的酶系而可以利用酮体(图 5-6)。

3. 酮体生成的意义　酮体是肝内脂肪酸氧化分解代谢过程中产生的一类正常中间产物，是肝输出能源的一种形式。酮体分子小，极性大，易溶于水，能通过血脑屏障及肌肉的毛细血管壁，是脑、心肌和骨骼肌等组织的重要能源。长期饥饿或糖供给不足的情况下，酮体利用的增加可减少糖的利用，有利于维持血糖浓度的恒定，节省蛋白质的消耗。严重饥饿或糖尿病时，酮体可替代葡萄糖成为脑组织的主要能源。

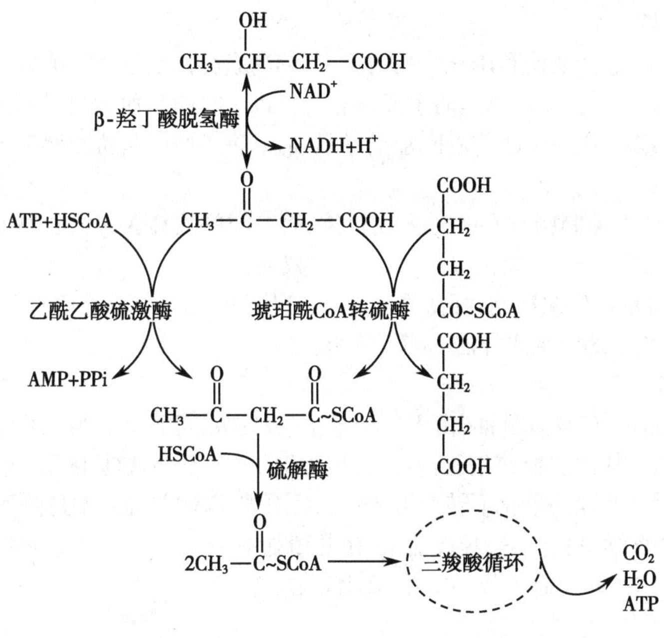

图 5-5 酮体的利用

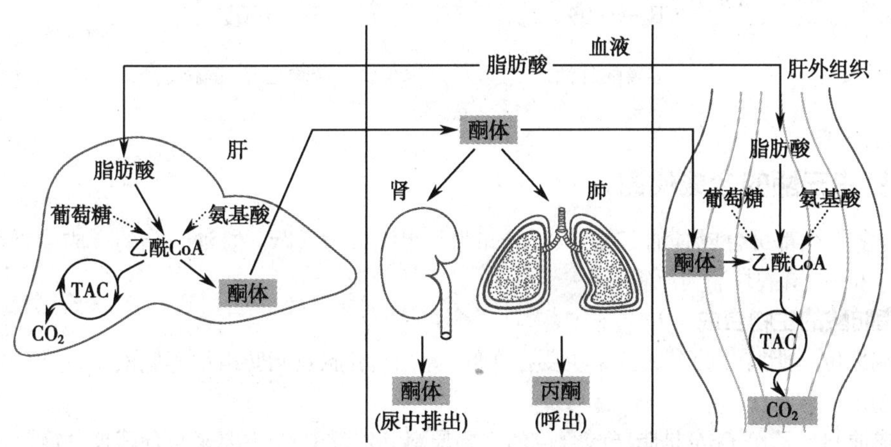

图 5-6 酮体的生成、运输和利用

正常成人血中酮体含量很少，仅 0.03~0.5mmol/L，其中 β- 羟丁酸最多，约占酮体总量的 70%，乙酰乙酸占 30%，而丙酮的量极微。但是在长时间饥饿、低糖高脂膳食及糖尿病时，肝中酮体生成过多，当肝内酮体的生成量超过肝外组织的利用能力时，可使血中酮体升高，称酮血症，如果尿中出现酮体称酮尿症。由于 β- 羟丁酸、乙酰乙酸都是较强的有机酸，当血中浓度过高可导致酮症酸中毒。

案例分析

患者，女，47 岁，因“烦渴、多饮、多尿 8 年余，腹痛伴精神异常 3 小时”入院。入院前 2 天患者在家进食较多水果，3 小时前突然出现脐周持续性绞痛，伴恶心，呕吐 1 次，非喷射性，为胃内容物，且家属发现其胡言乱语、烦躁不安，急送急诊。入院后急查血气 pH 7.01，HCO_3^- 3~3.5mmol/L，尿酮体 +++，尿糖 +++，随机血糖 31mmol/L，血常规 WBC 16.6 × 10^9/L，电解质：血钾 3.54mmol/L，血钠 142mmol/L。综合评估病情后，诊断为“糖尿病酮症酸中毒”。

4. 酮体生成的调节

(1) 饱食及饥饿：在饱食及糖利用充分的情况下，胰岛素分泌增加，抑制脂肪动员，进入肝内脂肪酸减少，抑制脂肪酸β-氧化，抑制酮体的生成；相反，在饥饿时胰高血糖素等脂解激素分泌增加或糖尿病等糖的供应不足或利用受阻的情况下，脂肪动员加强，进入肝内脂肪酸增多，脂肪酸β-氧化增强，酮体生成增多。

(2) 丙二酸单酰 CoA 抑制脂酰 CoA 进入线粒体：丙二酸单酰 CoA 是 CATⅠ的抑制剂，竞争性抑制脂酰 CoA 进入线粒体，脂肪酸β-氧化减弱，酮体生成减少。

(3) 肝细胞糖原含量及代谢影响：肝糖原丰富时，糖代谢旺盛，α-磷酸甘油及 ATP 生成充足，进入肝细胞的脂肪酸主要用于酯化生成甘油三酯及磷脂。

(四) 甘油的代谢

脂肪动员产生的另一产物是甘油，由于分子量小、极性大，可直接扩散入血，随血液循环运往肝、肾等组织被摄取利用。甘油主要在细胞内经甘油激酶的催化下与 ATP 作用，生成α-磷酸甘油。α-磷酸甘油在α-磷酸甘油脱氢酶催化下转变为磷酸二羟丙酮，磷酸二羟丙酮是糖酵解途径的中间产物，可循糖分解代谢途径继续氧化分解，释放能量；在肝细胞中也可经糖异生途径转变为糖原或葡萄糖。脂肪组织中产生的甘油主要经血入肝，再进行氧化分解。

甘油（CH_2OH—CHOH—CH_2OH） —甘油激酶（ATP → ADP）→ α-磷酸甘油（CH_2OH—CHOH—CH_2-O-Ⓟ） —α-磷酸甘油脱氢酶（NAD^+ → $NADH+H^+$）→ 磷酸二羟丙酮（CH_2OH—C=O—CH_2-O-Ⓟ） →

糖异生 → 糖原或葡萄糖

氧化分解 → CO_2、H_2O、ATP

二、甘油三酯的合成代谢

人体许多组织都可合成甘油三酯，但以肝和脂肪组织最为活跃。甘油三酯的合成主要在内质网，以脂酰 CoA 和α-磷酸甘油为原料。

(一) 脂肪酸的生物合成

1. 合成部位　脂肪酸的合成酶系主要存在肝、肾、脑、乳腺及脂肪组织等胞液中，但肝是合成脂肪酸的主要场所。

2. 合成原料　乙酰 CoA 是脂肪酸合成的主要原料。乙酰 CoA 主要来自葡萄糖的有氧氧化，某些氨基酸的分解代谢也能提供部分乙酰 CoA。此外，还需要 ATP 供能和 NADPH 供氢，NADPH 主要来自磷酸戊糖通路。因此，糖是脂肪酸合成原料的主要来源。

无论何种来源，乙酰 CoA 主要在线粒体内生成，而脂肪酸的合成酶系存在于胞液。因此，线粒体内生成的乙酰 CoA 须进入胞液才能用于脂肪酸的合成。研究证实，乙酰 CoA 不能自由通过线粒体内膜进入胞液，需通过柠檬酸-丙酮酸循环（citrate pyruvate cycle）才能将乙酰 CoA 转移到胞液（图 5-7）。在此循环中，乙酰 CoA 首先在线粒体内与草酰乙酸缩合生成柠檬酸，然后通过线粒体内膜上特异载体将柠檬酸转运入胞液，再由胞液中的柠檬酸裂解酶催化裂解释出草酰乙酸和乙酰 CoA。乙酰 CoA 用于脂肪酸的合成，而草酰乙酸则在苹果酸脱氢酶作用下还原生成苹果酸，再经线粒体内膜上的载体转运进入线粒体。苹果酸也可经苹果酸酶的催化分解为丙酮酸，再经载体转运进入线粒体，同时生成的 $NADPH+H^+$ 可参与脂肪酸的合成。进入线粒体的苹果酸和丙酮酸最终均可转变成草酰乙酸，再参与乙酰 CoA 的转运。

图片：甘油三酯的合成代谢导图

3. 合成过程

(1) 丙二酰 CoA 的合成：脂肪酸合成的第一步反应是乙酰 CoA 羧化成丙二酰 CoA。此反应由乙酰 CoA 羧化酶催化，由碳酸氢盐提供 CO_2，ATP 提供能量。乙酰 CoA 羧化酶是脂肪酸合成的限速酶，同时也是一种变构酶，其辅酶为生物素，柠檬酸和异柠檬酸为此酶的变构激活剂，而软脂酰 CoA 为此酶的变构抑制剂。

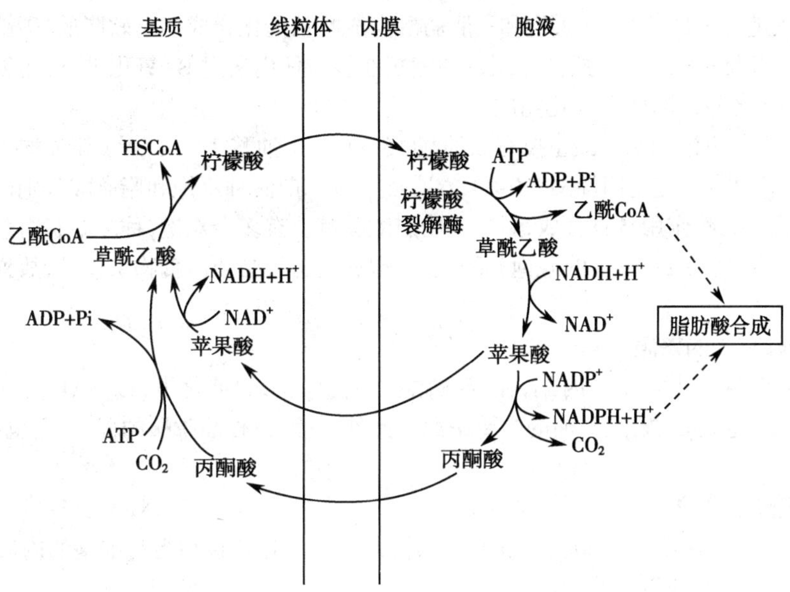

图 5-7　柠檬酸 - 丙酮酸循环

在脂肪酸的合成中，除 1 分子乙酰 CoA 直接参与合成反应外，其余的乙酰 CoA 均需羧化生成丙二酰 CoA 方可参与脂肪酸的生物合成。

$$CH_3CO{\sim}SCoA+HCO_3^- +ATP \xrightarrow[\text{生物素 } Mg^{2+}]{\text{乙酰辅酶 A 羧化酶}} HOOCCH_2CO{\sim}SCoA+ADP+Pi$$

(2) 软脂酸的合成：软脂酸的合成过程是一个连续的酶促反应过程。其合成过程是以 1 分子乙酰 CoA 和 7 分子丙二酰 CoA 为原料，在脂肪酸合成酶系的催化下，由 $NADPH+H^+$ 提供氢合成软脂酸。碳链每增加 2 个碳原子，都要重复进行缩合、还原、脱水和再还原的过程。经过 7 次循环后，生成 16 碳的软脂酰 ACP，最后经硫酯酶水解释放软脂酸。在大肠埃希菌中，脂肪酸合成酶系是一种多酶复合体，由 7 种酶组成。在哺乳类动物细胞中，此酶属于一种多功能酶，7 种酶活性和酰基载体蛋白(ACP)存在于一条多肽链上，即在一条多肽链上含有 8 个不同功能的结构域。软脂酸合成的总反应式为：

$$CH_3CO{\sim}SCoA +7\ HOOCCH_2CO{\sim}SCoA +14\ NADPH +14\ H^+ \xrightarrow{\text{脂肪酸合成酶系}}$$
$$CH_3(CH_2)_{14}COOH+7\ CO_2+6\ H_2O+8\ HSCoA+14\ NADP^+$$

脂肪酸合成与分解比较见表 5-1。

表 5-1　脂肪酸合成与分解比较

	脂肪酸合成	脂肪酸分解
反应活跃期	高糖膳食后	饥饿或糖的利用障碍
刺激激素	胰岛素 / 胰高血糖素比值↑	胰岛素 / 胰高血糖素比值↓
组织定位(主要)	肝脏	肌肉、肝脏
亚细胞定位	胞液	胞液、线粒体(为主)
转运机制	柠檬酸 - 丙酮酸循环(线粒体到胞液)	肉碱穿梭(胞液到线粒体)
酰基载体	ACP、HSCoA	HSCoA
氧化还原辅因子	$NADPH+H^+$	NAD^+、FAD
底物 / 产物	乙酰 CoA/ 脂酰 CoA	脂酰 CoA/ 乙酰 CoA
关键酶	乙酰 CoA 羧化酶	肉碱脂酰基转移酶Ⅰ
激活剂	柠檬酸、异柠檬酸、胰岛素、高糖低脂膳食	饥饿、高脂低糖膳食
抑制剂	长链脂酰 CoA、胰高血糖素、肾上腺素、高脂低糖膳食	丙二酰 CoA、胰岛素、饱食

4. 脂肪酸碳链的延长、缩短和去饱和 脂肪酸合成酶系催化合成的是软脂酸，碳链长短不一的脂肪酸是通过对软脂酸的加工而完成的。碳链的缩短在线粒体内通过 β- 氧化进行，而碳链的延长则由线粒体或内质网内的特殊酶体系催化完成。

人体内所含有的不饱和脂肪酸主要有软油酸（16：1，Δ^{9}）、油酸（18：1，Δ^{9}）、亚油酸（18：2，$\Delta^{9,12}$）、α-亚麻酸（18：3，$\Delta^{9,12,15}$）及花生四烯酸（20：4，$\Delta^{5,8,11,14}$）等。前两种不饱和脂肪酸分别由软脂酸和硬脂酸通过体内Δ^{9}脱饱和酶作用自身合成，后三种脂肪酸碳链上有多个双键，称多烯脂肪酸或多不饱和脂肪酸。因为哺乳动物缺乏Δ^{9}以上的脱饱和酶，多不饱和脂肪酸必须由食物来供给，故称之为人体营养必需脂肪酸。

（二）α- 磷酸甘油的来源

糖分解代谢产生的磷酸二羟丙酮，在 α- 磷酸甘油脱氢酶的催化下，以 $NADH+H^{+}$ 为辅酶，还原生成 α- 磷酸甘油，这是 α- 磷酸甘油的主要来源。此外，甘油在甘油激酶的催化下，也可生成 α- 磷酸甘油。

（三）甘油三酯的合成

甘油三酯是以 α- 磷酸甘油和脂酰 CoA 为原料合成的。肝细胞和脂肪细胞的内质网是合成甘油三酯的主要部位，其次是小肠黏膜。

小肠黏膜上皮细胞主要利用消化吸收的甘油一酯为起始物，再加上 2 分子脂酰 CoA，合成甘油三酯。

肝细胞和脂肪细胞主要通过甘油二酯途径合成甘油三酯。该途径是利用糖代谢生成的 α- 磷酸甘油，在脂酰 CoA 转移酶的催化下，依次加上 2 分子脂酰 CoA 生成磷脂酸。磷脂酸在磷酸酶的作用下，水解脱去磷酸生成 1，2- 甘油二酯，然后在脂酰 CoA 转移酶的作用下，再加上一分子脂酰 CoA 即生成甘油三酯。

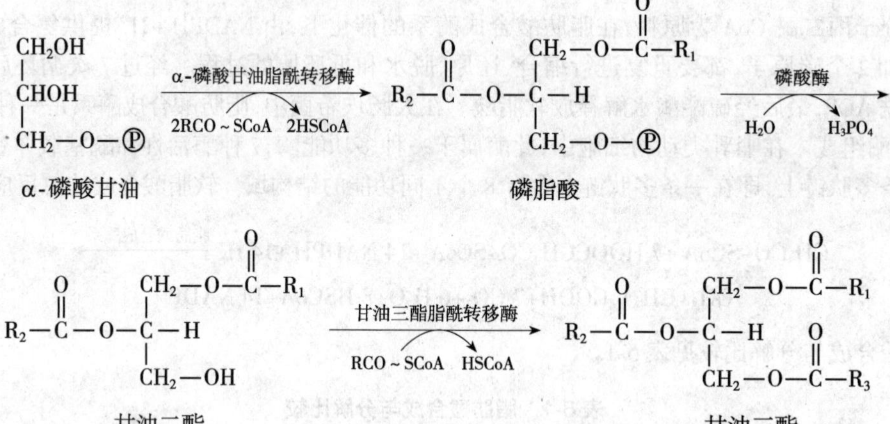

微课：甘油二酯途径合成甘油三酯

第三节 磷脂的代谢

含有磷酸的脂质称为磷脂。按其化学组成不同可分为甘油磷脂（phosphoglyceride）与鞘磷脂（sphingomyelin）两大类，前者以甘油为基本骨架，后者则以鞘氨醇为基本骨架。体内含量多、分布广的磷脂是甘油磷脂，鞘磷脂主要分布于大脑和神经髓鞘中。

甘油磷脂由甘油、脂肪酸、磷酸及含氮化合物等组成，根据与磷酸相连的取代基团的不同，甘油磷脂又分为五大类（表 5-2）。其中最为重要的是磷脂酰胆碱（卵磷脂）和磷脂酰乙醇胺（脑磷脂），这两类磷脂占血液及组织中磷脂的 75% 以上。

甘油磷脂分子结构式

```
                          O
                          ‖
        O        CH₂—O—C—R₁
        ‖         |
R₂—C—O—CH        O
                  |        |
                 CH₂—O—P—O—X
                           ‖
                           O
```

表 5-2　体内几种重要的甘油磷脂

X 取代基	磷脂名称
$—CH_2CH_2N^+(CH_3)_3$	磷脂酰胆碱（卵磷脂）
$—CH_2CH_2NH_2$	磷脂酰乙醇胺（脑磷脂）
$—CH_2CHNH_2COOH$	磷脂酰丝氨酸
$R'—CO—O—H_2C$；$R''—CO—O—HC$；$·CH_2—CH(OH)—CH_2—O—P(=O)(O^-)—O—H_2C$	二磷脂酰甘油（心磷脂）
^-O—肌醇环（OH、OH、H、H、H、HO、H、OH、OH、H）	磷脂酰肌醇

鞘磷脂是含鞘氨醇的磷脂，分子中不含甘油，分子中的脂肪酸以酰胺键与鞘胺醇的氨基相连，按其含磷酸或糖基分为鞘磷脂及鞘糖脂。

甘油磷脂和鞘磷脂尽管在组成上有差别，但分子结构与电荷分布十分相似，分子中都有疏水的尾部和亲水的头部，这种结构特点使磷脂在水和非极性的溶剂中都有很大的溶解度，能同时与极性和非极性物质结合，作为水溶性蛋白质和非极性脂类之间的结构桥梁。因此，磷脂是构成生物膜及血浆脂蛋白的重要成分。

此外，不同的磷脂有不同的功能：①磷脂酰肌醇及其衍生物（IP_3 及 DAG）参与细胞信号的传导；②二软脂酰磷脂酰胆碱是肺泡表面活性物质的主要组分，对维持肺泡膨胀起重要作用，早产儿这种磷脂合成和分泌缺陷，产生肺泡表面活性物质的量少，可诱发新生儿呼吸困难综合征；③血小板活化因子为血管内皮细胞、血小板、巨噬细胞等合成并释放的一种甘油磷脂，有极强的生物活性，能引起血小板聚集和 5- 羟色胺释放。④鞘糖脂除作为生物膜的重要组分外，还参与细胞的识别及信息传递、作为 ABO 血型物质等；⑤神经鞘磷脂则是神经髓鞘的组成成分，神经髓鞘能防止神经冲动从一条神经纤维向周边神经纤维扩散，保证神经冲动定向传导。

图片：甘油磷脂代谢导图

一、甘油磷脂的代谢

（一）甘油磷脂合成代谢

1. 合成部位　全身各组织细胞的内质网中都含有合成甘油磷脂的酶，但以肝、肾及小肠等组织最活跃。

2. 合成原料及辅助因子　主要包括甘油、脂肪酸、磷酸盐、胆碱、乙醇胺、丝氨酸及肌醇等物质。除甘油和脂肪酸主要由糖代谢转变而来外，其 2 位碳上的不饱和脂肪酸须从食物中摄取。胆碱和乙醇胺可由食物提供，也可由丝氨酸在体内转变而来。除由 ATP 供能外，CTP 也可供能。

动画：胆碱和乙醇胺的活化

3. 合成过程 乙醇胺和胆碱受相应激酶的作用，在 ATP 的参与下生成磷酸乙醇胺和磷酸胆碱，然后再与 CTP 作用，生成 CDP- 乙醇胺和 CDP- 胆碱，CDP- 乙醇胺和 CDP- 胆碱两者分别与甘油二酯结合，生成磷脂酰乙醇胺和磷脂酰胆碱（图 5-8）。此外，磷脂酰胆碱也可以由磷脂酰乙醇胺从 S- 腺苷甲硫氨酸获得甲基直接生成。

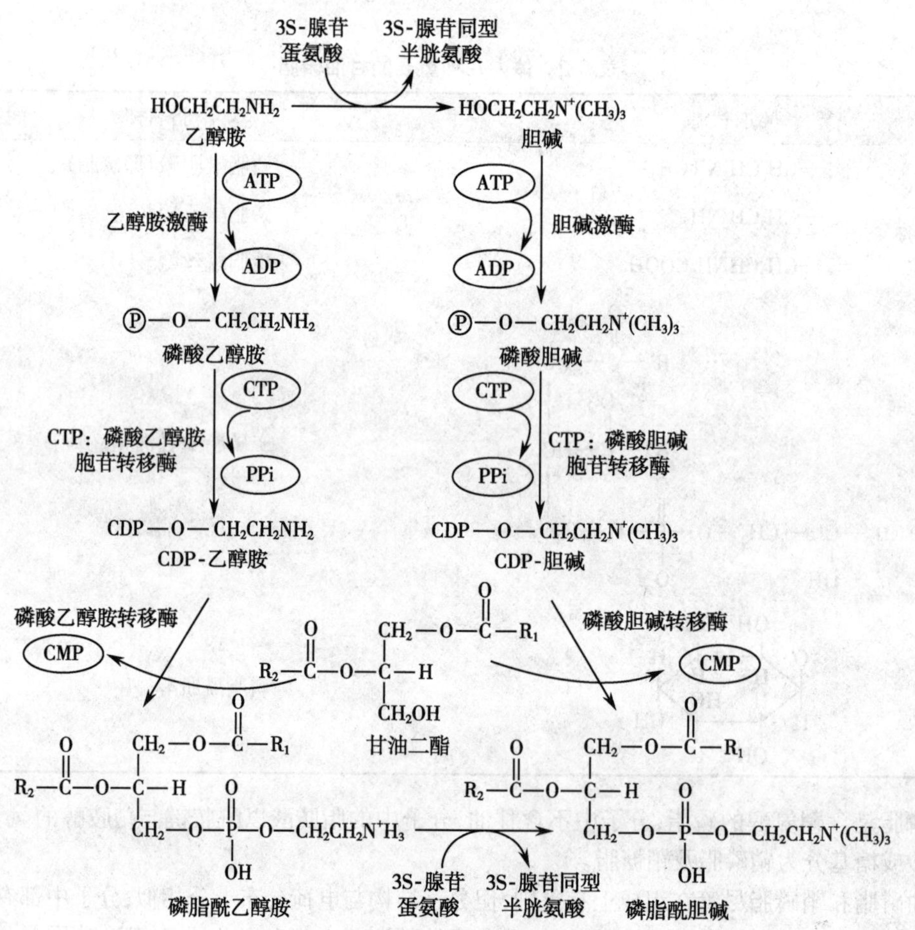

图 5-8 甘油磷脂的合成途径

（二）甘油磷脂的分解代谢

甘油磷脂在各种磷脂酶的催化下，分别作用于甘油磷脂分子中的不同的酯键，水解产生各种组分（如甘油、脂肪酸、磷酸和含氮碱）及中间产物（图 5-9）。

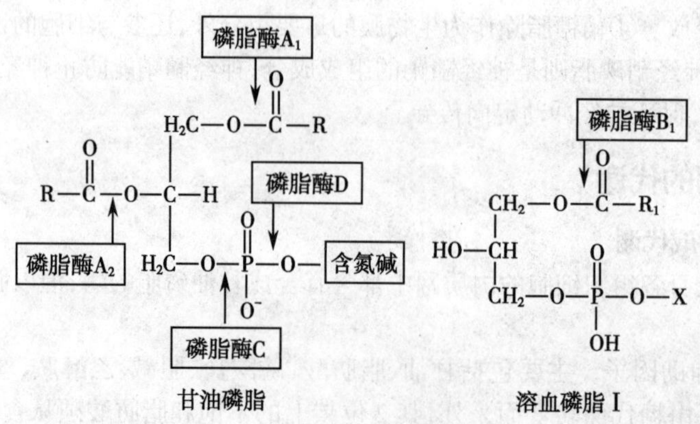

图 5-9 磷脂酶作用于磷脂化学键的部位

其中，磷脂酶 A_1 和磷脂酶 A_2 分别作用于甘油磷脂的 1 位和 2 位酯键，使甘油磷脂水解生成溶血磷脂和多不饱和脂肪酸。溶血磷脂是一种较强的表面活性物质，能使红细胞膜或其他细胞膜破坏，引起溶血或细胞坏死。磷脂酶 A_2 存在于各组织细胞膜和线粒体膜上。急性胰腺炎的发病就与胰腺组织细胞膜中的磷脂酶 A_2 被提前激活而导致胰腺细胞膜受损有关。某些蛇毒唾液中含有磷脂酶 A_1，故被毒蛇咬伤后，可出现溶血症状。

微课：溶血磷脂

二、鞘磷脂的代谢

鞘磷脂是含鞘氨醇的磷脂，体内含量最多的鞘磷脂是神经鞘磷脂。全身各组织细胞内质网中都含有合成鞘磷脂的酶，但以脑组织最为活跃。鞘磷脂由鞘氨醇、脂肪酸及磷酸胆碱所构成。鞘氨醇与脂肪酸相连，生成 N- 脂酰鞘氨醇，其末端羟基与磷酸胆碱通过磷酸酯键相连即神经鞘磷脂。神经鞘磷脂是神经髓鞘的主要成分，也是构成生物膜的重要磷脂。

$CH_3(CH_2)_{12}CH{=}CHCHOH$
|
$CHNHCOR$
|
$CH_2O-\overset{\overset{\large O}{\|}}{\underset{\underset{\large OH}{|}}{P}}-O-CH_2CH_2N^+(CH_3)_3$

神经鞘磷脂

神经鞘磷脂的分解是在神经鞘磷脂酶催化下进行的。此酶存在于脑、肝、脾、肾等细胞的溶酶体中，水解磷酸酯键，产物为 N- 脂酰鞘氨醇和磷酸胆碱。先天性缺乏此酶的患者，由于神经鞘磷脂不能降解而在细胞内积存，导致鞘脂累积症，可引起肝、脾大及痴呆等。

第四节 胆固醇代谢

胆固醇是具有环戊烷多氢菲烃核及一个羟基的固醇类化合物，最早由动物胆石中分离出来，故称为胆固醇（cholesterol）。胆固醇 C_3 位上的羟基可与脂肪酸相连形成胆固醇酯（cholesterol ester，CE），未与脂肪酸结合的称为游离胆固醇（free cholesterol，FC）。两者存在于组织和血浆脂蛋白内，其结构如下：

HO 3

胆固醇

R—C(=O)—O 3 6 17

胆固醇酯

体内的胆固醇有两个来源，即内源性和外源性。内源性胆固醇由机体自身合成，正常成人 50% 以上的胆固醇来自机体自身合成；外源性胆固醇主要来自动物性食物，如蛋黄、肉、肝、脑等。

胆固醇广泛分布于体内各组织，正常成人体内胆固醇总量约为 140g，但分布极不均一，大约 1/4 分布于脑及神经组织，约占脑组织的 2%，肾上腺皮质、卵巢等组织胆固醇含量较高，其次是肝、肾、肠等组织，而肌肉组织中胆固醇的含量较低。

一、胆固醇的生物合成

（一）合成部位

成人除脑组织及成熟红细胞外，几乎全身各组织均可合成胆固醇，每天约合成 1~1.5g，其中肝合

成胆固醇的能力最强，占总合成量的70%~80%，小肠次之，合成量占总量的10%。胆固醇的合成主要在胞液及内质网中进行。

(二) 合成原料

乙酰 CoA 是合成胆固醇的原料，此外还需要 ATP 供能和 $NADPH+H^+$ 供氢。每合成1分子胆固醇需要18分子乙酰 CoA、36分子 ATP 及16分子 $NADPH+H^+$。乙酰 CoA 和 ATP 主要来自糖的有氧氧化，而 $NADPH+H^+$ 则主要来自糖的磷酸戊糖途径。因此，糖是胆固醇合成原料的主要来源。乙酰 CoA 是在线粒体中生成的，由于不能通过线粒体内膜，须经柠檬酸 - 丙酮酸循环转移到胞液参与胆固醇的合成。

(三) 合成基本过程

胆固醇的合成过程复杂，有近30步酶促反应，大致可分为三个阶段(图5-10)。

1. 甲羟戊酸的生成　在胞液中，2分子乙酰 CoA 在硫解酶的催化下缩合成乙酰乙酰 CoA，然后在 HMGCoA 合酶催化下，再与1分子乙酰 CoA 缩合生成 HMGCoA。此反应过程与酮体生成相类似，HMGCoA 是合成酮体和胆固醇的重要中间产物，但是在线粒体中的 HMGCoA 裂解生成酮体，而在胞液中的 HMGCoA 则由 HMGCoA 还原酶催化，$NADPH+H^+$ 供氢还原生成甲羟戊酸(mevalonic acid，MVA)。此步反应是合成胆固醇的限速反应，HMGCoA 还原酶是胆固醇生物合成的限速酶。

2. 鲨烯的合成　MVA 在一系列酶的催化下，由 ATP 提供能量先磷酸化、再脱羧脱羟基生成活泼的5碳焦磷酸化合物。然后3分子5碳焦磷酸化合物缩合生成15碳的焦磷酸法尼酯，2分子15碳的焦磷酸法尼酯在内质网鲨烯还原酶的作用下，再缩合、还原即生成30碳的多烯烃化合物——鲨烯。

3. 胆固醇的合成　鲨烯经加单氧酶、环化酶等的催化，先环化生成羊毛固醇，再经氧化、脱羧和还原等反应，脱去3分子 CO_2 生成27碳的胆固醇。

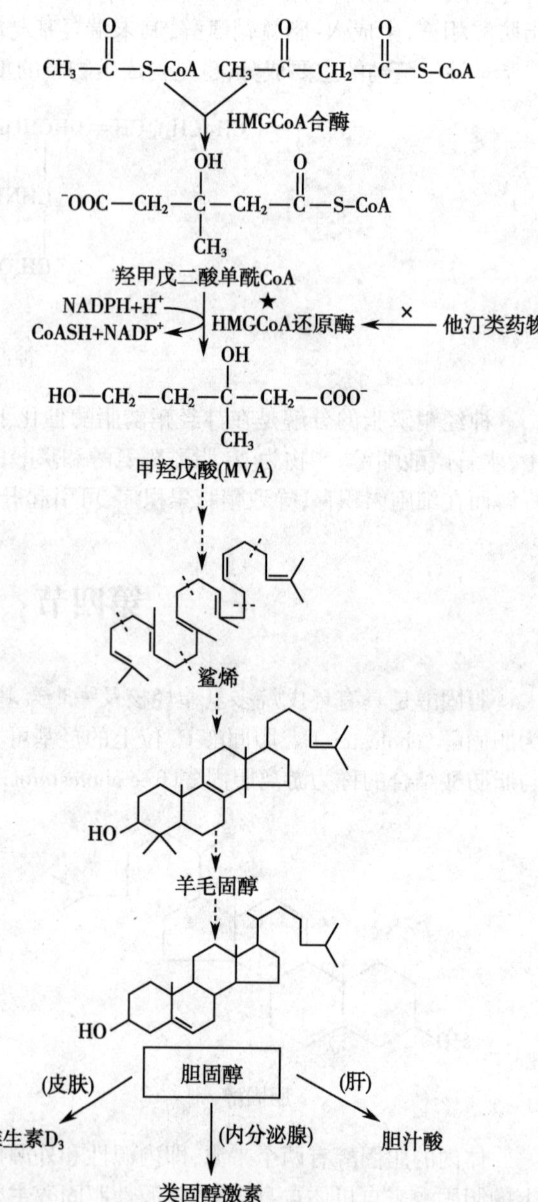

图5-10　胆固醇的生物合成及转化途径

(四) 胆固醇合成的调节

图片：胆固醇合成示意图

HMGCoA 还原酶是胆固醇合成的限速酶，各种因素通过影响 HMGCoA 还原酶活性来调节胆固醇合成速度。

1. 饥饿与饱食的调节　饥饿与禁食可使 HMGCoA 还原酶活性降低，从而抑制胆固醇的合成。此外，饥饿与禁食时乙酰 CoA、ATP 及 $NADPH+H^+$ 不足，也是胆固醇的合成减少的重要原因。相反，摄入高糖等饮食后，HMGCoA 还原酶活性增加，胆固醇合成增多。

2. 胆固醇的负反馈调节　食物胆固醇及体内合成胆固醇增加，均可作为产物反馈阻遏 HMGCoA 还原酶的合成，使胆固醇的合成减少；反之，则可解除对此酶合成的阻遏作用，并使胆固醇合成增多。这种反馈调节主要存在于肝细胞，小肠黏膜细胞的胆固醇合成不受这种反馈调节。因此，单靠限制食物胆固醇，对血浆胆固醇浓度的降低是有限的。

微课：胆固醇的转化与排泄

3. 激素的调节　胰高血糖素和糖皮质激素能抑制HMGCoA还原酶的活性，使胆固醇的合成减少。胰岛素、甲状腺激素能诱导HMGCoA还原酶的合成，从而增加胆固醇的合成。甲状腺激素还可促进胆固醇向胆汁酸的转化，且转化作用大于合成作用，所以甲状腺功能亢进的患者血清中胆固醇的含量反而降低。

4. 药物的影响　某些药物如洛伐他汀和辛伐他汀能竞争性地抑制HMGCoA还原酶的活性，使体内胆固醇的合成减少。另外，有些药物如阴离子交换树脂（考来烯胺）可通过干扰肠道胆汁酸盐的重吸收，促使体内更多的胆固醇转变为胆汁酸盐，从而降低血清胆固醇浓度。

二、胆固醇的转化与排泄

胆固醇的母核——环戊烷多氢菲在体内不能被降解，但侧链可以被氧化、还原或降解，使胆固醇转化成某些重要的活性物质参与体内的代谢和调节，或直接排出体外（图5-10）。

（一）转变为胆汁酸

胆固醇在肝内转化为胆汁酸是其主要代谢去路。正常成人每天合成的胆固醇约有40%在肝中转变为胆汁酸，随胆汁排入肠道。胆汁酸能降低油水两相间的表面张力，在脂类的消化、吸收过程中起重要作用。

胆汁酸乳化脂类食物

乳化作用是将一种液体分散到第二种不相溶的液体中去的过程。最大一类的乳化剂是肥皂、去污粉等。胆汁酸是人体合成的乳化剂。其分子内既含亲水性的羟基和羧基，又含疏水性的甲基及烃核，故胆汁酸的主要构型具有亲水和疏水两个侧面，使分子具有界面活性分子的特征，能降低油和水两相之间的表面张力，促进脂类乳化，形成较小的脂肪微粒，然后很好的与消化液相融合，扩大脂肪微粒与消化液中脂肪酶的接触面积，促进脂类的消化过程。

（二）转变为类固醇激素

胆固醇是合成类固醇激素的前体。如肾上腺皮质、睾丸、卵巢等内分泌腺以胆固醇为原料，在一系列酶的催化下合成醛固酮、皮质醇、性激素等类固醇激素。

（三）转变为维生素D_3

人体皮肤细胞内的胆固醇经脱氢氧化生成7-脱氢胆固醇（维生素D前体），7-脱氢胆固醇经紫外线照射后转变成维生素D_3。维生素D_3在肝细胞微粒体经25-羟化酶催化生成25-羟维生素D_3，后者经血液转运至肾，再经1α-羟化酶催化形成具有活性形式的1,25-二羟维生素D_3（1,25-$(OH)_2$-D_3）。1,25-$(OH)_2$-D_3具有调节钙磷代谢的作用。

（四）胆固醇的排泄

在体内胆固醇的代谢去路主要是转变成为胆汁酸盐，以胆汁酸盐的形式随胆汁排泄。还有一部分胆固醇可直接随胆汁排出。排入到肠道中的胆固醇一部分经肠肝循环入血，另一部分受肠道细菌作用还原生成粪固醇随粪便排出体外。

第五节　血脂和血浆脂蛋白

一、血脂的组成和含量

血脂是血浆所含脂类物质的总称，包括甘油三酯、胆固醇及其酯、磷脂以及游离脂肪酸（free fatty acid，FFA）等。血浆脂质总量为4.0~7.0g/L。血脂有两个来源：一是外源性，由脂类食物经消化道吸收入血；二是内源性，由人体内组织自身合成或体内各组织的分解释放入血。其去路主要有：血脂经血液循环到各组织氧化供能；进入脂库贮存；作为生物膜合成的原料；转变成其他物质（图5-11）。

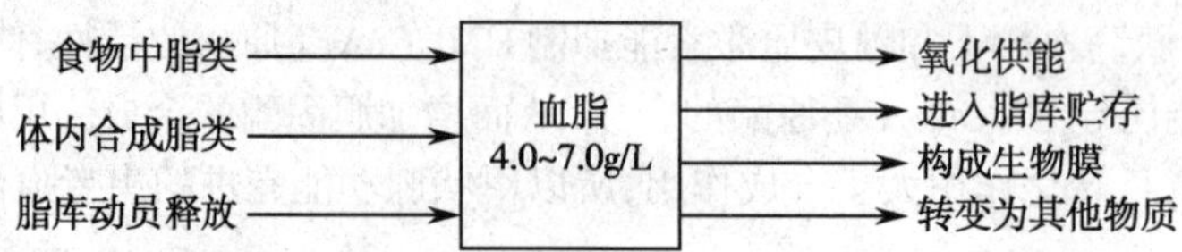

图 5-11 血脂的来源与去路

微课:血脂的来源与去路

正常情况下,血脂的来源与去路处于动态平衡状态,血脂含量相对稳定。当长期摄入高脂高糖饮食后,可导致血脂含量升高。此外,血脂含量远不如血糖恒定,易受年龄、性别、膳食、运动及代谢等多种因素的影响,波动范围较大。正常成年人空腹 12~14 小时血脂的组成和含量见表 5-3。

表 5-3 正常成人空腹血脂的主要成分和含量

组成	血浆含量		空腹时主要来源
	mg/dl	mmol/L	
总脂	400~700	6.7~12.2	
甘油三酯	10~160	0.11~1.69	肝
总胆固醇	100~250	2.59~6.47	肝
胆固醇酯	70~200	1.81~5.17	
游离胆固醇	40~70	1.03~1.81	
总磷脂	150~250	48.44~80.73	肝
卵磷脂	50~200	16.1~64.6	肝
神经磷脂	50~130	16.1~42.0	肝
脑磷脂	15~35	4.8~13.0	肝
游离脂肪酸	5~20	0.5~0.7	脂肪组织

血脂测定是临床常规分析的重要指标。通过血脂水平的测定、分析,不仅反映全身脂类代谢的状态,而且广泛应用于高脂血症、动脉粥样硬化(atherosclerosis,AS)和冠心病的防治及其他诸多临床相关疾病的研究。

二、血浆脂蛋白

血液中脂质物质不溶于水或微溶于水,除游离脂肪酸与清蛋白结合外,其余都与载脂蛋白(apoprotein,apo)结合形成脂蛋白(lipoprotein,LP)。血浆脂蛋白具有亲水性,是血浆脂类的主要存在形式与运输及代谢形式。

(一) 载脂蛋白

血浆脂蛋白由脂类和蛋白质两类成分所构成。脂蛋白中的脂类包括甘油三酯、磷脂、胆固醇及其酯,脂蛋白中的蛋白质部分又称为载脂蛋白。目前已发现了十几种载脂蛋白,结构与功能研究比较清楚的有 apoA、apoB、apoC、apoD、apoE 五大类。每一类又可分为不同的亚类,如 apoB 分为 B_{100} 和 B_{48};apoC 分为 CⅠ、CⅡ、CⅢ等。不同的脂蛋白含不同的载脂蛋白,如 HDL 主要含 apoAⅠ及 AⅡ;LDL 只含 $apoB_{100}$;而 CM 含 AⅠ、CⅠ、CⅡ、CⅢ、$apoB_{48}$;VLDL 除含 $apoB_{100}$ 以外,还有 apoCⅠ、CⅡ、CⅢ及 E(表 5-4)。

表 5-4 载脂蛋白的结构、分布及功能

载脂蛋白	分子量	氨基酸组成	分布	合成部位	功能
apoAⅠ	28 300	243	HDL、CM	小肠、肝	激活 LCAT,识别 HDL 受体
apoAⅡ	17 000	154	HDL	小肠、肝	稳定 HDL 结构,激活 HL
apoAⅣ	46 000	371	HDL、CM	小肠	辅助激活 LPL
$apoB_{100}$	512 723	4536	VLDL、LDL	肝	识别 LDL 受体

续表

载脂蛋白	分子量	氨基酸组成	分布	合成部位	功能
$apoB_{48}$	264 000	2152	CM	小肠	促进 CM 合成
apoCⅠ	6500	57	CM、VLDL、HDL	小肠	激活 LCAT
apoCⅡ	8800	79	CM、VLDL、HDL	肝	激活 LPL
apoCⅢ	8900	79	CM、VLDL、HDL	肝	抑制 LPL，抑制 apoE 受体
apoD	22 000	169	HDL	未确定	转运胆固醇酯
apoE	34 000	299	CM、VLDL、HDL	肝	识别 LDL 受体

载脂蛋白是决定脂蛋白结构、功能和代谢的主要因素，其主要功能有：①构成并稳定血浆脂蛋白结构，作为脂类的运输载体；②可调节脂蛋白代谢关键酶的活性；③参与脂蛋白受体的识别、结合及其代谢过程。

（二）血浆脂蛋白的分类、组成和功能

血浆脂蛋白因其所含的脂类成分和蛋白质种类、比例不同以及各类脂蛋白的理化性质均有不同，可分为多种。常用于血浆脂蛋白分类的方法有电泳分离法和超速离心法。

1. 电泳分离法　电泳法是分离血浆脂蛋白最常用的一种方法，这种方法是以各种血浆脂蛋白颗粒大小及表面电荷量不同作为分离基础的。由于血浆脂蛋白颗粒大小及表面电荷量不同，在电场中其迁移速率也不同。根据迁移速率不同可将血浆脂蛋白分为四条区带，分别称为乳糜微粒（CM）、β-脂蛋白（β-LP）、前β-脂蛋白（前β-LP）和α-脂蛋白（α-LP）。α-脂蛋白中蛋白质含量最高，在电场作用下，电荷量大，分子量小，电泳速度最快，电泳相当于α_1-球蛋白的位置；前β-脂蛋白位于β-脂蛋白之前，相当于α_2-球蛋白的位置；β-脂蛋白相当于β-球蛋白的位置；乳糜微粒的蛋白质含量很低，98%是不带电荷的脂类，特别是甘油三酯含量最高，在电场中几乎不移动，所以停留在原点不动（图5-12）。

2. 超速离心法（密度分离法）　是依据各种脂蛋白所包含的脂类及蛋白质比例不同，其密度大小则不同。血浆在一定密度的盐溶液中进行超速离心时，各种脂蛋白的漂浮或沉降速率不同而得到分离。据此，通常可将血浆脂蛋白分为乳糜微粒（chylomicron，CM）、极低密度脂蛋白（very low density lipoprotein，VLDL）、低密度脂蛋白（low density lipoprotein，LDL）和高密度脂蛋白（high density lipoprotein，HDL）四大类。除上述四类脂蛋白外，还有一种其组成及密度介于VLDL及LDL之间的脂蛋白即中间密度脂蛋白（intermediate density lipoprotein，IDL），它是VLDL在血浆中的代谢物（图5-13）。

微课：电泳法分离血浆脂蛋白

游离脂肪酸不溶于水，在血液中与清蛋白结合，以游离脂肪酸-清蛋白复合体的形式运输。

各类脂蛋白中的脂类和apo的比例、数量、种类及功能均不相同（表5-5）。

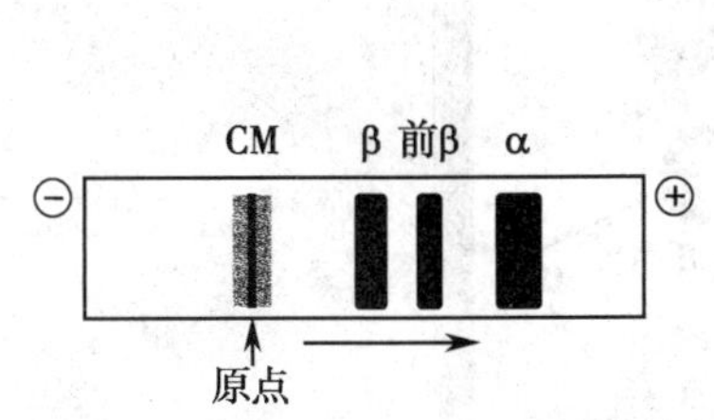

图5-12　血浆脂蛋白琼脂糖凝胶电泳图谱

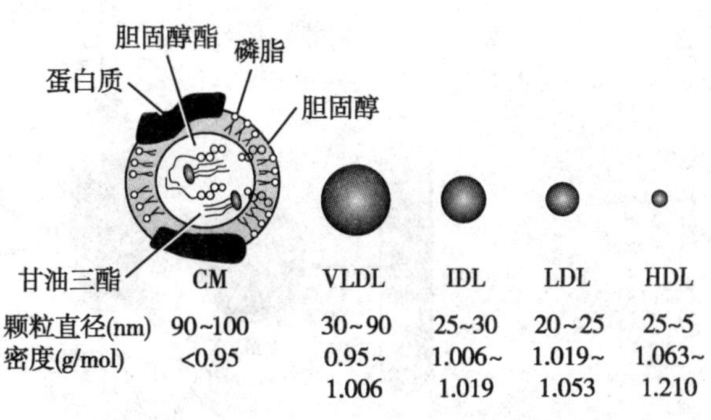

图5-13　血浆脂蛋白超速离心法的分类和结构特征

表 5-5 各种血浆脂蛋白的性质、组成和功能

分类	超速离心法	CM	VLDL	LDL	HDL
	电泳分离法	CM	前β-LP	β-LP	α-LP
性质	密度(g/ml)	<0.95	0.95~1.006	1.00~1.063	1.06~1.210
	漂浮系数(S_f)	>400	20~400	0~20	沉降
	颗粒直径(nm)	80~500	25~70	19~23	4~10
组成(%)	蛋白质	0.5~2	5~10	20~25	50
	脂类	98~99	90~95	75~80	50
	甘油三酯	80~95	50~70	10	5
	磷脂	5~7	15	20	25
	总胆固醇	1~4	15~19	45~50	20
	游离胆固醇	1~2	5~7	8	5
	胆固醇酯	3	10~12	40~42	15~17
主要载脂蛋白		AⅠ,B_{48},CⅠ CⅡ,CⅢ	B_{100},CⅠ,CⅡ CⅢ,E	B_{100}	AⅠ,AⅡ,D
合成部位		小肠黏膜细胞	肝细胞	血浆	肝、小肠、血浆
功能		转运外源性甘油三酯	转运内源性甘油三酯	转运胆固醇到肝外	转运肝外胆固醇入肝

三、血浆脂蛋白代谢

1. 乳糜微粒(CM) CM 由小肠黏膜细胞合成,富含甘油三酯(80%~95%)。CM 是运输外源性甘油三酯及胆固醇的主要形式。小肠黏膜细胞将吸收的脂肪酸和甘油一酯等重新合成甘油三酯及磷脂,连同吸收及合成的胆固醇,再与 apoB_{48}、apoA 等共同形成新生的 CM,经淋巴入血,接受 HDL 转移来的 apoC 及 apoE 后,同时将部分 apoA 转移给 HDL,形成成熟的 CM。进入血中的 CM,其中的 apoCⅡ能激活肌肉、脂肪组织等处毛细血管内皮细胞表面的脂蛋白脂肪酶(lipoprotein lipase,LPL),使血液 CM 中的甘油三酯水解成甘油和脂肪酸,供组织摄取利用。随着甘油三酯的逐步水解,CM 颗粒逐渐变小,最后转变成富含胆固醇酯及 apoB_{48}、apoE 的 CM 残粒。CM 残粒因其表面含有 apoE,能够识别肝细胞膜表面的 apoE 受体,并与之结合,最终被肝细胞摄取、利用(图 5-14)。因此,CM 的功能是运输外源性甘油三酯至骨骼肌、心肌、脂肪等组织,运输外源性胆固醇至肝。

由于乳糜微粒颗粒大,能使光线散射而使血浆呈乳浊样外观,这是饭后血浆浑浊的原因。正常人 CM 在血浆中的代谢很快,半寿期仅 5~15 分钟,所以摄入大量脂肪后血浆浑浊只是暂时的,空腹 12~14 小时后血浆中不再含有 CM,这种现象称为脂肪廓清。

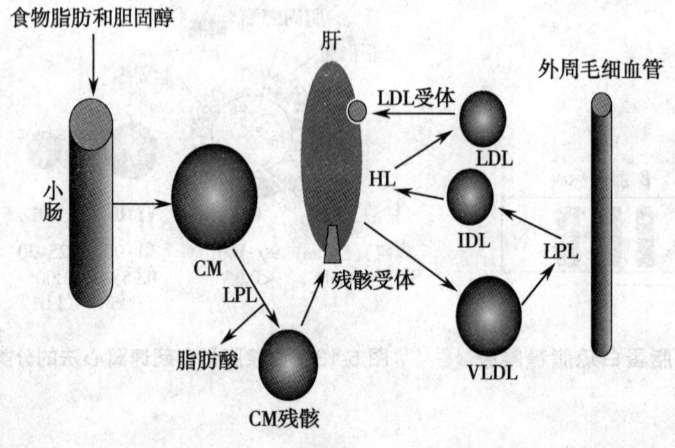

图 5-14 CM、VLDL、LDL 代谢

2. 极低密度脂蛋白(VLDL) VLDL 主要由肝合成和分泌。VLDL 是运输内源性甘油三酯的主要形式。肝细胞利用葡萄糖和脂肪酸(来自脂肪动员或 CM 残余颗粒)自身合成的甘油三酯与胆固醇、胆固醇酯和磷脂,载脂蛋白 B_{100} 及 C 等结合形成 VLDL。VLDL 代谢与 CM 基本一致,进入血液的 VLDL,从 HDL 处获得 apoC 及 E,形成成熟的 VLDL,其中 apoCⅡ激活肝外组织毛细血管的内皮细胞表面的 LPL,使 VLDL 中的甘油三酯被水解释出甘油和脂肪酸为组织所利用。随着甘油三酯的水解,VLDL 颗粒逐渐变小,其表面过剩的磷脂、游离胆固醇及 apoC 转移至 HDL 上,由 HDL 提供的胆固醇酯转运给 VLDL 进行交换。此时,VLDL 的胆固醇含量及 $apoB_{100}$、apoE 含量相对增加,密度逐渐增大,转变成中间密度脂蛋白(IDL)。

IDL 主要有两条代谢途径:一部分 IDL 可被肝细胞膜的 apoE 受体识别、摄取进行代谢;未被肝细胞摄取的 IDL 经 HL 作用进一步水解,转变为 LDL,经 LDL 受体代谢。VLDL 在血中的半寿期约 6~12 小时。

3. 低密度脂蛋白(LDL) LDL 是在血液中由 VLDL 代谢转变而生成的。LDL 中主要脂类是胆固醇及胆固醇酯,载脂蛋白为 $apoB_{100}$。它是转运肝合成的内源性胆固醇至肝外的主要形式。LDL 是空腹时血浆的主要脂蛋白,含量占血浆脂蛋白总量的 1/2~2/3,半衰期为 2~4 天。

LDL 的主要代谢途径为 LDL 受体途径。LDL 受体广泛分布于肝、动脉壁细胞等全身各组织的细胞表面。LDL 与 LDL 受体结合后,被溶酶体中的酶水解,$apoB_{100}$ 被水解为氨基酸,胆固醇酯被水解成游离胆固醇及脂肪酸。游离胆固醇可用于构成细胞膜、类固醇激素的合成,还可反馈抑制细胞内胆固醇的合成(图 5-15)。若发生 LDL 受体缺陷,可导致血浆 LDL 升高,成为 AS 发生的重要机制。

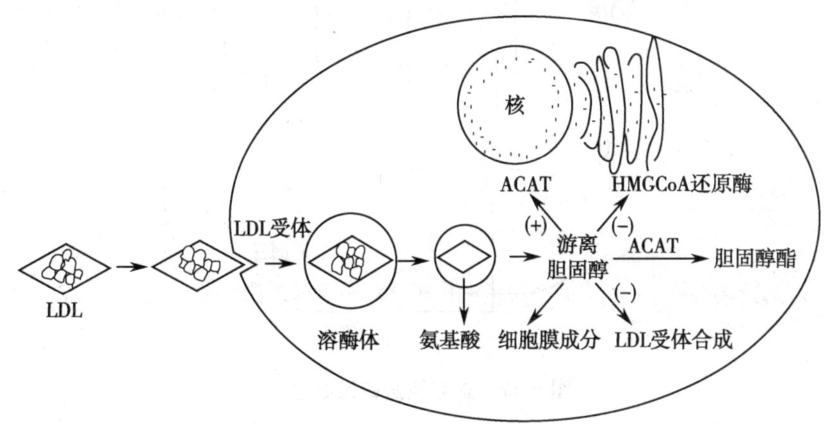

图 5-15 LDL 受体途径

4. 高密度脂蛋白(HDL) HDL 主要在肝合成,其次在小肠。HDL 的主要功能是参与胆固醇的逆向转运(reverse cholesterol transport,RCT)。HDL 按其密度高低又可分为 HDL_1、HDL_2 及 HDL_3。血浆中主要含 HDL_2 及 HDL_3。HDL_1 又称 HDLc,仅在摄取高胆固醇膳食时才在血中出现。

图片:血脂与血浆脂蛋白导图

HDL 的 RCT 分为两个步骤:①胆固醇自肝外细胞包括动脉壁细胞、平滑肌细胞及巨噬细胞移出。肝合成的新生 HDL 以磷脂、apoAⅠ、apoC、apoE 为主,形成圆盘状磷脂双层结构,几乎不含胆固醇,是外周细胞游离胆固醇最好的接受体。② HDL 所运载的胆固醇酯化为胆固醇酯(CE),以 CE 的形式转运。肝细胞合成的新生 HDL 入血后,在 LCAT 的作用下将胆固醇变成胆固醇酯,通过胆固醇酯转运蛋白(CETP)将胆固醇酯转入 HDL 的内核。在此过程中所消耗的磷脂酰胆碱及游离的胆固醇又不断地从外周细胞膜、CM 及 VLDL 得到补充,再由 LCAT 催化生成胆固醇酯进入内核,使 HDL 内核中的胆固醇酯逐步增加,并接受由 CM 及 VLDL 释出的磷脂、apoAⅠ、AⅡ等。同时,其表面的 apoC 及 apoE 转移到 CM 及 VLDL 上,即转变为成熟的 HDL。成熟的 HDL 由肝细胞膜上的 HDL 受体识别而被摄取、降解、清除(图 5-16)。

HDL 的 RCT 是将肝外组织的胆固醇转运至肝内进行转化成胆汁酸盐或通过胆汁直接排出体外的过程,从而促进外周组织胆固醇的清除,降低组织胆固醇的沉积,故 HDL 具有抗 AS 的作用。

血浆脂蛋白代谢途径总结见图 5-17。

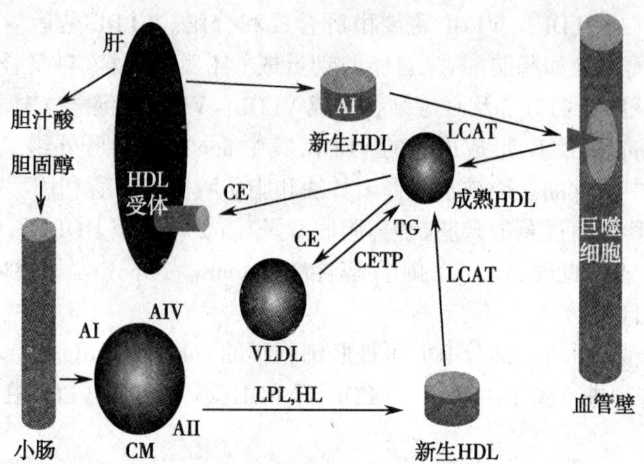

图 5-16　HDL 代谢和胆固醇逆向转运

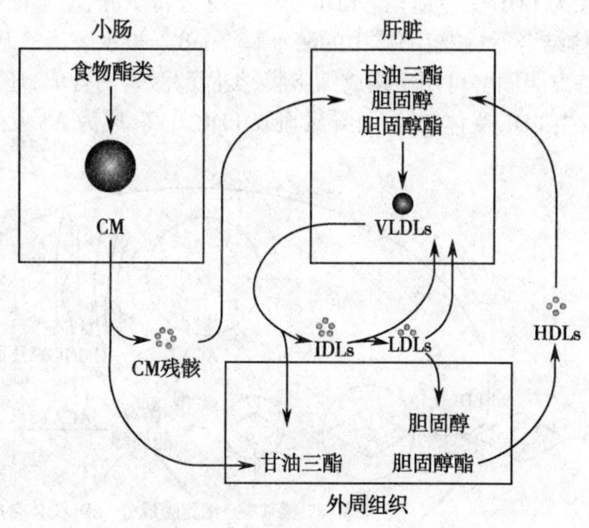

图 5-17　血浆脂蛋白代谢途径

参与脂蛋白代谢关键酶的分布及功能见表 5-6。

表 5-6　参与脂蛋白代谢关键酶的分布及功能

关键酶	脂蛋白脂酶(LPL)	肝脂酶(HL)	卵磷脂胆固醇脂酰转移酶(LCAT)
分布	脂肪、心肌、肺及乳腺等肝外组织	肝实质细胞合成,转运到肝窦内皮细胞	肝实质细胞合成,分泌入血
底物	CM-TG、VLDL-TG	VLDL-TG、IDL-TG 及 HDL-TG	HDL-卵磷脂、胆固醇
作用部位	毛细血管内皮细胞表面	肝窦内皮细胞表面	血浆
激活剂	apoCⅡ	apoAⅡ	apoAⅠ
功能	水解 CM、VLDL 的 TG,生成的 FFA 供肝外组织所用	水解 HDL、IDL 的 TG	使胆固醇酯化进入 HDL 核心,促进新生 HDL 成熟,促进胆固醇逆向转运

四、临床常见的血浆脂蛋白代谢异常

（一）高脂血症

高脂血症（hyperlipidemia）是指血浆中甘油三酯或胆固醇浓度异常升高。由于血脂在血中以脂蛋白形式运输，实际上高脂血症就是高脂蛋白血症（hyperlipoproteinemia，HLP）。目前临床上的高脂血症主要是指血浆胆固醇及甘油三酯的含量升高超过正常范围的上限，称为高胆固醇血症或高甘油三酯血症。一般以成人空腹12~14小时，血浆甘油三酯超过2.26mmol/L（200mg/dl），胆固醇超过6.21mmol/L（240mg/dl），儿童胆固醇超过4.14mmol/L（160mg/dl）作为高脂血症的诊断标准。

世界卫生组织（WHO）建议将高脂蛋白血症分为五型六类（表5-7）。

表5-7 高脂蛋白血症的分型及特征

类型	脂蛋白变化	血脂变化	发病率
Ⅰ	CM↑	TG↑↑↑	罕见
Ⅱa	LDL↑	TC↑↑	常见
Ⅱb	VLDL及LDL↑	TC↑，TG↑	常见
Ⅲ	IDL↑	TC↑，TG↑	罕见
Ⅳ	VLDL↑	TG↑↑	常见
Ⅴ	CM及VLDL↑	TG↑↑↑，TC↑	较少

高脂蛋白血症可分为原发性与继发性两大类。原发性高脂蛋白血症与脂蛋白的组成和代谢过程中有关的载脂蛋白、酶和受体等的先天性缺陷有关；而继发性高脂蛋白血症常继发于其他疾病，如糖尿病、肾病、肝病及甲状腺功能减退等。现已证实，部分伴有遗传性缺陷、家族史、肥胖、不良的饮食和生活习惯、激素及神经调节异常是诱发高脂血症的重要因素。

（二）动脉粥样硬化

动脉粥样硬化（AS）主要是由于血浆中胆固醇含量过多，沉积于大、中动脉内膜上，形成粥样斑块，导致管腔狭窄甚至阻塞，从而影响了受累器官的血液供应。如冠状动脉粥样硬化会引起心肌缺血甚至心肌梗死，称为冠状动脉粥样硬化性心脏病，简称冠心病。大量研究证实，粥样斑块中的胆固醇来自血浆低密度脂蛋白（LDL）。极低密度脂蛋白（VLDL）是LDL的前体，所以血浆LDL和VLDL增高的患者冠心病的发病率显著升高。研究表明，高密度脂蛋白（HDL）的水平与冠心病的发病率呈负相关，HDL具有抗动脉粥样硬化作用。这是由于HDL主要通过参与胆固醇的逆向转运，既能清除外周组织的胆固醇，降低动脉壁胆固醇含量，又能抑制LDL氧化作用，保护内膜不受LDL损害。总之，凡能增加动脉壁胆固醇内流和沉积的脂蛋白，如LDL、VLDL、Ox-LDL等，是致AS的因素；凡能促进胆固醇从血管壁外运的脂蛋白如HDL，则具有抗AS作用，是抗AS的因素。故降低LDL和VLDL的水平和提高HDL的水平是防治动脉粥样硬化、冠心病的基本原则。

本章小结

脂质包括脂肪（甘油三酯）和类脂。脂肪的主要功能是储能和供能；类脂包括磷脂、糖脂、胆固醇及胆固醇酯等，类脂是生物膜的重要组分。

甘油三酯先经脂肪动员逐步水解为游离脂肪酸（主要能源物质）和甘油。脂肪酸的分解代谢需要经历活化、借助肉碱进入线粒体、β-氧化、乙酰CoA经三羧酸循环彻底氧化分解四个阶段。肝细胞中的脂肪酸β-氧化生成的乙酰CoA可转化生成酮体。酮体是肝输出脂类能源的一种形式。长时间饥饿或糖供给不足的情况下，酮体可以替代葡萄糖成为脑及肌肉组织的主要能源。肝中酮体生成过多，超过肝外组织利用的能力，可引起酮血症、酮尿症甚至酮症酸中毒。甘油三酯合成代谢最活跃的组织有肝、小肠和脂肪组织。合成原料主要由葡萄糖代谢提供。体内甘油三酯合成的主要途径是甘油二酯途径。

磷脂包括甘油磷脂和鞘磷脂。甘油磷脂是体内的主要磷脂成分。机体利用甘油、脂肪酸、磷酸盐、胆碱等合成甘油磷脂。在多种磷脂酶的催化下甘油磷脂降解，其中磷脂酶 A 降解甘油磷脂的产物有溶血磷脂，后者为较强表面活性物质，能够引起溶血和组织细胞坏死。

体内胆固醇可以从食物获得，也可以自体合成。肝是合成胆固醇的首要器官。胆固醇在体内无法为机体氧化分解供能，而是转化生成多种生物活性物质，有胆汁酸、类固醇激素和维生素 D_3，参与体内的代谢和调节。

血脂即血浆脂蛋白，是脂质在血液中的存在和运输形式，其中蛋白质部分称为载脂蛋白。血脂水平高于正常值上限时，称为高脂血症或高脂蛋白血症，主要是甘油三酯或胆固醇的浓度异常升高。高脂血症是代谢综合征的一部分，是导致脂肪肝、糖尿病、动脉粥样硬化性心脏病的危险因素。

案例讨论

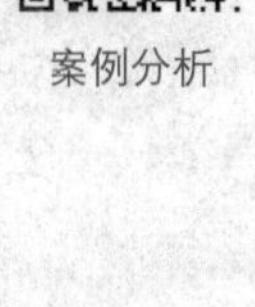
案例分析

患者，男性，49 岁，因“心前区疼痛 6 年，加重伴呼吸困难 10 小时”入院。自述 6 年前感心前区疼痛，疼痛系膨胀性或压迫感，多劳累、饭后发作，每次持续 3~5 分钟，休息后减轻。入院前 2 个月，疼痛渐频繁。血液生化检查：心肌酶谱示肌酸激酶（CK）652U/L（正常值为 24~200U/L），血总胆固醇 6.49mmol/L；血甘油三酯 11.30mmol/L；LDL/HDL 0.03；冠状动脉造影：左冠状动脉主干壁增厚，管腔Ⅲ度狭窄，前降支、左旋支管腔Ⅱ~Ⅲ度狭窄；右冠状动脉腔Ⅲ~Ⅳ度狭窄。

请分析：

1. 该病人的临床诊断是什么？
2. 试用血脂代谢内容分析疾病发生的原因？

（王志刚）

思考题

1. 用电泳法和密度法将血浆脂蛋白各分为哪几类？
2. 何谓脂肪酸的 β- 氧化？简述其反应过程。
3. 何谓酮体？酮体生成有何生理意义？
4. 严重糖尿病时血液中酮体为什么会升高？

扫一扫，测一测

第六章 生物氧化

学习目标

1. 掌握：生物氧化、呼吸链、氧化磷酸化、P/O 比值的概念；NADH 氧化呼吸链、琥珀酸氧化呼吸链的排列顺序。
2. 熟悉：呼吸链各复合体的组分及其作用；氧化磷酸化的影响因素。
3. 了解：生物氧化的特点；α- 磷酸甘油穿梭、苹果酸 - 天冬氨酸穿梭及线粒体外氧化体系。
4. 运用生物氧化的理论知识解释临床常见疾病如甲状腺功能亢进症、CO 中毒机制。

第一节　概　　述

一、生物氧化的概念与方式

（一）生物氧化的概念

物质在生物体内氧化分解的过程称为生物氧化（biological oxidation），主要是指糖、脂肪、蛋白质等营养物质在生物体内进行一系列氧化分解，最终生成 CO_2 和 H_2O 并释放出能量的过程。生物氧化释放的能量使 ADP 磷酸化生成 ATP，供生命活动的需要。

糖、脂肪、蛋白质 $\xrightarrow{O_2}$ CO_2和H_2O；释放能量 → ADP+Pi → ATP；能量 → 热能

（二）生物氧化的方式

生物氧化的方式与物质在体外的氧化方式没有本质区别。生物氧化的方式有加氧、脱氢和失电子反应。

1. 加氧反应　底物分子中直接加入氧原子或氧分子，如醛氧化为酸。

$$\underset{\text{醛}}{RCHO} + 1/2\ O_2 \longrightarrow \underset{\text{酸}}{RCOOH}$$

2. 脱氢反应　从底物分子上脱下一对氢原子，如乳酸氧化为丙酮酸。

$$\underset{\text{乳酸}}{CH_3CH(OH)COOH} \longrightarrow \underset{\text{丙酮酸}}{CH_3COCOOH}+2H$$

脱氢反应的另一类型是加水脱氢，即物质分子中加入 H_2O，同时脱去两个氢原子，结果是底物分子中加入了一个来自水分子的氧原子，如乙醛氧化为乙酸。

$$\underset{\text{乙醛}}{CH_3CHO}+H_2O \longrightarrow \underset{\text{乙酸}}{CH_3COOH}+2H$$

3. 失电子反应　原子或离子在反应中失去电子，其正价数升高，如细胞色素中的 Fe^{2+} 氧化。

$$Fe^{2+} \longrightarrow Fe^{3+} + e$$

由于一个氢原子是由一个质子（H^+）和一个电子（e）组成，所以脱氢反应也包含脱电子反应，脱氢反应也可以写成下式。

$$\underset{\text{乙醛}}{CH_3CHO}+H_2O \longrightarrow \underset{\text{乙酸}}{CH_3COOH}+2H^++2e$$

二、生物氧化的特点

同一物质在体内外氧化时所消耗的氧量、产生的终产物（CO_2、H_2O）及释放的能量均相同，但两者所进行的方式却差别较大。与物质在体外氧化相比较，生物氧化有以下特点：①生物氧化过程是在细胞内进行，环境温和（体温、pH 近似中性）；② CO_2 的产生方式为有机酸脱羧，H_2O 的产生是由底物脱下的氢经呼吸链传递最后与氧结合而成的；③生物氧化是在一系列酶的催化下逐步进行的，能量逐步释放；④释放的能量有相当一部分以化学能的形式（ATP）存在，作为机体各种生理活动需要的直接能源；⑤生物氧化的速率受体内多种因素的调节。

三、参与生物氧化的酶类

参与生物氧化的酶类可分为氧化酶类、需氧脱氢酶类、不需氧脱氢酶类。

（一）氧化酶类

能使氧分子活化的酶称为氧化酶。氧化酶催化代谢物脱氢，将氢直接交给氧分子生成 H_2O。细胞色素氧化酶、抗坏血酸氧化酶等属于此类酶，该类酶的亚基常含有铁、铜等金属离子，作用方式如下。

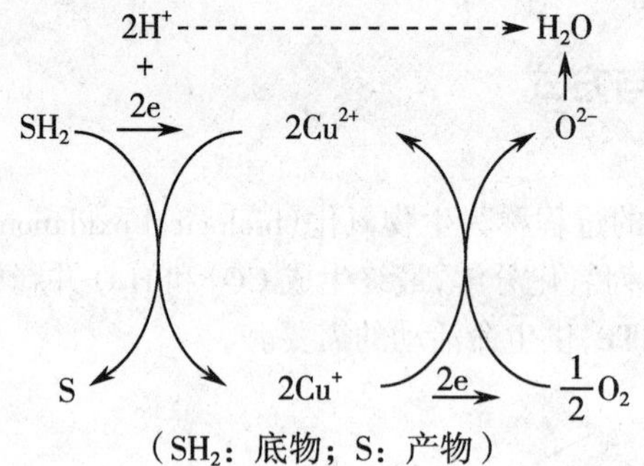

（SH_2：底物；S：产物）

（二）需氧脱氢酶类

需氧脱氢酶可催化代谢物脱氢，直接将氢传给氧生成的产物为 H_2O_2。L- 氨基酸氧化酶、黄嘌呤氧化酶等属于此类酶。该酶的辅基是黄素单核苷酸（FMN）和黄素腺嘌呤二核苷酸（FAD），故又称黄素酶类，作用方式如下。

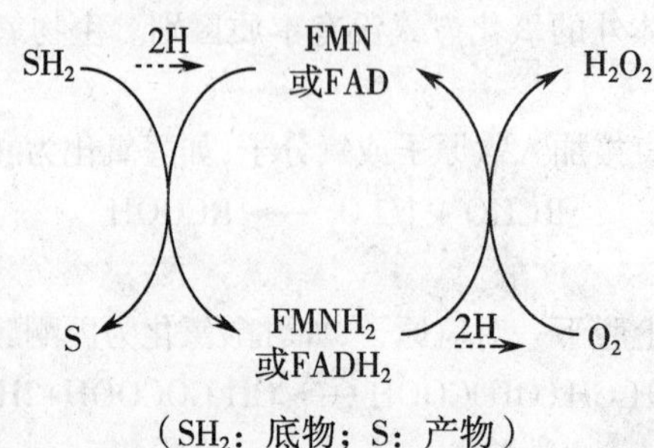

（SH_2：底物；S：产物）

（三）不需氧脱氢酶类

不需氧脱氢酶指能催化代谢物脱氢，但不以氧为直接受氢体，而是将代谢物脱下的氢经一系列传递体的传递将氢交给氧，生成的产物为 H_2O。不需氧脱氢酶是体内最重要的脱氢酶，依据辅助因子不同可分为两类：一是以 NAD^+（或 $NADP^+$）为辅酶的不需氧脱氢酶，如乳酸脱氢酶、苹果酸脱氢酶等；二是以 FAD（或 FMN）为辅基的不需氧脱氢酶，如琥珀酸脱氢酶、脂肪酰辅酶 A 脱氢酶等。不需氧脱氢酶类作用方式如下：

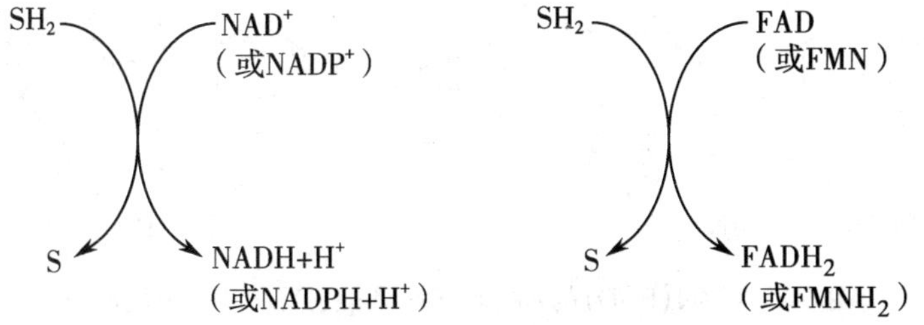

SH_2 → S；NAD^+（或 $NADP^+$）→ $NADH+H^+$（或 $NADPH+H^+$）

SH_2 → S；FAD（或FMN）→ $FADH_2$（或 $FMNH_2$）

（SH_2：底物；S：产物）

代谢物脱下的氢不以氧为直接受氢体，而以某些酶的辅酶作为直接受氢体。这些辅酶既可以接受氢被还原，又可以释放出氢被氧化，起递氢或递电子的作用，称为递氢体或递电子体。

另外，体内还有一些氧化还原酶类，如加单氧酶、加双氧酶、过氧化氢酶和过氧化物酶等，在生物体内主要参与非营养物质的代谢转变过程。

第二节 线粒体氧化体系

一、氧化呼吸链

物质代谢过程中产生的 $NADH+H^+$ 和 $FADH_2$，通过多种酶催化的连锁反应逐步传递，最终与氧结合生成水，同时释放出能量生成 ATP。这个过程是在细胞线粒体进行的，与细胞呼吸有关。参与该过程氧化还原反应的各组分（递氢体和递电子体）按一定顺序排列在线粒体内膜上，形成了一个连续的传递链，称为氧化呼吸链（oxidative respiratory chain），也称电子传递链（electron transfer chain）。

（一）氧化呼吸链的主要成分与作用

构成呼吸链的递氢体和递电子体的成分目前已发现 20 余种，大体上可归纳为五类：

1. NAD^+（辅酶Ⅰ，CoⅠ）和 $NADP^+$（辅酶Ⅱ，CoⅡ） 脱氢酶的辅酶，两者分子中均含有烟酰胺（维生素 PP）。烟酰胺中的氮（吡啶氮）为五价的氮，它能可逆地接受 2 个电子而成为三价氮，与氮对位的碳也较活泼，能可逆地加氢还原。呼吸链中 NAD^+ 和 $NADP^+$ 的主要功能是接受从代谢物上脱下的 2H（$2H^++2e^-$），然后传递给黄素蛋白。由于烟酰胺在加氢反应时只能接受 1 个氢原子和 2 个电子，将另 1 个 H^+ 游离出来，因此将还原型的 NAD^+ 和 $NADP^+$ 分别写成 $NADH+H^+$ 和 $NADPH+H^+$（图 6-1）。

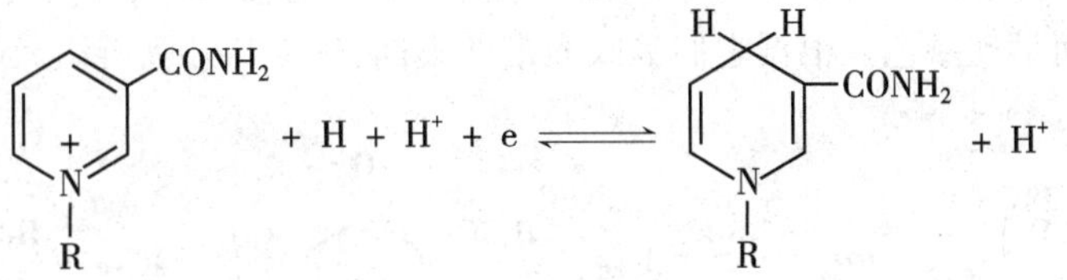

$$NAD^+或NADP^+ + H + H^+ + e \rightleftharpoons NADH或NADPH + H^+$$

（结构式：吡啶环，$CONH_2$，N^+—R ⇌ 二氢吡啶环，H H，$CONH_2$，N—R）

图 6-1 NAD^+（$NADP^+$）的加氢和 NADH（NADPH）的脱氢反应

2. 黄素蛋白 黄素蛋白种类很多，其辅基有两种——黄素单核苷酸（FMN）和黄素腺嘌呤二核苷酸（FAD），两者均含核黄素（维生素 B_2）。

在 FAD、FMN 分子中发挥功能的结构是核黄素中的异咯嗪环，氧化型的 FMN（FAD）可接受 1 个

质子和1个电子生成FMNH·(FADH·),后者不稳定,再接受1个质子和1个电子生成还原型 $FMNH_2$($FADH_2$)(图6-2)。

$$\underset{(\text{氧化型})}{\text{FMN(FAD)}} \underset{-H}{\overset{+H}{\rightleftharpoons}} \text{FMNH·(FADH·)} \underset{-H}{\overset{+H}{\rightleftharpoons}} \underset{(\text{还原型})}{FMNH_2(FADH_2)}$$

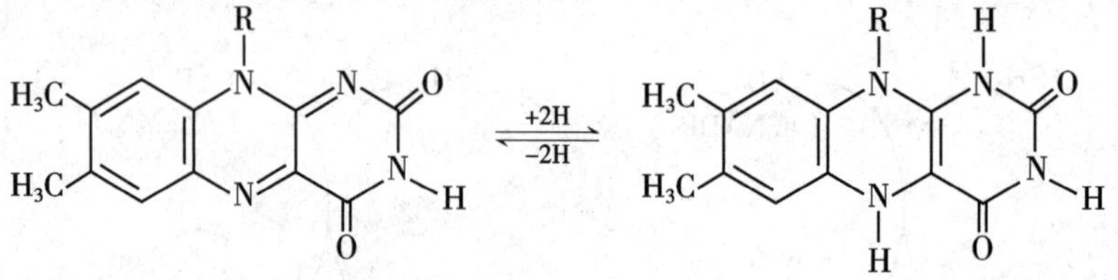

FMN $\underset{-2H}{\overset{+2H}{\rightleftharpoons}}$ $FMNH_2$

图6-2 FMN(FAD)的加氢和 $FMNH_2$($FADH_2$)的脱氢反应

3. 铁硫蛋白 分子中含非血红素铁和对酸不稳定的硫,通常简写为FeS或Fe-S。它存在于线粒体内膜上,常与其他递氢体和递电子体构成复合物,复合物中的铁硫蛋白是传递电子的反应中心,故又称铁硫中心。已发现的铁硫蛋白主要有2个活泼的无机硫和2个铁原子(Fe_2S_2)或4个活泼的无机硫和4个铁原子(Fe_4S_4),它们通过其中的铁原子和铁硫蛋白中半胱氨酸残基的硫相接(图6-3)。

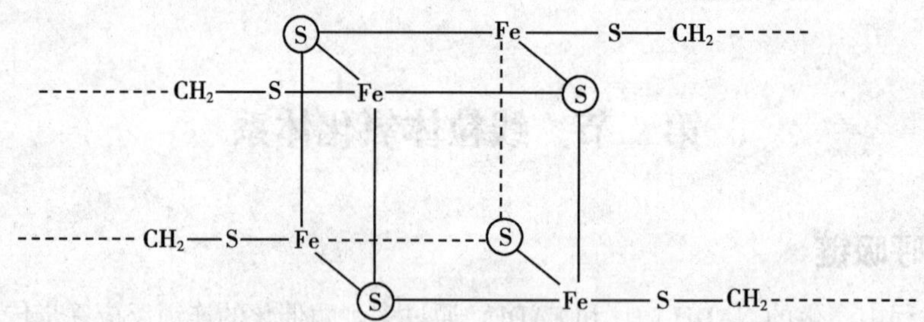

图6-3 铁硫簇 Fe_2S_2 的结构示意图

铁硫蛋白中的铁可以呈两价(还原型),也可呈三价(氧化型),由于铁的氧化、还原而达到传递电子作用。每个铁硫中心一次传递一个电子,因此铁硫蛋白称为单电子传递体。

4. 泛醌(ubiquinone) 亦称辅酶Q(coenzyme Q,CoQ,Q),是一类广泛分布于生物界的脂溶性醌类化合物,故称泛醌。

不同来源的泛醌其异戊二烯单位的数目不同,人的泛醌其侧链由10个异戊二烯单位组成,用 CoQ_{10}(Q_{10})表示。因侧链的疏水作用,它能在线粒体内膜中迅速扩散,极易从线粒体内膜分离出来,所以CoQ不属于复合体Ⅰ。泛醌接受1个电子和1个质子还原成半醌,再接受1个电子和1个质子还原成二氢泛醌,后者又可脱去电子和质子而被氧化恢复为泛醌(图6-4)。

5. 细胞色素(cytochrome,Cyt) 是一类以铁卟啉类化合物为辅基的催化电子传递的酶体系,均具有特殊的吸收光谱而呈现颜色。根据它们吸收光谱的不同,将参与呼吸链组成的线粒体内膜中细胞

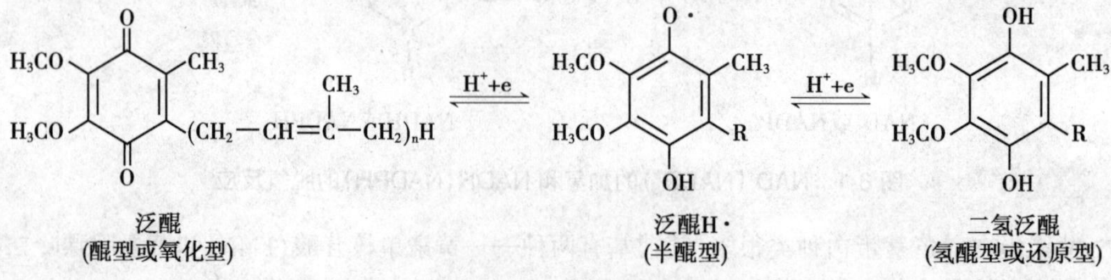

图6-4 泛醌的加氢和脱氢反应

色素分为 a、b、c（Cyta、Cytb、Cytc）三类，每类中又因其最大吸收峰的微小差别分为若干亚类。各种细胞色素的主要差别在于铁卟啉辅基对侧链以及铁卟啉与蛋白质部分的连接方式（图 6-5）。细胞色素 b、c 的铁卟啉都是铁原卟啉Ⅸ，与血红素相同，称为血红素 b。细胞色素 a 中铁原卟啉Ⅸ环含有甲酰基，一个乙烯基侧链连接聚异戊二烯长链，称为血红素 a。Cytb 中卟啉环上的乙烯基侧链与蛋白质部分的半胱氨酸残基相连接。细胞色素的主要作用都是靠铁原子化合价的可逆变化而传递电子，为单电子传递体。

Cyta 和 $Cyta_3$ 很难分开，故写成 $Cytaa_3$，$Cytaa_3$ 位于呼吸链的终末部位。$Cyta_3$ 除铁卟啉外，还是以铜离子为辅基的电子传递体，它能把电子直接交给氧分子，使其还原成氧离子，再与 $2H^+$ 化合成水，所以把 $Cytaa_3$ 称为细胞色素 c 氧化酶。

Cytc 呈水溶性，与线粒体内膜外表面结合不紧密，极易与线粒体内膜分离。

呼吸链中细胞色素的电子传递顺序是 $b \rightarrow c_1 \rightarrow c \rightarrow aa_3 \rightarrow O_2$。

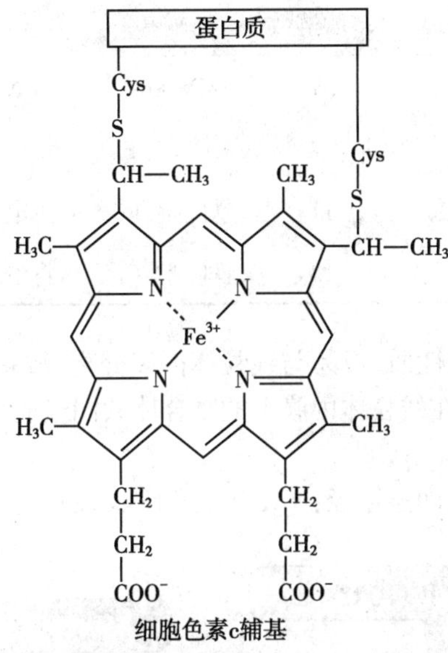

图 6-5 细胞色素 c 的辅基与酶蛋白的联接方式

（二）氧化呼吸链的酶复合体

用胆酸、脱氧胆酸等反复处理线粒体内膜，可将呼吸链分离，得到四种仍具有传递电子功能的蛋白酶复合体，分别为复合体Ⅰ、Ⅱ、Ⅲ和Ⅳ。复合体是线粒体内膜氧化呼吸链的天然存在形式，呼吸链的各组分大多是以酶复合体的形式存在于线粒体内膜上的。复合体在线粒体存在位置如图 6-6，其中复合体Ⅰ、Ⅲ和Ⅳ完全镶嵌在线粒体内膜上，复合体Ⅱ镶嵌在内膜的基质侧（表 6-1）。

1. 复合体Ⅰ 又称 NADH- 泛醌还原酶或 NADH 脱氢酶，可接受来自于还原型烟酰胺腺嘌呤二核苷酸（$NADH+H^+$）的电子并传递给泛醌。人类复合体Ⅰ由以黄素单核苷酸（FMN）为辅基的黄素蛋白

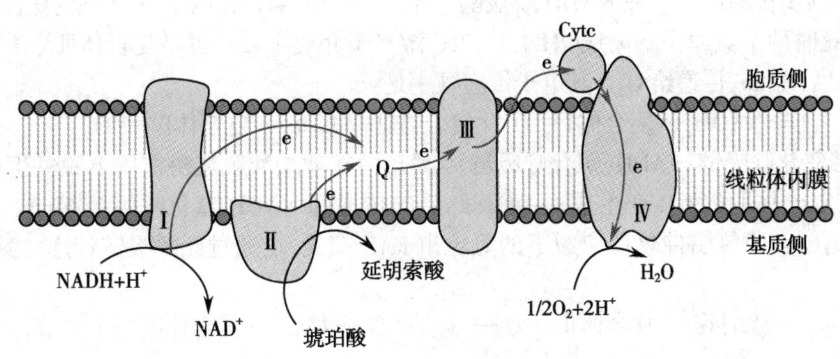

图 6-6 呼吸链各复合体的位置示意图

(flavoprotein)和以铁硫簇(iron-sulfur cluster,Fe-S)为辅基的铁硫蛋白(iron-sulfur protein)等蛋白组成。复合体Ⅰ有质子泵功能,每传递 2 个电子可将 4 个 H^+ 从内膜基质侧泵到胞质侧。

2. 复合体Ⅱ　复合体Ⅱ是三羧酸循环中的琥珀酸脱氢酶,又称琥珀酸 - 泛醌还原酶,主要功能是将电子从琥珀酸传递给泛醌。人类的复合体Ⅱ中含有以 FAD 为辅基的黄素蛋白和铁硫蛋白。复合体Ⅱ没有质子泵的功能。

3. 复合体Ⅲ　又称泛醌 - 细胞色素 c 还原酶,可将电子从泛醌传递给细胞色素 c。人类的复合体Ⅲ含有两种细胞色素 b($Cytb_{562}$、$Cytb_{566}$)、细胞色素 c_1 和铁硫蛋白。复合体Ⅲ也有质子泵作用,每传递 2 个电子向内膜胞质侧释放 4 个 H^+。

4. 复合体Ⅳ　又称细胞色素 c 氧化酶,可将电子从细胞色素 c 传递给氧。人类的复合体Ⅳ中含有 CuA、CuB、$Cytaa_3$。复合体Ⅳ也有质子泵功能,每传递 2 个电子使 2 个 H^+ 跨内膜向胞质侧转移。

表 6-1　线粒体呼吸链复合体及其作用

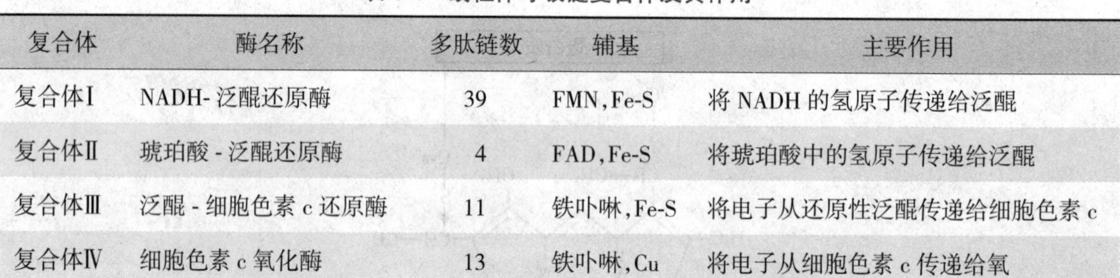

复合体	酶名称	多肽链数	辅基	主要作用
复合体Ⅰ	NADH- 泛醌还原酶	39	FMN,Fe-S	将 NADH 的氢原子传递给泛醌
复合体Ⅱ	琥珀酸 - 泛醌还原酶	4	FAD,Fe-S	将琥珀酸中的氢原子传递给泛醌
复合体Ⅲ	泛醌 - 细胞色素 c 还原酶	11	铁卟啉,Fe-S	将电子从还原性泛醌传递给细胞色素 c
复合体Ⅳ	细胞色素 c 氧化酶	13	铁卟啉,Cu	将电子从细胞色素 c 传递给氧

表格:呼吸链复合体组成

泛醌和 Cytc 因各自的结构与性质,极易与线粒体内膜分离,故它们不参与酶复合体的组成,两者作为可移动的电子传递体与镶嵌在线粒体内膜上的复合体共同组成呼吸链。

(三) 体内两条重要的呼吸链

目前认为,体内氧化呼吸链有两条途径:NADH 氧化呼吸链和琥珀酸氧化呼吸链(图 6-7)。

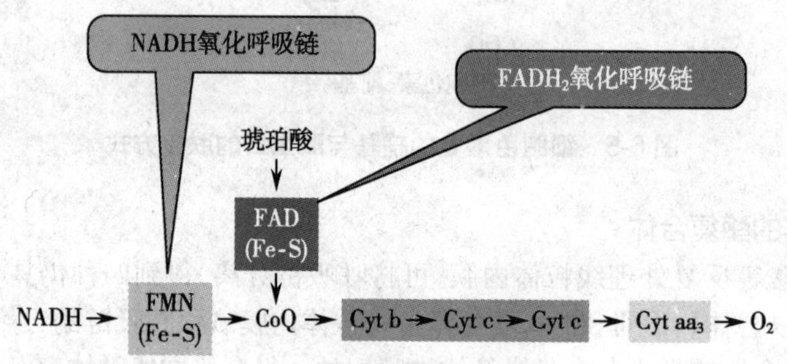

图 6-7　电子传递链

1. NADH 氧化呼吸链　人体内大多数脱氢酶如乳酸脱氢酶、苹果酸脱氢酶等都以 NAD^+ 作辅酶,在脱氢酶催化下将底物 SH_2 脱下的氢交给 NAD^+ 生成 $NADH+H^+$,然后通过 NADH 氧化呼吸链将其携带的 2 个电子逐步传递给氧。在 NADH 脱氢酶作用下,$NADH+H^+$ 将两个氢原子经复合体Ⅰ传给 CoQ 生成 $CoQH_2$,此时两个氢原子解离成 $2H^++2e^-$,$2H^+$ 游离于介质中,$2e^-$ 再经复合体Ⅲ传给 Cytc,然后传至复合体Ⅳ,最后将 $2e^-$ 传递给 O_2。其电子传递顺序是:

$$NADH \rightarrow 复合体Ⅰ \rightarrow Q \rightarrow 复合体Ⅲ \rightarrow Cytc \rightarrow 复合体Ⅳ \rightarrow O_2$$

2. 琥珀酸氧化呼吸链($FADH_2$ 氧化呼吸链)　琥珀酸在琥珀酸脱氢酶作用下脱氢生成延胡索酸,脱下的 2H 经复合体Ⅱ传给 CoQ 生成 $CoQH_2$,此后的传递和 NADH 氧化呼吸链相同。α- 磷酸甘油脱氢酶和脂酰 CoA 脱氢酶催化反应脱下的氢也由 FAD 接受,也通过此呼吸链传递。其电子传递顺序是:

$$琥珀酸 \rightarrow 复合体Ⅱ \rightarrow Q \rightarrow 复合体Ⅲ \rightarrow Cytc \rightarrow 复合体Ⅳ \rightarrow O_2$$

各呼吸链组分的排列顺序是由以下实验确定的

1. 按其组分的标准氧化还原电位高低。电子从低电位的组分向高电位的组分进行传递；

2. 特异性抑制剂阻断氧化还原过程。阻断部位之前为还原状态，阻断部位之后为氧化状态。根据不同的抑制剂阻断后的氧化还原状态排列顺序；

3. 各组分特有吸收光谱；

4. 体外呼吸链组分拆开与重组实验。

二、氧化磷酸化

(一) 概念

代谢物脱下的氢，经线粒体氧化呼吸链电子传递释放能量，耦联驱动 ADP 磷酸化生成 ATP 的过程，称为氧化磷酸化(oxidative phosphorylation)，是氧化与磷酸化的耦联。ATP 作为能量载体，是体内最重要的供能物质。

(二) 耦联部位

确定氧化磷酸化耦联部位可根据下述两种方法。

1. P/O 比值　是指在氧化磷酸化过程中，每消耗 1/2 摩尔 O_2 所消耗的无机磷酸的摩尔数。由于消耗的无机磷酸的摩尔数与生成的 ATP 摩尔数相同，所以 P/O 比值也可定义为氧化磷酸化过程中，每消耗 1/2 摩尔 O_2 所生成的 ATP 摩尔数。通过测得离体线粒体内几种物质氧化时的 P/O 比值，可大体推测出氧化磷酸化的耦联部位。β-羟丁酸脱氢产生的 NADH+H^+ 通过 NADH 氧化呼吸链传递时测得的 P/O 比值为 2.5，说明 NADH 氧化呼吸链传递可能存在 3 个耦联部位；琥珀酸脱氢氧化测得 P/O 比值为 1.5，说明琥珀酸氧化呼吸链可能存在 2 个 ATP 生成部位。按此推算，一个 ATP 的生成部位应在 NADH → CoQ 之间(复合体Ⅰ)。用抗坏血酸作为底物直接通过 Cytc 传递电子进行氧化，P/O 比值接近 1，说明在 Cytc → O_2 之间(复合体Ⅳ)存在着一个耦联部位；另一个耦联部位存在于 CoQ 与 Cytc 之间(复合体Ⅲ)。根据实验测得的 P/O 比值，得出一对电子经 NADH 氧化呼吸链传递可产生 2.5 分子 ATP；经琥珀酸氧化呼吸链传递可产生 1.5 分子 ATP(表 6-2)。

表 6-2　离体线粒体的 P/O 比值

底物	呼吸的组成	P/O 比值	生成 ATP 数
β-羟丁酸	NAD^+ → FMN → CoQ → Cyt → O_2	2.4~2.8	2.5
琥珀酸	FAD → CoQ → Cyt → O_2	1.7	1.5
抗坏血酸	Cytc → $Cytaa_3$ → O_2	0.88	1
细胞色素 c	$Cytaa_3$ → O_2	0.61~0.68	1

2. 自由能变化　pH7.0 时的标准自由能($\triangle G^{0\prime}$)与反应底物和产物标准氧化还原电位差值($\triangle E^{0\prime}$)之间存在下述关系：

$$\triangle G^{0\prime}=-nF\triangle E^{0\prime}$$

n 为电子转移数目，F 为法拉第常数(96.5kJ/mol·V)。

从 NAD^+ 到 CoQ 测得的电位差为 0.36V，从 CoQ 到 Cytc 电位差为 0.19V，从 $Cytaa_3$ 到分子氧为 0.58V。计算它们相应的$\triangle G^{0\prime}$ 分别为 -69.5 kJ/mol、-36.7kJ/mol、-112kJ/mol，足以提供生成 ATP 所需的能量(生成 1 摩尔 ATP 需 30.5kJ/mol)。说明在复合体Ⅰ、Ⅲ、Ⅳ内各存在着一个 ATP 生成部位。

(三) 耦联机制

氧化和磷酸化是两个不同的概念。氧化是底物脱氢或失电子的过程，磷酸化是指 ADP 与 Pi 合成 ATP 的过程。在氧化磷酸化中，氧化是磷酸化的基础，磷酸化是氧化的结果。

1. 化学渗透假说　1961 年英国科学家 P.Mitchell 提出的化学渗透假说是目前公认的有关氧化磷

酸化的耦联机制。其基本要点是:电子经呼吸链传递时,将氢质子(H^+)从线粒体内膜的基质侧泵到内膜胞质侧,在膜内、外产生质子电化学梯度(H^+ 浓度梯度和跨膜电位差),以此贮存能量,当质子顺浓度梯度回流时驱动 ADP 与 Pi 合成 ATP。

递氢体和递电子体在线粒体内膜上交替排列。电子传递链在线粒体内膜中共构成 3 个回路,每个回路均具有质子泵作用。实验证实,复合体Ⅰ、Ⅲ、Ⅳ均具有质子泵作用,每传递 2 个电子,它们分别向线粒体内膜胞质侧泵出 $4H^+$、$4H^+$ 和 $2H^+$(图 6-8)。

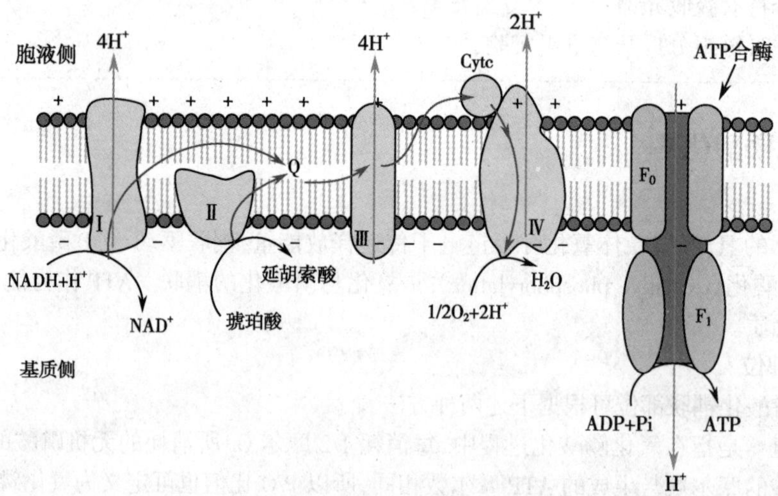

图 6-8 化学渗透假说示意图

微课:ATP 生成和利用

2. ATP 合酶 线粒体内膜的呼吸链复合体还包括复合体Ⅴ(complexⅤ),即 ATP 合酶。ATP 合酶位于线粒体内膜的基质侧,形成许多颗粒状突起。该酶由 F_0(疏水部分)和 F_1(亲水部分)组成(图 6-9),F_1 为线粒体内膜基质侧颗粒状突起,由 $\alpha_3\beta_3\gamma\delta\varepsilon$ 亚基复合体、寡霉素敏感蛋白(oligomycin sensitive conferring protein,OSCP)和 IF_1 等亚基组成,主要功能是催化 ATP 合成;F_0 镶嵌在线粒体内膜中,由 a、b_2、$c_{9\sim12}$ 亚基组成,形成跨内膜质子通道。当 H^+ 顺浓度梯度经 F_0 回流时,F_1 催化 ADP 与 Pi 生成并释放 ATP。

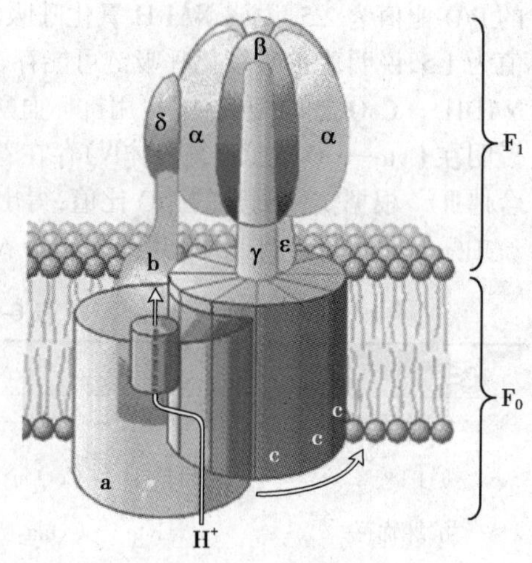

图 6-9 ATP 合酶结构模式图

(四) 影响氧化磷酸化的因素

1. 呼吸链抑制剂 此类抑制剂能在特异部位阻断呼吸链的电子传递。如鱼藤酮、粉蝶霉素 A 及异戊巴比妥等主要与复合体Ⅰ中铁硫蛋白结合,阻断电子从铁硫中心向泛醌传递;萎锈灵、丙二酸是复合体Ⅱ的抑制剂;CN- 能抑制复合体Ⅳ中的氧化型 $Cyta_3$,阻断电子由 Cyta 传递到 $Cyta_3$;CO 能与还原型 $Cyta_3$ 结合,阻断电子传递给 O_2。这类抑制剂可使细胞内呼吸停止,与此相关的细胞生命活动停止,引起机体迅速死亡。

知识拓展

CO 及其中毒机制

CO 为无色、无味、无臭的气体,凡是碳或含碳物质在氧不充分时燃烧,均可产生 CO。使用柴炉、煤炉、煤气热水器时,如通风不畅通或使用不当,可增加 CO 中毒的危险。人体吸入 CO 后,一部分与血红蛋白结合,引起血红蛋白氧运输量明显减少;另一部分直接与细胞线粒体内的细胞色素 a_3 结合,抑制组织细胞内呼吸。故 CO 中毒时临床表现与血中 HbCO 水平可能不一致。血浆 HbCO 水平为 CO 中毒提供了一个明确的诊断依据,HbCO 只有在中毒后立即测定才具有可靠的临床意义。

微课：呼吸链抑制位点

2. 解耦联剂 解耦联剂(uncoupler)使氧化和磷酸化相互分开，其作用的实质是破坏电子传递过程建立的跨内膜的质子电化学梯度，电子传递过程中泵出的 H^+ 不经 ATP 合酶的 F_0 质子通道回流，而通过其他途径返回线粒体基质，电化学梯度贮存的能量只能以热能形式释放，ATP 生成受到抑制。常用的解耦联剂如二硝基苯酚，它为脂溶性物质，在线粒体内膜中可以自由移动，进入基质侧时释出 H^+，返回胞质侧时结合 H^+，从而破坏电化学梯度，使体温升高。人、哺乳类动物的棕色脂肪组织线粒体内膜中含有丰富且独特的解耦联蛋白(uncoupling protein, UCP)，在内膜上形成易化质子通道，H^+ 可经此通道返回线粒体基质中，通过氧化磷酸化解耦联释放热量，这对于维持机体体温十分重要。特别是新生儿，如果不注意保暖，因散热过多而易导致棕色脂肪耗尽，体温下降，导致新生儿硬肿症。

新生儿硬肿症

人、哺乳类动物的棕色脂肪组织的线粒体内膜中含有丰富的解耦联蛋白，解耦联蛋白是机体内源性解耦联剂，能通过氧化磷酸化解耦联释放能量，使组织产热，所以棕色脂肪组织是机体的产热御寒组织。尤其是新生儿，棕色脂肪组织的代谢是新生儿在寒冷环境中急需产热时的主要能量来源，如小儿周围环境温度过低，散热过多，棕色脂肪容易耗尽，体温即会下降，皮下脂肪容易凝固而变硬，同时低温时周围毛细血管扩张，渗透性增加，易发生水肿，结果产生硬肿。

3. ATP 合酶抑制剂 这类抑制剂对电子传递和 ATP 的合成都有抑制作用。如寡霉素可结合 F_0 单位，阻止质子从 F_0 质子半通道回流，从而抑制 ATP 合成。此时，由于线粒体内膜两侧质子电化学梯度增高，影响呼吸链质子泵的功能，继而抑制电子传递。

氧化磷酸化系统及抑制剂的影响归纳如下(图 6-10)。

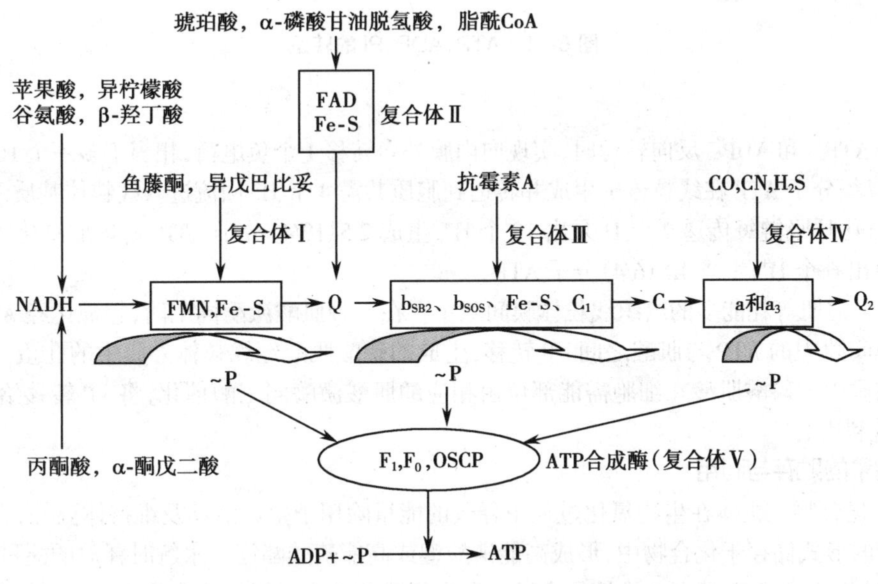

图 6-10 氧化磷酸化系统及抑制剂的影响

4. 甲状腺激素 甲状腺激素诱导细胞膜上 Na^+, K^+-ATP 酶的合成，此酶催化 ATP 分解，释放的能量将细胞内的 Na^+ 泵到细胞外，而 K^+ 进入细胞内。酶活性增高，分解 ATP 增多，生成的 ADP 又可促进氧化磷酸化过程，另外，甲状腺激素 T_3 还可以使解耦联蛋白基因表达增加，引起机体耗氧并产热。因此，甲亢患者表现为易激多食，怕热多汗，基础代谢率增高。

5. ATP/ADP 比值 机体消耗能量增多时，ATP 分解生成 ADP，线粒体内 ATP/ADP 比值降低，使氧化磷酸化速度加快，ADP+Pi 接受能量生成 ATP。机体消耗能量少时，线粒体内 ATP/ADP 比值增高，线粒体内 ADP 浓度减低就会使氧化磷酸化速度减慢。另外，ATP/ADP 比值增高会抑制体内的许多关键酶，如磷酸果糖激酶、丙酮酸激酶、异柠檬酸脱氢酶、丙酮酸脱氢酶系和 α- 酮戊二酸脱氢酶系，通过

直接反馈作用抑制相关代谢过程。

6. 线粒体 DNA 突变可影响机体氧化磷酸化功能 线粒体 DNA(mtDNA)呈裸露的环状双螺旋结构,缺乏蛋白质保护和损伤修复系统,容易受到损伤而发生突变,其突变率远高于核内的基因组 DNA。线粒体 DNA 突变可影响机体氧化磷酸化功能。

三、ATP 的转移与利用

(一) 线粒体内膜上的腺苷酸转运

线粒体内膜上富含 ATP-ADP 转位酶(ATP-ADP translocase)又称腺苷酸移位酶,由 2 个亚基组成,主要功能是催化经内膜的 ADP^{3-} 进入和 ATP^{4-} 移出紧密耦联,维持线粒体腺苷酸水平。此时,胞质中的 $H_2PO_4^-$ 经磷酸盐转运蛋白(磷酸盐载体)与 H^+ 同向转运到线粒体内(图 6-11)。

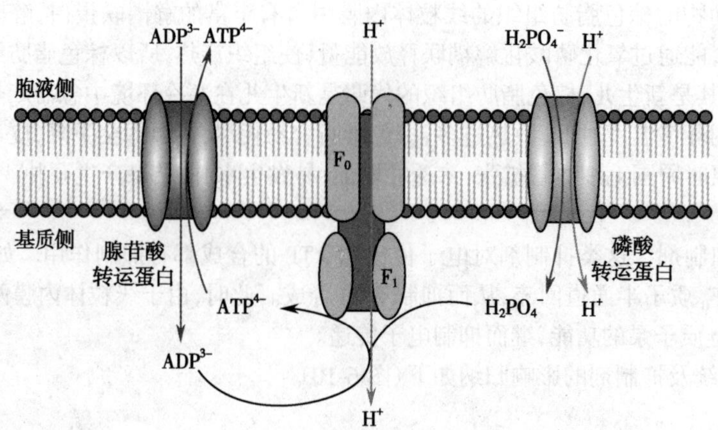

图 6-11 ATP、ADP、Pi 的转运

每分子 ATP^{4-} 和 ADP^{3-} 反向转运时,实现向内膜外净转移 1 个负电荷,相当于多一个 H^+ 转入线粒体基质,所以每分子 ATP 在线粒体中生成并转运到胞质共需 4 个 H^+ 回流进入线粒体基质中。按此计算,NADH 氧化呼吸链每传递 2 个 H 泵出 10 个 H^+,生成 2.5(10/4)分子 ATP,琥珀酸氧化呼吸链每传递 2 个 H 泵出 6 个 H^+,生成 1.5(6/4)分子 ATP。

心肌和骨骼肌等耗能多的组织线粒体膜间隙中存在一种肌酸激酶同工酶,它催化经 ATP-ADP 转位酶运到膜间隙中的 ATP 与肌酸之间 ~P 转移,生成的磷酸肌酸经线粒体外膜中的孔蛋白进入胞质中。进入胞质中的磷酸肌酸在细胞需能部位由相应的肌酸激酶同工酶催化,将 ~P 转移给 ADP 生成 ATP,供细胞利用。

(二) 能量的贮存与利用

1. 高能化合物 机体在生物氧化过程中释放的能量除用于生命活动及维持体温外,大约有 40% 是以化学能的形式储存于化合物中,形成高能磷酸键或高能硫酸酯键。水解时释放的能量大于 25kJ/mol 的化学键称为高能键,常用"~"符号表示。含高能磷酸键或高能硫酸酯键的化合物称为高能化合物。ATP 是体内最重要的高能化合物。

2. ATP 与其他高能化合物间转变 人体除 ATP 外,还存在其他高能化合物,如 UTP、CTP、GTP、磷酸肌酸等。

体内多数合成反应都以 ATP 为直接能源,但有些合成反应以其他高能化合物为能量的直接来源,如 UTP 用于糖原合成,CTP 用于磷脂合成,GTP 用于蛋白质合成等。然而为这些合成代谢提供能量的 UTP、CTP、GTP 等,通常是在二磷酸核苷激酶的催化下,从 ATP 中获得 ~P 而生成。反应如下:

$$ATP + UDP \longrightarrow ADP + UTP$$

$$ATP + CDP \longrightarrow ADP + CTP$$

$$ATP + GDP \longrightarrow ADP + GTP$$

除此之外，当体内 ATP 浓度较高时，在肌酸激酶的催化下，ATP 还可将其 ~P 转移给肌酸，生成磷酸肌酸（creatine phosphate，CP）。当机体 ATP 消耗过多而使 ADP 增多时，磷酸肌酸可将 ~P 转移给 ADP 形成 ATP，供机体利用。磷酸肌酸是机体能量的主要贮存形式。

生物体内能量的贮存、转移和利用都以 ATP 为中心进行的，ATP 几乎是细胞能够直接利用的唯一能源，水解时释放的能量可直接供给各种生命活动，如肌肉收缩、腺体分泌、离子平衡、神经传导、合成代谢、维持体温等（图 6-12）。

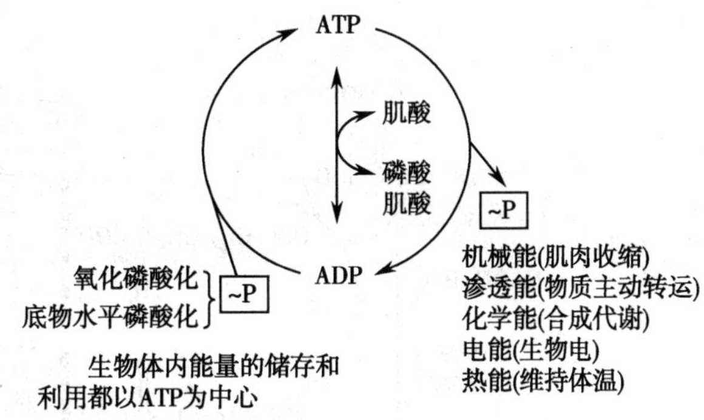

图 6-12 ATP 的生成和利用

四、线粒体外 NADH 的氧化

物质氧化分解在线粒体内产生的 NADH 可直接通过呼吸链进行氧化磷酸化，但亦有不少反应是在线粒体外胞质中进行的，如 3- 磷酸甘油醛脱氢反应、乳酸脱氢反应等，需要先将 NADH 转运至线粒体内，再进行氧化。真核细胞中 NADH 及所携带的氢不能自由通过线粒体内膜，必须借助穿梭机制才能被转入线粒体。体内转运 NADH 的穿梭机制主要有 α- 磷酸甘油穿梭（α-glycerol phosphate shuttle）和苹果酸 - 天冬氨酸穿梭（malate-aspartate shuttle）两种。

（一）α- 磷酸甘油穿梭

α- 磷酸甘油穿梭主要存在于脑及骨骼肌中，胞液中的 NADH 在磷酸甘油脱氢酶催化下，使磷酸二羟丙酮还原成 α- 磷酸甘油，后者通过线粒体外膜，再经位于线粒体内膜近胞质侧的含 FAD 辅基的磷酸甘油脱氢酶催化生成磷酸二羟丙酮和 $FADH_2$，磷酸二羟丙酮可再返回线粒体外侧继续下一轮穿梭，而 $FADH_2$ 则进入琥珀酸氧化呼吸链，可产生 1.5 分子 ATP（图 6-13）。

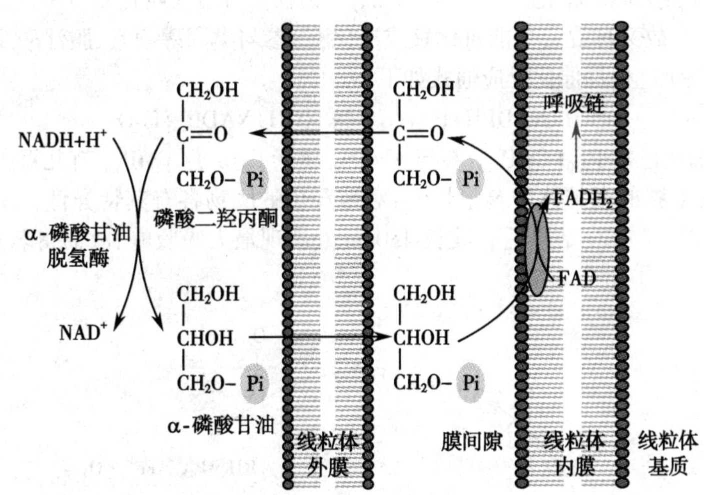

图 6-13 α- 磷酸甘油穿梭

（二）苹果酸 - 天冬氨酸穿梭

苹果酸 - 天冬氨酸穿梭主要存在于肝、肾和心肌中，胞液中 NADH 在苹果酸脱氢酶催化下，使草酰乙酸还原成苹果酸，苹果酸通过线粒体内膜上的 α- 酮戊二酸转运蛋白进入线粒体内。进入线粒体的苹果酸，经苹果酸脱氢酶催化又氧化生成草酰乙酸和 NADH，NADH 进入 NADH 氧化呼吸链，可产生 2.5 分子 ATP。线粒体内的草酰乙酸经天冬氨酸氨基转移酶作用生成 α- 酮戊二酸和天冬氨酸，天冬氨酸借线粒体膜上的酸性氨基酸转运蛋白运出线粒体再转变成草酰乙酸，继续重复穿梭（图 6-14）。

微课：体内转运 NADH 的穿梭机制

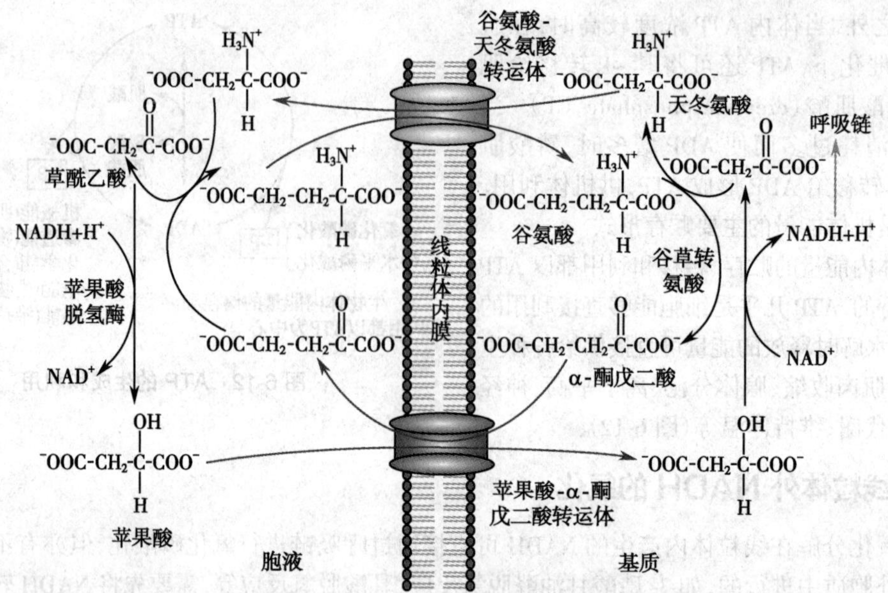

图 6-14 苹果酸 - 天冬氨酸穿梭

第三节 其他氧化体系

一、微粒体加单氧酶系

加单氧酶（monooxygenase）存在于滑面内质网内（微粒体），由细胞色素 P_{450}、NADPH+H$^+$、NADPH$^-$细胞色素 P_{450} 还原酶组成。催化一个氧原子加到底物分子上（羟化），另一个氧原子被氢（来自 NADPH+H$^+$）还原成水，故又称混合功能氧化酶或羟化酶。参与类固醇激素、胆汁酸及胆色素等的羟化，以及药物和毒物的羟化过程。催化反应通式如下：

$$RH+NADPH+H^++O_2 \longrightarrow ROH+NADP^++H_2O$$

上述反应需要细胞色素 P_{450}（CytP_{450}）参与，CytP_{450} 属于 Cytb 类，CytP_{450} 有几百种同工酶，在生物中广泛分布，在肝和肾上腺的微粒体中含量最多，对被羟化的底物各有其特异性，又称细胞色素 P_{450} 羟化酶系。还原型 CytP_{450} 与 CO 结合后在波长 450nm 处出现最大吸收峰，故而得名。加单氧酶作用机制如图 6-15。

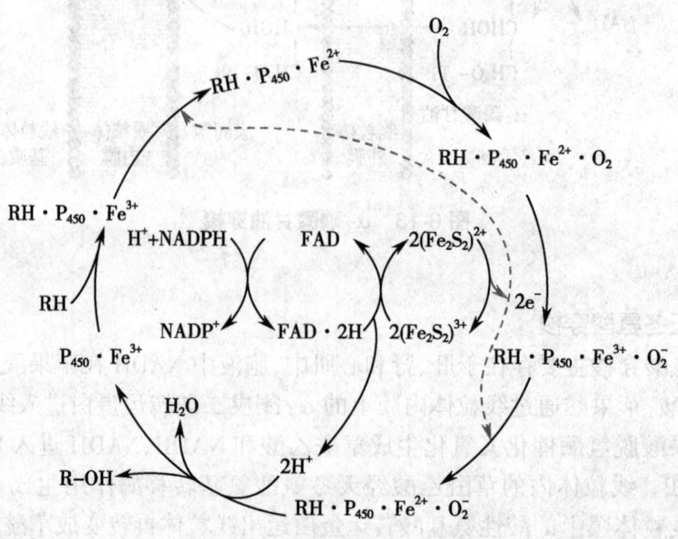

图 6-15 加单氧酶作用机制

二、抗氧化酶体系

(一) 过氧化物酶体氧化体系

1. 过氧化氢酶(catalase) 过氧化氢酶又称触酶,其辅基含有 4 个血红素,催化反应如下:

$$2H_2O_2 \xrightarrow{\text{过氧化氢酶}} 2H_2O+O_2$$

在粒细胞和吞噬细胞中,H_2O_2 可氧化杀死入侵的细菌;甲状腺细胞中产生的 H_2O_2 可使 $2I^-$ 氧化为 I_2,进而使酪氨酸碘化生成甲状腺激素。

2. 过氧化物酶(peroxidase) 此酶以血红素为辅基,它利用 H_2O_2 直接氧化酚类或胺类化合物,反应如下:

$$H_2O_2+R \xrightarrow{\text{过氧化物酶}} 2H_2O+RO$$

$$H_2O_2+RH_2 \xrightarrow{\text{过氧化物酶}} 2H_2O+R$$

(二) 超氧化物歧化酶(superoxide dismutase,SOD)

1. 反应活性氧 正常状态下,机体内 1%~5% 的氧可代谢生成反应活性氧类(reactive oxygen species,ROS),ROS 包括氧自由基及其活性衍生物。

活性氧的生成包括引发和爆发放大两个阶段。引发是指在内外因素作用下使氧分子得到一个电子生成 $O_2^-\cdot$,进而生成 H_2O_2 及 HO·的过程。爆发放大是指引发产生的自由基与其他物质反应以链式扩增方式形成新的自由基的过程。LOOH 还可在金属离子(如铁离子)催化下发生均裂,再次形成 LOO·和 LO·。它们又可再引起脂质过氧化反应,使反应不断循环进行。

2. SOD 的作用 呼吸链电子传递过程可产生 $O^-_2\cdot$,体内其他物质氧化时也可产生 $O^-_2\cdot$。$O^-_2\cdot$ 可进一步被 SOD 作用生成 H_2O_2 和 O_2,反应如下:

$$O^-_2\cdot+2H^+ \xrightarrow{\text{SOD}} H_2O_2+O_2$$

SOD 是一组金属酶,在体内催化自由基的歧化反应,生成 H_2O_2 和 O_2。在真核细胞液中,SOD 是以 Cu^{2+}、Zn^{2+} 为辅基,称为 Cu-Zn-SOD;线粒体内以 Mn^{2+} 为辅基,称为 Mn-SOD。SOD 是人体防御各种超氧离子损伤的重要酶类,对 $O^-_2\cdot$ 的清除有助于防止其他活性氧的生成。体内其他自由基清除剂有维生素 C、维生素 E、β- 胡萝卜素、泛醌等,它们共同组成人体抗氧化体系。

本章小结

物质在生物体内进行的氧化反应称生物氧化。生物氧化分为线粒体内生物氧化和线粒体外生物氧化。线粒体内生物氧化伴有 ATP 的生成,在能量代谢中有重要意义。线粒体外生物氧化主要在过氧化物酶体、微粒体及胞质中进行,参与代谢物的氧化及药物、毒物的生物转化。

代谢物脱下的氢通过多种酶与辅酶所催化的连锁反应逐步传递,最终与氧结合生成水,此过程与细胞呼吸有关,故称呼吸链或电子传递链。代谢物脱下的氢经呼吸链传递给氧生成水,同时伴有 ADP 磷酸化为 ATP,此过程称氧化磷酸化。影响氧化磷酸化的因素主要有呼吸链抑制剂、解耦联剂、氧化磷酸化抑制剂、ADP 的调节作用、甲状腺素、线粒体 DNA 突变。

在微粒体、过氧化物酶体及胞质中存在有不同于线粒体的生物氧化酶类,有过氧化氢酶、过氧化物酶、超氧化物歧化酶、加单氧酶、加双氧酶等,参与多种物质的氧化反应,其特点是氧化过程中不伴有 ATP 生成。

案例分析

患者，女性，52 岁，昏迷半小时。半小时前晨起时，其子发现患者叫不醒，未见呕吐，房间密闭，有一煤火炉，患者一人单住，昨晚还一切正常，仅常规服用降压药物，未用其他药物，未见异常药瓶。既往有高血压病史 5 年，无肝、肾和糖尿病史，无药物过敏史。通过查体初步诊断：CO 中毒。

请分析：

1. 对该病人的初步诊断依据有哪些？
2. 如果确诊为 CO 中毒，应首先采取哪些治疗原则？

（刘雪梅）

思考题

1. 试比较生物氧化与体外物质氧化的异同。
2. 简述一氧化碳中毒的机制。
3. 试述影响氧化磷酸化的因素。

扫一扫，测一测

第七章　蛋白质分解代谢

学习目标

1. 掌握：氮平衡的意义及三种类型的氮平衡、必需氨基酸的概念及种类；氨基酸的脱氨基方式；氨的来源、转运及去路；氨基酸的脱羧基作用；一碳单位的代谢。

2. 熟悉：食物蛋白的营养价值、蛋白质的腐败作用；氨基酸代谢的概况；鸟氨酸循环的过程、肝性脑病的发病机制；含硫氨基酸的代谢。

3. 了解：蛋白质的功能；α-酮酸的代谢；芳香族氨基酸的代谢。

4. 学会运用氨基酸分解代谢的理论知识解答临床相关疾病发生、发展的分子机制、诊断依据和治疗原则。

5. 培养学生脚踏实地、严谨求实、坚韧不拔的学习态度；激发学生勤于思考、学以致用、爱业敬业的职业素养。

蛋白质是机体的重要组成成分，是生命的物质基础，其重要作用是其他物质无法取代的。氨基酸是蛋白质的基本组成单位，体内细胞不停地利用氨基酸合成蛋白质和分解蛋白质成为氨基酸。蛋白质的分解或转化均需首先水解为氨基酸，然后再进一步代谢，所以氨基酸代谢是蛋白质分解代谢的中心内容。

图片：蛋白质的营养作用导图

第一节　蛋白质的营养作用

一、蛋白质的生理功能

（一）构成组织细胞的组成成分

蛋白质是构成组织细胞的重要组分，它在维持组织细胞的生长、更新和修复中起着重要作用，这是蛋白质所特有的功能，不能由糖或脂质代替。

（二）构成具有重要生理功能的物质

蛋白质参与构成机体许多具有重要生理功能的物质，如酶、肽类激素、抗体、受体、血红蛋白、肌动蛋白等，参与机体的物质代谢、免疫防御、血液凝固、血液运输、肌肉收缩等几乎所有的生命活动。

（三）氧化供能

蛋白质也是能源物质，每克蛋白质在体内氧化分解可产生约 17kJ（4.07kcal）的能量。在长期饥饿或禁食情况下，蛋白质氧化分解成为机体能量的来源之一。

体内没有蛋白质或氨基酸的贮存库，所以提供足够的食物蛋白质对机体的正常代谢和各种生命活动是十分重要的，对生长发育期的儿童和康复期的患者尤为重要。

笔记

微课：蛋白质的营养作用

二、蛋白质的需要量和营养价值

（一）氮平衡

测定摄入食物的含氮量（摄入氮）及尿液与粪便中的含氮量（排出氮），可反映体内蛋白质的代谢概况，称为氮平衡（nitrogen balance）。氮平衡有三种类型：

1. 氮的总平衡　摄入氮 = 排出氮，反映体内蛋白质的合成与分解处于动态平衡，即氮的“收支”平衡，见于正常成人。

2. 氮的正平衡　摄入氮 > 排出氮，反映体内蛋白质的合成大于蛋白质的分解，见于儿童、孕妇及恢复期的病人等情况。

3. 氮的负平衡　摄入氮 < 排出氮，反映体内蛋白质的合成小于蛋白质的分解，见于饥饿、严重烧伤、营养不良及消耗性疾病患者。

（二）蛋白质的需要量

根据氮平衡实验计算，在不进食蛋白质时正常成人每日最低分解蛋白质约 20g。因食物蛋白质与人体蛋白质组成存在差异，不可能全部被利用，故成人每日最低需要蛋白质 30~50g。为确保氮的总平衡，应适当提高蛋白质摄入量，我国营养学会推荐成人每日蛋白质的需要量为 80g。

（三）蛋白质的营养价值

食物蛋白质的营养价值即有效利用率，与其所含的必需氨基酸密切相关。

组成人体蛋白质的氨基酸有 20 种，其中有 8 种不能在体内合成，必须由食物提供，称为营养必需氨基酸（essential amino acid），它们是赖氨酸、色氨酸、苯丙氨酸、甲硫氨酸、苏氨酸、亮氨酸、异亮氨酸、缬氨酸。其余 12 种氨基酸能在体内合成，不一定需要由食物供给，称为非必需氨基酸（non-essential amino acid）。由于酪氨酸和半胱氨酸在体内分别由苯丙氨酸与甲硫氨酸转变而来，故称为半必需氨基酸。这两种氨基酸对于新生儿属必需氨基酸。体内组氨酸及精氨酸的合成不能满足需要，也应属于必需氨基酸。

拓展阅读：吃什么能有效补充蛋白质？

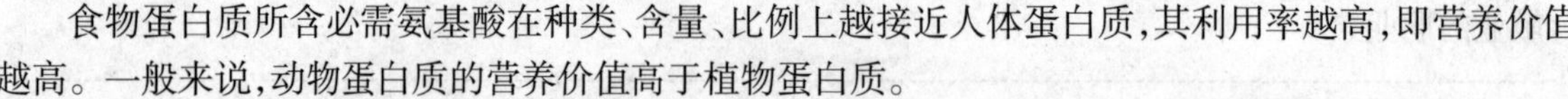

食物蛋白质所含必需氨基酸在种类、含量、比例上越接近人体蛋白质，其利用率越高，即营养价值越高。一般来说，动物蛋白质的营养价值高于植物蛋白质。

把几种营养价值较低的蛋白质混合食用，可使必需氨基酸相互补充，从而提高其营养价值，称为食物蛋白质的互补作用。如谷类蛋白质中的色氨酸含量较高、赖氨酸含量低，而豆类蛋白质中的色氨酸含量较低、赖氨酸含量高，两者混合食用，即可提高蛋白质的营养价值。

在某些疾病情况下，为保证氨基酸供给充足，可进行混合氨基酸输液。

第二节　蛋白质的消化、吸收与腐败

蛋白质具有高度的种属特异性，食物蛋白质需消化成小分子氨基酸及少量短肽才可被吸收入体内，否则会产生过敏反应。未被消化吸收的部分则受肠道细菌作用，发生腐败，大多随粪便排出体外。

一、蛋白质的消化

蛋白质的消化部位是胃和小肠，受多种酶催化水解生成氨基酸和少量短肽，然后再被吸收。

食物蛋白质的消化始于胃，胃蛋白酶可将蛋白质分解为多肽和少量氨基酸。该酶最适 pH 为 1.5~2.5。乳儿胃液 pH 为 5~6，此条件下胃蛋白酶具有凝乳作用，使乳汁中的酪蛋白形成凝块，可延长乳汁在胃中停留的时间，有利于蛋白质的消化。

小肠是蛋白质消化的主要场所。水解蛋白质的酶主要来自胰腺分泌的胰液，其次是小肠黏膜分泌的肠液。胰液中含胰蛋白酶原、糜蛋白酶原、弹性蛋白酶原和羧基肽酶原，肠液中含有肠激酶和氨基肽酶。胰蛋白酶原受肠激酶特异性激活，生成胰蛋白酶，并迅速将其他酶原激活。消化液中的蛋白酶按水解肽键的位置不同分可为内肽酶和外肽酶两类。内肽酶从多肽链内部水解肽键，如胃蛋白酶、胰蛋白酶、糜蛋白酶、弹性蛋白酶；外肽酶包括氨基肽酶和羧基肽酶，从肽链的 N 或 C 末端开始水解肽

键。食物蛋白质在这些酶共同作用下被降解为氨基酸和少量短肽。

二、氨基酸的吸收

蛋白质消化的终产物为氨基酸和小肽(主要为二肽和三肽),可被小肠黏膜吸收。小肽吸收进入小肠黏膜细胞后,即被胞液中的二肽酶或三肽酶水解成游离氨基酸,然后进入血液循环,其吸收方式主要有需载体、耗能的主动转运吸收和 γ- 谷氨酰基循环吸收。

三、蛋白质的腐败作用

肠道细菌对部分未被消化的蛋白质及部分未被吸收的短肽和氨基酸进行分解的过程称为腐败作用(putrefaction)。其作用方式主要有脱羧、脱氨基、水解、氧化、还原等。蛋白质腐败作用的产物大多对机体有害,如胺类、氨、酚、吲哚及硫化氢等;也有少量可被机体利用的有机酸和维生素。腐败产物生成过多或肝功能低下时,则会对机体产生毒害作用,其中以胺类和氨的危害最大。

(一) 胺类的生成

氨基酸脱羧基生成胺类物质。例如,组氨酸、鸟氨酸、赖氨酸、酪氨酸、色氨酸和苯丙氨酸脱羧分别生成组胺、腐胺、尸胺、酪胺、5- 羟色胺及苯乙胺。其中组胺、腐胺、尸胺均有较强的降低血压作用,而酪胺、5- 羟色胺具有升压作用。酪胺和苯乙胺若不经肝内分解而进入脑组织,分别羟化生成羟酪胺和苯乙醇胺,两者结构与神经递质儿茶酚胺相似,称为假神经递质,若大量生成,可干扰正常神经递质功能,使大脑发生异常抑制,这可能是肝性脑病的发生机制之一。

(二) 氨的生成

肠道中的氨主要有两个来源:一是未被吸收的氨基酸在肠道细菌作用下脱氨基而生成;二是血液中尿素渗入肠道,受肠菌尿素酶的水解而生成。这些氨均可被吸收入血液,后在肝合成尿素。因此,严重肝疾病患者因其处理血氨的能力下降,可引起高血氨,严重时可发生昏迷。降低肠道的 pH 可减少氨的吸收。

(三) 其他有害物质

除了胺类和氨以外,通过腐败作用还可产生其他有害物质,如苯酚、吲哚、甲基吲哚及硫化氢等。

正常情况下,上述有害物质大部分随粪便排出,只有小部分被吸收,经肝的代谢转变而解毒,故不会发生中毒现象。但长期便秘或肠梗阻时,肠道吸收的腐败产物增加,可引起头昏、头痛、血压波动等中毒症状。

第三节　氨基酸的一般代谢

一、氨基酸代谢概况

食物蛋白质经消化吸收后生成的氨基酸,组织中蛋白质分解产生的氨基酸以及机体合成的非必需氨基酸混为一体,在各种体液中参与代谢,共同构成氨基酸代谢库。体内氨基酸的主要功能是合成蛋白质或转变成其衍生物,正常人尿中排出的氨基酸极少。正常情况下,体内氨基酸的来源和去路处于动态平衡(图 7-1)。

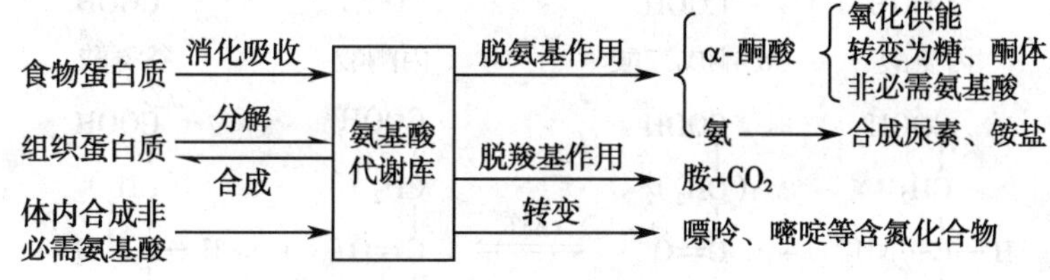

图 7-1　氨基酸的来源与去路

微课:氨基酸的来源与去路

二、氨基酸的脱氨基作用

氨基酸在酶的催化下脱去氨基生成α-酮酸的过程称为脱氨基作用。它是体内氨基酸分解代谢的主要途径，体内多数组织中均可进行，包括氧化脱氨基作用、转氨基作用、联合脱氨基作用和嘌呤核苷酸循环等方式，其中以联合脱氨基作用最为重要。

（一）氧化脱氨基作用

氧化脱氨基作用是指在酶的催化下，氨基酸脱去氨基同时伴随脱氢氧化的过程。体内催化氨基酸氧化脱氨基作用的酶有多种，其中以L-谷氨酸脱氢酶最为重要。此酶是以NAD^+或$NADP^+$为辅酶的不需氧脱氢酶，主要分布在肝、肾、脑等组织中，在骨骼肌和心肌中活性很低。它催化L-谷氨酸脱氢生成亚谷氨酸，再水解脱氨生成α-酮戊二酸和氨，其反应为：

$$
\begin{array}{c} \mathrm{COOH} \\ | \\ \mathrm{CH_2} \\ | \\ \mathrm{CH_2} \\ | \\ \mathrm{CHNH_2} \\ | \\ \mathrm{COOH} \\ \text{谷氨酸} \end{array}
\underset{\mathrm{NAD(P)^+}\quad \mathrm{NAD(P)H+H^+}}{\overset{\text{L-谷氨酸脱氢酶}}{\rightleftharpoons}}
\begin{array}{c} \mathrm{COOH} \\ | \\ \mathrm{CH_2} \\ | \\ \mathrm{CH_2} \\ | \\ \mathrm{C{=}NH} \\ | \\ \mathrm{COOH} \\ \text{亚谷氨酸} \end{array}
\underset{-\mathrm{H_2O}}{\overset{+\mathrm{H_2O}}{\rightleftharpoons}}
\begin{array}{c} \mathrm{COOH} \\ | \\ \mathrm{CH_2} \\ | \\ \mathrm{CH_2} \\ | \\ \mathrm{C{=}O} \\ | \\ \mathrm{COOH} \\ \text{α-酮戊二酸} \end{array}
+ \begin{array}{c} \mathrm{NH_3} \\ \text{氨} \end{array}
$$

L-谷氨酸脱氢酶催化的反应是可逆的，α-酮戊二酸还原加氨可生成谷氨酸。虽然此酶特异性强，只能催化L-谷氨酸氧化脱氨，不能承担体内其他氨基酸的脱氨基作用，但它可与转氨酶联合作用，所以它在体内氨基酸的分解代谢与合成代谢中起着重要作用。

（二）转氨基作用

转氨基作用是指α-氨基酸的氨基在氨基转移酶（即转氨酶）的催化下，转移至α-酮酸的酮基上，生成相应的α-氨基酸；而原来的α-氨基酸则转变成相应的α-酮酸。其通式为：

$$
\begin{array}{c} \mathrm{R_1} \\ | \\ \mathrm{H{-}C{-}NH_2} \\ | \\ \mathrm{COOH} \end{array}
+
\begin{array}{c} \mathrm{R_2} \\ | \\ \mathrm{C{=}O} \\ | \\ \mathrm{COOH} \end{array}
\overset{\text{转氨酶}}{\rightleftharpoons}
\begin{array}{c} \mathrm{R_1} \\ | \\ \mathrm{C{=}O} \\ | \\ \mathrm{COOH} \end{array}
+
\begin{array}{c} \mathrm{R_2} \\ | \\ \mathrm{H{-}C{-}NH_2} \\ | \\ \mathrm{COOH} \end{array}
$$

除甘、赖、苏、脯氨酸以外，大多数氨基酸均能进行转氨基反应。转氨酶所催化的反应是可逆的，反应没有使氨基真正脱下，只是发生氨基转移而已。α-酮酸可通过此酶的作用接受氨基酸转来的氨基而合成相应的氨基酸，故这是合成非必需氨基酸的重要途径。

体内转氨酶种类多，分布广，特异性强，其中以丙氨酸氨基转移酶（alanine transaminase，ALT）；天冬氨酸氨基转移酶（aspartate transaminase，AST）最为重要；前者在肝细胞含量最高，后者在心肌细胞含量较高。其催化的反应如下：

$$
\begin{array}{c} \mathrm{CH_3} \\ | \\ \mathrm{H{-}C{-}NH_2} \\ | \\ \mathrm{COOH} \\ \text{丙氨酸} \end{array}
+
\begin{array}{c} \mathrm{COOH} \\ | \\ \mathrm{(CH_2)_2} \\ | \\ \mathrm{C{=}O} \\ | \\ \mathrm{COOH} \\ \text{α-酮戊二酸} \end{array}
\overset{\mathrm{ALT}}{\rightleftharpoons}
\begin{array}{c} \mathrm{CH_3} \\ | \\ \mathrm{C{=}O} \\ | \\ \mathrm{COOH} \\ \text{丙酮酸} \end{array}
+
\begin{array}{c} \mathrm{COOH} \\ | \\ \mathrm{(CH_2)_2} \\ | \\ \mathrm{H{-}C{-}NH_2} \\ | \\ \mathrm{COOH} \\ \text{谷氨酸} \end{array}
$$

$$
\begin{array}{c} \mathrm{COOH} \\ | \\ \mathrm{CH_2} \\ | \\ \mathrm{H{-}C{-}NH_2} \\ | \\ \mathrm{COOH} \\ \text{天冬氨酸} \end{array}
+
\begin{array}{c} \mathrm{COOH} \\ | \\ \mathrm{(CH_2)_2} \\ | \\ \mathrm{C{=}O} \\ | \\ \mathrm{COOH} \\ \text{α-酮戊二酸} \end{array}
\overset{\mathrm{AST}}{\rightleftharpoons}
\begin{array}{c} \mathrm{COOH} \\ | \\ \mathrm{CH_2} \\ | \\ \mathrm{C{=}O} \\ | \\ \mathrm{COOH} \\ \text{草酰乙酸} \end{array}
+
\begin{array}{c} \mathrm{COOH} \\ | \\ \mathrm{(CH_2)_2} \\ | \\ \mathrm{H{-}C{-}NH_2} \\ | \\ \mathrm{COOH} \\ \text{谷氨酸} \end{array}
$$

转氨酶的辅酶是含维生素 B_6 的磷酸吡哆醛或磷酸吡哆胺，它起着传递氨基的作用（图 7-2），磷酸吡哆醛从氨基酸分子上接受氨基生成磷酸吡哆胺。

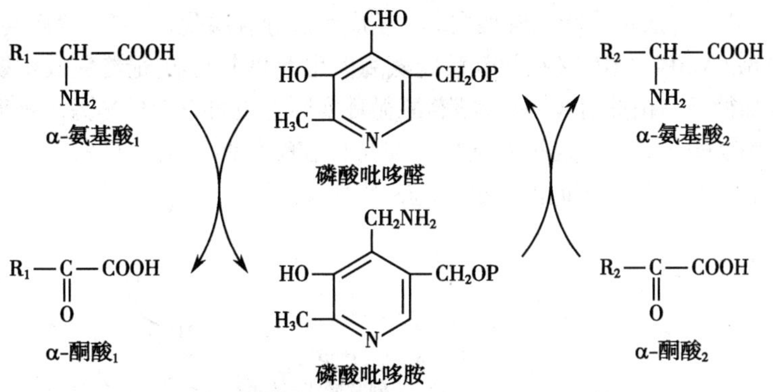

图 7-2　磷酸吡哆醛及磷酸吡哆胺传递氨基的作用

ALT、AST 在体内分布广泛，但各组织中含量不同，以肝、肾、心肌、骨骼肌含量丰富（表 7-1）。

表 7-1　正常成人各组织中 ALT 及 AST 活性（单位 / 每克湿组织）

组织	ALT	AST	组织	ALT	AST
心	7100	156 000	胰腺	2000	28 000
肝	44 000	142 000	脾	1200	14 000
骨骼肌	4800	99 000	肺	700	10 000
肾	19 000	91 000	血清	16	20

从表中可知，转氨酶主要分布在细胞内，正常情况下血清中含量很低。当某种原因使细胞膜通透性增高，或因组织坏死细胞破裂后，可有大量的转氨酶释放入血，导致血中转氨酶活性升高。如急性肝炎患者的血清中 ALT 活性显著升高，心肌梗死患者血清中 AST 明显上升。因此，临床上测定血清中的 ALT 或 AST 活性可作为疾病诊断和预后判断的参考指标之一。

（三）联合脱氨基作用

联合脱氨基作用是指转氨基作用与氧化脱氨基作用相耦联，使氨基酸的 α- 氨基脱去并产生游离氨的过程（图 7-3）。

经联合脱氨基作用，某氨基酸即可脱去氨基而生成 NH_3 和相应的 α- 酮酸。由于 α- 酮戊二酸参加的转氨基作用在体内普遍进行，L- 谷氨酸脱氢酶在体内分布广泛，所以联合脱氨基作用是脱氨基作

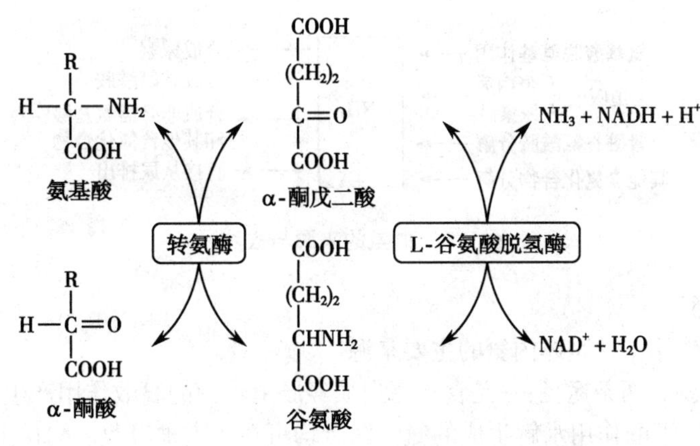

图 7-3　转氨酶与谷氨酸脱氢酶的联合脱氨基作用

用的主要方式。其逆过程是合成非必需氨基酸的主要途径。

在骨骼肌和心肌等组织中，由于 L- 谷氨酸脱氢酶的活性很低，因而氨基酸难以进行上述方式的脱氨基作用。在这些组织中，氨基酸主要通过嘌呤核苷酸循环（图 7-4）脱去氨基。氨基酸通过转氨基作用生成天冬氨酸，后者再与次黄嘌呤核苷酸（IMP）反应生成腺苷酸代琥珀酸，然后裂解出延胡索酸，同时生成腺嘌呤核苷酸（AMP），AMP 又在腺苷酸脱氨酶催化下脱去氨基，最终完成了氨基酸的脱氨基作用。IMP 可以再参加循环。由此可见，嘌呤核苷酸循环实际上也可以看成是另一种形式的联合脱氨基作用。此外，通过嘌呤核苷酸循环也把氨基酸代谢与核苷酸代谢联系了起来。氨基酸脱去氨基生成的 α- 酮酸和 NH_3，它们分别沿着不同的途径再进一步代谢。

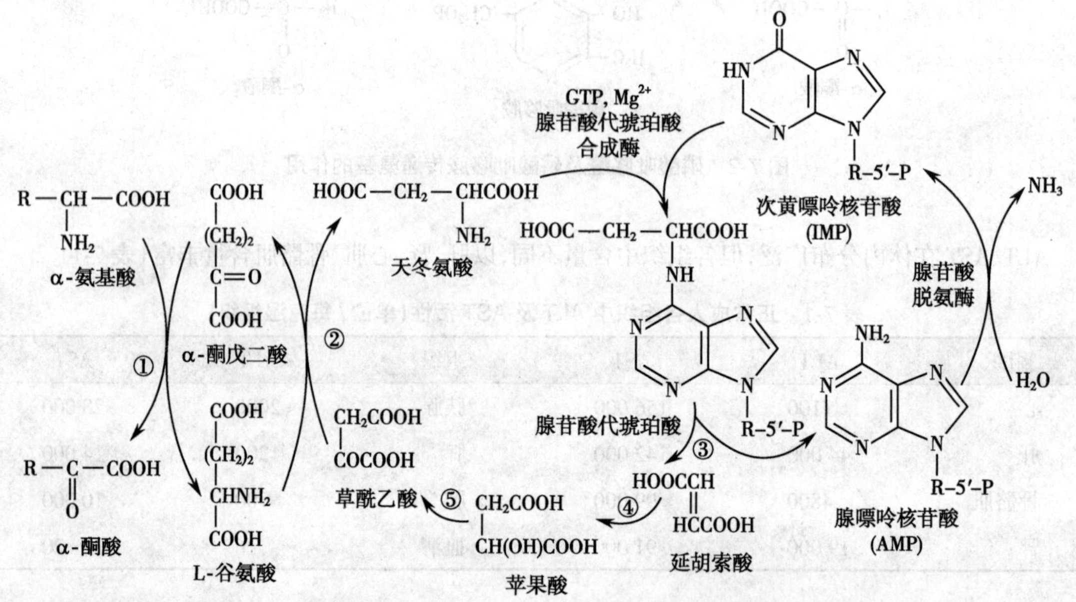

图 7-4　嘌呤核苷酸循环

注：①转氨酶；②天冬氨酸氨基转移酶；③腺苷酸代琥珀酸裂解酶；④延胡索酸酶；⑤苹果酸脱氢酶

三、氨的代谢

图片：氨基酸一般代谢导图

体内氨基酸分解代谢产生的氨以及由肠道吸收的氨进入血液形成血氨，氨是机体正常代谢的产物。动物实验证明，氨是强烈的神经毒物，能透过细胞膜与血脑屏障，尤其对中枢神经系统的毒害作用尤为明显，可引起脑功能紊乱。正常人血氨浓度很低，一般不超过 0.06mmol/L，这是因为体内有解除氨毒的代谢途径，使血氨的来源和去路（图 7-5）保持动态平衡，所以血氨浓度维持相对恒定，不发生堆积而引起中毒。

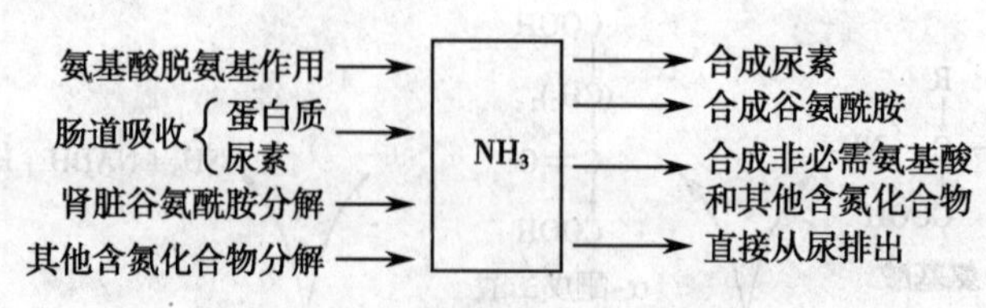

图 7-5　血氨的来源与去路

（一）体内氨的来源

1. 氨基酸脱氨基作用　这是体内氨的主要来源。

2. 肠道吸收　主要有两条途径：一是食物蛋白质经肠道细菌的腐败作用产生的氨；二是血中尿素扩散入肠道后经细菌尿素酶作用水解生成的氨。两者均可在肠道被吸收。NH_3 比 NH_4^+（铵盐）更易透过肠黏膜细胞而被吸收。当肠道 pH 偏高时，NH_4^+ 趋于转变为 NH_3，增加 NH_3 的吸收。故临床上对高

血氨患者通常采用弱酸性透析液作结肠透析，禁止用碱性肥皂水灌肠，目的是降低肠道 pH，NH_3 趋于转变为 NH_4^+，增加 NH_4^+（铵盐）的排出，从而减少氨的吸收。

3. 肾小管上皮细胞分泌　血液中的谷氨酰胺流经肾脏时可被肾小管上皮细胞中的谷氨酰胺酶催化，水解生成谷氨酸和 NH_3，NH_3 可被吸收入血成为血氨的又一来源。正常情况下，这部分 NH_3 主要被分泌到肾小管管腔中，与 H^+ 结合成 NH_4^+，并以铵盐形式随尿排出体外，这对调节机体的酸碱平衡起着重要作用。酸性尿促使 NH_3 生成 NH_4^+，有利于 NH_3 的排出；相反，碱性尿则阻碍 NH_3 的排出，此时 NH_3 可被吸收入血，引起血氨浓度升高。因此，临床上对肝硬化腹水患者不宜使用碱性利尿药，以免血氨进一步升高。

4. 其他来源　其他含氮物如胺类、嘌呤、嘧啶等分解时亦可产生少量氨。

（二）体内氨的转运

氨在体内需以无毒的形式运输。现已明确，氨在血液中的运输形式是谷氨酰胺和丙氨酸。

1. 谷氨酰胺转运氨　在脑、肌肉等组织中，氨与谷氨酸在谷氨酰胺合成酶催化下消耗 ATP 合成谷氨酰胺，后者经血液运送至肝或肾，再经谷氨酰胺酶催化，水解释放出氨。谷氨酰胺的合成与分解是由不同的酶所催化的不可逆反应。氨在肝脏中合成尿素，在肾脏中生成铵盐后随尿排出。因此，谷氨酰胺既是氨的解毒形式，又是氨的贮存和运输形式。

$$\underset{\text{谷氨酸}}{\begin{array}{c}COOH\\ |\\ (CH_2)_2\\ |\\ H-C-NH_2\\ |\\ COOH\end{array}} \underset{\text{谷氨酰胺酶};\ NH_3 \leftarrow H_2O}{\overset{NH_3+ATP \rightarrow ADP+Pi;\ \text{谷氨酰胺合成酶}}{\rightleftharpoons}} \underset{\text{谷氨酰胺}}{\begin{array}{c}CONH_2\\ |\\ (CH_2)_2\\ |\\ H-C-NH_2\\ |\\ COOH\end{array}}$$

2. 丙氨酸 - 葡萄糖循环　肌肉中的氨基酸经转氨基作用将氨基转给丙酮酸，生成丙氨酸，然后经血液运到肝。在肝中，丙氨酸通过联合脱氨基作用释放出氨，用于合成尿素，而生成的丙酮酸则经糖异生途径合成葡萄糖。葡萄糖由血液输送到肌组织再分解为丙酮酸，后者再接受氨基生成丙氨酸。丙氨酸和葡萄糖反复地在肌肉和肝之间进行氨的转运，故将此途径称为丙氨酸 - 葡萄糖循环（图 7-6）。经此循环，使肌肉中的氨以无毒的丙氨酸形式运输到肝，同时肝又为肌肉提供了生成丙酮酸的葡萄糖。

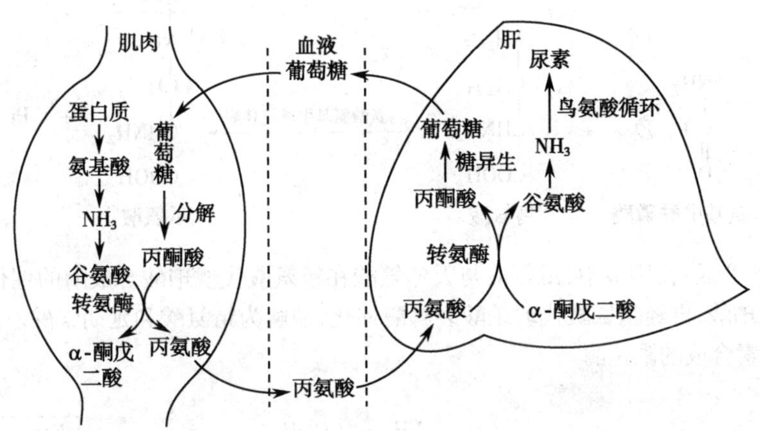

图 7-6　丙氨酸 - 葡萄糖循环

微课：丙氨酸 - 葡萄糖循环

（三）体内氨的去路

1. 合成尿素　正常情况下，体内氨的主要去路是在肝内合成无毒的尿素，由肾排出。实验证明，将犬的肝切除，则血及尿中尿素含量降低，而血氨浓度升高，结果导致氨中毒。临床上急性重型肝炎患者的血及尿中几乎不含尿素，而氨基酸含量升高。可见肝是合成尿素的主要器官，肾与脑合成量甚微。

氨在肝中合成尿素的途径为鸟氨酸循环(图 7-7),其详细过程可分为以下四步:

微课:鸟氨酸循环

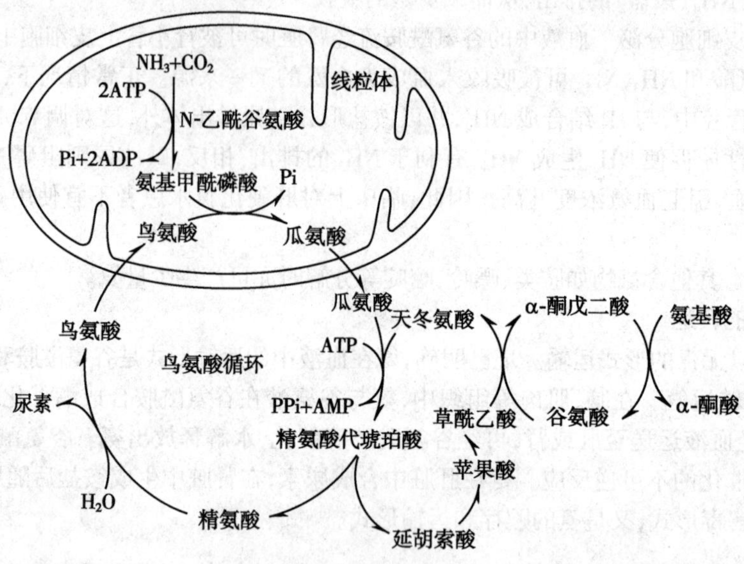

图 7-7　鸟氨酸循环

(1) 氨基甲酰磷酸的合成:NH_3 与 CO_2 首先在肝细胞线粒体内由氨基甲酰磷酸合成酶Ⅰ(CPSⅠ)催化,合成氨基甲酰磷酸。其辅助因子有 Mg^{2+}、ATP 及 N-乙酰谷氨酸。此反应不可逆,消耗 2 分子 ATP。N-乙酰谷氨酸由乙酰辅酶 A 和谷氨酸合成,它是 CPSⅠ的变构激活剂。

$$NH_3 + CO_2 + H_2O + 2ATP \xrightarrow[Mg^{2+}, \text{N-乙酰谷氨酸}]{\text{氨基甲酰磷酸合成酶}} H_2N\text{-}COO\sim PO_3H_2 + 2ADP + Pi$$

(2) 瓜氨酸的合成:在鸟氨酸氨基甲酰转移酶的催化下,氨基甲酰磷酸将氨基甲酰基转到鸟氨酸上,生成瓜氨酸。鸟氨酸由线粒体膜上的载体自胞液中运来,而瓜氨酸合成后通过线粒体内膜运至胞液中。此反应不可逆,也是在肝线粒体中进行的。

$$\underset{\text{氨基甲酰磷酸}}{NH_2\text{-}CO\sim Ⓟ} + \underset{\text{鸟氨酸}}{NH_2\text{-}(CH_2)_3\text{-}CHNH_2\text{-}COOH} \xrightarrow{\text{鸟氨酸氨基甲酰转移酶}} \underset{\text{瓜氨酸}}{NH_2\text{-}C(=O)\text{-}NH\text{-}(CH_2)_3\text{-}CHNH_2\text{-}COOH} + Pi$$

(3) 精氨酸的合成:在胞液中,瓜氨酸与天冬氨酸在精氨酸代琥珀酸合成酶的催化下由 ATP 供能合成精氨酸代琥珀酸,再经精氨酸代琥珀酸裂解酶催化,裂解为精氨酸和延胡索酸。其中精氨酸代琥珀酸合成酶是尿素合成的限速酶。

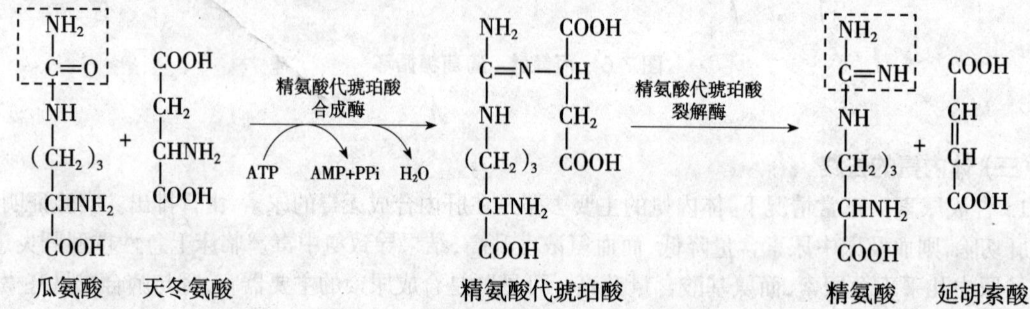

(4) 精氨酸水解生成尿素：在胞液中，精氨酸在精氨酸酶催化下水解生成尿素和鸟氨酸。鸟氨酸通过载体再进入线粒体，重复上述反应，构成鸟氨酸循环。

$$\begin{array}{c} NH_2 \\ | \\ C{=}NH \\ | \\ NH \\ | \\ (CH_2)_3 \\ | \\ CHNH_2 \\ | \\ COOH \end{array} \xrightarrow[+H_2O]{\text{精氨酸酶}} \begin{array}{c} NH_2 \\ | \\ C{=}O \\ | \\ NH_2 \end{array} + \begin{array}{c} NH_2 \\ | \\ (CH_2)_3 \\ | \\ CHNH_2 \\ | \\ COOH \end{array}$$

精氨酸　　　　尿素　　　　鸟氨酸

知识拓展

Krebs 与鸟氨酸循环

Hans Krebs 是一位英籍德裔科学家。1932 年，他与同事 Kurt Henseleit 一起研究动物尿素的产生过程。他们利用大鼠的肝脏，经反复实验，最终提出了著名的尿素循环（鸟氨酸循环），阐述了人体尿素的代谢途径。之后经过不懈的努力，Krebs 还发现了柠檬酸循环（也称三羧酸循环、Krebs 循环）、乙醛酸循环等。Krebs 是一位伟大的生物化学家，他的一生都在为生物化学的发展而努力。1953 年 Krebs 因发现三羧酸循环获得诺贝尔奖，以表彰他为医学发展所做的杰出贡献。

综上所述，尿素的生成是在肝细胞的线粒体和胞液两部分进行。尿素分子中的两个氮原子都直接或间接来自氨基酸，一个来自氨基酸脱氨基作用生成的 NH_3，另一个由天冬氨酸提供，而天冬氨酸又可由其他氨基酸转氨基生成。尿素合成是一个耗能的过程，每进行一次鸟氨酸循环，2 分子 NH_3 与 1 分子 CO_2 结合生成 1 分子尿素，同时消耗 4 个高能磷酸键，相当于 4 分子 ATP。尿素是中性、无毒、水溶性很强的物质，经血液运输至肾，随尿排出。

2. 合成谷氨酰胺　在脑、肌肉等组织中，有毒的氨与谷氨酸合成无毒的谷氨酰胺。因此，谷氨酰胺的生成不仅参与蛋白质的生物合成，而且也是体内储氨、运氨以及解除氨毒的重要方式。

3. 其他代谢途径　氨可使 α- 酮戊二酸氨基化，生成谷氨酸，再与其他 α- 酮酸经转氨基作用的逆过程，合成非必需氨基酸。氨还提供氮源，参与嘌呤、嘧啶碱等含氮化合物的合成。

肝性脑病的治疗原则

从生物化学角度来讲，降低血氨浓度以及防止氨进入脑组织是治疗肝性脑病的关键。为了降低血氨浓度，临床上要求患者严格限制蛋白质的摄入量，以减少蛋白质在肠道通过腐败作用产氨，减少肠道吸收氨；采用口服酸性利尿剂、酸性盐水灌肠，促进氨从尿液和粪便排出体外；精氨酸代琥珀酸合成酶是尿素合成的限速酶，增加体内精氨酸的量可以增加该酶促反应速度，促进尿素合成，降低血氨浓度。谷氨酸在体内多数组织中都可以结合氨生成谷氨酰胺，解除氨的毒性，故临床上对肝性脑病患者可以口服或静脉输注谷氨酸盐，以降低血氨的浓度。

（四）高氨血症与肝性脑病

正常情况下，血氨的来源与去路保持动态平衡，血氨浓度处于较低水平。肝是将氨转化生成尿素解除氨毒的重要器官，鸟氨酸循环是维持血氨低浓度的关键。当肝功能严重受损时，尿素合成受阻，血氨浓度升高，导致高氨血症。

一般认为，高氨血症时大量氨进入脑组织，与 α- 酮戊二酸结合生成谷氨酸及谷氨酰胺以解除氨的毒性。因为氨使脑组织中 α- 酮戊二酸的过度消耗，而导致三羧酸循环减慢，ATP 生成减少，致使大

脑供能不足，引起大脑功能障碍，严重时发生昏迷，称为肝性脑病，又称肝昏迷。

四、α- 酮酸的代谢

氨基酸经脱氨基作用后生成的 α- 酮酸有以下三条代谢途径。

（一）合成非必需氨基酸

α- 酮酸经转氨基作用或联合脱氨基作用的逆反应，可以合成相应的非必需氨基酸。

（二）转变成糖或脂肪

体内多数氨基酸脱去氨基后生成的 α- 酮酸经肝糖异生途径转变为糖，这些氨基酸称为生糖氨基酸。赖氨酸、亮氨酸可转变为酮体称为生酮氨基酸。生酮氨基酸经脂肪酸合成途径可转变为脂肪酸，参与脂肪的合成。苯丙氨酸、色氨酸、酪氨酸、异亮氨酸、苏氨酸既可转变为葡萄糖也能转变为酮体，称为生糖兼生酮氨基酸（表 7-2）。

表 7-2　氨基酸生糖及生酮性质的分类

类别	氨基酸
生酮氨基酸	赖氨酸、亮氨酸
生糖兼生酮氨基酸	苯丙氨酸、异亮氨酸、色氨酸、酪氨酸、苏氨酸
生糖氨基酸	丙氨酸、精氨酸、天冬氨酸、半胱氨酸、谷氨酸、甘氨酸、脯氨酸、甲硫氨酸、丝氨酸、缬氨酸、组氨酸、天冬酰胺、谷氨酰胺

微课：α- 酮酸代谢

（三）氧化供能

α- 酮酸在体内可经三羧酸循环彻底氧化，生成 H_2O 和 CO_2，同时释放能量供机体利用。

第四节　个别氨基酸的代谢

一、氨基酸的脱羧基作用

某些氨基酸在氨基酸脱羧酶催化下进行脱羧基作用，生成相应的胺和 CO_2。氨基酸脱羧酶的特异性很强，其辅酶为磷酸吡哆醛（含维生素 B_6）。

$$\underset{\text{氨基酸}}{R-\underset{\underset{NH_2}{|}}{CH}-COOH} \xrightarrow[\text{磷酸吡哆醛}]{\text{脱羧酶}} \underset{\text{胺}}{R-CH_2NH_2}+CO_2$$

体内胺的含量不高，某些胺类物质在生理浓度时常具有重要作用。

案例分析

患者，女性，26 岁。结婚 4 个月，停经 1 个月。感觉心胸烦闷、头晕乏力、没有食欲、恶心呕吐，近日加重，如刷牙等轻微刺激就能引起呕吐，有时会吐黄色苦水。来院就诊，妊娠试验阳性。医生安慰她不需过于紧张，这是正常妊娠反应，注意保持良好的精神状态，并根据自己的喜好给予易消化的食物，分次进食，避免高脂肪的食品，再口服维生素 B_1、B_6、C，一般到妊娠 12 周后，这种反应会自行好转。

（一）γ- 氨基丁酸

γ- 氨基丁酸（γ-aminobutyric acid，GABA）是谷氨酸在谷氨酸脱羧酶作用下经脱羧基作用生成的。

此酶在脑、肾组织中活性很高，故脑中 GABA 含量较高。GABA 是一种中枢神经系统的抑制性神经递质，对中枢神经元有普遍性抑制作用。临床上使用维生素 B_6 治疗妊娠呕吐、小儿惊厥以及抗结核药物异烟肼所引起的脑兴奋副作用等，都是基于维生素 B_6 能增强脑内谷氨酸脱羧酶合成，增强脱羧酶活性，促进 GABA 生成，从而起到抑制神经中枢作用，故有镇静、镇惊及止吐等作用。

拓展阅读：甜睡氨基酸

$$HOOC-(CH_2)_2-CH(NH_2)-COOH \xrightarrow[\text{磷酸吡哆醛}]{\text{谷氨酸脱羧酶}} HOOC-(CH_2)_2-CH_2NH_2 + CO_2$$

谷氨酸　　　　γ-氨基丁酸

（二）组胺

组氨酸脱去羧基生成组胺（histamine，HIS）。组胺在体内分布广泛，乳腺、肺、肝、肌肉及胃黏膜中含量较高，主要在肥大细胞产生并贮存。

$$\text{咪唑}-CH_2CH(NH_2)COOH \xrightarrow[\text{磷酸吡哆醛}]{\text{组氨酸脱羧酶}} \text{咪唑}-CH_2CH_2NH_2$$

组氨酸　　　　组胺

组胺是一种强烈的血管舒张剂，能增加毛细血管的通透性，引起血压下降和局部水肿。创伤性休克、炎症、过敏反应等与组胺的释放密切相关。组胺还可刺激胃蛋白酶和胃酸的分泌，常用于胃分泌功能的研究。

临床应用

抗组胺药物

白天鼻炎、鼻塞、连打喷嚏、鼻涕眼泪直流，晚上因鼻塞呼吸困难而无法入睡，以上是过敏性鼻炎患者发病时的典型症状。而这些症状是因为人体释放的一种物质——组胺。组胺可引起局部毛细血管扩张及通透性增加、平滑肌痉挛、分泌活动增强，临床表现为局部充血、水肿、分泌物增多、支气管和消化道平滑肌收缩，使呼吸阻力增加。组胺必须首先与细胞上的组胺受体结合，才能发挥作用。组胺受体有 H_1 和 H_2 两类。一般说的抗组胺药是指 H_1 受体拮抗剂，可拮抗组胺对毛细血管、平滑肌、呼吸道分泌腺、唾液腺、泪腺的作用，有效缓解过敏性鼻炎的症状。现在临床常用 H_1 受体拮抗剂有马来酸氯苯那敏片（扑尔敏片，$C_{16}H_{19}ClN_2 \cdot C_4H_4O_4$ 或 $C_{20}H_{23}ClN_2O_4$）、盐酸赛庚啶片（$C_{21}H_{21}N \cdot HCl$）等。

（三）5-羟色胺

色氨酸在色氨酸羟化酶催化下生成5-羟色氨酸，后者再经脱羧酶作用生成5-羟色胺（5-hydroxytryptamine，5-HT）或称血清素。

$$\text{吲哚}-CH_2CH(NH_2)COOH \xrightarrow{\text{色氨酸羟化酶}} HO-\text{吲哚}-CH_2CH(NH_2)COOH$$

色氨酸　　　　5-羟色氨酸

$$\xrightarrow{\text{5-羟色氨酸脱羧酶}} HO-\text{吲哚}-CH_2CH_2NH_2 + CO_2$$

5-羟色胺

5-HT 广泛分布于神经组织、胃肠、血小板、乳腺细胞中，尤其是脑组织含量较高。脑中的 5-HT 为抑制性神经递质，与睡眠、疼痛和体温调节有关。在外周组织中，5-HT 有收缩血管、升高血压的作用。

(四) 牛磺酸

牛磺酸(taurine，Tau)由半胱氨酸代谢转变而来。半胱氨酸首先氧化成磺酸丙氨酸，再脱去羧基生成牛磺酸。反应在肝细胞内进行，牛磺酸是结合胆汁酸的组成成分。

$$\underset{\text{L-半胱氨酸}}{\begin{array}{c}CH_2SH\\|\\CHNH_2\\|\\COOH\end{array}} \xrightarrow{3[O]} \underset{\text{磺酸丙氨酸}}{\begin{array}{c}CH_2SO_3H\\|\\CHNH_2\\|\\COOH\end{array}} \xrightarrow[\text{磺酸丙氨酸脱羧酶}]{CO_2} \underset{\text{牛磺酸}}{\begin{array}{c}CH_2SO_3H\\|\\CH_2NH_2\end{array}}$$

此外，活性硫酸根转移也可产生牛磺酸。现已发现脑组织中含有较多的牛磺酸，表明它可能具有更重要的生理功能。

(五) 多胺

某些氨基酸的脱羧基作用可以产生多胺(polyamines)类物质。多胺是一类长链的脂肪族胺类，分子中含有多个氨基(—NH_2)或亚氨基(—NH—)，主要有腐胺、精脒、精胺等。

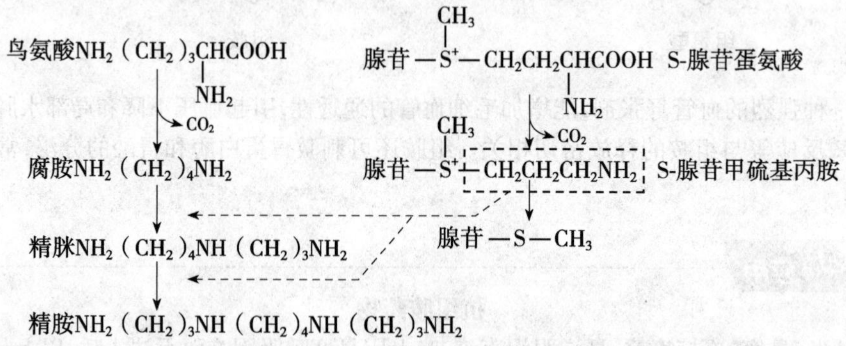

图片：个别氨基酸代谢导图

多胺是调节细胞生长的重要物质，它具有促进核酸和蛋白质合成的作用，故可促进细胞分裂增殖。凡生长旺盛的组织，如胚胎、再生肝、癌瘤等，多胺含量均增高。临床上常以测定患者血、尿中多胺含量作为肿瘤的辅助诊断及观察病情变化的指标之一。

二、一碳单位的代谢

(一) 一碳单位及其种类

有些氨基酸在代谢过程中能产生含一个碳原子的有机基团，称为一碳单位(one carbon unit)。体内的一碳单位有甲基(—CH_3)、亚甲基或甲烯基(—CH_2—)、次甲基或甲炔基(—CH═)、甲酰基(—CHO)及亚氨甲基(—CH═NH)等。HCO_3^-、CO、CO_2 不属于一碳单位。

(二) 一碳单位的载体

一碳单位性质活泼，不能单独存在，通常与四氢叶酸(tetrahydrofolic acid，FH_4)结合而转运或参加物质代谢。因此，FH_4 是一碳单位的载体。哺乳动物体内四氢叶酸可由叶酸经二氢叶酸还原酶催化，通过两步还原反应，在第 5、6、7、8 位加 4 个 H 生成，其结构如下：

(四氢叶酸结构式：OH, N, 4, 2, 1, H_2N, N, H, N 5, 6, H, 8, N H, H, H, —CH_2—NH—(苯环)—CO—NH—CH—CH_2—CH_2—COOH, 9, 10, COOH)

$$\text{叶酸} \xrightarrow[\text{NADPH+H}^+ \rightarrow \text{NADP}^+]{\text{二氢叶酸还原酶}} \text{二氢叶酸} \xrightarrow[\text{NADPH+H}^+ \rightarrow \text{NADP}^+]{\text{二氢叶酸还原酶}} \text{四氢叶酸}$$

FH_4 分子的 N^5、N^{10} 是一碳单位的结合位置。FH_4 携带一碳单位的形式及其化学结构如下，其中虚线框代表一碳单位。

N^5–CH_3–FH_4　　N^5,N^{10}–CH_2–FH_4　　N^5,N^{10}=CH–FH_4

N^{10}–CHO–FH_4　　N^5–CH=NH–FH_4

（三）一碳单位的来源

一碳单位主要来源于丝氨酸、甘氨酸、组氨酸和色氨酸的分解代谢。其中丝氨酸是主要来源。

丝氨酸+FH_4 —丝氨酸羟甲基转移酶→ 甘氨酸+N^5，N^{10}–CH_2–FH_4

甘氨酸+FH_4 —甘氨酸裂解酶→ CO_2+NH_3+N^5，N^{10}–CH_2–FH_4

组氨酸 ⟶ 亚氨甲基谷氨酸 —亚氨甲基转移酶（FH_4）→ 谷氨酸+N^5–CH=NH–FH_4

色氨酸 ⟶ 甲酸 —N^{10}–CHO–FH_4合成酶（FH_4）→ N^{10}–CHO–FH_4

（四）一碳单位的相互转化

来自不同氨基酸的一碳单位与 FH_4 结合，在酶催化下通过氧化、还原等反应完成一碳单位的相互转变（图 7-8）。

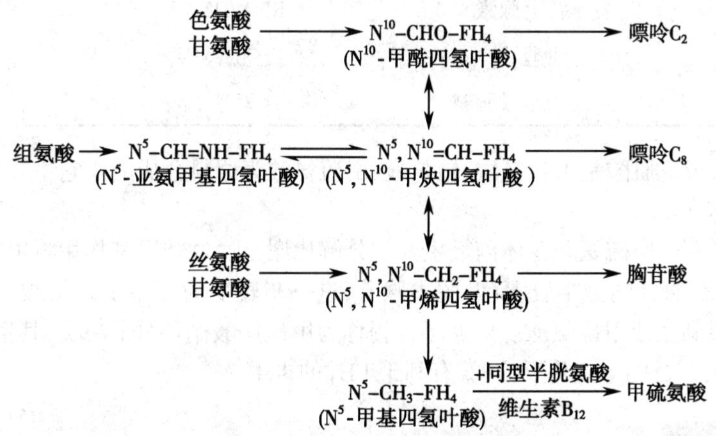

图 7-8　一碳单位的相互转变

微课：一碳单位的相互转变

（五）一碳单位的生理功能

一碳单位代谢与氨基酸、核酸代谢密切相关，是沟通氨基酸代谢和核苷酸代谢的重要物质，对机体生命活动具有重要意义。

1. 参与体内嘌呤、嘧啶的合成　在核苷酸和核酸的生物合成中起重要作用，与细胞的增殖、组织生长和机体发育等重要过程密切相关。一碳单位代谢障碍可直接影响造血组织 DNA 的合成，引起巨幼红细胞贫血。

2. 直接参与S-腺苷甲硫氨酸(SAM)的合成　SAM为体内许多重要生理活性物质的合成提供甲基。体内约50多种物质合成需要SAM提供活性甲基,如胆碱、DNA、RNA、蛋白质等。一碳单位代谢障碍可使胆碱合成减少,造成肝内磷脂合成减少,进而可能导致脂肪肝的发生。

此外,磺胺类药物及某些抗癌药物(甲氨蝶呤等)也正是通过干扰细菌及瘤细胞的叶酸、FH_4合成,进而影响一碳单位代谢与核酸的生物合成而发挥药理作用的。

三、含硫氨基酸的代谢

体内的含硫氨基酸有三种,即甲硫氨酸(蛋氨酸)、半胱氨酸和胱氨酸。这三种氨基酸的代谢是相互联系的,甲硫氨酸可以转变为半胱氨酸和胱氨酸,半胱氨酸和胱氨酸也可以互变,但两者不能变为甲硫氨酸。

(一)甲硫氨酸的代谢

1. 甲硫氨酸与转甲基作用　甲硫氨酸与ATP作用生成S-腺苷甲硫氨酸(S-adenosyl-methionine, SAM)。SAM称为活性甲硫氨酸,其所含的甲基称活性甲基,它是体内最重要的甲基直接供给体。体内约有50多种生理活性物质的合成需要SAM提供甲基(表7-3)。甲基化作用是体内重要的代谢反应,具有重要的生理意义。

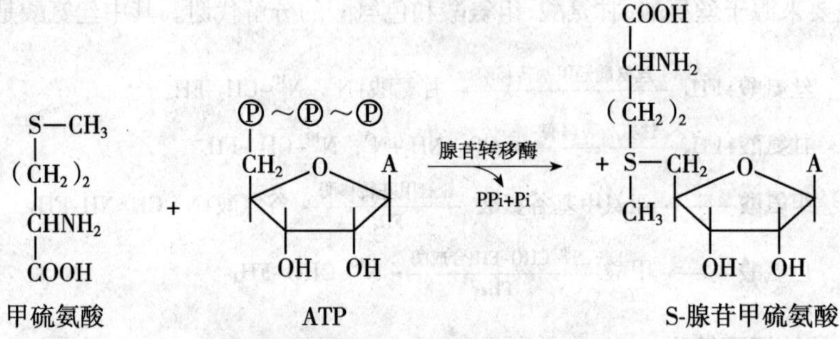

表7-3　SAM参与的部分重要甲基化作用

甲基接受体	甲基化产物	甲基接受体	甲基化产物
去甲肾上腺素	肾上腺素	RNA/DNA	甲基化RNA/DNA
胍乙酸	肌酸	蛋白质	甲基化蛋白质
磷脂酰乙醇胺	磷脂酰胆碱	γ-氨基丁酸	肉毒碱

2. 参与肌酸合成　肌酸是由甘氨酸、精氨酸、甲硫氨酸为原料合成的。它主要存在于肌肉和脑组织,是一种重要的储能物质。

3. 甲硫氨酸循环　甲硫氨酸在体内最主要的分解代谢是通过转甲基作用将甲基转移给甲基受体(RH),然后转变为S-腺苷同型半胱氨酸,脱去腺苷,进一步转变为同型半胱氨酸。后者接受N^5-CH_3-FH_4提供的甲基,重新生成甲硫氨酸。此循环过程称为甲硫氨酸循环(图7-9)。其生理意义:①提供活性甲基,在体内进行广泛的甲基化反应;②有利于FH_4的再生。

高同型半胱氨酸血症

同型半胱氨酸(homocysteine, Hcy)是非蛋白质α-氨基酸,在甲硫氨酸循环中生成。甲硫氨酸/同型半胱氨酸代谢异常与多种病理状态(心脑血管疾病、糖尿病、肝病和慢性肾功能衰竭等)有关。研究表明,血液中同型半胱氨酸水平升高(hyperhomocysteinemia, HHcy)是心血管疾病独立危险因素。HHcy使血管内皮细胞更容易损伤,导致血管炎症,进一步引起动脉粥样硬化的形成,从而导致缺血性损伤。现在血Hcy浓度测定已经成为临床常规检测项目,用于指导心脑血管疾病、糖尿病及并发症等的防治。

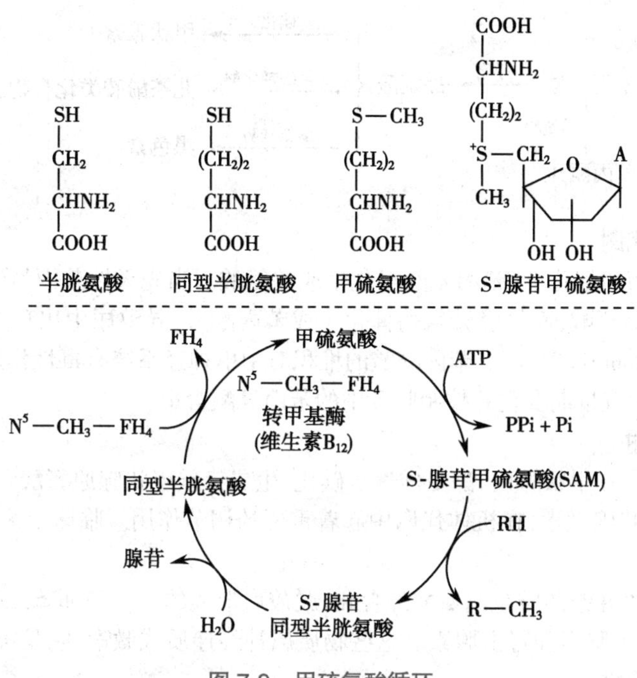

图 7-9　甲硫氨酸循环

微课：甲硫氨酸循环

甲基转移酶的辅酶是维生素 B_{12}，所以如果维生素 B_{12} 缺乏，不仅影响甲硫氨酸的合成，而且由于 N^5-CH_3-FH_4 不能转变为 FH_4 再转运一碳单位，使 FH_4 的利用率降低，导致核酸合成障碍，影响细胞分裂，引起巨幼细胞性贫血。

（二）半胱氨酸和胱氨酸的代谢

1. 半胱氨酸和胱氨酸的互变　半胱氨酸含有巯基（—SH），胱氨酸含有二硫键（—S—S—），两者可以相互转变。蛋白质中两个半胱氨酸残基之间形成的二硫键对维持蛋白质的空间结构具有重要作用。

$$2\ HS-CH_2-CHNH_2-COOH \underset{+2H}{\overset{-2H}{\rightleftharpoons}} \begin{matrix} S-CH_2-CHNH_2-COOH \\ | \\ S-CH_2-CHNH_2-COOH \end{matrix}$$

半胱氨酸　　　　胱氨酸

2. 谷胱甘肽（GSH）的生成　谷胱甘肽是机体重要的含—SH 化合物，其活性基团就是半胱氨酸残基上的巯基。

3. 硫酸根的代谢　含硫氨基酸经氧化分解均可以产生硫酸根，半胱氨酸是体内硫酸根的主要来源。半胱氨酸直接脱去巯基和氨基，生成丙酮酸、NH_3 和 H_2S，后者再经氧化而生成 H_2SO_4。体内的硫酸根一部分以无机盐形式随尿排出，另一部分则经 ATP 活化成活性硫酸根，即 3′- 磷酸腺苷 -5′- 磷酸硫酸（3′-phosphor-adenosine-5′-phosphosulfate，PAPS）。PAPS 性质活泼，可提供硫酸根使某些物质形成硫酸酯，如类固醇激素可形成硫酸酯而被灭活，一些外源性酚类形成硫酸酯而排出体外等。这些反应在肝生物转化中有重要意义。

此外，半胱氨酸可合成牛磺酸，在肝内用于合成结合型胆汁酸。

四、芳香族氨基酸的代谢

芳香族氨基酸包括苯丙氨酸、酪氨酸和色氨酸。苯丙氨酸羟化生成酪氨酸是其主要代谢去路，后者进一步代谢生成甲状腺素、儿茶酚胺、黑色素等重要物质。酪氨酸分解代谢的产物是乙酰乙酸及延胡索酸。故苯丙氨酸和酪氨酸都是生糖兼生酮氨基酸。

苯丙氨酸 —羟化→ 酪氨酸 —碘化→ 甲状腺素
酪氨酸 —酪氨酸羟化酶→ 儿茶酚胺类化合物
酪氨酸 —酪氨酸酶→ 黑色素
苯丙氨酸 —转氨酶→ 苯丙酮酸

(一) 苯丙氨酸的代谢

在苯丙氨酸羟化酶的催化下，苯丙氨酸羟化生成酪氨酸。当先天性苯丙氨酸羟化酶缺乏时，苯丙氨酸不能正常转变成酪氨酸，而是经转氨酶催化生成苯丙酮酸，导致尿中出现大量苯丙酮酸，称为苯丙酮酸尿症(phenyl ketonuria，PKU)。苯丙酮酸的堆积对中枢神经系统有毒性作用，常导致患者智力发育障碍。对此病的防治宜早期发现并控制膳食中的苯丙氨酸含量。

(二) 酪氨酸的代谢

1. 合成甲状腺素　在甲状腺内，酪氨酸逐步碘化，生成三碘甲状腺原氨酸(T_3)和四碘甲状腺原氨酸(T_4)，两者合称为甲状腺激素，在机体代谢中起着重要的调节作用。临床上测定T_3、T_4是诊断甲状腺疾病的主要指标。

2. 合成儿茶酚胺　儿茶酚胺是酪氨酸经羟化、脱羧后形成的一系列邻苯二酚胺类化合物的总称。它包括多巴胺、去甲肾上腺素和肾上腺素。这些物质属神经递质或激素，它是维持神经系统正常功能和正常代谢不可缺少的物质。

3. 合成黑色素　多巴经氧化脱羧生成黑色素。先天性酪氨酸酶缺陷时，可导致黑色素合成障碍，皮肤、毛发等皆呈白色，称为白化病。

4. 酪氨酸的分解　酪氨酸在酪氨酸转氨酶催化下，生成对羟基苯丙酮酸，后者经尿黑酸等中间产物进一步转变成延胡索酸和乙酰乙酸，两者分别参与糖和脂肪酸代谢。如果尿黑酸氧化酶缺乏，则尿黑酸不能氧化而由尿排出，尿液与空气接触后呈黑色，称为尿黑酸症。该病早期临床表现不明显，中年患者由于黑色素在结缔组织堆积，引起关节炎。

苯丙氨酸和酪氨酸的代谢途径见图 7-10。

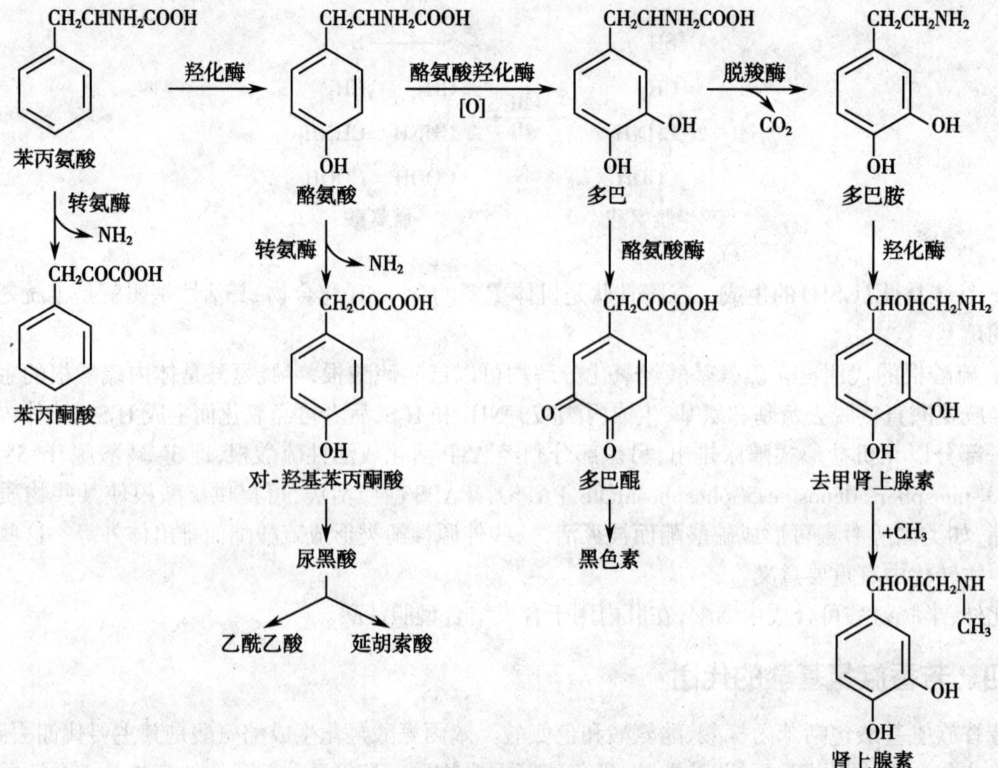

图 7-10　苯丙氨酸与酪氨酸的代谢途径

（三）色氨酸的代谢

色氨酸除生成5-羟色胺外，还可进行分解代谢。在肝中，色氨酸通过色氨酸加氧酶（又称吡咯酶）的作用生成一碳单位。色氨酸分解可产生丙酮酸与乙酰乙酰CoA，所以色氨酸是生糖兼生酮氨基酸。此外，色氨酸分解还可产生极少量的烟酸，这是体内合成维生素的特例，但其合成量少，不能满足机体的需要。

本章小结

氨基酸代谢是蛋白质分解代谢的核心内容。蛋白质需要量可通过氮平衡试验来测定。蛋白质营养价值的高低决定于其所含必需氨基酸的种类、数量及比例是否接近人体。

氨基酸代谢包括脱氨基作用、脱羧基作用。氨基酸的脱氨基作用方式有氧化脱氨基、转氨基、联合脱氨基，其中以联合脱氨基作用最为重要。氨是强烈的神经毒物。体内血氨的来源与去路时刻保持动态平衡，使血氨浓度保持较低的水平，不会引起中毒。当肝功能严重损伤时，尿素合成发生障碍，血氨浓度增高称为高氨血症。严重时影响大脑功能，可产生肝性脑病。

氨基酸可通过脱羧基作用生成相应的胺类。催化脱羧基反应的酶是氨基酸脱羧酶，其辅酶是磷酸吡哆醛，由维生素B_6转化而来。某些胺类物质在体内有重要的生理功能。

丝氨酸、甘氨酸、组氨酸、色氨酸在分解代谢过程中可产生含有一个碳原子的有机基团，称为一碳单位。一碳单位的生理功能是参与嘌呤及嘧啶的合成代谢，在核酸的合成和活性甲基供体SAM的生物合成中发挥重要作用。

此外，体内的含硫氨基酸和芳香族氨基酸具有各自代谢特点，其代谢生成的GSH、PAPS、甲状腺素、儿茶酚胺等在生命活动中发挥重要的作用。

案例讨论

患者，男性，58岁，间断腹胀5年，因昏迷3小时入院。该患者5年前无明显诱因出现腹胀不适，偶有乏力，经检查诊断为丙型肝炎、原发性肝癌。2年前检查发现肝硬化及腹腔积液。因反复行为异常入院，考虑肝性脑病给予降氨等对症治疗，患者好转后出院。本次入院因昏迷3小时，问话不答。门诊检查丙肝抗体阳性；乙肝六项阴性；血氨168μmol/L。入院诊断：肝硬化（肝功能失代偿期）；肝性脑病。

案例分析

请分析：

1. 请用本章学习内容解答患者发生昏迷的原因与机制？
2. 请简述肝性脑病的治疗原则与方法。

（程玉宏）

思考题

1. 请从生物化学角度阐明肝性脑病的发病机制。
2. 体内的血氨是怎样维持动态平衡的？
3. 维生素B_6为什么可以用来治疗妊娠呕吐和小儿惊厥？

扫一扫，测一测

第八章 核酸的结构、功能与核苷酸代谢

学习目标

1. 掌握:核酸的分类、基本组成单位及基本组成成分;核苷酸的连接方式;DNA 的一、二级结构及功能;mRNA、tRNA、rRNA 的结构与功能;核酸紫外吸收的性质及 DNA 的变性与复性;体内核苷酸从头合成途径和补救合成途径的概念;嘌呤核苷酸补救合成的意义;核苷酸抗代谢物及其作用机制;嘌呤、嘧啶核苷酸分解代谢的产物及相关的临床意义。

2. 熟悉:核酸的一般理化性质;嘌呤、嘧啶核苷酸从头合成途径的原料、特点及关键酶;参与嘌呤、嘧啶核苷酸补救合成途径的酶。

3. 了解:DNA 的超级结构;核内小 RNA 的功能及核酶的发现;体内某些重要核苷酸;核酸的分子杂交及应用;嘌呤、嘧啶核苷酸从头合成途径的具体过程;嘌呤、嘧啶核苷酸分解代谢的基本过程。

4. 能运用核酸的变性与复性解释分子杂交的原理及其在临床的应用;运用所学知识解释核苷酸抗代谢物的作用机制,Lesh-Nyhan 综合征、痛风的发生机制;并能正确指导痛风的治疗。

5. 培养尊重伦理道德规范、理解并尊重患者、实事求是的职业道德和职业素质。

核酸(nucleic acid)是以核苷酸为基本组成单位的生物信息大分子,具有复杂的结构和重要的功能,是生命遗传的物质基础。核酸的相对分子质量很大,一般在几十万至几百万之间。核酸广泛存在于所有动植物细胞、微生物内。

核酸分为脱氧核糖核酸(deoxyribonucleic acid,DNA)和核糖核酸(ribonucleic acid,RNA)两大类。真核细胞中,DNA 主要存在于细胞核的染色质中,少量存在于线粒体、叶绿体中,是遗传信息的载体。RNA 主要分布于细胞质中,少量存在于细胞核和线粒体中,参与遗传信息的传递和表达。某些病毒中,RNA 可作为遗传信息载体。

核苷酸是核酸的基本结构单位,其最主要的功能是作为原料参与核酸(DNA、RNA)的生物合成。食物中虽含有丰富的核苷酸,但很少为机体所用,人体内的核苷酸主要由机体自身细胞合成,故核苷酸不属于营养必需物质。

核苷酸在体内分布广泛,主要以 5′- 核苷酸的形式存在,其中又以 5′-ATP 含量最多。核苷酸除作为体内核酸合成的主要原料外,还具有其他重要的生物学功能。如 ATP、GTP 等可作为最直接的供能物质,为机体提供能量;UDP、CDP 等可作为多种活化中间代谢物(如 UDPG、CDP- 二脂酰甘油等)的载体参与代谢;腺苷酸可参与多种辅酶或辅基的构成,如 NAD^+、$NADP^+$、FAD 及辅酶 A 等;某些核苷酸或其衍生物还可作为重要的调节因子参与代谢和生理调节,如 ATP 可作为磷酸基供体通过化学修饰参与酶活性的快速调节,cAMP、cGMP 是细胞内信号传导的第二信使等。

很多遗传、代谢疾病如痛风、Lesh-Nyhan 综合征、乳清酸尿症等的发病机制都与核苷酸代谢障碍有关。此外,某些核苷酸组分的类似物作为抗代谢、抗肿瘤药物已被临床广泛应用。

第一节　核酸的分子组成

一、核酸的元素组成

核酸主要由碳(C)、氢(H)、氧(O)、氮(N)、磷(P)等元素组成。其中,核酸中P元素的含量较多且恒定,占9%~10%。

二、核酸的基本组成单位——核苷酸

核酸在核酸酶的作用下水解为核苷酸(nucleotide),核苷酸是核酸的基本组成单位。核苷酸进一步水解生成磷酸和核苷,核苷进一步水解生成碱基和戊糖。因此,核苷酸由碱基、戊糖和磷酸组成。

(一) 核苷酸的基本组成成分

1. 碱基　是含氮的杂环化合物,分为嘌呤(purine)与嘧啶(pyrimidine)两类。常见的嘌呤包括腺嘌呤(adenine,A)和鸟嘌呤(guanine,G);常见的嘧啶包括胞嘧啶(cytosine,C)、尿嘧啶(uracil,U)和胸腺嘧啶(thymine,T)。DNA分子中主要含有A、G、C、T四种碱基;RNA分子中主要含有A、G、C、U四种碱基。此外,核酸分子中会出现极少量的稀有碱基,如次黄嘌呤、二氢尿嘧啶等。

各种碱基的分子结构见图8-1。

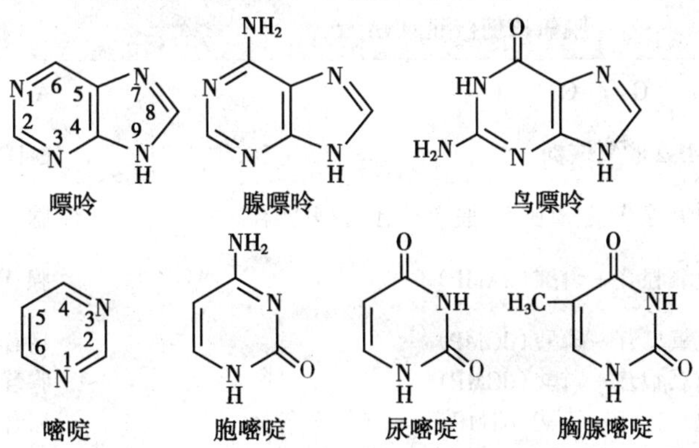

图8-1　嘌呤与嘧啶碱基结构式

2. 戊糖　RNA分子中的戊糖为β-D-核糖(ribose),DNA分子中的戊糖是β-D-2′脱氧核糖(deoxyribose)。两者的差别在于C-2′原子所连接的基团不同(图8-2),在核糖C-2′原子上有一个羟基,而脱氧核糖C-2′原子上则没有羟基。

3. 磷酸　核酸分子中的磷酸就是无机磷酸(H_3PO_4),是核酸分子中与戊糖连接的成分。

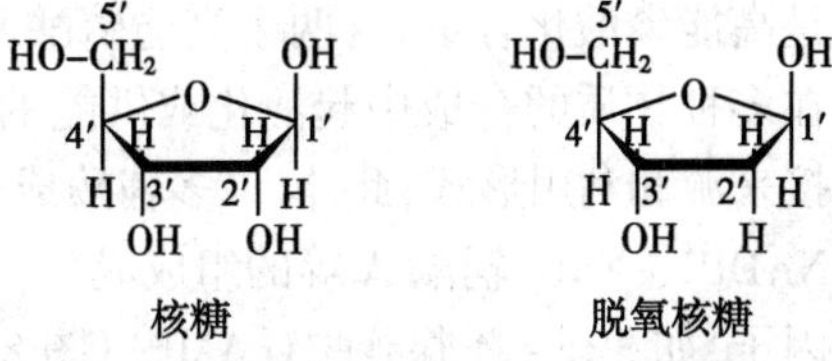

图8-2　核糖与脱氧核糖结构式

(注:为了有别于碱基中各原子的编号,戊糖的碳原子用C-1′、C-2′等标识)

(二) 核苷酸

1. 核苷　碱基与核糖或脱氧核糖通过糖苷键形成的化合物称为核苷(nucleoside)或脱氧核苷(deoxynucleoside)。核糖分子上C-1′连接的羟基能够与嘌呤环N-9原子或嘧啶环N-1原子连接的氢脱水缩合形成糖苷键(图8-3)。RNA分子中常见的核苷包括腺苷、鸟苷、胞苷和尿苷;DNA分子中的脱氧核苷包括脱氧腺苷、脱氧鸟苷、脱氧胞苷、脱氧胸苷。

2. 核苷酸　核苷或脱氧核苷C-5′原子上的羟基与磷酸脱水缩合形成磷酸酯键,由此形成核苷酸或脱氧核苷酸。根据连接的磷酸基团数目不同(图8-4),核苷酸可分为核苷一磷酸(NMP)、核苷二磷酸(NDP)和核苷三磷酸(NTP)(N代表A、G、C、U);脱氧核苷酸可分为脱氧核苷一磷酸(dNMP)、脱氧核苷

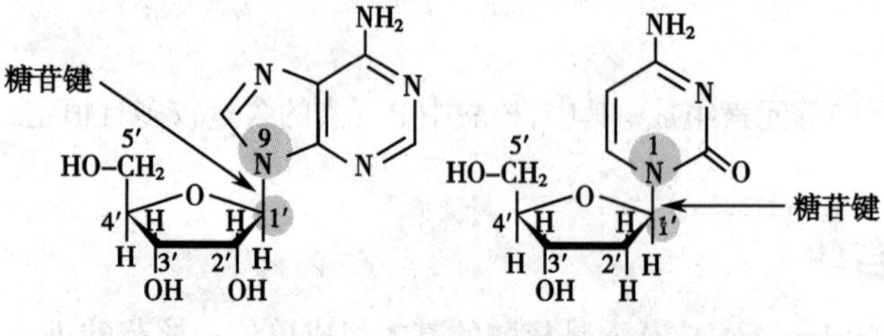

腺苷(腺嘌呤核苷)　　脱氧胞苷(脱氧胞嘧啶核苷)

图 8-3　核苷与脱氧核苷的结构式

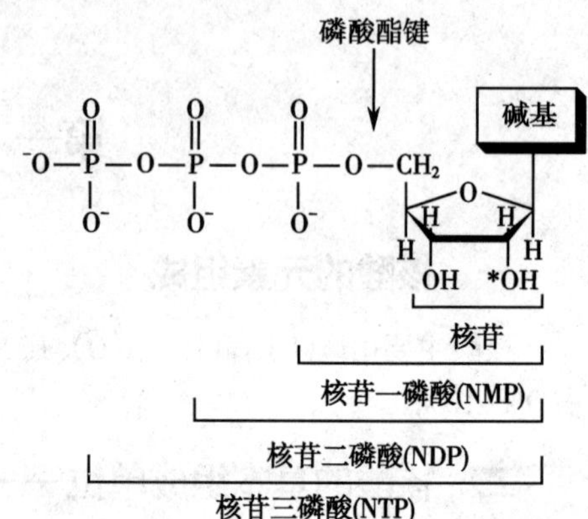

*处无氧即为脱氧核苷酸(dNMP、dNDP、dNTP)

图 8-4　多磷酸核苷结构式

二磷酸(dNDP)和脱氧核苷三磷酸(dNTP)(N 代表 A、G、C、T)。核苷或脱氧核苷三磷酸的磷原子分别命名为 α、β 和 γ 磷原子,以示区别。各种核苷酸的命名可将碱基第一个字代替“核”字即可,如腺苷一磷酸(AMP)、脱氧腺苷一磷酸(dAMP),以此类推(表 8-1)。

表 8-1　DNA 和 RNA 的分子组成

	脱氧核糖核酸 DNA	核糖核酸 RNA
碱基	A　G　C　T	A　G　C　U
戊糖	β-D-2 脱氧核糖	β-D- 核糖
核苷	脱氧腺苷、脱氧胞苷、脱氧鸟苷、脱氧胸苷	腺苷、胞苷、鸟苷、尿苷
核苷酸	脱氧腺苷一磷酸(dAMP) 脱氧鸟苷一磷酸(dGMP) 脱氧胞苷一磷酸(dCMP) 脱氧胸苷一磷酸(dTMP)	腺苷一磷酸(AMP) 鸟苷一磷酸(GMP) 胞苷一磷酸(CMP) 尿苷一磷酸(UMP)

生物体内的核苷酸除构成核酸外,还有一些重要的核苷酸及其衍生物在体内发挥重要的功能。如 NTP 和 dNTP 不仅是核酸合成的原料,还是高能磷酸化合物,含两个高能磷酸酯键,水解时可释放出较多的能量,在多种物质的合成中起活化或供能的作用。其中,ATP 是体内能量的直接来源和利用形式;此外,许多辅酶成分中含有核苷酸,如 AMP 是 NAD^+、$NADP^+$、FAD、辅酶 A 等的组成成分;某些核苷酸及衍生物是重要的调节因子,如 3′,5′- 环腺苷酸(cAMP)(图 8-5)和 3′,5′- 环鸟苷酸(cGMP)是细胞信号转导过程中的第二信使,在信息传递中起重要的调控作用。

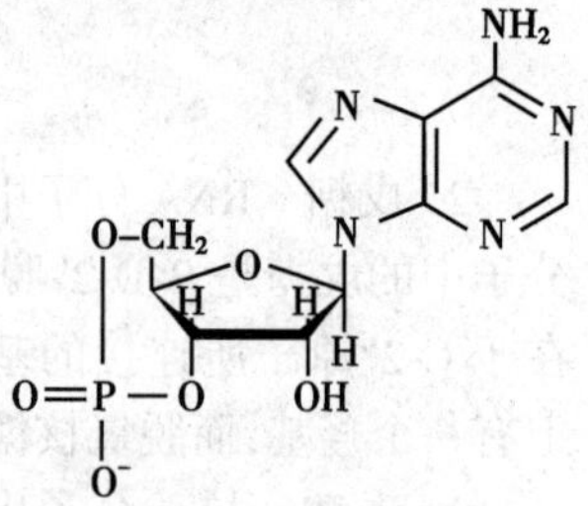

环腺苷酸 (3′,5′-cAMP)

图 8-5　环腺苷酸结构式

三、核酸中核苷酸的连接方式

核苷酸之间可以通过一个核苷酸的 3′- 羟基与另一个核苷酸的 5′- 磷酸基脱水缩合而成的 3′,5′- 磷酸二酯键彼此连接,由此构成线性的核酸分子(图 8-6)。RNA 分子的基本结构是由许多核苷酸相连而成的多聚核苷酸链,DNA 分子的基本结构是由许多脱氧核苷酸相连而成的多聚脱氧核苷酸链。每条核苷酸链都具有两个不同的末端,即带有游离磷酸基的 5′- 末端和带有游离羟基的 3′- 末端。核酸分子有方向性,通常以 5′→3′ 方向为正方向,书写时将 5′- 末端写在左侧(头),3′- 末端写在右侧(尾)。

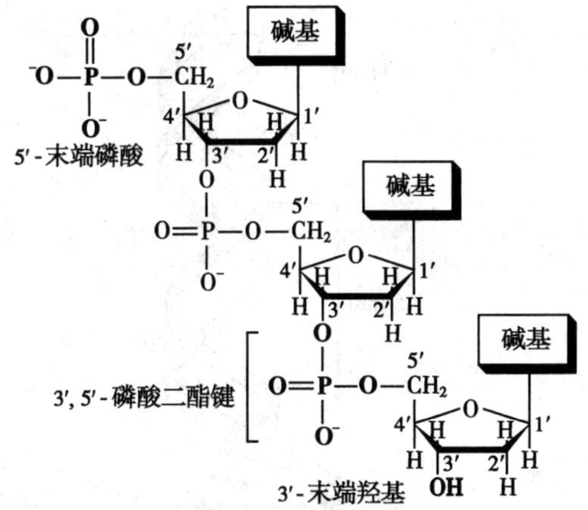

图 8-6　多聚脱氧核苷酸的结构式

图片：核酸的分子组成

第二节　DNA 的结构与功能

一、DNA 的一级结构

DNA 的一级结构是指 DNA 分子中脱氧核苷酸从 5′ 端到 3′ 端的排列顺序。由于脱氧核苷酸之间的差别仅在于碱基的不同，所以 DNA 的一级结构也就是 5′→3′ 端碱基的排列顺序，即碱基序列。自然界中不同生物 DNA 的长度不一，多则可达数十万个碱基，而 DNA 携带的遗传信息完全依靠碱基排列顺序变化，所以 DNA 提供了巨大的遗传信息编码潜力。

DNA 一级结构的表示方式见图 8-7。

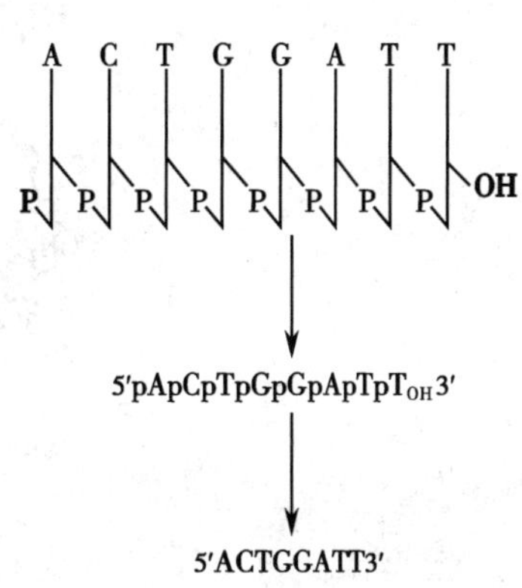

图 8-7　DNA 一级结构表示方式

二、DNA 的二级结构

知识拓展

DNA 二级结构的发现历程

20 世纪中期，美国人 E.Chargaff 利用层析和紫外吸收光谱等技术研究了 DNA 的化学成分，提出了 DNA 中四种碱基组成的 Chargaff 规则：①腺嘌呤与胸腺嘧啶的摩尔数相等，而鸟嘌呤与胞嘧啶的摩尔数相等；②不同生物种属的 DNA 碱基组成不同；③同一个体的不同器官、不同组织的 DNA 具有相同的碱基组成。这一规则提示，DNA 的碱基中 A 与 T、G 与 C 是以配对形式出现的。英国人 M.Wilkins 和 R.Franklin 用 X 线衍射技术分析 DNA 结晶，显示 DNA 分子是螺旋形分子。美国科学家 J.Watson 和英国科学家 F.Crick 结合前人的研究结果于 1953 年提出了 DNA 分子双螺旋结构的模型，为此两人获得了 1962 年诺贝尔奖。

DNA 的二级结构是双螺旋结构（图 8-8），这是由美国科学家 J.Watson 和英国科学家 F.Crick 于 1953 年提出的。该双螺旋结构的要点主要体现在：

1. 反向平行的“右手”双螺旋　DNA 分子是由两条平行但走向相反（一条链为 5′→3′，另一条链为 3′→5′）的多聚脱氧核苷酸链围绕同一中心轴，以右手螺旋方式形成的双螺旋结构。在该结构表面形成依次相间的大沟（major groove）与小沟（minor groove）。这些大沟与小沟结构与蛋白质、DNA 之间的相互识别及作用有关。

2. 脱氧核糖与磷酸位于外侧　双螺旋结构的外侧是由磷酸与脱氧核糖组成的亲水性骨架，内侧

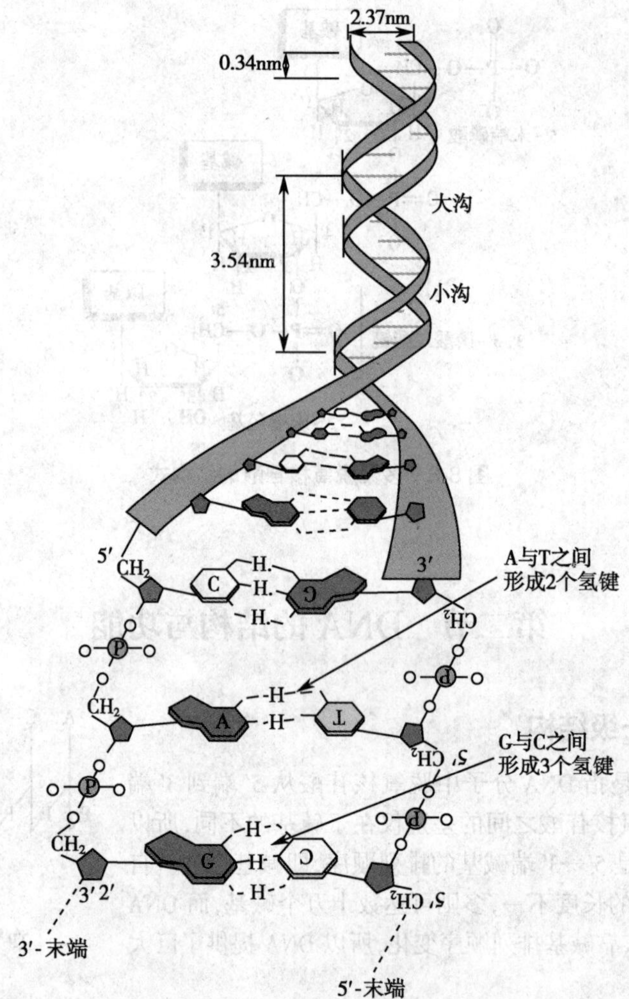

图 8-8　DNA 双螺旋结构示意图

图片:DNA 双螺旋结构的俯视图

是疏水的碱基,碱基平面与双螺旋纵向垂直。

3. 双链间碱基互补配对　两条链同一平面上的碱基形成氢键,使两条链连接在一起。A 与 T 之间形成两个氢键,G 与 C 之间形成三个氢键。A=T、G≡C 配对的规律称为碱基互补规律,两条链则为互补链。

4. 维持双螺旋结构稳定的作用力是氢键和碱基堆积力　DNA 双螺旋结构的横向稳定性靠两条链碱基对间的氢键维系,纵向稳定性则靠碱基平面间的疏水性碱基堆积力维系。氢键和碱基堆积力共同维系着 DNA 双螺旋结构的稳定,后者的作用更为重要。

微课:DNA 的二级结构-双螺旋结构要点

5. 其他参数　双螺旋结构的直径为 2.37nm,螺距为 3.54nm,每一个螺旋有 10.5 个碱基对,每两个相邻的碱基对平面之间的垂直距离为 0.34nm,每两个碱基对之间的相对旋转角度为 36°。

J.Watson 与 F.Crick 提出的 DNA 模型是在相对湿度 92% 的条件下从生理盐水溶液中提取的 DNA 纤维的构象,称 B 型构象。这是 DNA 在水性环境下和生理条件下最稳定的结构。当改变溶液的离子强度和相对湿度时,DNA 螺旋结构中沟的深浅、螺距、旋转都会发生改变。当相对湿度降到 72% 时,DNA 仍然是右手螺旋的双链结构,但空间结构参数已不同于 B 型 DNA,称 A 型 DNA。1979 年美国科学家 Alexander Rich 等在研究人工合成的 CGCGCG 的晶体结构时意外发现这种合成的 DNA 是左手螺旋。后来证明这种结构天然也有存在,人们称之为 Z 型 DNA(图 8-9)。

三、DNA 的超级结构

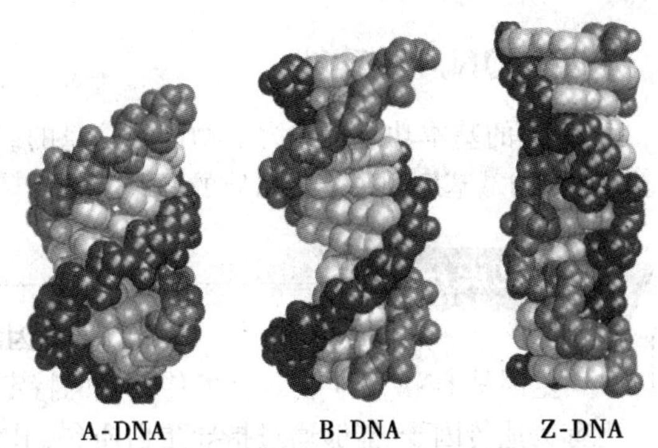

图 8-9 不同类型 DNA 双螺旋结构

表格:三种类型 DNA 参数比较

生物界的 DNA 分子长度十分可观,如人体细胞中 23 对染色体的总长度可达 2m 之长。因此,DNA 分子必须在双螺旋结构的基础上进一步盘曲折叠,压缩形成致密的超级结构,才能组装进小小的细胞核或线粒体和叶绿体中。

原核生物中的 DNA 分子大多是共价封闭的环状双螺旋结构,这种环状结构需进一步盘曲成超螺旋(图 8-10)。当超螺旋的方向与 DNA 双螺旋方向相同时,形成正超螺旋;反之,形成负超螺旋。自然界的闭合双链 DNA 的超螺旋形式主要以负超螺旋为主。

真核生物的 DNA 以高度有序的形式存在于细胞核内,在细胞周期的大部分时间里以松散的染色质形式出现,在细胞分裂期形成高度致密的染色体。核小体(nucleosome)是染色质的基本组成单位,由 DNA 和 5 种组蛋白共同构成。首先,由各 2 个分子的组蛋白 H_2A、H_2B、H_3 和 H_4 形成八聚体的核心组蛋白,然后 DNA 双链在八聚体上盘绕近 1.75 圈,形成盘状核心颗粒。核心颗粒之间再由 DNA 和组蛋白 H_1 连接起来,形成串珠样的染色质细丝。染色质细丝进一步折叠盘曲成中空螺旋管、超螺旋管,之后进一步压缩成染色单体,在核内组装成染色体。在分裂期形成染色体的过程中,DNA 被压缩了 8000~10 000 倍(图 8-11)。

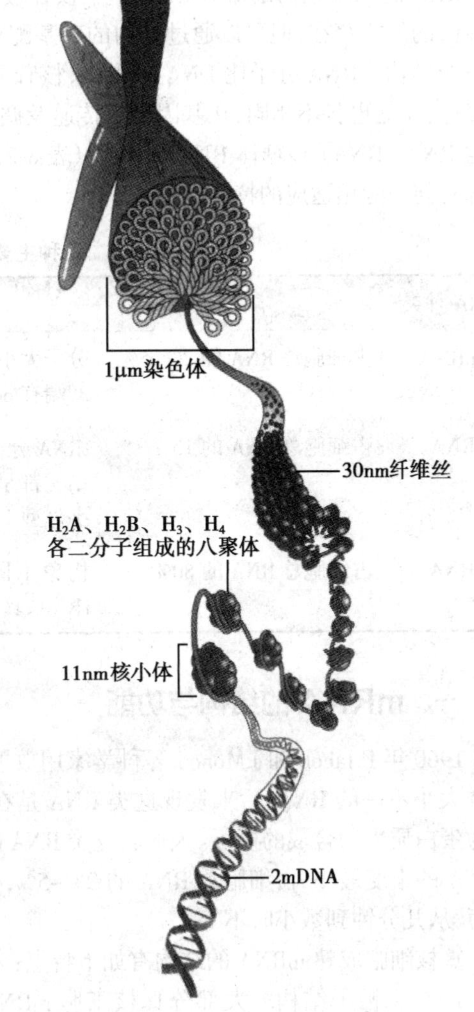

图片:真核生物 DNA 形成核小体的示意图

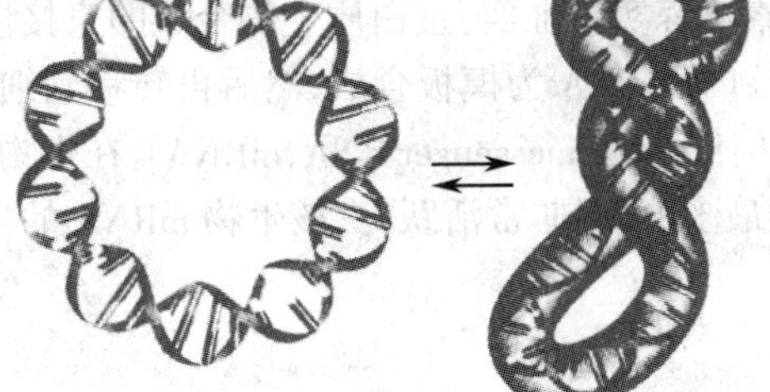
图 8-10 原核生物 DNA 环状结构与超螺旋结构

图 8-11 真核生物 DNA 形成染色体示意图

四、DNA 的功能

DNA 的基本功能是作为生物遗传信息的载体，携带遗传信息，并作为基因复制和转录的模板，通过 DNA 的碱基序列决定蛋白质的氨基酸顺序。

基因的基本知识

基因是 DNA 分子上具有遗传效应的特定核苷酸序列的统称，是 DNA 分子的功能片段。基因也称为遗传因子，能够通过指导蛋白质（或 RNA）的合成来表达自身所携带的遗传信息，从而决定生物个体的性状表现。基因作为遗传信息传递的单位，每个基因的功能是独立的。一个生物体的全部基因称为基因组，各种生物基因组的大小、结构、基因的种类和数量都是不同的。高等动物的基因组可高达 3×10^9 个碱基对。研究生物基因组的组成、组内各基因的精确结构、相互关系及表达调控的科学称为基因组学。2001 年人类基因组计划公布了人类基因组草图，为基因组学研究揭开了新的一页。

第三节　RNA 的结构与功能

图片：动物细胞内主要的RNA 种类及功能

RNA 的一级结构是指 RNA 分子中核苷酸从 5′- 末端到 3′- 末端的排列顺序。RNA 通常以一条核苷酸链的形式存在，但可以通过链内的碱基配对形成局部双螺旋，从而形成茎环状的二级结构和特定的三级结构。RNA 分子比 DNA 小得多，核苷酸数量从数十个到数千个不等，但 RNA 的种类、结构多种多样，功能也各不相同，在基因信息传递及调控中发挥重要作用。RNA 主要包括信使 RNA（mRNA）、转运 RNA（tRNA）、核糖体 RNA（rRNA）（表 8-2），除此之外，还有多种分子量较小的 RNA，每种 RNA 结构都有与功能相适应的特点。

表 8-2　三种主要 RNA 的含量及结构特点

RNA 种类	含量	结构特点
mRNA	占细胞总 RNA 的 2%~5%	分子大小不一，真核生物成熟 mRNA5′ 端有一个 m^7Gppp“帽子”结构，3′ 端有 polyA 结构；由编码区和非编码区组成
tRNA	占细胞总 RNA 的 15%	tRNA 分子一般含 70~90 个核苷酸，各种 tRNA 分子结构相似，二级结构都呈三叶草型，有“茎环结构”，含稀有碱基，三级结构呈倒“L”字母型
rRNA	占细胞总 RNA 的 80%	构象不固定且受各种因子的影响，原核生物有 23S、16S、5S 三种 rRNA，真核生物有 28S、18S、5S 三种 rRNA，有的还含有 5.8S rRNA

一、mRNA 的结构与功能

1960 年 F.Jacob 和 J.Monod 等科学家用放射性元素示踪实验证实，蛋白质生物合成的直接模板是一类大小不一的 RNA，后来发现这类 RNA 是在细胞核内以 DNA 为模板合成，然后再转移到细胞质，作为蛋白质生物合成的模板。人们将这类 RNA 命名为信使 RNA（messenger RNA，mRNA）。在生物体内，mRNA 的丰度最小，占细胞总 RNA 的 2%~5%，但种类最多，代谢非常活跃，真核生物 mRNA 的半寿期很短，从几分钟到数小时不等。

真核细胞成熟 mRNA 的结构有如下特点：

1. 5′ 端帽子结构　大部分真核细胞 mRNA 的 5′ 末端都以 7- 甲基鸟苷三磷酸（m^7GpppN）为起始结构，称为“帽子”结构（图 8-12）。原核生物 mRNA 没有这种特殊的结构。mRNA 的帽子结构可

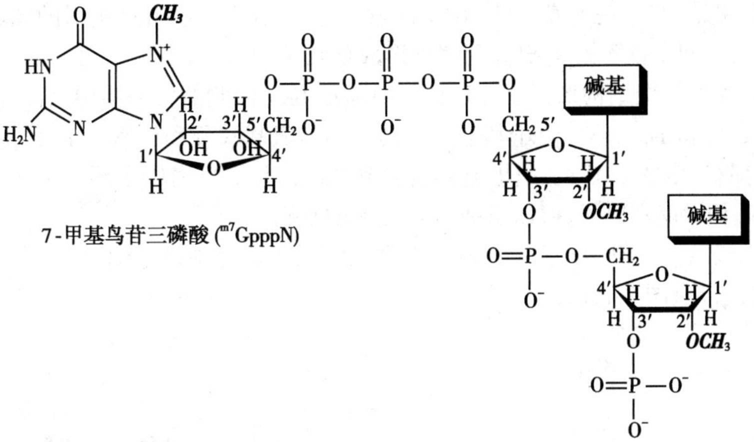

图 8-12　真核生物 mRNA5′ 端帽子结构

以与一类被称为帽子结合蛋白的分子结合形成复合体。这种复合体有利于维持 mRNA 的稳定，协同 mRNA 从细胞核向细胞质的转运，以及在蛋白质生物合成中促进核糖体和翻译起始因子的结合。

2. 3′ 端多聚 A 尾结构　真核细胞 mRNA 的 3′ 末端有一段由 80 至 250 个腺苷酸连接而成的多聚腺苷酸结构，称为多聚腺苷酸尾或多聚 A 尾（polyA），该结构与 mRNA 从核内向细胞质的转移、维系 mRNA 的稳定性以及翻译起始的调控等有关（图 8-13）。原核生物 mRNA 没有这种特殊结构。

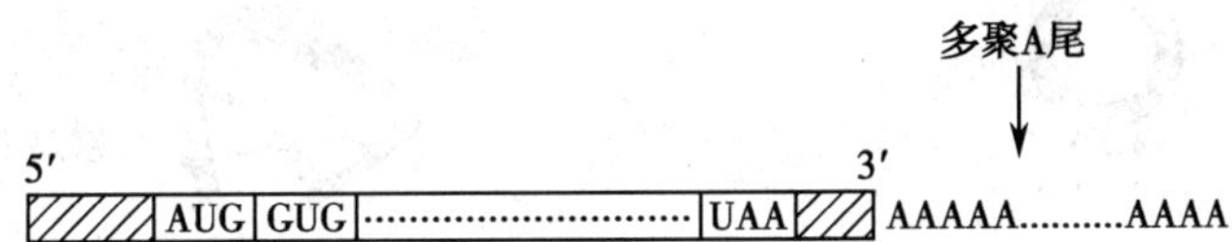

图 8-13　真核生物 mRNA3′ 端 polyA 尾结构

mRNA 的功能是为蛋白质的生物合成提供直接模板。成熟的 mRNA 由编码区和非编码区组成。从成熟 mRNA 的 5′- 端第一个 AUG（即为起始密码子）至终止密码子之间的核苷酸序列称为开放阅读框（open reading frame，ORF），开放阅读框内按 5′→3′ 方向，每 3 个相邻的核苷酸为一组构成一个密码子，编码一种氨基酸。在 mRNA 的开放阅读框的两侧，还有非编码序列或称非翻译序列（untranslated region，UTR）。

二、tRNA 的结构与功能

绝大多数 tRNA 由 74~95 个核苷酸组成，约占细胞总 RNA 的 15%。tRNA 具有较好的稳定性，其结构特点如下：

1. tRNA 含有多种稀有碱基　稀有碱基是指除 A、G、C、U 外的一些碱基，包括双氢尿嘧啶（DHU）、假尿嘧啶核苷（ψ）、次黄嘌呤（I）和甲基化的嘌呤（如 ^{m}G，^{m}A）等（图 8-14），tRNA 分子中的稀有碱基占所有碱基的 10%~20%，都是由转录后修饰加工而成。

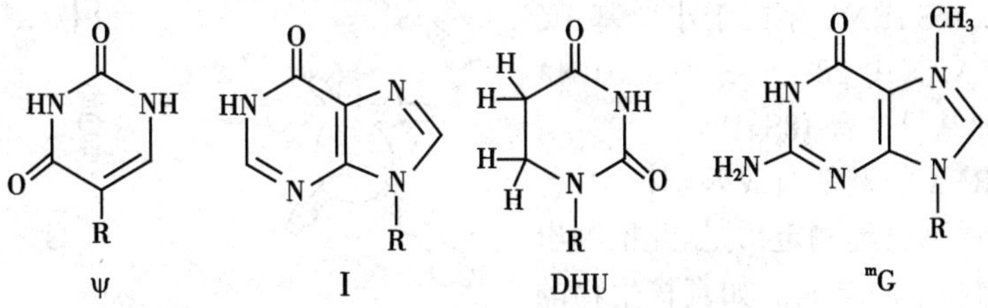

图 8-14　tRNA 分子中的稀有碱基

2. tRNA 的二级结构为“三叶草”型 tRNA 的核苷酸存在着一些互补配对的区域，可以形成局部的双螺旋，呈茎状；中间不能配对的部分则膨出形成环状结构，这些茎环结构也称发夹结构。发夹结构的存在使得 tRNA 的二级结构形似三叶草（图 8-15a）。位于两侧的发夹结构以含有的稀有碱基为特征，分别称为 DHU 环和 TψC 环。位于其上下的则分别是氨基酸臂和反密码子环（anticodon loop）。3′末端的氨基酸臂都有“CCA-OH”的结构，是结合氨基酸的部位。反密码子环由 7~9 个核苷酸组成，居中的三个单核苷酸构成反密码子，可以识别 mRNA 上的密码子。

3. tRNA 的三级结构为倒“L”型 氨基酸臂和反密码子环分别位于倒“L”型的两端，L 型的拐角处是 DHU 环和 TψC 环（图 8-15b）。

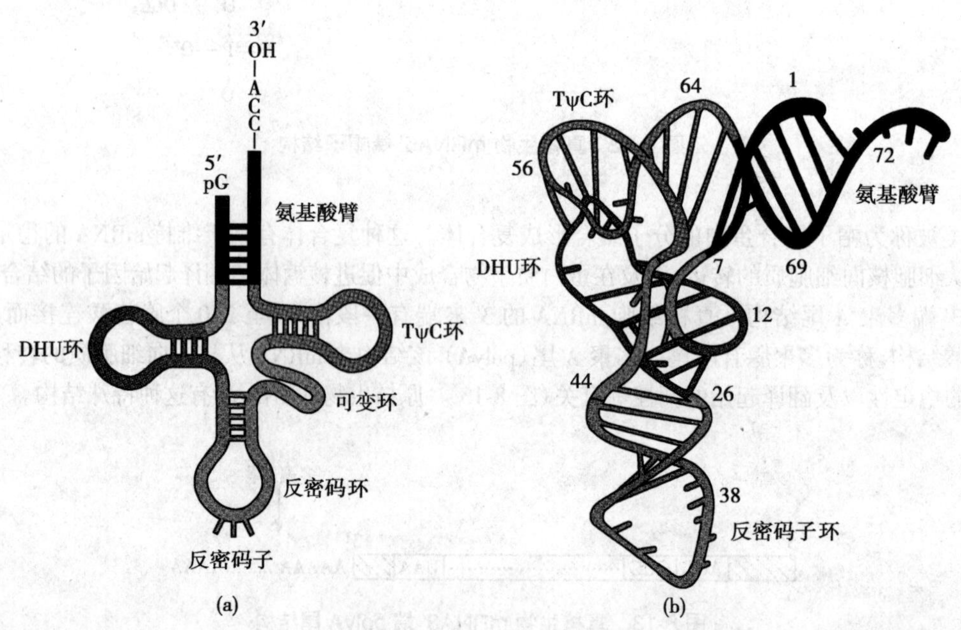

图 8-15 tRNA 的二级结构（a）和三级结构（b）

tRNA 的功能是在蛋白质合成过程中作为氨基酸的运输工具，将氨基酸运送到核糖体中，通过反密码环上的反密码子依靠碱基互补的方式与 mRNA 的密码子相识别，也保证了运送氨基酸的正确性。

三、rRNA 的结构与功能

表格：核糖体的组成

rRNA 是细胞内含量最多的 RNA，占细胞总 RNA 的 80% 以上，是构成核糖体的组分。原核、真核生物的核糖体均由大、小亚基组成。原核生物含有 3 种 rRNA，其中 23S 与 5S rRNA（S 是大分子物质在超速离心沉降中的沉降系数，见第一章）存在于大亚基，16S rRNA 存在于小亚基；真核生物有 4 种 rRNA，其中 28S、5.8S 和 5S rRNA 存在于大亚基，小亚基只含有 18S rRNA。

不同来源的 rRNA 的碱基组成差别很大，各种 rRNA 的核苷酸序列已经测定，并据此推测出了它们的二级结构和空间结构。如真核生物的 18S rRNA 的二级结构呈花状（图 8-16），众多的茎

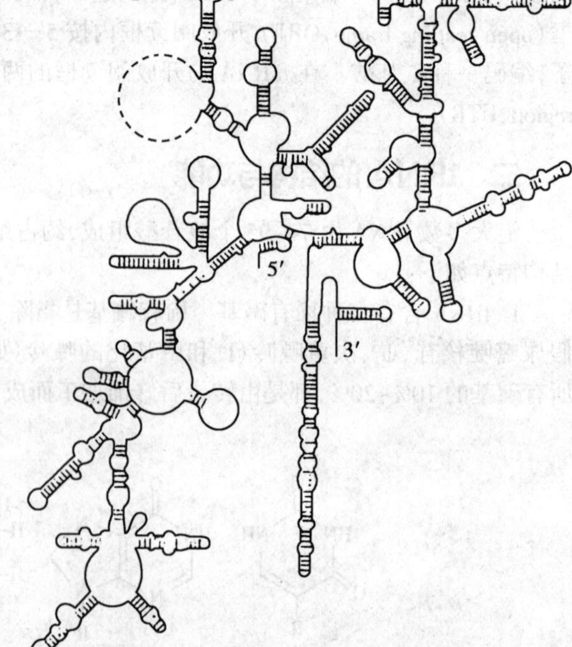

图 8-16 真核生物 18S rRNA 的二级结构

环结构为核糖体蛋白的结合和组装提供了结构基础。rRNA 分子中包含不等量的 A 与 U、G 与 C，但是有广泛的双链区域，双链区的碱基因氢键相连，呈发夹式螺旋。

rRNA 的功能主要是与核糖体蛋白质结合在一起，形成核糖体（ribosome）。核糖体是蛋白质合成的场所，起装配机的作用。此外，研究发现 16S 的 rRNA3′端有一段核苷酸序列与 mRNA 的前导序列是互补的，这可能有助于 mRNA 与核糖体的结合。

四、核内小 RNA

真核细胞内存在一类碱基数在 100~300 之间的小分子 RNA，称为核内小 RNA（small nuclear RNA，snRNA）。它的主要作用是参与真核生物细胞核中 RNA 的修饰加工。snRNA 不单独存在，常与多种特异的蛋白质结合在一起，形成小分子核内核蛋白颗粒，在信使 RNA 前体的剪接过程中发挥作用，有助于成熟 mRNA 的形成。

五、核酶

核酶是具有催化作用的 RNA 分子，是酶以外的另一类生物催化剂。到目前为止，发现的核酶有几十种。核酶的一级结构没有一定的规律，但是有些二级结构对催化活性很重要。最简单核酶的二级结构呈锤头状，即锤头核酶（hammerhead ribozyme）。锤头核酶由 3 个茎和 1~3 个环组成，其结构中包括催化部分和底物部分（图 8-17）。核酶中有 13 个碱基构成保守的核苷酸序列，带有这些结构，就可在锤头右上方产生剪切反应，以 GUC 为靶位点切割活性最高。锤头核酶的发现引导人们设计并合成出多种核酶用于疾病的治疗，如用以剪切破坏有害基因转录出的 mRNA 或其前体、病毒 RNA，现已被试用于治疗肿瘤、病毒性疾病和基因治疗的研究。1994 年 Breaker 又发现人工合成的 DNA 的某些片段具有酶的活性，被称为脱氧核酶（deoxyribozyme）。由于 DNA 相对于 RNA 更稳定且容易获得，脱氧核酶已成为新药开发的新思路。

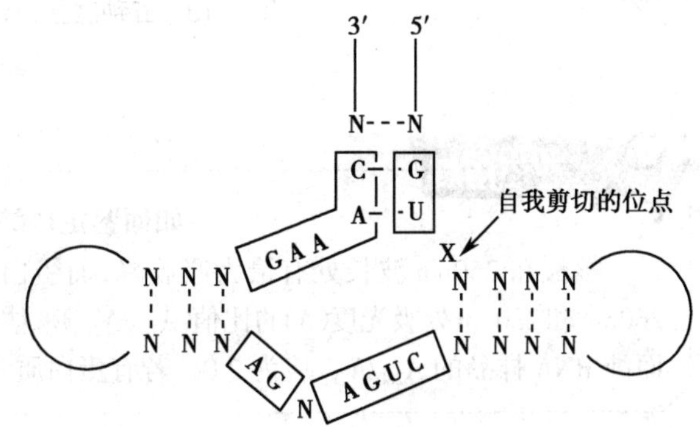

图 8-17 锤头核酶结构
（N 代表任意碱基，X 可以是 A、G、C）

第四节 核酸的理化性质

一、核酸的一般性质

核酸是两性电解质，含有酸性的磷酸基和碱性的碱基。因磷酸基的酸性较强，故核酸分子通常表现为酸性。生理条件下，核酸分子中磷酸基团解离呈多价阴离子状态。核酸为线性大分子，有非常高的黏度，因 RNA 分子比 DNA 分子小，所以黏度也比 DNA 小很多。DNA 和 RNA 均属于极性化合物，微溶于水，不溶于乙醇、乙醚、氯仿等有机溶剂。

二、核酸的紫外吸收性质

图片：紫外吸收性质的应用

核酸分子中的嘌呤碱和嘧啶碱都含有共轭双键，所以核酸具有紫外吸收的特征。在中性条件下，其最大吸收峰在 260nm 附近（图 8-18）。

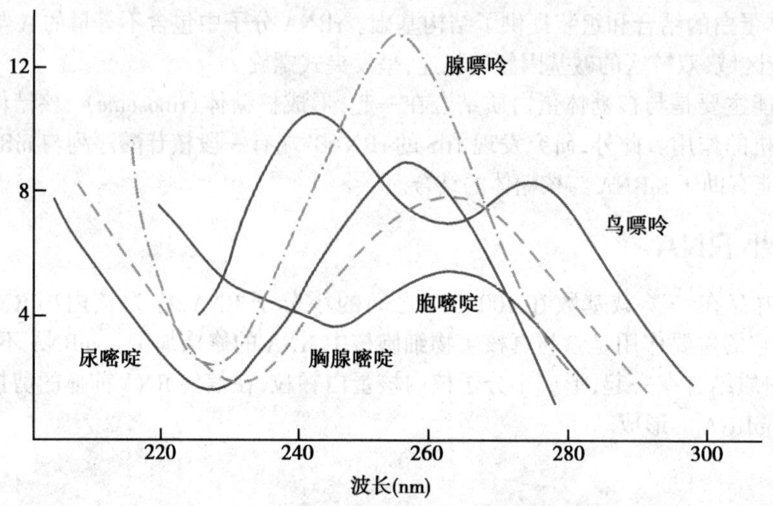

图 8-18　五种碱基的紫外吸收光谱(pH7.0)

如何鉴定核酸样品的纯度

核酸在 260nm 波长处有最大吸收峰,而蛋白质在 280nm 波长处有最大吸收峰,可利用溶液 260nm 和 280nm 处吸光度(A)的比值(A_{260}/A_{280})来估计核酸的纯度。纯 DNA 样品的 A_{260}/A_{280} 应为 1.8,而纯 RNA 样品的 A_{260}/A_{280} 应为 2.0。若有蛋白质和酚的污染,此值下降。

三、DNA 变性、复性与分子杂交

(一) DNA 变性

DNA 变性是指在某些理化因素的作用下,DNA 双链互补碱基对之间的氢键发生断裂,使双链 DNA 解开为单链的过程。引起 DNA 变性的因素有加热、有机溶剂、酸、碱、尿素和酰胺等。

DNA 的变性可使其理化性质发生改变,如黏度下降和紫外吸收值增加等。在 DNA 解链过程中,由于有更多的共轭双键得以暴露,使得 DNA 在 260nm 处的吸光度增高,称为增色效应。增色效应是监测 DNA 分子是否发生变性的最常用指标。

实验室最常用的 DNA 变性方法是加热。如果在连续缓慢加热的过程中以温度相对于 A_{260} 作图(图 8-19),所得的曲线称为解链曲线。从曲线中可以看出,DNA 从开始解链到完全解链,是在一个相当窄的温度范围内完成的。在 DNA 解链过程中,A_{260} 的值达到光吸收变化最大值的一半时所对应的温度称为解链温度或融解温度(Tm)。在此温度时,50% 的 DNA 双链被打开。Tm 值主要与 DNA 长度以及碱基的 GC 含量有关,长度越大,Tm 值越高;GC 含量越高,Tm 值越高。

图片:Tm 值与 GC 含量关系的经验公式

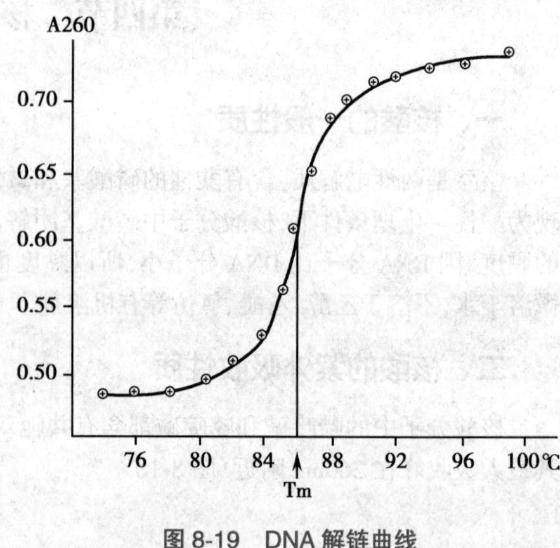

图 8-19　DNA 解链曲线

(二) DNA 复性

当变性条件缓慢地除去后,两条解离的互补链可重新配对,恢复原来的双螺旋结构,这一过程称为 DNA 复性。DNA 复性后其理化性质及生物学活性均可以恢复。

热变性的 DNA 经缓慢冷却后可以复性,这一过程称为退火。但是,热变性 DNA 迅速冷却至 4℃

以下，两条解离的互补链还来不及形成双链，复性不能进行。这一特性被用来保持 DNA 的变性状态。

（三）核酸的分子杂交

核酸分子杂交（hybridization）是指由不同来源的 DNA 单链、RNA 单链通过碱基配对关系结合形成杂化双链的过程（图 8-20）。核酸的分子杂交可发生在 DNA-DNA、RNA-RNA、DNA-RNA 之间。核酸分子杂交的基础是 DNA 的热变性与复性。

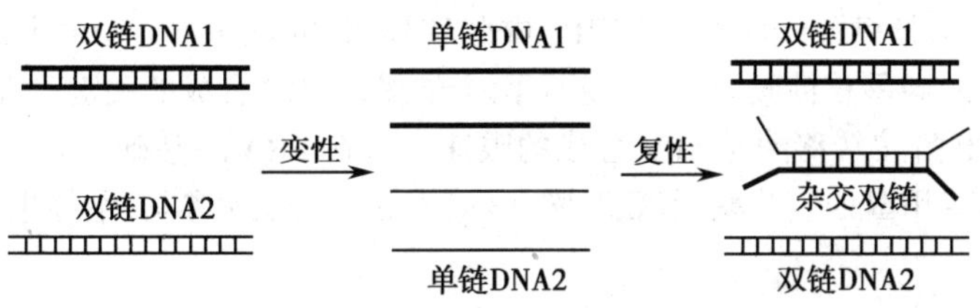

图 8-20　核酸分子复性与杂交示意图

核酸分子杂交技术已广泛应用于核酸结构及功能的研究、遗传病的诊断、肿瘤病因学的研究、病原体的检测等医学领域，是核酸序列检测的常用方法之一。

对天然或人工合成的 DNA 或 RNA 片段进行放射性核素或荧光标记，做成探针，经杂交后检测放射性核素或荧光物质的位置，寻找与探针有互补关系的 DNA 或 RNA，可用于测定基因拷贝数、基因定位、确定生物的遗传进化关系等。

DNA 指纹技术

20 世纪 80 年代，英国遗传学家 Jefferys 等将分离的人源小卫星 DNA 用作基因探针，同人体核 DNA 的酶切片段杂交，获得了长度不一的杂交带图纹。这种图纹几乎不会出现两个人完全相同，具有高度特异性，因其如同人的指纹一样具有独特性，故称为“DNA 指纹”。DNA 指纹的图像可通过X线胶片呈现，这就好像商品的条形码。由于DNA指纹图谱具有高度的变异性和稳定的遗传性，成为目前最具吸引力的遗传标记。

第五节　核苷酸的合成代谢

体内核苷酸的合成代谢有两种形式：从头合成途径（de novo synthesis）和补救合成途径（salvage pathway）。从头合成途径是指利用 5- 磷酸核糖、氨基酸、一碳单位及 CO_2 等简单物质为原料，经过一系列酶促反应合成核苷酸的过程。补救合成途径是指利用体内游离的碱基或核苷，经过简单的反应合成核苷酸的过程。两者的重要性因组织不同而异，一般情况下从头合成途径是体内大多数组织核苷酸合成的主要途径，而脑、骨髓等少数组织因缺乏从头合成途径中的酶，只能进行补救合成。参与核苷酸合成的 5- 磷酸核糖由磷酸戊糖途径提供，所以各种核苷酸的合成实际上是嘌呤碱和嘧啶碱的合成。

一、嘌呤核苷酸的合成

（一）嘌呤核苷酸的从头合成

1. 原料与部位　嘌呤核苷酸从头合成的基本原料包括 5- 磷酸核糖、谷氨酰胺、甘氨酸、天冬氨酸、一碳单位和 CO_2（嘌呤环的各元素来源见图 8-21）。肝是体内嘌呤核苷酸从头合成的主要器官，其次为小肠黏膜

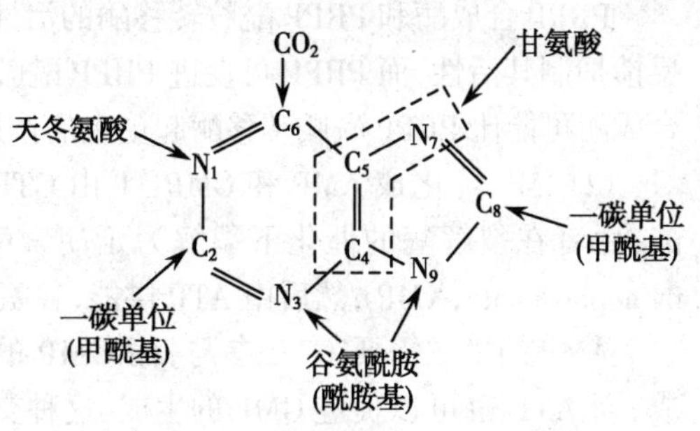

图 8-21　嘌呤碱的各元素来源

和胸腺，反应过程是在细胞质中进行的。

2. 合成过程　嘌呤核苷酸从头合成的反应过程可分为两个阶段，首先生成次黄嘌呤核苷酸（inosine monophosphate，IMP），然后 IMP 再转变生成 AMP 和 GMP。

（1）IMP 的生成：IMP 是嘌呤核苷酸从头合成的重要中间产物，其合成需经过 11 步酶促反应完成（图 8-22）。首先，5- 磷酸核糖（5-PR）在磷酸核糖焦磷酸合成酶（PRPP 合成酶）的催化下被活化生成磷酸核糖焦磷酸（phosphoribosyl pyrophosphate，PRPP），PRPP 是 5- 磷酸核糖参与体内各种核苷酸合成的活化形式；然后，在磷酸核糖酰胺转移酶（PRPP 酰胺转移酶）的催化下，PRPP 上的焦磷酸被谷氨酰胺的酰氨基取代，生成 5- 磷酸核糖胺（PRA）。以上两个步骤是 IMP 合成的关键步骤，催化它们的酶——PRPP 合成酶和 PRPP 酰胺转移酶是 IMP 合成的限速酶。在 PRA 的基础上，再经过八步连续的酶促反应，甘氨酸分子、N^{10}- 甲酰四氢叶酸、谷氨酰胺、CO_2、天冬氨酸依次参与，最终生成 IMP。

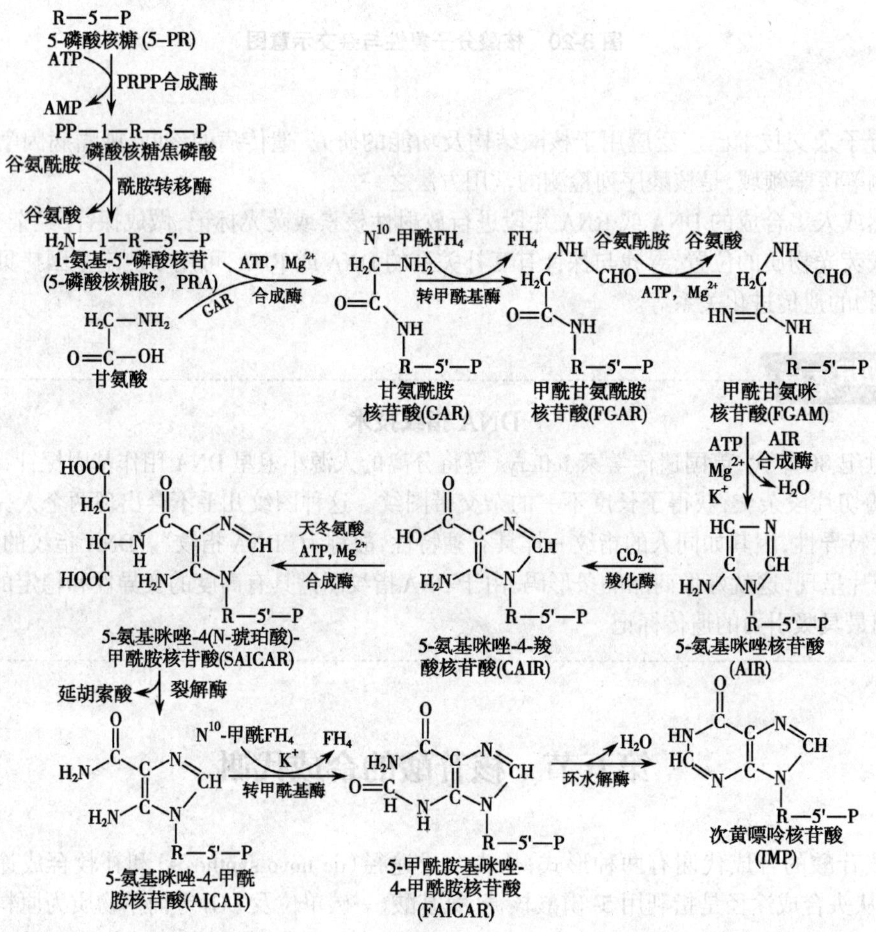

图 8-22　IMP 的合成

PRPP 合成酶和 PRPP 酰胺转移酶的活性可受反馈机制调节，如 IMP、AMP 及 GMP 等合成产物可反馈抑制其活性，而 PRPP 可促进 PRPP 酰胺转移酶的活性。在嘌呤核苷酸从头合成的调节中，PRPP 合成酶可能比 PRPP 酰胺转移酶起更大的作用。

（2）IMP 转化成 AMP 和 GMP：①由 GTP 供能，天冬氨酸提供氨基，使 IMP 生成腺苷酸代琥珀酸，后者在裂解酶的催化下裂解为延胡索酸和 AMP；② IMP 脱氢氧化生成黄嘌呤核苷酸（xanthine monophosphate，XMP），然后由 ATP 供能，谷氨酰胺提供氨基，XMP 被氨基化成 GMP（图 8-23）。

AMP 的生成需要 GTP 参与，而 GMP 的生成需要 ATP 的参与，所以 GTP 可以促进 AMP 的生成，而 ATP 也可以促进 GMP 的生成，这种交叉调节作用对于维持 AMP 和 GMP 浓度的平衡具有重要意义。

IMP $\xrightarrow[\text{腺苷酸代琥珀酸合成酶}]{\text{天冬氨酸},\ Mg^{2+},\ GTP}$ 腺苷酸代琥珀酸（HOOC−CH₂−CH−COOH，HN，R−5′−P） $\xrightarrow[\text{腺苷酸代琥珀酸裂解酶}]{\text{延胡索酸}}$ AMP（NH_2，R−5′−P）

IMP $\xrightarrow[\text{IMP脱氢酶}]{NAD^{+}+H_2O\ \ NADH+H^{+}}$ XMP（R−5′−P） $\xrightarrow[\text{GTP合成酶},\ ATP,\ Mg^{2+}]{\text{谷氨酰胺}\ \ \text{谷氨酸}}$ GMP（H_2N，R−5′−P）

图 8-23　IMP 转化成 AMP 和 GMP

AMP 和 GMP 在激酶的连续作用下，分别生成 ATP 和 GTP，参与 RNA 的生物合成。

$$AMP \xrightarrow[ATP\ \ \ ADP]{\text{激酶}} ADP \xrightarrow[ATP\ \ \ ADP]{\text{激酶}} ATP$$

$$GMP \xrightarrow[ATP\ \ \ ADP]{\text{激酶}} GDP \xrightarrow[ATP\ \ \ ADP]{\text{激酶}} GTP$$

嘌呤核苷酸从头合成过程的最主要特点是“嘌呤环是在 5- 磷酸核糖的基础上逐渐合成的”，这与嘧啶核苷酸的从头合成不同。此外，嘌呤核苷酸的从头合成需要消耗大量的 ATP。

（二）嘌呤核苷酸的补救合成

体内嘌呤核苷酸的补救合成有两种形式：一是利用体内游离的嘌呤碱进行的补救合成，此过程需要两种酶的参与：腺嘌呤磷酸核糖转移酶（adenine phosphoribosyl transferase，APRT）和次黄嘌呤 - 鸟嘌呤磷酸核糖转移酶（hypoxanthine-guanine phosphoribosyl transferase，HGPRT），它们在 PRPP 提供磷酸核糖的基础上，分别催化 AMP、GMP 和 IMP 的补救合成；二是利用体内游离的嘌呤核苷进行的补救合成。

$$\text{腺嘌呤} + PRPP \xrightarrow{APRT} AMP + PPi$$

$$\left.\begin{matrix}\text{次黄嘌呤}\\ \text{鸟嘌呤}\end{matrix}\right\} + PRPP \xrightarrow{HGPRT} \left\{\begin{matrix}IMP + PPi\\ GMP + PPi\end{matrix}\right.$$

$$\text{腺嘌呤核苷} \xrightarrow{\text{腺苷激酶}} AMP$$

APRT 受 AMP 的反馈抑制，HGPRT 受 IMP 和 GMP 的反馈抑制。

嘌呤核苷酸补救合成的意义在于两方面：一方面补救合成过程简单，耗能少，这样节省了从头合成的能量和氨基酸的消耗；另一方面对体内某些组织（如脑和骨髓等）来说，补救合成有着重要意义。临床上的 Lesh-Nyhan 综合征（或称自毁容貌症）就是由于先天基因缺陷导致 HGPRT 缺失所引起的一种遗传代谢性疾病。

案例：Lesh-Nyhan 综合征

Lesh-Nyhan 综合征

临床上的 Lesh-Nyhan 综合征，又称自毁容貌症，是由于先天基因缺陷导致 HGPRT 缺失，致使脑内核苷酸和核酸合成障碍，进而影响脑细胞的生长发育而引起的一种遗传代谢性疾病。该病以男婴居多，2 岁前发病，患儿表现为智力发育障碍、迟钝、共济失调，表现出咬自己的口唇、手指及

足趾等强制性的自残行为，甚至自毁容貌，很少能存活。该病是由于患儿缺少 HGPRT，致使次黄嘌呤和鸟嘌呤不能转变为 IMP 和 GMP，而是降解为尿酸，导致体内尿酸过量。因此，该病还伴有高尿酸血症，并且尿酸排泄量可达到正常的 6 倍。

（三）嘌呤核苷酸的互变

体内嘌呤核苷酸可以相互转变，以保持彼此平衡。IMP 可以转变成 XMP、AMP 及 GMP。此外，AMP、GMP 也可以转变成 IMP。由此，AMP 和 GMP 之间也是可以相互转变的。

二、嘧啶核苷酸的合成

（一）嘧啶核苷酸的从头合成

1. 原料与部位　由于嘧啶环比嘌呤环结构相对简单，所以嘧啶核苷酸的从头合成所需的原料也较少，主要包括谷氨酰胺、CO_2、天冬氨酸和 5- 磷酸核糖（嘧啶碱的各元素来源见图 8-24）。肝是嘧啶核苷酸的从头合成主要器官，反应过程在细胞质中进行的。

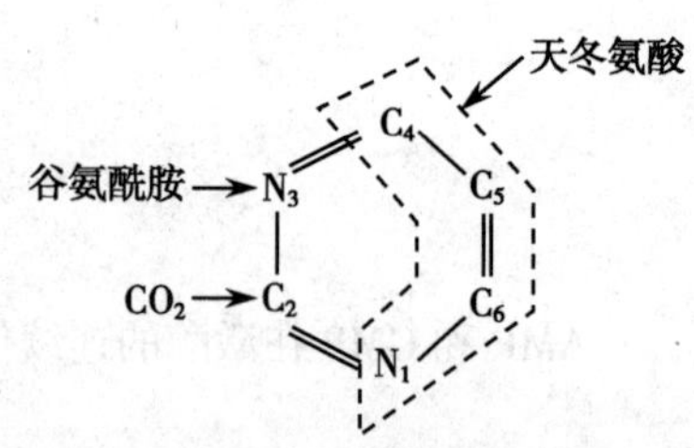

图 8-24　嘧啶碱的各元素来源

2. 合成过程　与嘌呤核苷酸从头合成不同，嘧啶核苷酸从头合成最主要的特点是先合成嘧啶环，再与磷酸核糖相连；首先生成的核苷酸是 UMP，之后 UMP 在核苷三磷酸的水平上被甲基化成 CTP。具体过程如下：

表格：氨基甲酰磷酸合成酶Ⅰ、Ⅱ的区别

（1）UMP 的合成：此过程有 6 步反应，首先谷氨酰胺、CO_2 和 ATP 在氨基甲酰磷酸合成酶Ⅱ的催化下生成氨基甲酰磷酸；氨基甲酰磷酸与天冬氨酸在天冬氨酸氨基甲酰转移酶的催化下化合成氨甲酰天冬氨酸；后者在二氢乳清酸酶的催化下脱水生成二氢乳清酸，至此嘧啶环形成；二氢乳清酸脱氢生成乳清酸，后者在乳清酸磷酸核糖转移酶的催化下与 PRPP 化合，生成乳清酸核苷酸；乳清酸核苷酸脱羧生成 UMP（图 8-25）。

在细菌中，天冬氨酸氨基甲酰转移酶是嘧啶核苷酸从头合成的主要调节酶，受反馈机制调节。但在哺乳类动物细胞中，氨基甲酰磷酸合成酶Ⅱ是嘧啶核苷酸从头合成的主要调节酶，受 UMP 的反馈抑制。此外，在真核细胞中氨基甲酰磷酸合成酶Ⅱ、天冬氨酸氨基甲酰转移酶和二氢乳清酸酶位于同一多肽链上，是一种多功能酶；乳清酸磷酸核糖转移酶和乳清酸核苷酸脱羧酶也是位于同一多肽链上的多功能酶，这样更有利于它们以均匀的速度参与嘧啶核苷酸的合成。

知识拓展

氨基甲酰磷酸合成酶

哺乳类动物中存在氨基甲酰磷酸合成酶，分别存在于胞质和线粒体内，催化嘧啶和尿素的合成。嘧啶和尿素的合成都是以生成氨基甲酰磷酸为起点的，但是两个过程中的氨基甲酰磷酸的来源不同：嘧啶合成中的氨基甲酰磷酸是以谷氨酰胺为氮源，在胞质中的氨基甲酰磷酸合成酶Ⅱ的催化下完成的；而尿素合成所需的氨基甲酰磷酸是在肝的线粒体中以氨为氮源，在氨基甲酰磷酸合成酶Ⅰ的催化下完成的。这两种酶在体内的区域性分布不同，保证了各自独立的氨基甲酰磷酸合成途径。

嘧啶核苷酸合成代谢障碍可引起遗传代谢性疾病。如乳清酸尿症就是由于患者体内的乳清酸磷酸核糖转移酶和乳清酸核苷酸脱羧酶的活性降低所致一种隐性遗传代谢性疾病，其特征是尿中排出的乳清酸增多。UMP 和 CTP 可以反馈抑制乳清酸的生成，故临床上给该病患者服用酵母提取液中的 UMP 和 CTP 的混合物，可明显降低患者尿中乳清酸含量。

（2）CTP 的合成：UMP 在激酶的连续作用下生成 UTP，后者在 CTP 合成酶的催化下，由谷氨酰胺提供氨基，被氨基化成 CTP，该反应消耗 1 分子 ATP。

（3）脱氧胸腺嘧啶核苷酸（dTMP）的生成：dTMP 是由 dUMP 经甲基化而成的。该反应由胸苷酸合

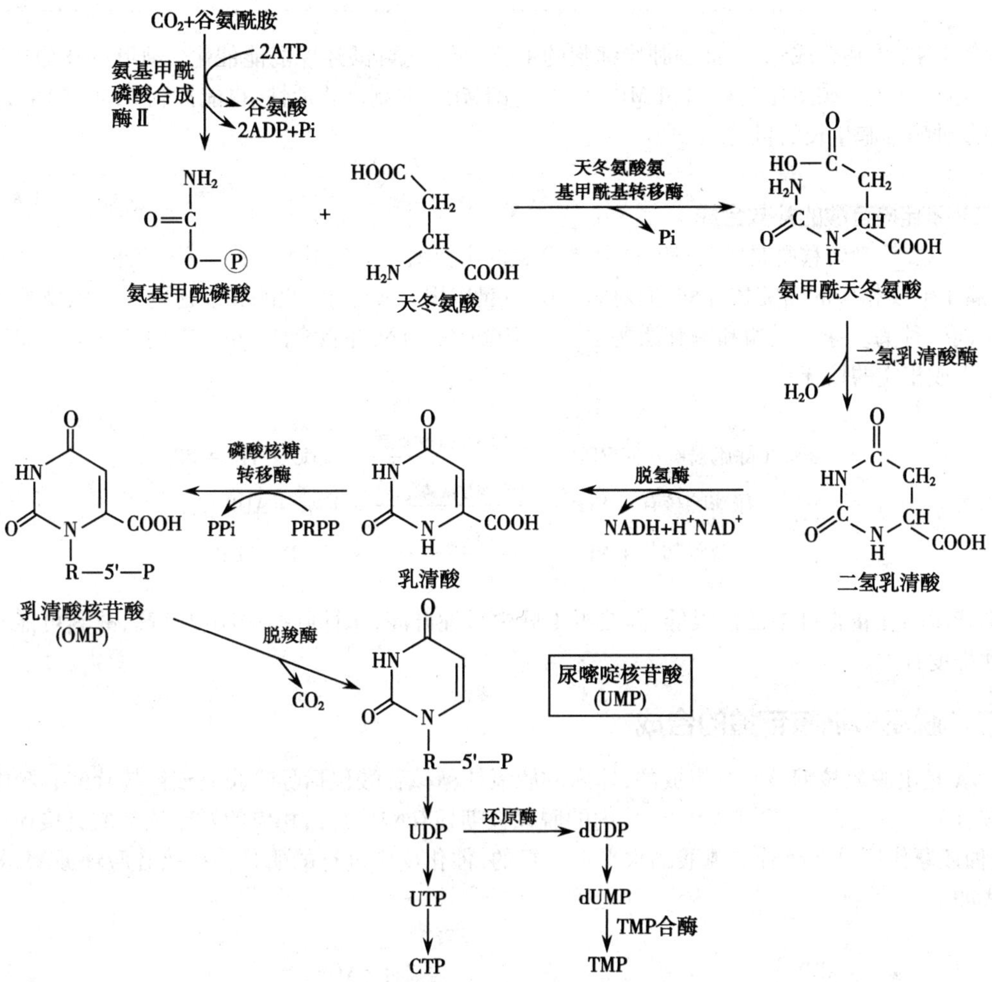

图 8-25　嘧啶核苷酸的从头合成

酶催化，N^5，N^{10}-甲烯四氢叶酸提供甲基。dUMP 可由 dUDP 水解生成，也可由 dCMP 脱氨生成，以后者为主（图 8-26）。

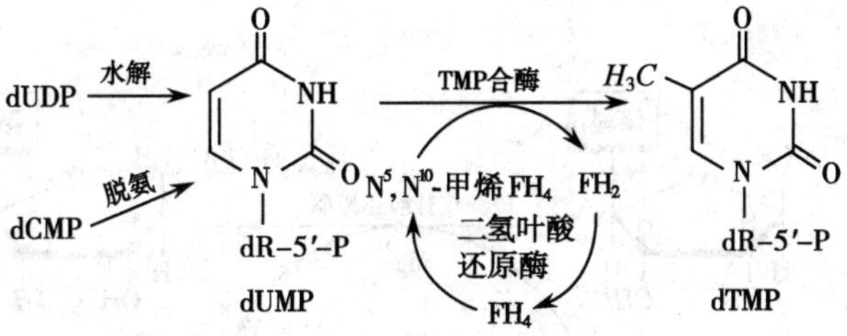

图 8-26　dTMP 的生成

如图所示，N^5，N^{10}-甲烯四氢叶酸提供甲基后生成二氢叶酸，后者又可在二氢叶酸还原酶的作用下，重新生成四氢叶酸。胸苷酸合酶和二氢叶酸还原酶常可被用于癌瘤化疗的靶点。

临床应用

癌瘤化疗的靶点：胸苷酸合酶和二氢叶酸还原酶

肿瘤细胞内 DNA 的高速合成促使肿瘤的快速生长。dTMP 是 DNA 分子特有核苷酸，对 DNA 的生物合成至关重要。胸苷酸合酶是 dTMP 生成的关键酶，抑制该酶的活性，可抑制 dTMP 生成，

继而使 DNA 生物合成障碍，抑制肿瘤细胞的生长；而二氢叶酸还原酶能催化二氢叶酸还原成四氢叶酸，继而促进一碳单位转移到 dUMP 上，生成 dTMP。抑制该酶活性，也能抑制 dTMP 的生成，达到抑制肿瘤细胞生长的目的。

（二）嘧啶核苷酸的补救合成

嘧啶磷酸核糖转移酶是嘧啶核苷酸补救合成的主要酶，它能利用尿嘧啶、胸腺嘧啶及乳清酸作为底物，催化生成相应的嘧啶核苷酸，但对胞嘧啶不起作用。实际上，此酶和前述的乳清酸磷酸核糖转移酶是同一种酶。尿苷激酶和胸苷激酶也是参与嘧啶核苷酸补救合成的酶，它们分别催化尿苷和脱氧胸苷生成相应的核苷酸。

$$\text{嘧啶（除胞嘧啶）}+\text{PRPP}\xrightarrow{\text{嘧啶磷酸核糖转移酶}}\text{嘧啶核苷酸}+\text{PPi}$$

$$\text{尿嘧啶核苷}+\text{ATP}\xrightarrow{\text{尿苷激酶}}\text{UMP}+\text{ADP}$$

$$\text{脱氧胸苷}+\text{ATP}\xrightarrow{\text{胸苷激酶}}\text{dTMP}+\text{ADP}$$

表格：嘌呤核苷酸和嘧啶核苷酸从头合成比较

胸苷激酶在正常肝中活性很低，但在再生肝中活性升高，恶性肿瘤中明显升高，故其可能与肿瘤的恶性程度有关。

三、脱氧核糖核苷酸的合成

DNA 是由脱氧核糖核苷酸组成的，体内的脱氧核糖核苷酸包括嘌呤脱氧核糖核苷酸和嘧啶脱氧核糖核苷酸。现已证明，除 dTMP 外，体内的脱氧核糖核苷酸均是由相应的核糖核苷酸直接还原而来的，这种还原作用是在核苷二磷酸的水平上进行的，催化反应进行的酶是核糖核苷酸还原酶，其总体反应式如下：

$$\left.\begin{matrix}\text{ADP}\\\text{GDP}\\\text{CDP}\\\text{UDP}\end{matrix}\right\}+\text{NADPH}+\text{H}^+\xrightarrow{\text{核糖核苷酸还原酶}}\left\{\begin{matrix}\text{dADP}\\\text{dGDP}\\\text{dCDP}\\\text{dUDP}\end{matrix}\right.+\text{NADP}^++\text{H}_2\text{O}$$

核糖核苷酸的还原其实是一个复杂的过程，需要硫氧化还原蛋白、NADPH 和硫氧化还原蛋白还原酶等共同参与（图 8-27）。

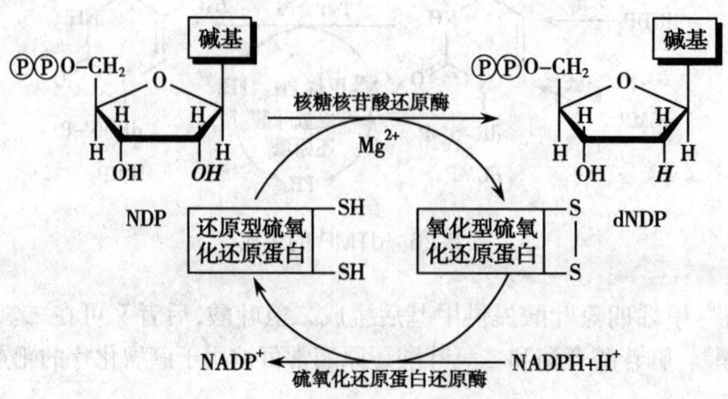

图 8-27　脱氧核糖核苷酸的生成

上述生成的脱氧核苷二磷酸（dNDP）经激酶的作用再被磷酸化成脱氧核苷三磷酸（dNTP），参与 DNA 的生物合成。

四、核苷酸抗代谢物

核苷酸的抗代谢物是一些嘌呤、嘧啶、氨基酸及叶酸等的类似物。它们抗代谢作用的机制主要是以竞争性抑制或“以假乱真”的方式干扰或阻断核苷酸的合成代谢，从而进一步阻止核酸和蛋白质的生物合成。

嘌呤的类似物主要有 6- 巯基嘌呤（6-mercaptopurine，6MP）、8- 氮杂鸟嘌呤等，临床上以 6MP 最常用。6MP 的结构与次黄嘌呤相似，唯一不同的是嘌呤环中的 C_6 上的羟基被巯基所取代（图 8-28）。6MP 一方面能与 PRPP 结合生成 6- 巯基嘌呤核苷酸，从而抑制 IMP 向 AMP 和 GMP 的转化；另一方面 6MP 还可反馈抑制 PRPP 酰胺转移酶，干扰磷酸核糖胺的形成，从而阻断嘌呤核苷酸的从头合成；此外，6MP 还可直接竞争性抑制次黄嘌呤 - 鸟嘌呤磷酸核糖转移酶的活性，阻止嘌呤核苷酸的补救合成。

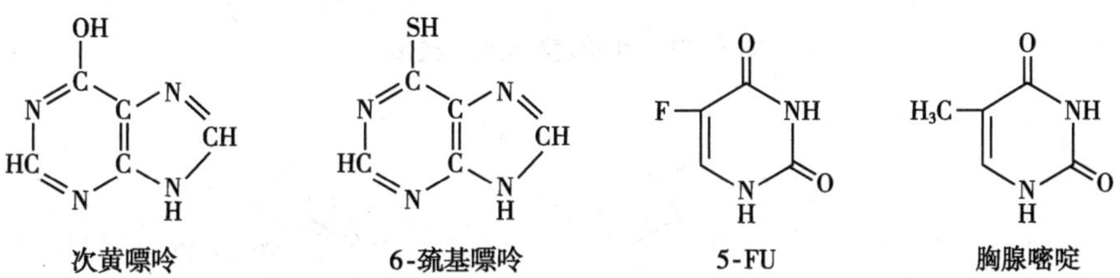

图 8-28　嘌呤、嘧啶的类似物

图片：嘌呤核苷酸抗代谢物的作用

嘧啶类似物主要有 5- 氟尿嘧啶（5-fluorouracil，5-FU），是临床上常用的抗肿瘤药物。5-FU 的结构与胸腺嘧啶相似（图 8-28），其本身不能干扰嘧啶核苷酸的代谢，需在体内转变成氟尿嘧啶核苷三磷酸（FUTP）和氟尿嘧啶脱氧核苷一磷酸（FdUMP），才能发挥作用。FdUMP 与 dUMP 的结构相似，是胸苷酸合酶的抑制剂，可阻断 dTMP 的合成，进而影响 DNA 的合成；FUTP 可以 FUMP 的形式掺入 RNA 分子中，从而破坏 RNA 的结构和功能。

图片：嘧啶核苷酸抗代谢物的作用

叶酸类似物有氨蝶呤（aminopterin）和氨甲蝶呤（methotrexate，MTX）等（图 8-9），它们能竞争性抑制二氢叶酸还原酶，使叶酸不能还原成二氢叶酸和四氢叶酸，致使一碳单位代谢受阻，使得嘌呤环上来自一碳单位的 C_8 和 C_2 均得不到供应，从而阻止嘌呤核苷酸的合成。

临床应用

氨甲蝶呤

氨甲蝶呤是一种常用癌症化疗制剂，可通过非共价健与二氢叶酸还原酶紧密结合，抑制该酶的活性，从而抑制 dTMP 的生成，抑制肿瘤细胞的生长与繁殖。在临床上主要用于急性白血病、乳腺癌、绒毛膜上皮癌及恶性葡萄胎等疾病的治疗。此外，因它能减轻部分白细胞（抗体）炎症活动，减缓风湿病患者骨骼的损害，是目前最重要的控制性抗风湿药物之一。临床观察发现，骨肉瘤术后辅助应用大剂量甲氨蝶呤可显著提高治愈率，这也是其近来重要应用之一。由于本药曾有高剂量治疗致死的报告，所以特提醒本药仅可由对于抗代谢疗法具有知识及经验的医师使用。

氨基酸类似物有氮杂丝氨酸（azaserine）及 6- 重氮 -5- 氧正亮氨酸（diazonorleucine）等（图 8-29），它们的结构与谷氨酰胺相似，可干扰谷氨酰胺在嘌呤核苷酸合成中的作用，从而抑制嘌呤核苷酸的合成。

另外，改变核糖结构的核苷类似物（阿糖胞苷和环胞苷）也是重要的抗癌药物，如阿糖胞苷能通过抑制核糖核苷酸还原酶的活性，抑制 CDP 还原成 dCDP，进而影响 DNA 的合成，达到抗肿瘤的目的。

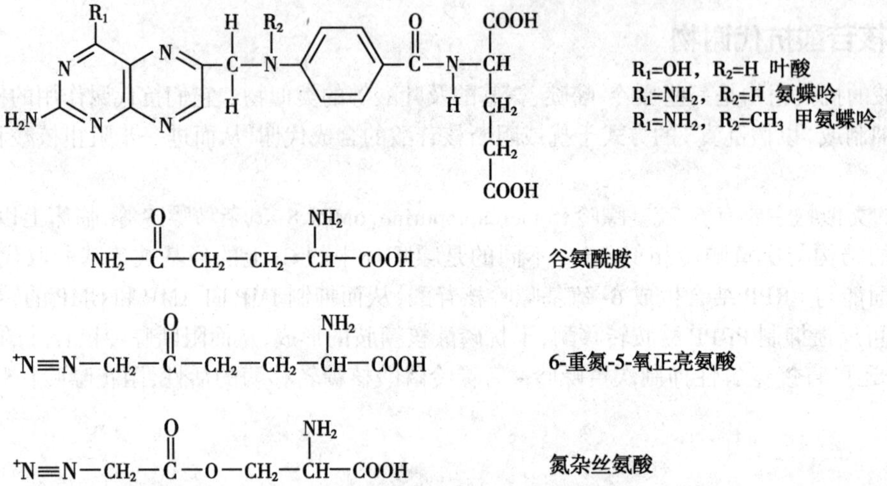

R_1=OH，R_2=H 叶酸

R_1=NH_2，R_2=H 氨蝶呤

R_1=NH_2，R_2=CH_3 甲氨蝶呤

$NH_2-CO-CH_2-CH_2-CH(NH_2)-COOH$　谷氨酰胺

$^{+}N{\equiv}N-CH_2-CO-CH_2-CH_2-CH(NH_2)-COOH$　6-重氮-5-氧正亮氨酸

$^{+}N{\equiv}N-CH_2-CO-O-CH_2-CH(NH_2)-COOH$　氮杂丝氨酸

图 8-29　叶酸、氨基酸的类似物

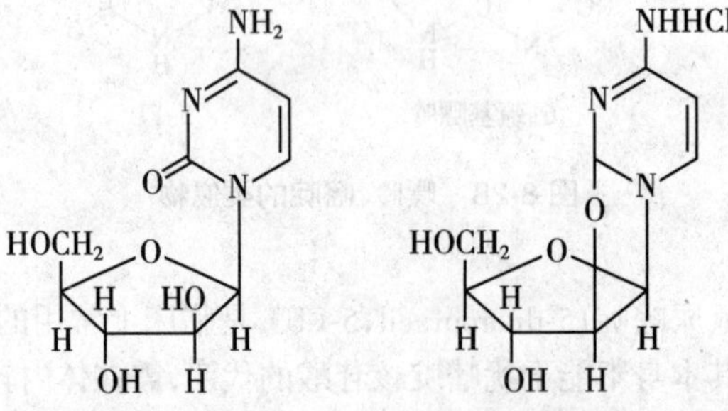

阿糖胞苷　　环胞苷

肿瘤细胞的核酸和蛋白质合成较正常组织旺盛，能摄取更多的抗代谢物，从而使其生长受到抑制，所以这些抗代谢物具有抗肿瘤的作用。在临床上，它们常作为药物被用于癌瘤等疾病的治疗，如MTX在临床上常用于白血病的治疗。但需要指出的是，体内某些代谢旺盛的正常组织也可受抗代谢物的影响，因而这些抗代谢物在抗肿瘤的同时，也会对机体有很大的毒副作用。

第六节　核苷酸的分解代谢

一、嘌呤核苷酸的分解代谢

嘌呤核苷酸的分解代谢主要是在肝、小肠及肾中进行的，其过程与食物中核苷酸的消化过程相类似。细胞中的嘌呤核苷酸在核苷酸酶的作用下水解为嘌呤核苷，嘌呤核苷经核苷磷酸化酶的作用，分解为游离的嘌呤碱和1-磷酸核糖，1-磷酸核糖在磷酸核糖变位酶的催化下转变为5-磷酸核糖，5-磷酸核糖既可以参与磷酸戊糖途径，也可作为核苷酸合成原料继续参与新核苷酸的合成；嘌呤碱则最终被分解为尿酸，并随尿排出体外，所以尿酸是人体嘌呤分解代谢的终产物（图8-30）。

AMP分解产生次黄嘌呤，后者在黄嘌呤氧化酶的作用下氧化成黄嘌呤，最终生成尿酸。

GMP分解产生鸟嘌呤后，鸟嘌呤在鸟嘌呤脱氨酶的催化下转变成黄嘌呤，后者在黄嘌呤氧化酶的催化下生成尿酸。

黄嘌呤氧化酶是尿酸生成的关键酶，遗传性缺陷或严重的肝脏损伤可导致该酶的缺乏。临床上，黄嘌呤氧化酶缺陷的患者可表现为黄嘌呤尿、黄嘌呤肾结石、低尿酸血症等症状。

尿酸呈酸性，在体液中以尿酸和尿酸盐的形式存在。正常人血浆中尿酸含量为0.12~0.36mmol/L（2~6mg/dl），男性略高于女性。尿酸的水溶性较差，当血中尿酸含量超过0.48mmol/L（8mg/dl）时，尿酸

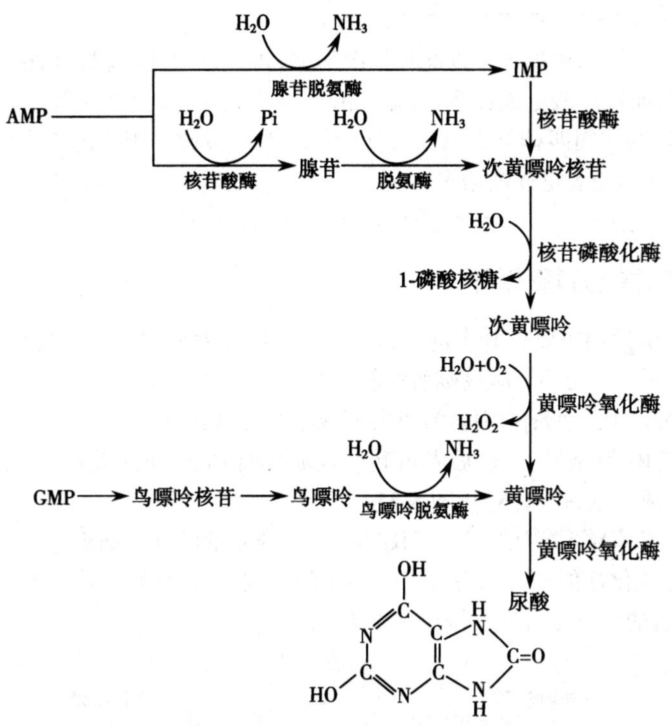

图 8-30　嘌呤核苷酸的分解代谢

盐结晶沉积于关节、软组织、软骨和肾等处，最终导致关节炎、尿路结石及肾疾病等，称为痛风症。

临床上常用治疗痛风症的药物为别嘌醇。别嘌醇是一种抑制尿酸生成的药物，其结构与次黄嘌呤类似，只是在分子中的 N7 与 C8 互换了位置，它可竞争性抑制黄嘌呤氧化酶，从而抑制尿酸的生成；黄嘌呤和次黄嘌呤的水溶性比尿酸大得多，故不会沉积形成结晶。再者，别嘌醇还可以与 PRPP 反应生成别嘌醇核苷酸，这样一方面消耗了核苷酸合成所必需的 PRPP，另一方面别嘌醇核苷酸还可作为 IMP 的类似物代替 IMP，反馈地抑制嘌呤核苷酸的从头合成。另外，临床上还可给予痛风症的患者服用促尿酸排泄的药物，如丙磺舒，苯溴马龙、苯磺唑酮等，以达到降低血尿酸水平、治疗痛风的目的；但要注意的是，在给予排尿酸药的同时，要考虑碱化尿液，以防止尿酸晶体沉积于肾脏内。

目前发现，别嘌醇、尿酸等均具有较强的抗自由基氧化作用，人们已开始尝试将其应用于心肌梗死患者的治疗。

次黄嘌呤　　　别嘌醇

知识拓展

痛风症的发病机制

痛风症可分为原发性痛风和继发性痛风。原发性痛风是由于体内某些嘌呤核苷酸代谢相关酶的活动异常而引起嘌呤核苷酸合成增加，致使血中尿酸异常升高所致，是一种先天代谢缺陷性疾病，以男性患者为主，目前尚不能根治。目前已知有两种酶活性异常可导致痛风，一是 HGPRT 缺乏，导致嘌呤核苷酸补救合成障碍，致使体内游离的嘌呤碱增多；二是 PRPP 合成酶活性升高，加快了嘌呤核苷酸的从头合成。继发性痛风主要见于某些疾病引起血尿酸升高，如肾疾病引起的

尿酸排泄障碍，临床上的痛风患者多以此种情况居多；再如，某些疾病如白血病、恶性肿瘤等，由于导致核酸大量分解，而致尿酸生成过多，使血尿酸升高。此外，药物也可通过影响肾脏的排泄致血尿酸升高，如高剂量的阿司匹林可影响尿酸盐的排泄和重吸收。现今随着人们生活水平的提高，高嘌呤饮食导致的痛风患者也逐渐增多。

二、嘧啶核苷酸的分解代谢

嘧啶核苷酸的分解代谢主要在肝中进行，首先通过核苷酸酶及核苷磷酸化酶的作用，脱去磷酸和核糖，产生嘧啶碱，再进一步分解。胞嘧啶脱氨转化为尿嘧啶，后者再还原成二氢尿嘧啶，并水解开环，最终生成 NH_3、CO_2 和 β- 丙氨酸；β- 丙氨酸可转变成乙酰 CoA，然后进入三羧酸循环被彻底氧化分解。胸腺嘧啶降解可生成 β- 氨基异丁酸，后者可转变成琥珀酰 CoA，同样进入三羧酸循环被彻底氧化分解。NH_3 和 CO_2 可合成尿素，排出体外（图 8-31）。

此外，一部分 β- 氨基异丁酸还可直接随尿排出，其排泄量可反映细胞及其 DNA 的破坏程度。白血病患者以及经放疗或化疗的癌症患者，由于 DNA 破坏过多，往往导致尿中 β- 氨基异丁酸的排泄增加。食用含 DNA 丰富的食物也可使其排出量增多。

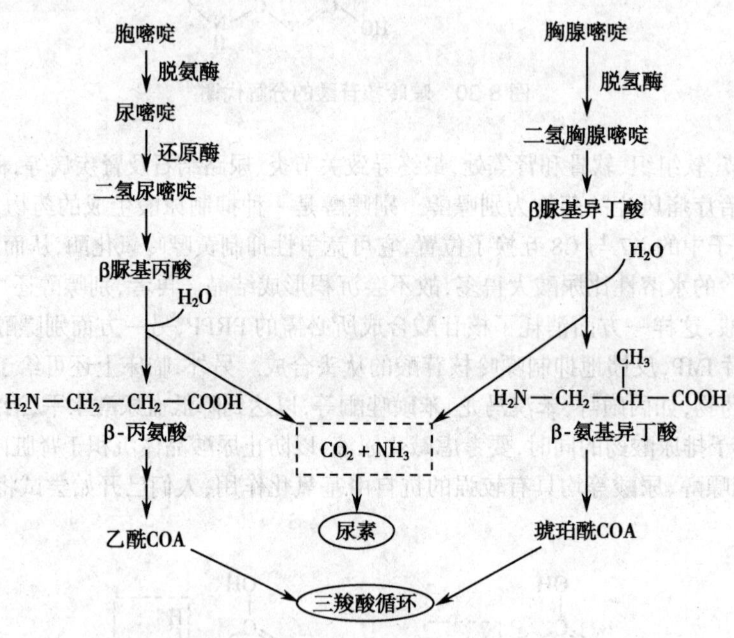

图 8-31　嘧啶核苷酸的分解代谢

本章小结

核酸包括核糖核酸和脱氧核糖核酸两大类。核酸的基本组成单位是核苷酸，核苷酸由三部分组成，分别是碱基、戊糖、磷酸。戊糖与碱基通过糖苷键连接，戊糖与磷酸通过酯键连接。核苷酸通过 3′,5′- 磷酸二酯键连接形成核酸。

DNA 是多聚脱氧核苷酸链。DNA 的一级结构是指 DNA 分子中核苷酸从 5′ 端到 3′ 端的排列顺序。DNA 的二级结构为右手螺旋结构。双螺旋结构的稳定性是通过横向的氢键和纵向碱基平面间的疏水性碱基堆积力维系。真核生物的 DNA 与组蛋白组装成核小体，通过进一步的盘曲缠绕形成染色体存在于细胞核。DNA 是生物体遗传信息的载体。

RNA 的种类、结构多种多样，功能也各不相同。RNA 中主要的种类有信使 RNA（mRNA）、转运 RNA（tRNA）、核糖体 RNA（rRNA）。各种 RNA 发挥不同的作用，参与完成蛋白质的生物合成。

核酸是两性电解质，通常表现较强的酸性，具有较高的黏度。核酸具有紫外吸收特性，其最大吸收峰在 260nm 附近，利用这一性质可以对核酸溶液进行定性和定量分析。DNA 在加热等理化因素作用下可发生变性，当变性条件缓慢去除后，两条解离的互补链可重新配对，恢复原来的双螺旋结构，这一过程称为 DNA 的复性。利用核酸变性和复性的特性可进行核酸分子杂交。

核苷酸是体内核酸生物合成的主要原料，是生命遗传与繁殖的物质保证，但核苷酸不属于机体的营养必需物质，体内的核苷酸主要由机体自身细胞合成。

体内核苷酸的合成有两种形式：从头合成途径和补救合成途径。嘌呤核苷酸和嘧啶核苷酸从头合成过程的最主要区别在于嘌呤核苷酸是在 5- 磷酸核糖的基础上逐渐合成嘌呤环的，而嘧啶核苷酸是先合成嘧啶环，再与磷酸核糖相连。核苷酸补救合成是脑、骨髓等少数组织细胞内核苷酸合成的方式，其对机体具有非常重要的意义。体内的脱氧核糖核苷酸均是由相应的核糖核苷酸在核苷二磷酸的水平上直接还原而生成，只有 dTMP 是由 dUMP 经甲基化而成。核苷酸的抗代谢物在临床上常作为药物被用于癌瘤等疾病的治疗。

嘌呤碱分解的终产物是尿酸。血中尿酸含量过高时，可引起痛风症，临床上常用别嘌醇治疗。嘧啶碱分解的终产物是 NH_3、CO_2 和 β- 氨基酸，它们可随尿排出或进一步代谢。

患者，男性，52 岁，几个月前发现足趾关节偶尔疼痛，尤其是每当饮酒或吃海鲜后，疼痛发作性加重。查体：左足大跖趾关节红肿疼痛，拒按，走路困难。实验室检查：血尿酸 0.67mmol/L。

请分析：

1. 该案例中，患者被诊断为痛风的依据是什么？为什么？
2. 如果你是医生，应采取怎样的治疗措施？

案例分析

（徐俊杰）

思考题

1. 比较 DNA 与 RNA 分子组成的异同点。
2. 简述 mRNA、tRNA、rRNA 的结构特点。
3. 核苷酸抗代谢物的抗肿瘤机制是什么？举例说明。

扫一扫，测一测

笔记

第九章 物质代谢的联系与调节

学习目标

1. 掌握:物质代谢的基本调节方式和酶的别构调节、化学修饰概念。
2. 熟悉:糖、脂、蛋白质代谢之间的相互联系;激素的调节机制。
3. 了解:物质代谢的三级水平调节;各种物质代谢的特点。
4. 能区别快速与迟缓调节;能应用三级水平调节机制解释各种物质代谢的变化。
5. 培养学生的创新探索精神、科学学习观念及理论联系实际的职业素养。

第一节 物质代谢的联系

物质代谢是生命现象的基本特征,是生命活动的物质基础。人体物质代谢是由许多连续的和相关的代谢途径组成的,而代谢途径(如糖的氧化、脂肪的合成等)是由一系列的酶促化学反应组成的。在正常情况下,各种代谢几乎全部按照生理的需求,有节奏、有规律、有秩序地进行,各种物质代谢又相互联系,相互沟通,形成一个整体。同时,为适应体内外环境的变化,机体会及时地调整反应速度,保持整体的动态平衡。可见,体内物质是在严密的调控下进行代谢的。

一、各种物质代谢的特点

(一) 体内物质代谢相互联系形成一个整体

体内代谢的物质种类各异,既有糖、脂、蛋白质、核酸等大分子物质的代谢,也有维生素、无机盐等小分子物质的代谢,这些代谢过程不是彼此孤立的,而是互相联系、相互转变、相互依存、相互制约,形成了一个有机的整体。人类摄取的无论是动物性食物还是植物性食物,都含有糖、脂、蛋白质、无机盐、维生素等,而三大营养物质的最终分解代谢都要进入柠檬酸循环。在蛋白质、核酸的合成途径中均依赖于生物氧化所释放的能量,而经过基因信息传递合成的蛋白质又可作为生物催化剂,对三大营养物质的代谢进行调控,确保各种代谢按机体所需迅速、协调、有序地进行。

(二) 物质代谢接受精细调节

生物体内的各种物质代谢的强度、方向和速率均接受精细调控,这是生物进化过程中逐步形成的一种适应能力,从而保证了机体能及时应对内外环境变化。例如三大营养物质分解代谢时,任一物质的分解代谢如果占优,常可抑制其他物质的分解代谢。在正常情况下,各种代谢几乎全部按照生理的需求,有节奏、有规律地进行,也可以适应体内外环境的变化,及时地调整反应速度,保持整体的动态平衡。机体物质代谢的调节方式分别是细胞水平、激素水平和整体水平的代谢调节。

(三) 不同组织、器官的物质代谢各具特色

机体中的组织、器官具有各自不同的功能,它们除具有细胞基本的代谢过程外,还拥有各自不同的酶系来完成独特的代谢。如肝是人体最重要的物质代谢中心和枢纽,肝脏组织中完成的代谢主要有糖异生、脂肪合成、胆固醇合成、脂肪酸氧化、尿素合成等。心肌可利用多种能源物质供能,正常以脂肪酸氧化为主,其次还可利用自由脂肪酸、葡萄糖、酮体作为能源物质。脑组织中因为己糖激酶活性高,即使在血糖水平较低时,脑组织也主要利用葡萄糖供能。长期饥饿时,脑组织也可利用酮体供能,但不能利用脂肪酸供能。成熟红细胞由于没有线粒体,只能通过无氧氧化葡萄糖供能。肌肉则主要通过氧化脂肪酸获得能量,在剧烈运动时,糖酵解途径明显加强。脂肪组织是合成、贮存脂肪的重要组织。肾可进行糖异生和酮体生成两种代谢。

(四) 代谢物具有共同的代谢通路

人体主要营养物质如糖、脂、蛋白质既可以由食物获取,也可以在体内合成。无论是外源性的还是内源性的,一旦进入体内,就不分彼此形成共同的代谢池(metabolic pool),根据机体的营养状态和代谢需要,都能通过相同的代谢途径进行代谢。以血糖为例,不管是食物中获得的葡萄糖,还是机体肝糖原分解产生的葡萄糖,亦或是糖异生而来的葡萄糖,最终都可通过糖酵解、柠檬酸循环、生物氧化途径释放出能量供机体利用。体内的各种代谢池相互联系,是协调整合各种代谢途径的基础。

图片:三大营养物质能量代谢之间的联系

(五) ATP 是能量储存、利用的主要形式

机体的生长、发育、繁殖、修复、运动以及各种生命物质的合成等均需要能量。人体能量的来源物质是糖、脂、蛋白质,三大营养物质代谢时释放出化学能,将其中约 40% 的能量储存在 ATP 中。ATP 作为机体能量的流通形式,为组织细胞的生命活动提供能量。因此,ATP 的生成与利用也是联系、协调、整合各种代谢途径的关键因素。

(六) NADPH 作为还原剂参与物质代谢

体内许多生物合成反应需要还原当量才能保证合成反应顺利进行,而主要的还原当量提供者是 NADPH,主要来自于磷酸戊糖途径对葡萄糖的分解代谢。如磷酸戊糖途径产生的 NADPH 参与脂肪酸、胆固醇的合成,所以 NADPH 能将氧化分解和还原性合成反应联系起来。

物质代谢的整体性

生物体适应环境、维持生命的基本策略就是调节物质代谢,实现代谢“稳态”及其与环境的协调统一。ATP 循环学说、电子传递链的发现及酶促反应机制的阐明确立了物质代谢与能量代谢的联系,揭示了底物、代谢产物(包括 ADP/ATP)对代谢途径的调节作用。胰岛素等各种激素的陆续发现以及放射免疫分析技术的发明促进了激素作用机制研究,奠定了神经 - 激素在物质代谢调节中的核心地位。同时,别构调节和化学修饰理论将蛋白质 / 酶活性调节与以激素为代表的信号途径相联系。至此,信号转导与激素、受体、蛋白质 / 酶与信号转导分子、基因表达耦联,使代谢变化、代谢调节、基因表达连成复杂的网络体系,成为一个整体。

二、糖、脂和蛋白质代谢之间的相互联系

(一) 糖与脂肪代谢之间的联系

当摄入的葡萄糖超过机体需要时,除合成少量糖原储存外,生成的柠檬酸和 ATP 可激活乙酰辅酶 A 羧化酶,使乙酰辅酶 A 羧化为丙二酰辅酶 A,进而合成为甘油三酯储存在脂肪组织中,即葡萄糖可以转变为甘油三酯,在脂肪组织中储存。甘油三酯分解产生的甘油部分可以转变为磷酸二羟丙酮,进而异生为葡萄糖,而分解产生的脂肪酸部分则不能转变为葡萄糖,原因是脂肪酸分解产生的乙酰辅酶 A 不能转变为丙酮酸。甘油三酯的代谢还有赖于糖代谢的顺利进行。当饥饿或糖供应不足时,甘油三酯分解代谢加快,反之则减慢。

(二) 糖与蛋白质代谢之间的联系

机体中糖代谢的中间产物,如丙酮酸、草酰乙酸、α- 酮戊二酸等,均可接受氨基转变为 12 种非必

需氨基酸。但8种必需氨基酸不能由糖代谢转变而来，必须由食物供给。构成人体蛋白的20种氨基酸，除生酮氨基酸亮氨酸、赖氨酸之外，其余均可通过脱氨基作用生成相应的α-酮酸，再经糖异生途径转变为葡萄糖。如丙氨酸脱氨基后转变为丙酮酸，可异生为葡萄糖。精氨酸、组氨酸、脯氨酸可先行转变为谷氨酸，再脱氨基转变α-酮戊二酸，可经草酰乙酸、磷酸烯醇式丙酮酸异生为葡萄糖。

0902

微课：三大营养物质代谢的联系

（三）蛋白质与脂代谢之间的联系

所有氨基酸均能分解生成乙酰辅酶A，后者可作为脂肪酸合成的原料，进而合成为甘油三酯。乙酰辅酶A还可合成为胆固醇。此外，某些氨基酸如丝氨酸还是合成磷脂的原料。甘油三酯分解产生的甘油部分可经糖异生途径转变为葡萄糖，再转变为某些非必需氨基酸，而脂肪酸部分不能转变为氨基酸。糖、脂、蛋白质代谢途径之间的关系见图9-1。

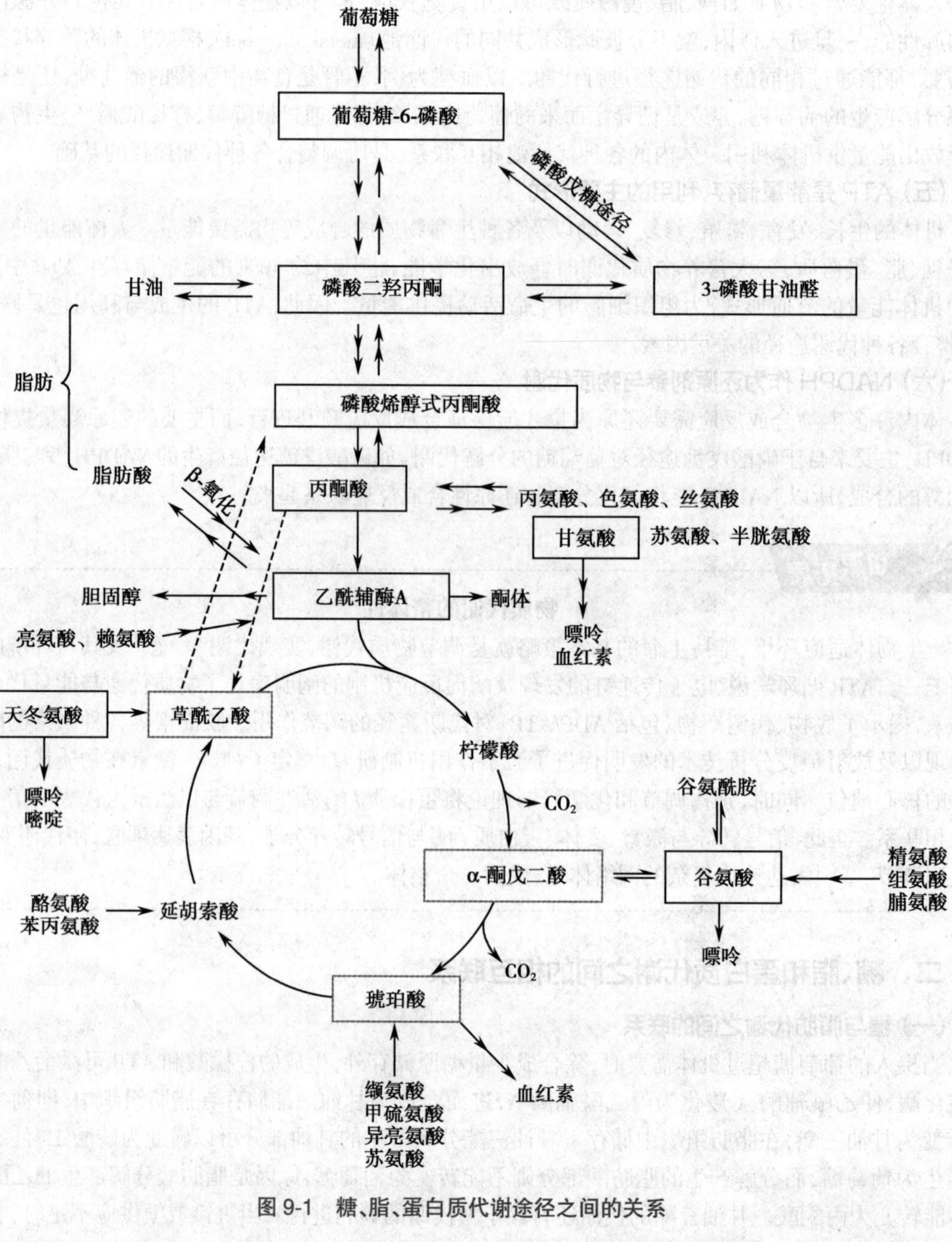

图9-1 糖、脂、蛋白质代谢途径之间的关系

第二节　物质代谢的调节

代谢调节机制普遍存在于生物界，是生物在长期进化过程中逐步形成的一种适应能力。进化程度越高的生物，其代谢调节的机制越复杂。通过细胞内代谢物浓度变化的影响，改变各种相关酶的活性和酶的含量，从而调节代谢的速度，这是细胞水平的代谢调节。内分泌器官分泌的激素可以改变某些酶的催化活性或含量，也可以改变细胞内代谢物的浓度，从而影响代谢反应的速度，这称为激素水平的调节。在中枢神经的控制下，或者通过神经递质对效应器直接发生影响，或者通过改变某些激素的分泌来调节某些细胞的功能状态，并通过各种激素的互相协调而对整体代谢进行综合调节，这种调节称为整体水平的调节。细胞水平的代谢调节、激素水平的代谢调节和整体水平的代谢调节，在高等动物和人体内全都存在，统称为三级水平调节。其中，细胞水平调节是基础，激素水平调节与整体水平调节均通过细胞水平调节来实现对代谢的调控。

一、细胞水平的调节

（一）细胞内酶的区隔分布

在同一时间，细胞内各种各样代谢反应同时进行。参与同一代谢途径的酶，相对独立地分布在细胞的特定区域或亚细胞结构内，形成所谓的区隔分布。酶的区隔分布保证了各种代谢的相对独立性，避免不同代谢途径之间的彼此干扰，使同一代谢途径中的系列酶促反应顺利进行，能提高代谢的反应速率，也有利于各种因素对代谢反应进行调控（表 9-1）。如同工酶的差异决定了不同组织相同代谢途径对底物选择的优先性和代谢速率的差异性，所以同工酶强化了组织 / 细胞的代谢和功能特异性。

表 9-1　多酶体系在细胞内的区隔分布

多酶体系	分布	多酶体系	分布
DNA、RNA 合成	细胞核	糖酵解	细胞质
蛋白质合成	细胞质、内质网	脂肪酸合成	细胞质
糖原合成	细胞质	胆固醇合成	内质网、细胞质
磷酸戊糖途径	细胞质	磷脂合成	内质网
糖异生	细胞质	血红素合成	线粒体、细胞质
三羧酸循环	线粒体	尿素合成	线粒体、细胞质
脂肪酸 β 氧化	线粒体	蛋白水解	溶酶体
氧化磷酸化	线粒体		

每条代谢途径都是由一系列酶促反应组成的，其反应速率和方向通常是由一个或几个具有调节作用的酶来决定，这些在代谢过程中具有调节作用的酶称为调节酶（regulatory enzyme），也称之为关键酶（key enzyme）。细胞通过调节这些酶的活性与含量来调控代谢速率，依据调控速度分为快速调节和迟缓调节。快速调节一般在数秒或数分钟内即可发生，这种调节通过激活或抑制体内原有的酶分子来调节酶促反应速度，是在温度、pH、作用物和辅酶等因素不变的情况下，通过改变酶分子的构象或对酶分子进行化学修饰来实现酶促反应速度的迅速改变的，即别构调节与共价修饰。而迟缓调节一般经数小时甚至数天后才能实现，这种方式主要是通过改变酶分子的合成或降解速度来调节细胞内酶分子的含量。

（二）酶的别构调节

1. 别构调节的机制　某些物质能与酶分子上的非催化部位特异结合，引起酶蛋白的分子构象发生改变，从而改变酶的活性，这种调节方式称为酶的别构调节（allosteric regulation）。受这种调节作用的酶称为别构酶，能使酶发生别构效应的物质称为别构效应剂。如别构效应剂结合后引起酶活性的

增强，则此效应剂称为激活别构剂或正效应物；反之，则称为抑制别构剂或负效应物。别构效应剂可以是反应的底物、产物或第二信使物质(表 9-2)。

2. 别构调节的特点和意义 ①代谢物、终产物对催化该途径起始反应的酶起到抑制作用，使产物不致生成过多或过剩；②别构调节可使机体根据需求产生能量，使能量得以有效利用而不致浪费；③别构调节还可使不同代谢途径相互协调，使机体成为一个有机的整体；④别构调节反应迅速，是常见的反馈调节方式；⑤别构调节是生理状态下主要的调节方式。

表 9-2 一些代谢途径中的别构效应剂及其相应的酶

代谢途径	别构酶	激活别构剂	抑制别构剂
糖酵解	己糖激酶	AMP、ADP、FDP、P_i	G-6-P
	磷酸果糖激酶 -1	FDP	柠檬酸
	丙酮酸激酶		ATP、乙酰 CoA
三羧酸循环	柠檬酸合成酶	ADP、AMP	ATP、长链脂酰 CoA
	异柠檬酸脱氢酶	ADP、AMP	ATP
糖异生	丙酮酸羧化酶	ATP、乙酰 CoA	AMP、ADP
	果糖 -1,6- 二磷酸酶	ATP	AMP、ADP
糖原分解	磷酸化酶 b	AMP、G-1-P、P_i	ATP、G-6-P
脂肪酸合成	乙酰辅酶 A 羧化酶	柠檬酸、异柠檬酸	长链脂酰 CoA
氨基酸代谢	谷氨酸脱氢酶	ADP、亮氨酸、甲硫氨酸	GTP、ATP、NADH
嘌呤合成	谷氨酰胺 PRPP 酰胺转移酶		AMP、GMP
嘧啶合成	天冬氨酸转甲酰酶		CTP、UTP
核酸合成	脱氧胸苷激酶	dCTP、ATP	dTTP

(三) 酶的化学修饰

1. 化学修饰的机制 又称共价修饰，是指酶蛋白多肽链的某些侧链基团在不同酶的催化下可逆地与一些基团共价结合，从而引起酶活性的改变。具有这种调节方式的酶称为共价修饰酶。化学修饰主要包括磷酸化与去磷酸化、乙酰化与去乙酰化、甲基化与去甲基化、腺苷化与去腺苷化等，其中磷酸化与去磷酸化是信号转导过程中一种重要的分子开关机制，也是细胞代谢过程中最常见的调节方式(表 9-3)。酶的磷酸化和去磷酸化反应是可逆的，分别由蛋白激酶和磷酸酶催化，而酶蛋白分子中丝氨酸、苏氨酸或酪氨酸的羟基是磷酸化 / 去磷酸化修饰的位点(图 9-2)。

表 9-3 化学修饰对酶活性的调节

酶	化学修饰类型	酶活性改变
糖原磷酸化酶	磷酸化 / 去磷酸化	激活 / 抑制
糖原合酶	磷酸化 / 去磷酸化	抑制 / 激活
丙酮酸脱羧酶	磷酸化 / 去磷酸化	抑制 / 激活
丙酮酸脱氢酶	磷酸化 / 去磷酸化	抑制 / 激活

2. 化学修饰的特点和意义 ①磷酸化与去磷酸化是最常见的酶促反应共价调节方式，酶的 1 分子亚基发生磷酸化常需消耗 1 分子 ATP；②绝大多数该类酶具有无活性和有活性的两种形式，其互变时由不同的酶催化，如蛋白激酶催化磷酸化，蛋白磷酸酶催化去磷酸化；③化学修饰的酶促反应，催化效率高，具有级联放大效应，调节效率高于别构调节；④催化化学修饰的酶自身也接受别构调节、化学修饰调节，并与激素调节耦联，使细胞内酶活性调节更精细协调；⑤化学修饰是应激状态下主要的调节方式。

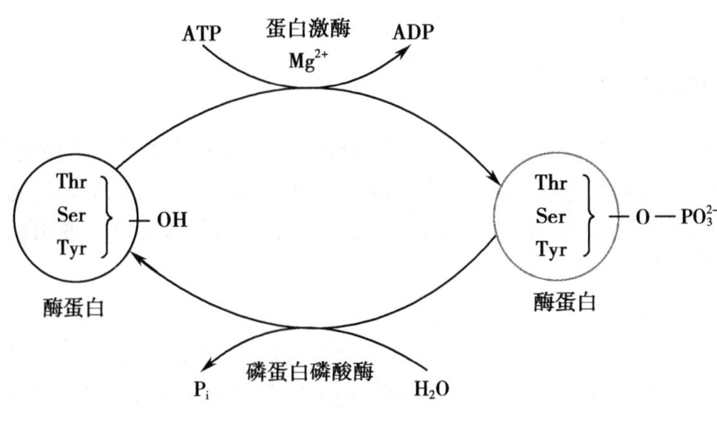

图 9-2　酶的磷酸化与去磷酸化

微课：酶的化学修饰

（四）酶含量的调节

生物体除调节细胞内酶的结构之外，还可通过改变酶合成或降解的速度，改变酶的含量，以达到改变酶活性的目的，从而实现对代谢的调节。由于蛋白质合成和降解所需的时间较长，通常需要数小时甚至更长，消耗 ATP 较多，所以酶含量调节途径属迟缓调节。

1. 酶蛋白合成的诱导与阻遏　酶的底物、产物、激素或药物以及各种内外环境的变化均可影响酶的合成。有些酶的表达因某些底物或类似物的存在而增加，这种基因表达称为诱导，这类酶称为诱导酶；还有一些酶的表达因某些底物或类似物的存在而减少，这种现象称为阻遏，这类酶称为阻遏酶。一般将能加速酶合成的化合物称为诱导剂（inducer），减少酶合成的化合物称为辅阻遏剂（corepressor）。辅阻遏剂与阻遏蛋白结合后，使酶的基因表达减少，称为阻遏作用。诱导剂或辅阻遏剂是在酶蛋白生物合成的转录或翻译过程中发挥作用，但影响转录较常见。一旦酶被诱导合成后，即使去除诱导因素，酶的活性仍然持续存在，直到该酶被降解或抑制。很多酶可以通过诱导作用改变其在细胞内的含量，如很多药物和毒物可促进肝细胞微粒体中单加氧酶或其他某些药物代谢酶的诱导合成，从而使药物失活，具有解毒作用，但这也是引起耐药现象的原因。例如，胰岛素可以诱导胆固醇合成过程关键酶 HMGCoA 还原酶的合成，促进胆固醇的合成，而胆固醇则可以阻遏 HMGCoA 还原酶，从而使胆固醇的合成减少。

2. 酶蛋白降解的调节　酶蛋白的降解有溶酶体和泛素 - 蛋白酶体两种途径，溶酶体降解酶蛋白不具选择性，泛素化途径可特异性地降解特定的酶蛋白。凡能改变或影响这两种蛋白降解机制的因素均可主动调节酶蛋白的降解速度，进而调节酶含量。通过酶蛋白的降解调节酶的含量，远不如酶的诱导和阻遏重要。

二、激素水平的调节

通过激素来调控物质代谢是高等动物体内代谢调节的重要方式。激素能与特定组织或细胞（即靶组织或靶细胞）的受体特异结合，通过一系列细胞信号转导反应，引起代谢改变，发挥调节作用。由于受体存在的细胞部位和特性不同，激素作用于不同组织产生的生物效应也不同，表现出较高的组织特异性和效应特异性，这也是激素作用的一个重要特点。

（一）膜受体激素调节

膜受体是存在于细胞质膜上的跨膜糖蛋白，能够与其结合的激素包括胰岛素、生长激素、促性腺激素、促甲状腺激素和甲状旁腺素等蛋白类激素，还有生长因子等肽类及肾上腺素等儿茶酚胺类激素。这些激素亲水，不能透过脂质双分子层构成的细胞质膜，而是作为第一信使，与靶细胞膜表面受体结合，诱导细胞内产生相应的第二信使，由第二信使将信号逐级放大，激活下游效应蛋白，产生显著的细胞代谢效应。

（二）胞内受体激素调节

胞内受体即定位于细胞内的受体。这类激素包括类固醇激素、甲状腺素、视黄酸等，为疏水性激素，可透过脂质双分子层直接进入胞内，与胞质或核内受体作用，作用于基因的激素反应元件，改变基因的转录，促进或抑制蛋白质或酶的合成，调节细胞内酶的含量，影响细胞代谢。由于该通路常伴随

着基因表达,因而也属于延迟调节。

三、整体水平的调节

代谢的整体调节是指在神经系统的支配下通过神经 - 体液途径直接调节所有细胞水平和激素水平的调节方式,使机体内各组织器官的物质代谢途径相互协调和整合,以应对内外环境的变化,维持内环境的相对稳定。现以饱食、空腹、饥饿、应激状态下的整体调节为例进行说明。

(一) 饱食状态的调节

通常人体的膳食结构为混合膳食,食物经消化后,主要转变为葡萄糖、氨基酸和乳糜微粒的形式入血,体内胰岛素水平中度升高。饱食状态下,机体主要通过葡萄糖的分解代谢获得能量;未被分解的葡萄糖,一部分在胰岛素的作用下合成肝糖原或肌糖原,另一部分合成甘油三酯,储存于脂肪组织内。

(二) 空腹状态的调节

餐后 12 小时,体内的胰岛素水平降低,胰高血糖素水平升高。其实在餐后 6~8 小时,肝糖原即开始补充血糖,保证脑和其他组织所需。餐后 16~24 小时,肝糖原即将消耗殆尽,主要依靠糖异生补充血糖。同时,甘油三酯动员中度增加,分解释放的脂肪酸并合成酮体,供肝、肌等组织利用。骨骼肌部分氨基酸分解,补充糖异生原料。

(三) 饥饿状态的调节

(1) 短期饥饿:在不能进食 1~3 天后,肝糖原消耗殆尽。血糖趋于降低,引起胰高血糖素分泌增加和胰岛素分泌减少,这两种激素的增减可引起一系列的代谢改变。①骨骼肌蛋白质分解加强:释放入血的氨基酸量增加,肌肉蛋白质分解的氨基酸大部分转变为丙氨酸和谷氨酰胺释放入血液循环。饥饿第 3 天,肌肉释出丙氨酸占输出总氨基酸的 30%~40%。②糖异生作用明显增强:饥饿 16~36 小时,糖异生作用增加,肝糖异生葡萄糖的速度约为 150g/d,其中 30% 来自乳酸,10% 来自甘油,其余 60% 来自氨基酸。肝是饥饿初期糖异生的主要场所,约占 80%,小部分(约 20%)则在肾皮质中进行。③脂肪动员加强,酮体生成增多:血浆甘油和游离脂肪酸含量升高,脂肪组织动员出的脂肪酸约 25% 在肝生成酮体。此时,脂肪酸和酮体成为心肌、骨骼肌和肾皮质的重要能源,一部分酮体可被大脑利用。④组织对葡萄糖的利用降低:由于心肌、骨骼肌及肾皮质摄取和氧化脂肪酸及酮体增加,因而减少这些组织对葡萄糖的摄取和利用。饥饿时,脑对葡萄糖的利用亦有所减少,但饥饿初期大脑仍以葡萄糖为主要能源。

(2) 长期饥饿:在不能进食 4~7 天时,机体发生与短期饥饿不同的改变。①脂肪动员进一步加强,肝生成大量酮体,脑组织利用酮体增加,超过葡萄糖,占总耗氧量的 60%。②肌肉以脂肪酸为主要能源,以保证酮体优先供应脑组织。③肌肉蛋白质分解减少,肌肉释出氨基酸减少,负氮平衡有所改善。④糖异生作用明显减少,乳酸和丙酮酸成为肝糖异生的主要来源。饥饿晚期肾糖异生作用明显增强,生成葡萄糖约 40g/d,占饥饿晚期糖异生总量一半。

微课:物质代谢整体水平的调节

总之,饥饿时的主要能量来源是贮存的蛋白质和脂肪,其中脂肪约占能量来源的 85% 以上。如此时输入葡萄糖,不但可减少酮体的生成,降低酸中毒的发生概率,且可防止体内蛋白质的消耗。每输入 100g 葡萄糖约可节省 50g 蛋白质的消耗,这对不能进食的消耗性疾病患者尤为重要。

知识拓展

脑组织能量来源及氧耗

脑没有糖原,也没有作为能量储存的脂肪及蛋白质,所以葡萄糖是脑主要的能量供应物质,每天消耗葡萄糖约 100g。脑组织己糖激酶有很高的活性,即使在血糖水平较低时也能有效利用葡萄糖。长期饥饿血糖不足时,脑主要利用酮体供能。饥饿 3、4 天时,脑每天消耗酮体 50g,饥饿 2 周后可达 100g。脑功能复杂,活动频繁,能量消耗多且连续,是人体静息状态下耗氧很大的器官。脑重量占体重的 2%,但其耗氧量占全身耗氧总量的 20%~25%。

(四) 应激状态的调节

应激(stress)指人体受到一些异乎寻常的刺激所做出的一系列反应的"紧张状态"。如创伤、剧痛、冻伤、缺氧、中毒、感染、大量运动以及剧烈情绪激动等状态，由于交感神经兴奋，肾上腺髓质、皮质激素分泌增多，血浆胰高血糖素及生长激素水平增加，而胰岛素分泌减少，使糖、脂、蛋白质分解加强，合成代谢受到抑制，进而引起血糖升高、脂肪动员增强、蛋白质分解加强等一系列代谢改变。①血糖升高：肾上腺素及胰高血糖素分泌增加均可激活磷酸化酶，促进肝糖原分解；肾上腺皮质激素及胰高血糖素使糖异生加强，不断补充血糖；肾上腺皮质激素及生长素使周围组织对糖的利用降低。②脂肪动员增强：血浆游离脂肪酸升高，成为心肌、骨骼肌及肾脏等组织主要能量来源。③蛋白质分解增强：肌肉释出丙氨酸等氨基酸增加，同时尿素生成及尿氮排出增加，呈负氮平衡。

总之，应激时糖、脂、蛋白质 / 氨基酸分解代谢加强，合成代谢受到抑制，血中分解代谢中间产物，如葡萄糖、氨基酸、脂肪酸、甘油、乳酸、尿素含量增加。

本章小结

机体内的各种物质代谢虽然不同，但有共同的代谢池、共同的能量贮存和利用形式、共同的还原当量 NADPH 以及共同的代谢中间产物，形成了相互联系、相互转变、相互依赖的有机整体，并在细胞、激素及整体水平受到精细调节。

糖、脂、蛋白质在供应能量上可以相互替代，并相互制约，但不能完全互相转变，因为有些反应是不可逆的。葡萄糖能转变为脂肪，但是脂肪仅甘油部分可经糖异生途径转变为糖；糖代谢的中间产物可氨基化生成某些非必需氨基酸，大部分氨基酸可转变为糖；氨基酸可转变为多种脂质，但脂肪仅甘油部分可转变为非必需氨基酸。

细胞水平调节主要通过改变关键酶活性实现；激素水平调节主要通过激素与靶受体特异结合，通过信号传递通路实现；整体水平调节主要通过神经系统的主导、激素的释放、整合细胞内不同代谢途径来实现。三级调节相互协调，通过细胞水平代谢调节，激素和神经对代谢实现精细调节，使各种物质代谢井然有序进行。

案例讨论

一支三人组成的民间探险队在某雪山登顶时，突遇恶劣天气。其中一人迷路遇险被困。同行队员搜救无果后向警方求助，但因为雪山自然条件十分艰苦，救援过程进展缓慢。所幸该雪山气温尚可，经过多方力量紧急救援，被困者第 5 天终于获救，被送医院及时治疗后康复出院。

案例分析

请分析：

1. 试分析遇险队员饥饿时的主要能量来源是什么？
2. 该遇险队员经历了饥饿的几个阶段，每个阶段体内物质代谢的特点是什么？

（王保平）

思考题

1. 简述糖、脂、蛋白质代谢之间的联系。
2. 物质代谢过程中酶的别构调节与化学修饰调节有何异同？
3. 物质代谢的调节存在几个水平？以哪个水平为基础调节？根本作用点在哪里？

扫一扫，测一测

第十章 DNA 的生物合成

学习目标

1. 掌握:遗传信息传递的中心法则;DNA 复制的概念、特征、方式及体系;逆转录的概念。
2. 熟悉:DNA 复制的过程;逆转录过程;DNA 损伤的概念、类型及修复方式。
3. 了解:逆转录意义;DNA 损伤的影响。
4. 运用遗传信息传递规律的知识,使学生具备分析、理解分子病等遗传病发病机制的能力。
5. 通过对 DNA 生物合成的学习,培养学生严谨、细致的工作作风和职业素养。

DNA 是遗传的物质基础,其分子中含有大量的遗传信息,这些遗传信息经过传递,最终以蛋白质的形式表现出来。生物体内或细胞内进行的 DNA 生物合成主要包括 DNA 复制、逆转录合成 DNA 和 DNA 修复合成。在遗传信息传递的过程中,以亲代 DNA 为模板合成子代 DNA 的过程,称为 DNA 复制(replication)。DNA 双螺旋结构和碱基互补配对是复制的分子基础,酶促的单核苷酸聚合反应是复制的化学本质。复制过程中,亲代 DNA 双螺旋解开,形成两条单链分别作为复制的模板,依据碱基互补配对原则,酶催化单核苷酸聚合生成子代 DNA。通过 DNA 复制,亲代的遗传信息准确地传递给子代。以 DNA 为模板合成 RNA 的过程,称为转录(transcription)。通过转录,将 DNA 的遗传信息传递给 mRNA。以 mRNA 为模板合成蛋白质的过程,称为翻译(translation)。翻译是遗传信息传递的最终阶段。遗传信息经 DNA 复制、转录及翻译的传递规律,被称为遗传信息传递的中心法则。这一法则代表了大多数生物遗传信息贮存、传递和表达的规律,是研究生物遗传、繁殖、进化、生长发育、生命起源、健康与疾病等生命科学重大问题的理论基础。

随着分子生物学的深入研究,人们逐渐认识到 RNA 在生命活动中的重要作用。1970 年 Temin 等在病毒体内发现了逆转录酶,并证实一些病毒 RNA 也能携带遗传信息,并能将遗传信息以逆向转录的方式传递给 DNA。这种以 RNA 为模板合成 DNA 的过程称为逆转录(reverse transcription)。此外,某些病毒 RNA 还可进行自我复制。逆转录和 RNA 自我复制的发现使传统的中心法则进一步得以完善和补充。遗传信息传递的中心法则见图 10-1。

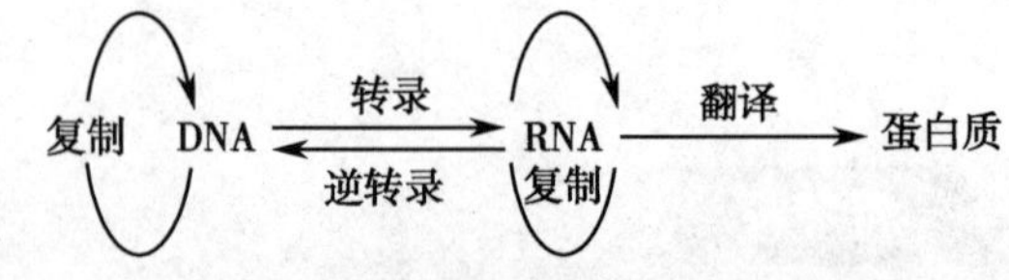

图 10-1 遗传信息传递的中心法则

第一节 DNA 复制

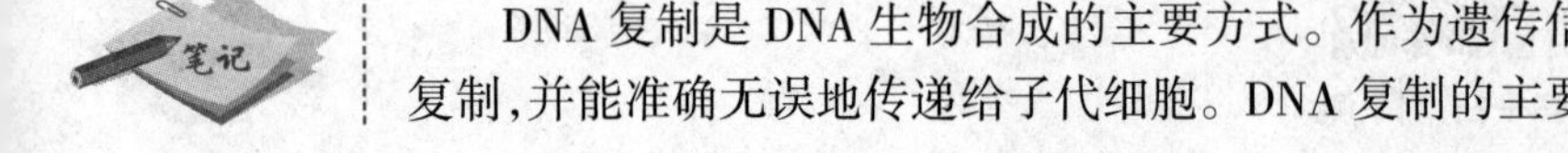

DNA 复制是 DNA 生物合成的主要方式。作为遗传信息的载体,细胞中的 DNA 必须能够精确地复制,并能准确无误地传递给子代细胞。DNA 复制的主要特征包括半保留复制、双向复制、半不连续

复制和高保真性。无论是真核生物还是原核生物，其 DNA 复制规律和过程均相似。在细胞增殖周期的一定阶段，DNA 发生精确的复制，随即细胞分裂，以染色体为结构基础将复制好的 DNA 均匀分配到两个子细胞中。染色体外的遗传物质如质粒、线粒体 DNA 和叶绿体 DNA 也有基本相似的复制过程。

图片：DNA 复制导学

一、DNA 复制的特征

（一）半保留复制

半保留复制是 DNA 复制的基本方式。复制时，亲代 DNA 双链解开成两股单链，单链各自作为模板合成与其互补的子链，从一个亲代 DNA 双螺旋复制出两个与亲代完全相同的子代 DNA。新合成的子代 DNA 双链中，一条链来自亲代，另一条链是以亲代链为模板新合成的，这种复制方式称为半保留复制（semi-conservative replication）（图 10-2）。

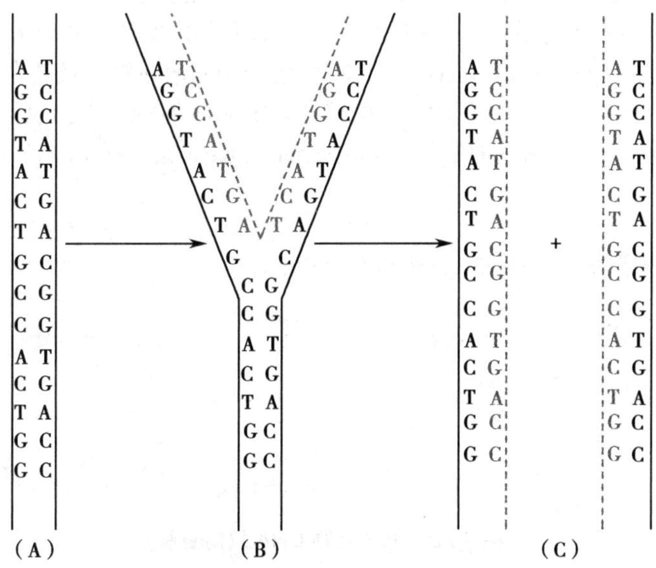

图 10-2　DNA 半保留复制

半保留复制的阐明对于理解 DNA 的功能和物种的延续性有重大意义。按半保留复制的方式，子代保留了亲代 DNA 的全部遗传信息，体现了子代与亲代之间 DNA 碱基序列的一致性。此外，还有相应的酶学机制使复制过程具有高保真性。但遗传的保守性是相对的而不是绝对的，自然界还存在着普遍的变异现象，在强调遗传稳定性的同时，不应忽视其变异性。

知识拓展

DNA 复制方式

在确定 DNA 的复制方式前，认为 DNA 可能的复制方式有三种：Watson 和 Crick 发现 DNA 分子的双螺旋结构后，预测 DNA 的复制为半保留复制；Max Delbrück 则提出弥散复制：每一条子代核苷酸分子都由部分亲代 DNA 和部分新合成的子代 DNA 组成；第三种可能性是全保留复制，即一个子代双螺旋分子完全由新合成的 DNA 组成，而另一条则完全由两条亲代 DNA 组成。而 1958 年由 Matthew Meselson 和 Franklin Stahl 所做的实验证实，DNA 的复制方式为半保留复制。

细菌能够以 NH_4Cl 为氮源合成 DNA，Meselson-Stahl 实验正是利用这一特性，将大肠埃希菌培养于含有 $^{15}NH_4Cl$（用氮的重放射性元素标记氯化铵）的培养基中，若干代后大肠埃希菌的 DNA 全部含 ^{15}N。然后再将这些细菌转移到普通的含 $^{14}NH_4Cl$ 的培养基中，新合成的 DNA 中则有 ^{14}N 掺入。

图片：证明 DNA 半保留复制的实验

分别在 20min（一次细胞分裂）和 40min（两次细胞分裂）后取样，并从样品中提取 DNA 进行密度梯度离心。因 ^{15}N-DNA 和 ^{14}N-DNA 的密度不同，因此形成不同的致密带。根据三种可能的复制方式推测实验结果，20min（一轮复制后），假如是全保留复制，会形成两条带（两种不同的双螺旋，一种只含有 ^{15}N，另一种只含有 ^{14}N）；假如是弥散复制或半保留复制，则形成一条带（一种双螺旋，同时含有 ^{15}N 和 ^{14}N）。实验结果显示只有一条带，从而排除了全保留复制。40min（两轮复制后），假如是弥散保留复制，则有一条带（一种双螺旋，同时含有 ^{15}N 和 ^{14}N）；假如是半保留复制，则有两条带（两种不同的双螺旋，一种含有 ^{15}N，另一种只含有 ^{14}N）。实验结果显示有两条带，从而排除了弥散保留复制，证实 DNA 的复制形式为半保留复制。

（二）双向复制

DNA 复制总是从一段特殊的 DNA 序列开始，这些具有特殊碱基序列的部位称为复制起始点（replication origin）。原核生物基因组是环状 DNA，只有一个复制起始点。DNA 复制时，在起始点处局部双链解开分成两股，各自作为模板，子链沿模板延长，解开的两股单链和未解开的双螺旋所形成的“Y”字形结构，称为复制叉（replication fork）。其中，已解开的两股单链以及新合成的子链构成了“Y”形的头部，尚未解旋的 DNA 双链构成了“Y”形的尾部。复制时，DNA 从起始点向两个方向解链，形成两个延伸方向相反的复制叉，称为双向复制（bidirectional replication）（图 10-3）。

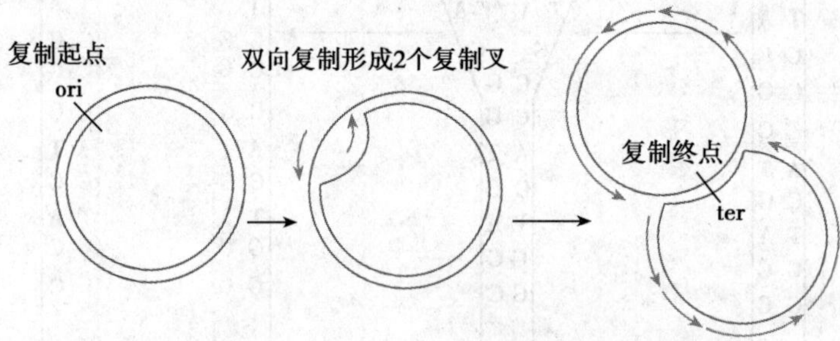

图 10-3 原核生物 DNA 双向复制

例如，大肠埃希菌经放射性标记其 DNA 后，在电镜下观察到复制开始时呈“眼睛状”的结构，形象地称为“复制眼”。质粒 DNA、大肠埃希菌等细菌 DNA 都是环状 DNA 分子，只有一个复制起始点，双向复制使两个复制叉在和起点相对的位点汇合后，复制完成。真核染色体线状 DNA 分子巨大，含有多个复制起始点。DNA 复制时，从各复制起始点起始后产生两个复制叉，与相邻复制起始点起始产生的复制叉相遇时完成复制，形成两条双链 DNA 分子。从一个 DNA 复制起始点到终止点的复制区域称为复制子（replicon）（图 10-4）。复制子是一个独立复制单位，原核生物 DNA 复制是单复制子的复制，而真核生物 DNA 复制是多复制子的复制。

（三）半不连续复制

1968 年冈崎利用电子显微镜结合放射自显影技术观察到，复制过程中会出现一些较短的新 DNA 片段。后人证实这些片段只出现于同一复制叉的一条链上，复制完成后，这些不连续片段经过去除引物，填补引物留下的空隙，连接成完整的 DNA 长链。由此提出，子代 DNA 合成是以半不连续的方式完成的。

目前知道，亲代 DNA 分子的两条单链反向平行，这两条链各自作为模板，同时合成两条新的互补链。由于子代 DNA 链的合成方向只能是 5′→3′，所以复制时一条链的合成方向与复制叉前进方向（解链方向）相同，在引物的基础上可以连续合成，而另一条链的合成方向与复制叉前进方向相反，不能沿着解链方向连续合成，必须待模板链解开一定长度后才能沿 5′→3′ 方向合成引物并延长。这种过程周而复始，所以这条子链的合成是不连续的。通常将能连续合成的子链称为领头链（leading strand），其合成方向与解链方向一致；不能连续合成的子链称之为随从链（lagging strand），其合成方向与解链方向

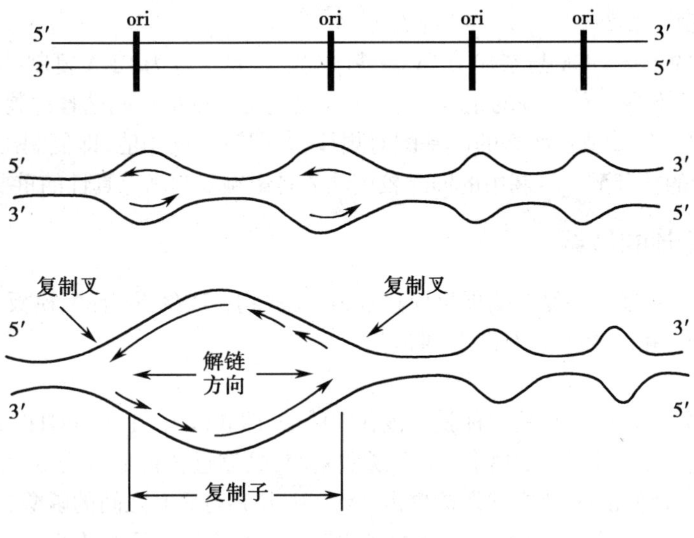

图 10-4　真核生物 DNA 的复制子

相反。DNA 复制时，领头链能连续合成而随从链不连续合成的方式称半不连续复制（semi-discontinuous replication）（图 10-5）。在引物生成和子链延长上，随从链都比领头链迟一些。因此，两条互补链的合成是不对称的。

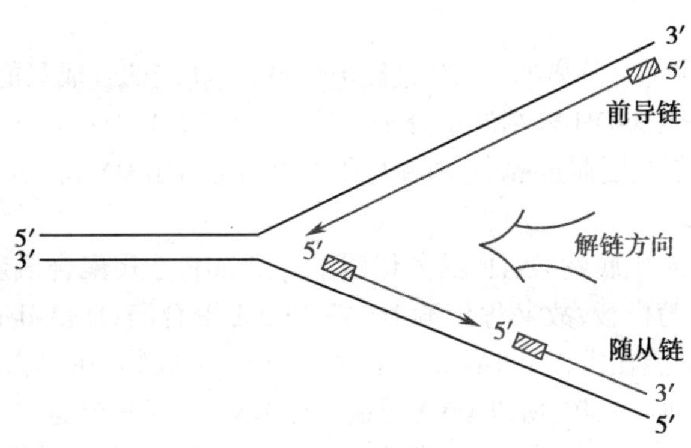

图 10-5　DNA 的半不连续复制

复制中随从链上的不连续 DNA 片段称为冈崎片段（Okazaki fragment）。在原核生物中冈崎片段约为 1000~2000 个核苷酸，在真核生物中约为 100 个核苷酸。

冈崎片段的发现

冈崎片段是如何被发现的呢？日本科学家冈崎令治及其夫人冈田恒子用 ^{3}H- 胸腺嘧啶脉冲标记新合成的 DNA，即将大肠埃希菌培养于含 ^{3}H- 胸腺嘧啶的培养基中，短时间后终止反应，提取 DNA。短时间内，新合成的片段尚未连接，可被检测出。NaOH-EDTA 处理提取的 DNA 使其变性，保持单链状态。再用蔗糖密度梯度离心法确定片段的大小。离心结束后，从管中一定部位抽取液体测定放射性。结果显示，当标记时间为 5 秒时，密度梯度离心得到含放射性标记的低分子量 DNA 的慢沉降组分；脉冲时间延长，标记的高分子量快沉降的 DNA 增多。因为没有立即检测出大片段，所以冈崎当时得出的结论是 DNA 两条链都是不连续复制。后来，他进一步发现了与冈崎片段相关的 RNA，成功构建起 DNA 半不连续复制模型。

(四) 高保真复制

DNA 复制生成的子代 DNA 与亲代 DNA 碱基序列的一致性称为 DNA 复制的高保真性。DNA 复制的高保真性依赖于下列三种机制的正常发挥:①在复制延长中能正确选择底物(脱氧核苷三磷酸),使之与模板核苷酸配对;②遵守严格的碱基配对规律;③即时校读功能,即复制出错时切除错配的核苷酸,同时补回正确的核苷酸。复制中的即时校读功能是影响复制高保真性的重要因素。

二、DNA 复制的体系

DNA 复制是核苷酸聚合的复杂酶促反应过程,需要底物、DNA 聚合酶、模板、引物及蛋白质因子等多种物质共同参与,并由 ATP 和 GTP 提供能量。

(一) 底物

DNA 合成的主要原料(底物)是四种脱氧核苷三磷酸,即 dATP、dTTP、dCTP、dGTP,总称 dNTP,N 代表四种碱基中的任意一种。dNTP 拥有三个磷酸基团,最靠近核糖的称为 α-P,向外依次是 β-P 和 γ-P。在聚合反应中,延伸链的 3′ 羟基亲核攻击 dNTP 中 α-P 与 β-P 之间的磷酸二酯键。该键不是被水解,而是发生了酯交换:原本与 β-P 形成磷酸二酯键的 α-P 连接到延伸链的 3′ 端。核苷酸与核苷酸之间形成 3′,5′ 磷酸二酯键,新链由 5′ 端向 3′ 端延长。而 dNTP 末端的 2 个磷酸作为无机焦磷酸基团被释放,随后被细胞中磷酸二酯酶水解。焦磷酸的水解使本反应基本不可逆。复制、修复和重组的化学基础大多都是类似这样的酯交换反应。

(二) 模板

DNA 复制的模板是亲代 DNA 解开形成的两条单链。DNA 复制时,需以亲代双链 DNA 解开的 DNA 单链为模板,严格根据碱基互补规律指导 dNTP 逐一加入,合成子链 DNA。

(三) 引物

DNA 聚合酶不能催化 2 个游离的 dNTP 直接进行聚合,新链的合成只能从已有的寡核苷酸链的 3′-OH 末端开始。这种提供 3′-OH 末端的小分子寡核苷酸称为引物(primer),通常作为引物的寡核苷酸为一段小分子的 RNA,但是复制过程中,冈崎片段的引物也可是 DNA。

(四) 主要酶及蛋白质

1. DNA 聚合酶　是催化底物 dNTP 脱去焦磷酸以 dNMP 方式聚合成新生 DNA 的酶。该酶发挥作用时需要以 DNA 作为模板,故又称依赖 DNA 的 DNA 聚合酶(DNA-dependent DNA polymerase, DNA-pol)。DNA 聚合酶只能在模板 DNA 的指导下以 dNTP 为底物,在引物的 3′-OH 上以形成 3′,5′-磷酸二酯键的方式逐个添加 dNMP,所以 DNA 复制子链 DNA 延长只能是 5′→3′。另外,DNA-pol 还具有 3′→5′ 方向或 5′→3′ 方向的外切酶的活性,即能在 5′ 端或 3′ 端把脱氧核苷酸从核苷酸链上水解下来。

目前已发现原核生物有三种 DNA 聚合酶,真核生物有五种 DNA 聚合酶。

原核生物大肠埃希菌(*E.coli*)的 DNA 聚合酶有Ⅰ、Ⅱ、Ⅲ三种,这三种聚合酶都有 5′→3′ 延长脱氧核苷酸链的聚合活性及 3′→5′ 核酸外切酶活性。其中,DNA polⅠ的含量最多,是第一个被鉴定出来的 DNA 聚合酶。它由一条多肽链组成,二级结构以 α- 螺旋为主,其分子量为 1.09×10^5,被特异的蛋白酶可水解成两个片段。占蛋白 2/3 的大片段(共 604 个氨基酸残基,相对分子质量 68 000),称 Klenow 片段,它具有两种酶的活性:① 5′→3′DNA 聚合酶活性,能催化 DNA 沿 5′→3′ 方向延长,用于填补 DNA 片段间的间隙;② 3′→5′ 核酸外切酶活性,能识别和切除新生链中错配的核苷酸,起校读作用。Klenow 片段是实验室合成 DNA 和进行分子生物学研究常用的工具酶。小片段(共 323 个氨基酸残基,相对分子质量 35 000)具有 5′→3′ 核酸外切酶活性,用于切除引物和突变的 DNA 片段,在 DNA 损伤修复中起重要作用。

DNA polⅡ基因发生突变,细菌依然能存活,推测它是在 DNA polⅠ和 DNA pol Ⅲ缺失情况下暂时起作用的酶。DNA pol Ⅱ在 DNA 损伤时被激活,该酶兼有 3′→5′ 核酸外切酶和 5′→3′DNA 聚合酶的活性,对模板的特异性不高,即使在已发生损伤的 DNA 模板上也能催化核苷酸聚合,所以可能主要参与损伤 DNA 的应急状态修复。

DNA polⅢ的活性最大,为 DNA polⅠ的 15 倍,DNA polⅡ的 300 倍,能在引物的 3′-OH 末端以每分钟 5 万个核苷酸的速率延长新生的 DNA 链。因此,DNA polⅢ是原核生物复制延长真正起催化作用的

酶。DNA polⅢ的分子量为 2.5×10^5，是由 10 种亚基组成的不对称异聚体(图 10-6)，由 2 个核心酶、1 个 γ-复合物和 1 对 β 亚基组成。核心酶由 α、ε、θ 三种亚基构成。其中，α 亚基具有 5′→3′DNA 聚合酶的活性，可以催化 DNA 子链沿 5′→3′ 方向延长；ε 亚基是复制保真性所必需，具有 3′→5′ 核酸外切酶活性，切除错配的核苷酸，起校读作用；θ 亚基功能尚不清楚，它可能仅仅起结构上的作用，使两个核心亚基以及其他各种辅助亚基装配到两侧辅助 β 亚基，充当"滑动夹"的作用，夹稳 DNA 链，并使酶沿模板滑动。其余 6 种亚基统称 γ- 复合物，包括 γ、δ、δ′、χ、τ 和 ψ，有促进全酶组装至模板上及增强核心酶活性的作用，其中 τ、γ 都是编码 γ 的同一基因移码合成。大肠埃希菌三种聚合酶特性见表 10-1。

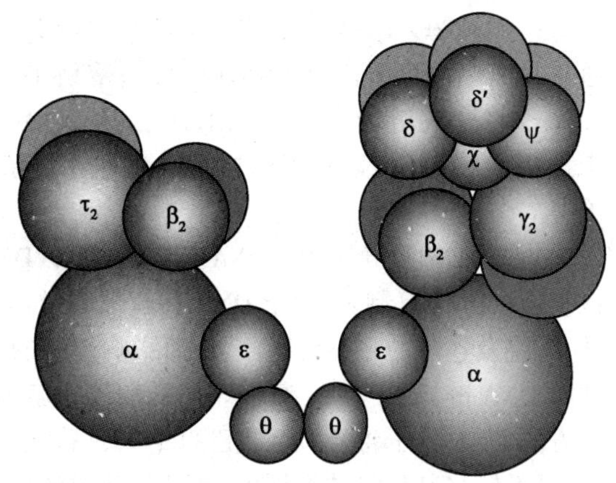

图 10-6　大肠埃希菌 DNA polⅢ结构示意图

表 10-1　大肠埃希菌三种聚合酶特性

分类	DNA 聚合酶Ⅰ	DNA 聚合酶Ⅱ	DNA 聚合酶Ⅲ
分子量(KD)	109	129	250
组成	单体	单体	多亚基不对称二聚体
5′→ 3′ 聚合酶活性	+	+	+
3′→ 5′ 外切酶活性	+	+	+
5′→ 3′ 外切酶活性	+	–	–
基因突变后的致死性	可能	不可能	可能
生物学功能	切除引物 延长冈崎片段 校读作用 DNA 损伤修复	DNA 损伤修复	催化 DNA 聚合 校读作用

真核生物 DNA 聚合酶目前已发现 DNA 聚合酶 α、β、γ、δ、ε 五种(表 10-2)。DNA 聚合酶 α 具有引物酶活性，能催化引物 RNA 的合成；DNA 聚合酶 δ 在真核生物的 DNA 链延长中起主要催化作用，相当于原核生物中的 DNA polⅢ，催化子链延长，并具有解螺旋酶的活性；DNA 聚合酶 ε 在校读、修复和填补引物去除后缺口中发挥作用，与原核生物的 DNA polⅠ相类似；DNA 聚合酶 γ 参与线粒体 DNA 的复制；DNA 聚合酶 β 具有外切酶的活性，复制的保真度低，可能在 DNA 损伤修复中发挥作用。

表 10-2　真核生物 DNA 聚合酶

DNA 聚合酶	α	β	γ	δ	ε
分子量(KD)	16.5	4.0	14.0	12.5	25.5
细胞内定位	核	核	线粒体	核	核
5′→ 3′ 聚合酶活性	有	有	有	有	有
3′→ 5′ 外切酶活性	无	有	有	有	有
功能	具有引物酶活性，催化引物合成	具有外切酶活性，参与 DNA 损伤修复	参与线粒体 DNA 复制	催化子链延长，具有解旋酶活性	填补引物空隙、修复填补缺口

动画:解旋酶

2. 解旋酶 DNA 分子的碱基埋在双螺旋结构内部,只有解成单链才能发挥模板作用。在体外,通常只有当温度升高到 90℃以上时,双链 DNA 才能解开为单链。生理温度下,细胞可以利用解旋酶来将亲代链分离。解旋酶结合到 DNA 的一条单链上,沿着一个固定方向进行移动,每一步都需要水解 ATP 来提供能量。这样就将亲代链"推开",使 DNA 双链间的氢键断开而形成两条单链。

3. DNA 拓扑异构酶 DNA 拓扑异构酶(DNA topoisomerase)简称为拓扑酶,广泛存在于原核及真核生物。DNA 复制时,由于 DNA 在解螺旋过程中因旋转速度过快,可出现复制叉前方的 DNA 分子打结、缠绕及连环的超螺旋现象,从而影响复制的进程。拓扑酶的作用是改变 DNA 分子的超螺旋状态,理顺 DNA 链,便于 DNA 复制。拓扑酶能水解 DNA 分子中的磷酸二酯键。DNA 解螺旋时,在复制叉前方的 DNA 分子将要打结或已打结处,拓扑酶水解 DNA 分子中的磷酸二酯键,"剪开"DNA 的一股或两股链,将其从打结处抽出,使结打开或解松。拓扑酶还能将水解的磷酸二酯键连接,将"剪开"的 DNA 链连接起来,从而松解超螺旋结构。拓扑酶分为Ⅰ型和Ⅱ型。拓扑酶Ⅰ可以切断 DNA 双链中的一股链,使 DNA 解链旋转中不至于打结,适当时候又把切口封闭,使 DNA 变为松弛状态。这一反应无需 ATP,可防止超螺旋的形成。拓扑酶Ⅱ能切断处于正超螺旋的 DNA 双链,使超螺旋松弛,然后利用 ATP 供能,松弛状态 DNA 的断端在拓扑酶Ⅱ的催化下连接恢复。母链 DNA 与新合成链也会互相缠绕,形成打结或连环,也需要拓扑酶Ⅱ的作用。

这两种酶都在 DNA 复制中起到重要作用,可使复制中的 DNA 解开螺旋、连环,达到适度松弛。DNA 分子一边解链,一边复制,所以复制全过程都需要拓扑酶。

拓扑异构酶

拓扑异构酶可降低环绕数,同解旋酶协同作用,解开 DNA 双螺旋。因此,抑制拓扑异构酶可阻止 DNA 的复制,方法有两种:①利用拓扑异构酶毒性剂,作用于 gyrA 编码的"解扭转酶"亚基,可固定 DNA- 蛋白质的共价连接,在复制中引起致命的 DNA 链断裂,如环丙沙星可用于防治炭疽及许多其他细菌的感染,是临床应用中最有效的口服抗生素之一;②利用拓扑异构酶抑制剂,如香豆霉素 A_1 和新生霉素,作用于 gyrB 编码 ATP 亚基,抑制其催化活性。

4. 单链结合蛋白 DNA 双链解开后,作为模板的两股单链有恢复形成双链的趋势,单链结合蛋白(single strand binding protein,SSB)的作用是与已解开的 DNA 单链结合,维持模板处于稳定的单链状态,减少二级结构的形成(如发夹结构,可以阻碍 DNA 的合成),并且使模板链呈一条直线,以便于 DNA 合成的高速进行,同时保护 DNA 单链免遭核酸酶水解。SSB 不仅对于复制过程非常关键,在重组和修复过程中也同样重要。SSB 与单链区的结合存在协同效应,即先结合的 SSB 可加快后结合的 SSB 与单链的结合速度。

5. 引物酶 引物酶(primase)是一种特殊的依赖 DNA 的 RNA 聚合酶,不同于催化转录的 RNA 聚合酶。它在模板的复制起始部位催化与模板碱基互补的游离三磷酸核苷(NTP)聚合,形成短片段的 RNA 或 DNA,提供 3′-OH 末端供 dNTP 加入和延伸。在复制的起始过程中,引物酶还需与其他蛋白质因子形成复合物,才能完成引物的合成。

动画:DNA 连接酶

6. DNA 连接酶 DNA 连接酶(DNA ligase)是连接 DNA 单链缺口的酶。其可催化一个 DNA 片段的 3′-OH 末端和另一 DNA 片段的 5′-P 末端脱水形成磷酸二酯键,从而两个 DNA 片段连接起来。此过程是耗能反应,在真核生物需要利用 ATP 供能,原核生物则需要 NAD^+。ATP 或 NAD^+ 水解后产生 AMP,AMP 残基与酶结合,随后 AMP 被转移至切口处,并与切口 5′ 末端形成磷酸二酯键。实验证明,DNA 连接酶只能连接双链中的单链缺口,而对单独存在的 DNA 单链或 RNA 单链没有连接作用。DNA 连接酶不仅在 DNA 复制中起最后接合缺口的作用,也在 DNA 修复、重组、剪接中起缝合缺口作用。如果 DNA 两股链都有单链缺口,只要缺口前后的碱基互补,连接酶也可连接。因此,它是基因工程中常用工具酶之一。

DNA 复制相关的酶和蛋白质见表 10-3

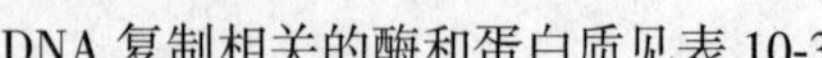

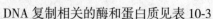

图片:DNA的复制体系

表 10-3 DNA 复制相关的酶和蛋白质

名称	功能	名称	功能
解旋酶	解开 DNA 双链	DNA 聚合酶Ⅲ	合成 DNA
拓扑异构酶	松解 DNA 超螺旋	DNA 聚合酶Ⅰ	切除引物、填补空隙
SSB	稳定 DNA 单链	DNA 连接酶	连接 DNA 片段
引物酶	合成引物		

DNA 聚合酶的发现

1955 年春美国生物化学家阿瑟·科恩伯格(Arthur Kornberg)以大肠埃希菌提取液为材料，用放射性元素标记核苷酸的方法证明存在催化脱氧核苷酸的多聚化酶。1957 年科恩伯格等终于将该酶纯化，命名为 DNA 聚合酶Ⅰ。该酶可以 DNA 作为模板，以四种脱氧核苷三磷酸(deoxynucleoside triphosphate，dNTP)为原料合成 DNA。由于这项重要发现，1959 年科恩伯格与奥乔亚共享了诺贝尔奖。那时认为，细菌中只能有这一种 DNA 聚合酶。1969 年 12 月冷泉港实验室的研究员露茜娅(P.D.Lucia)和凯恩斯(J.Caims)在《*Nature*》上发表了题为“受突变影响的大肠埃希菌 DNA 聚合酶的分离”的论文，指出在编码 polⅠ的 polA 基因中分离出一种具有缺陷的突变体，这种突变体不能合成 DNA 聚合酶Ⅰ，但仍能以正常的速率生长和繁殖突变株，这说明 DNA 聚合酶Ⅰ不是主要的复制酶。后续实验证明，DNA 聚合酶Ⅰ只是一种 DNA 修复酶，主要参与 DNA 损伤修复。1970 年阿瑟·科恩伯格的次子托马斯·科恩伯格(Thomas Bill Kornberg)在瑞典生物化学国际会议上公布在大肠埃希菌中发现了 1 种新的 DNA 聚合酶。次年，托马斯·科恩伯格提纯了这种酶并命名为 DNA 聚合酶Ⅱ。然而，通过失活编码 DNA 聚合酶Ⅱ的 polB 基因，细胞仍然可以存活。在纯化 DNA 聚合酶Ⅱ的色谱分析中，托马斯·科恩伯格观察到，除聚合酶Ⅱ与聚合酶Ⅰ可以清晰地分开外，在 DNA 聚合酶Ⅰ处还隐藏着 1 条小的色带，后来证实这是不同于 DNA 聚合酶Ⅰ和聚合酶Ⅱ的另一种聚合酶——DNA 聚合酶Ⅲ。只有在 DNA 聚合酶Ⅲ基因缺失的情况下，大肠埃希菌才失去生存能力，从而证实 DNA 聚合酶Ⅲ是 DNA 复制中最主要的酶。

三、DNA 复制的过程

真核生物与原核生物的 DNA 复制过程都分为起始、延长和终止三个阶段，具有共同的特点，也有一定的差别。在此主要介绍原核生物的 DNA 复制过程。

(一) 复制的起始

起始是复制过程中较为复杂的环节，起始阶段主要任务是形成复制叉和引物。各种酶和蛋白因子在复制起始点装配引发体，形成复制叉并合成 RNA 引物。

DNA 复制具有固定的起始点。在复制的起始点部位，解螺旋酶、DNA 拓扑异构酶和多种蛋白质因子协同作用，使得模板 DNA 分子的构象改变，解开双螺旋及双链结构，成为两条 DNA 单链，单链结合蛋白结合到解开的单链并维持其稳定的单链状态，形成复制叉。此时，引物酶参与进来，形成了一个包括 DNA 复制的起始区域、解螺旋酶、引物酶及单链结合蛋白等蛋白质因子的复合结构，这一复合结构称为引发体(primosome)。

引发体中的引物酶以四种 NTP(不是 dNTP)为原料，以解开的一段 DNA 单链为模板，按 5′→3′ 的方向合成含十几个至几十个核苷酸不等的一小段 RNA 分子，作为引物。母链 DNA 解成单链后，不会立即按照模板序列将 dNTP 聚合形成 DNA 子链，这是因为 DNA pol 不具备催化 2 个游离 dNTP 之间形成磷酸二酯键的能力，只能催化核酸片段的 3′-OH 末端与 dNTP 间的聚合。而引物酶属于依赖 DNA 的 RNA 聚合酶，可以 DNA 为模板催化游离的 NTP 生成 RNA 片段，作为引物为 DNA 合成提供 3′-OH 末端。随着 RNA 引物的合成，DNA 聚合酶加入，DNA 复制进入延长阶段。

以大肠埃希菌为例，其复制起点称为 oriC，长约 245bp。有 2 个重复的基序对 oriC 功能至关重要。下游的 9 核苷酸单位的基序是大肠埃希菌起始子 DnaA 的结合位点，其在 oriC 上重复 5 次。上游的 13 核苷酸单位的基序重复 3 次，是起始时单链 DNA 形成的起始位点。13 核苷酸单位重复序列碱基组成以 A、T 为主，被称为富含 AT 区。DNA 双链中，AT 碱基间只有 2 个氢键，故富含 AT 部位容易发生解链。

1006

动画：DNA 解链

DNA 的解链过程由 DnaA、DnaB、DnaC 三种蛋白质共同参与完成。DnaA 蛋白识别并结合 oriC 下游的重复 9 核苷酸单位序列并受 ATP 的调控。当与 ATP 结合时，DnaA 蛋白还与 oriC 上游重复的 13 核苷酸单位相互作用，这些作用使 13 核苷酸单位元件区域内 20bp 的 DNA 发生解链。DnaB（5′→3′ 解旋酶）在 DnaC 的帮助下结合并沿解链方向移动，同时使碱基对断裂，与拓扑异构酶共同作用解开双螺旋，复制叉初步形成。单链结合蛋白结合到 DNA 单链上，防止 2 条单链重新结合及降解，在一定时间内使复制叉保持适当的长度，以利于核苷酸依据模板掺入。

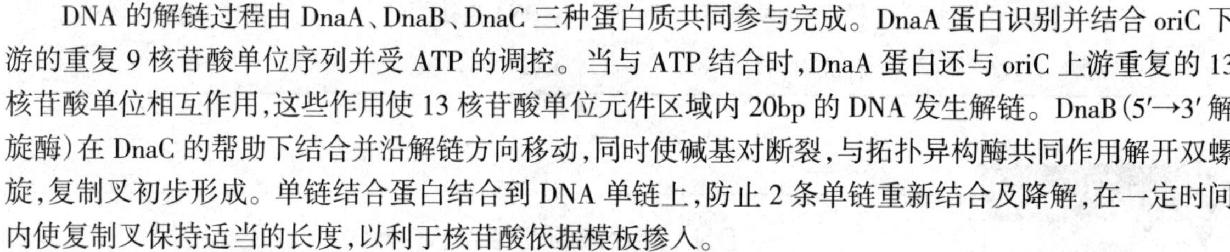

1007

动画：引发体的生成

在 DNA 双链解链的基础上，形成了 DnaB、DnaC 蛋白与 DNA 复制起点相结合的复合体，此时引物酶进入，形成含有解旋酶、DnaB、DnaC、引物酶与 DNA 复制起始区域共同构成的复合结构，称为引发体。DNA 开始复制时，单链结合蛋白与单链解离。引物酶依据模板的碱基序列，从 5′→3′ 方向催化 NTP 的聚合，生成短链的 RNA 引物。引物长度约为十几个至几十个核苷酸不等，引物合成的方向也是自 5′ 端至 3′ 端。已合成的 RNA 引物必然留有 3′-OH 末端，此时就可在 DNA polⅢ的催化下与新配对进入的 dNTP 生成磷酸二酯键，复制就可进行下去。

（二）复制的延长

1008

动画：复制的延长

DNA 复制延长的主要任务是在复制叉处 DNA polⅢ以模板碱基要求，按照碱基配对规律催化 dNTP 以 dNMP 方式逐个加入到引物或延长中子链的 3′-OH 上，不断生成 3′,5′- 磷酸二酯键，使子代链不断延长（图 10-7）。由于模板 DNA 双链的方向相反，而 DNA 聚合酶只能按 5′→3′ 方向合成子链 DNA，这导致了 DNA 复制的半不连续性。其中领头链沿着 5′→3′ 方向连续延长，随从链沿着 5′→3′ 方向呈不连续延长。大肠埃希菌的 DNA polⅢ滑动夹由 DNA polⅢ的两个 β 亚基构成，通过滑动夹装载器 γ 复合体装载到 DNA 上，装载的过程需要 ATP 水解供能。β 亚基环绕 DNA 双链并沿其滑动，使 DNA polⅢ附着于 DNA 之上，这样复制就得以高速连续地进行。这一复合体不断合成 DNA，直到模板耗尽或者到达某些 DNA 损伤的位置。领头链延长方向与解链方向相同，可以连续延长。随从链的复制稍滞后于领头链，延长方向与解链方向相反，不能连续延长，要不断生成引物并合成冈崎片段。在 DNA polⅢ催化下，冈崎片段不断延长，当后一个冈崎片段延长到前一个冈崎片段的引物处时，由 DNA polⅠ置换出 DNA polⅢ，进入 DNA 复制的终止阶段。

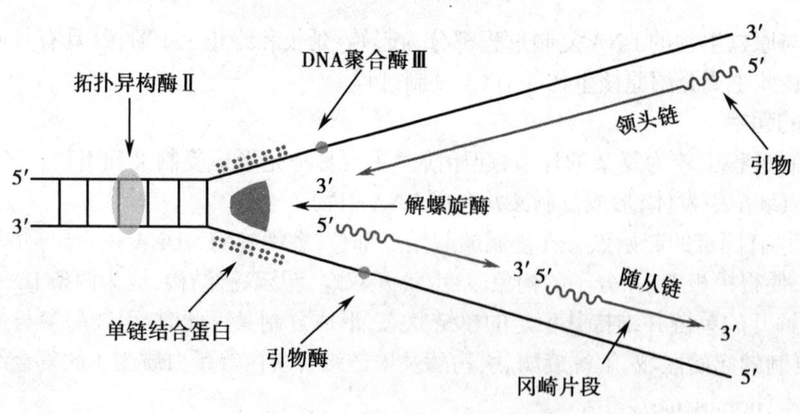

图 10-7　DNA 复制延长过程示意图

（三）复制的终止

DNA 复制终止的主要过程包括切除引物、填补空缺和连接切口。DNA polⅠ切除引物并填补空缺，DNA 连接酶连接缺口生成子代 DNA。当复制延长到具有特定碱基序列的复制终止区域时，参与复制的多种蛋白质终止因子结合到终止区域。由于原核生物基因是环状 DNA，在 DNA polⅠ的作用下切除

动画：复制的终止

领头链和随从链的 RNA 引物，并以 5′→3′ 方向延长 DNA，以填补引物水解留下的空隙，随从链中前一个冈崎片段和后一个冈崎片段的切口则由 DNA 连接酶通过 3′,5′- 磷酸二酯键连接，封闭缺口，使随从链成为完整的 DNA 子链，这个过程需要 ATP 水解供能（图 10-8）。

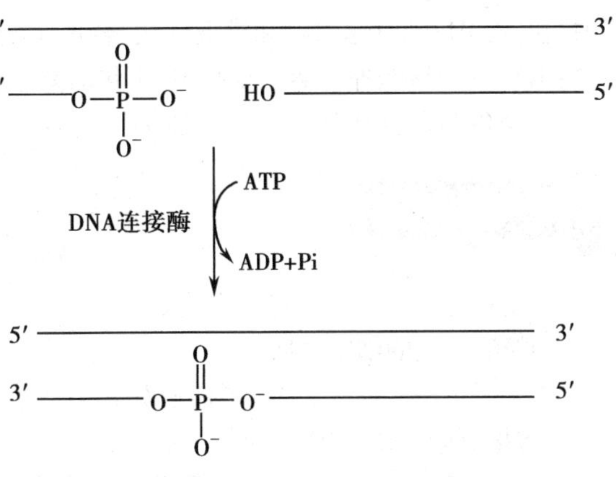

图 10-8　DNA 连接酶的作用

（四）真核生物的 DNA 复制

真核生物的细胞周期分为 4 期（图 10-9），其 DNA 复制在细胞周期的合成期（S 期）进行。

起始阶段，真核生物有多个复制起始点，且复制起始点的起始序列较短。以酵母为例，其 DNA 复制起始点含 11bp 富含 AT 的核心序列，称为自主复制序列。真核生物参与复制起始的蛋白质较多，需要 DNA polα 和 DNA polδ 参与，前者有引物酶活性而后者有解旋酶活性。此外，还需要拓扑酶、复制因子及其他蛋白质，如增殖细胞核抗原。引物主要是 RNA，但也有小分子的 DNA 片段，DNA 片段为随从链多次合成的引物。

延长阶段，真核生物由 DNA 聚合酶 δ 催化子链的延长，该酶还具有校读功能。真核生物 DNA 复制，就酶的催化效率而言，远比原核生物慢，但由于真核生物复制点较多，因而总复制速度不慢。

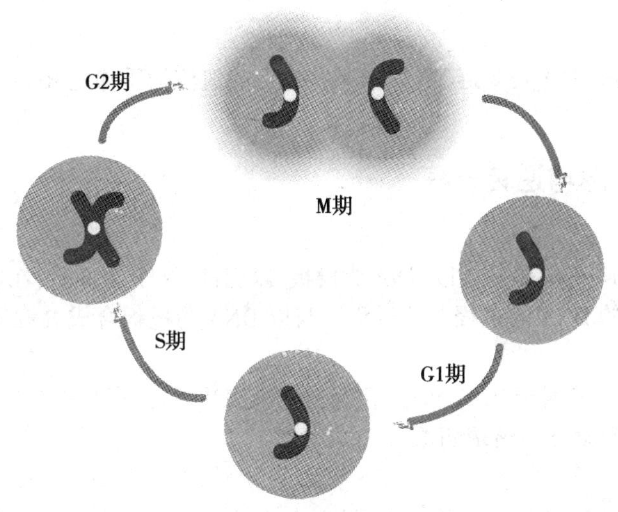

图 10-9　真核生物细胞周期

真核生物染色质 DNA 是线状的，当双链复制完成后，染色质两端 DNA 子链上的 RNA 引物将被去除，从而留下空隙。由于 DNA 聚合酶只能催化 5′→3′ 方向的 DNA 链延长，DNA 链的 5′ 端的引物去除留下的空隙需端粒结构来维持 DNA 稳定和复制完整性的结构（图 10-10），否则就会被核内 DNA 酶水解。端粒是真核生物染色体线性 DNA 分子末端的结构，因膨大成粒状而得名。某些情况下，当染色体出现断裂导致端粒丢失时，断端之间发生融合或被 DNA 酶水解，而正常完整的染色体不会出现融合或被酶水解导致遗传信息丢失现象。因此，端粒在维持染色体的稳定性和复制完整性上起着重要的作用。目前认为，端粒起作用的主要原因是端粒酶（telomerase）。该酶由 RNA 和酶蛋白组成，包括端粒酶 RNA、端粒酶协同蛋白 1 和端粒酶逆转录酶，可见该酶兼有提供 RNA 模板和催化逆转录的功能。能使染色体末端的端粒以 RNA 为模板逆转录合成一段 DNA，该 DNA 形成发夹结构，反转

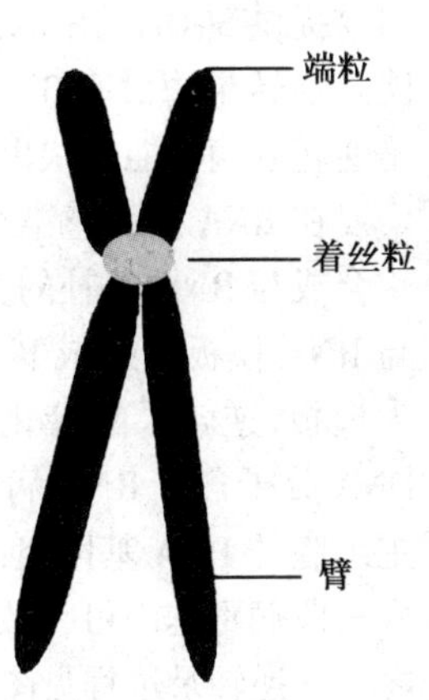

图 10-10　端粒示意图

后提供 3′-OH，同时起引物和模板作用，合成子链引物缺口处的 DNA 而不致子链缩短。此外，引物切除需 RNase 和核酸外切酶。复制中，不仅需要连接冈崎片段，也需要连接各复制子；复制完成后，DNA 随即与组蛋白组装成染色体，从细胞周期的 G2 期过渡到 M 期。

端粒与端粒酶

端粒酶并不是在所有的哺乳动物中都处于活化状态，出生后只在生殖和干细胞中有活性。缺乏端粒酶活性的细胞每次分裂都会导致染色体缩短，多次分裂后，染色体末端严重短缺，会使一些重要基因丢失。此外，一些蛋白质如人类的 TRF2 可识别端粒的重复序列并与之结合，形成保护帽，防止 DNA 修复酶将染色体末端与染色体意外断裂形成的无帽断端连接。端粒丢失，这些蛋白无法附着，DNA 修复会在缩短但仍然完整的染色体末端形成不正确连接。端粒缩短还与衰老有关。所有常规体外培养的细胞经过一定次数的分裂就停止了，进入衰老状态。通过细胞工程的方法使成纤维细胞合成有活性的端粒酶，能够延缓其衰老。癌细胞能够持续分裂，多种类型的癌变、衰老的丧失与端粒酶的激活有关，细胞分裂多次而端粒长度不变，而端粒酶过度活化会使端粒长度增加。

拓展阅读：原核生物与真核生物 DNA 复制的共同点

第二节　逆　转　录

高等生物的遗传物质大多是双链 DNA，但某些病毒的遗传物质却是 RNA，这些病毒 RNA 亦可以作为模板合成 DNA。

一、逆转录的概念与逆转录酶

（一）逆转录概念

逆转录（reverse transcription）是指以 RNA 为模板，以四种 dNTP 为原料，在逆转录酶的催化下合成与 RNA 模板碱基互补的 DNA 的过程。此过程因与以 DNA 为模板合成 RNA 的转录方向相反，所以称逆转录或反转录。

逆转录病毒（retrovirus）属于 RNA 病毒，含有逆转录酶活性，大多数逆转录病毒有致癌作用，如人类免疫缺陷病毒（HIV）就属于逆转录病毒。

（二）逆转录酶

逆转录酶也称依赖 RNA 的 DNA 聚合酶（RNA-dependent DNA polymerase，RDDP）。1970 年 Temin 和 Baltimore 分别从 RNA 病毒中发现此酶。逆转录酶主要有三种功能：①依赖 RNA 模板催化合成 DNA，与其他 DNA 聚合酶一样，该酶能沿 5′→3′ 方向合成 DNA，此过程需要 RNA 病毒中的 tRNA 作为引物提供 3′-OH 端；②水解 RNA-DNA 杂交体上的 RNA 的功能；③依赖 DNA 模板催化 DNA 合成的功能。逆转录酶没有 3′→5′ 外切酶的活性，因而没有校对功能，致使逆转录的错误率相对较高，这可能是逆转录病毒能较快出现新毒株的原因之一。

在 RNA 病毒感染宿主细胞后，逆转录酶以病毒的 RNA 为模板，以 dNTP 为原料，从 5′→3′ 方向催化合成与 RNA 互补的 DNA 单链，合成的 DNA 单链称为互补 DNA（complementary DNA，cDNA），cDNA 与 RNA 模板链形成 RNA-DNA 杂化双链，然后杂化双链中 RNA 被逆转录酶水解，再以剩下的 cDNA 为模板，逆转录酶催化 dNTP 聚合生成另一条与其互补的 DNA 链，形成 DNA 双链分子。新合成的 DNA 分子含有 RNA 病毒基因组的遗传信息，在某些情况下这种遗传信息可通过基因重组，插入到宿主细胞的 DNA 基因组内，并能随宿主细胞一起复制和表达，这种基因重组方式叫整合。宿主基因插入一段病毒基因可导致基因突变，如原癌基因突变可导致肿瘤的发生，这是病毒感染导致肿瘤的原因之一。逆转录过程见图 10-11。

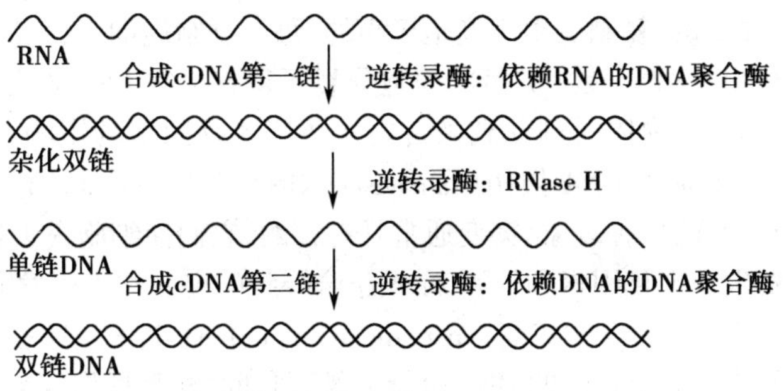

图 10-11　逆转录过程

二、逆转录意义

(一) 扩充了生物学的中心法则

逆转录酶和逆转录现象是分子生物学研究中的重大发现。传统的中心法则认为，生物体的遗传物质是 DNA，生物遗传信息的传递和表达都是在 DNA 基础上进行的。逆转录酶及逆转录现象的发现及研究证明，RNA 不仅有基因表达的功能，同时也能作为遗传物质而反向转录合成 DNA，这使科学界认识到不仅 DNA 是遗传的物质基础，在某些生物中 RNA 也是遗传物质，在生物遗传活动中也发挥着重要作用。逆转录的存在进一步扩充和发展了生物学的中心法则。

(二) 有助于对病毒致癌、致病分子机制的深入研究

目前，已从逆转录病毒中发现了数十种癌基因(v-onc)，这些病毒癌基因可以整合到宿主细胞染色体 DNA 中，使宿主细胞发生癌变。近年来，利用重组 DNA 和核酸探针技术发现正常真核细胞(包括人的正常细胞)基因组中均含有和病毒癌基因相同的碱基序列，即原癌基因(pro-onc)，正常状态下原癌基因可能有限地表达，但在化学致癌物的存在下，这些基因表达加快。

(三) 逆转录酶是分子生物学研究的一种重要工具酶

逆转录酶是分子生物学研究中不可替代、不可缺少的重要工具酶，利用逆转录和逆转录酶，人们可以在体外获取基因工程目的基因。提取 RNA 后，可以通过逆转录方式在试管内操作。用逆转录酶催化底物 dNTP 以 RNA 为模板生成 RNA/DNA 杂化双链，用酶除去杂化双链上的 RNA 后，剩下的 DNA 单链可作为模板，由 DNA polⅠ的大片段，即 Klenow 片段催化 dNTP 聚合生成互补 DNA(cDNA)。cDNA 就是编码蛋白质的基因，以此建立了多种不同种属和细胞来源的含有所有表达基因的 cDNA 文库，以方便人们从中获取目的基因。

此外，逆转录及逆转录酶在疾病诊断、治疗及药物生产等领域已开始广泛应用。利用 DNA 测序技术可以检测基因突变，有助于某些疾病的诊断；利用逆转录病毒载体可以进行基因治疗；利用 DNA 重组技术可以大量生产一些药用蛋白质如激素、酶及抗体等。

病毒与逆转录

20 世纪 60 年代 Howard Temin 观察到放线菌素 D(DNA 转录和复制的抑制剂)可抑制 RNA 肿瘤病毒的复制和增殖。他推测这些病毒可以 RNA 为模板逆转录合成 DNA。1970 年 Howard Temin 和 David Baltimore 各自从 RNA 肿瘤病毒中纯化出以 RNA 为模板合成 DNA 的逆转录酶，因而共享 1975 年诺贝尔奖。该发现使中心法则添加上逆转录内容。

第三节　DNA 损伤与修复

生物体 DNA 的遗传保守性是物种维持相对稳定的最主要因素，而这种遗传保守性是通过复制的

高保真性来实现的。总体上讲，复制的精确度是极高的：每个复制周期中，平均每 10 亿个碱基才发生一个错误。尽管精确度如此之高，在人类每次细胞分裂还是有一些 DNA 在复制时发生改变。此外，在长期的生命演化进程中，生物体时刻受到来自内外环境各种因素的影响，DNA 的改变不可避免。DNA 分子中碱基序列的改变称为 DNA 损伤（damage）或 DNA 突变（mutation）。

突变是生物界普遍存在的一种现象，突变通常是有害的，它们使细胞失去生存能力或者引发不可控的生长，导致癌症的发生。理化因素和外源 DNA 整合导致的突变称为诱发突变（induced mutation），DNA 复制过程中发生的突变称为自发突变（spontaneous mutation），其发生频率约为 10^{-9}。而在长期的物种进化过程中，各物种均形成了自己的 DNA 修复系统，可即时修复损伤或突变，恢复 DNA 的正常结构，维持细胞的正常功能。纠正突变恢复 DNA 正常碱基序列的过程称为 DNA 修复（DNA repairing）。DNA 损伤的修复效果决定了受损细胞的归宿：如能正确修复，则细胞 DNA 结构恢复正常，细胞得以维持正常状态；如损伤严重，DNA 不能被有效修复，则可通过凋亡的方式清除 DNA 受损的细胞；若 DNA 修复不完全，DNA 发生突变，可诱导细胞出现衰老、细胞恶性转化等变化。但有些突变也可能对生物体是有益的，如细菌抗生素抗性突变和植物耐盐碱或抗倒伏突变等。

一、DNA 损伤

（一）引起 DNA 损伤的因素

引起 DNA 损伤的因素众多，有诱发因素，也有自发因素。诱发因素包括物理因素、化学因素和生物因素。而自发因素则如 DNA 复制错误和不明原因的碱基损伤。

1. 诱发因素

(1) 物理因素：

1) 紫外线：紫外线照射 DNA 后，DNA 的多核苷酸链相邻的两碱基可形成嘧啶二聚体，如胸腺嘧啶二聚体、胞嘧啶二聚体、胞嘧啶 - 胸腺嘧啶二聚体。

日光浴致皮肤癌

为了追求皮肤的古铜色，每年有近 3000 万美国人接受室内日光浴，平均每天有超过 100 万人参加日光浴沙龙。但晒日光浴会破坏胶原纤维，也会导致早期皱纹、痧斑和雀斑的产生，严重的会导致皮肤癌。如果是人工日光浴，对皮肤的损害更为严重。日光浴床会发射出更多的紫外线，超过夏天正午时分的阳光，让皮肤癌发生概率翻番。苍白的皮肤、金色或红色的头发、蓝色的眼睛提示皮肤的保护性低，患皮肤癌的概率更高。15 岁之前经常经历 3 个小时以及更长时间的暴晒，会提高罹患黑色素瘤或其他死亡率极高的皮肤癌的概率。为了防止皮肤癌的发生，应避免长时间日晒，上午 10 点到下午 4 点尤其要注意，多吃含维生素 C 的食品，营养均衡。面部出现色素沉着性斑片，身上的黑痣有增大或疼痛感，都应及时到医院检查。

2) 电离辐射：根据辐射种类与强度的不同，电离辐射对 DNA 有多种影响，点突变、插入或缺失突变均有可能发生，亦有可能发生更严重的阻碍基因组复制的 DNA 损伤。

某些电离辐射直接作用于 DNA，而其他则通过在细胞内激发形成诸如过氧化物类的反应分子而间接起作用。

3) 加热：加热促使核苷酸中连接碱基与糖组分的 β-N- 糖苷键发生水解断裂。嘌呤比嘧啶更常见，造成一个无嘌呤 / 无嘧啶或无碱基位点。余下的糖 - 磷酸连接不稳定，很快降解，若是双链 DNA 分子则留下一个缺口。正常情况下，缺口可被修复，而某些条件下缺口可导致突变。

(2) 化学因素：通常为化学诱变剂或致癌剂。

1) 烷化剂如氮芥、甲基硫酸乙酯、二甲基亚硝铵，可向 DNA 分子中的核苷酸上添加烷基。烷基化的影响取决于核苷酸被修饰的位点及所添加烷基基团的类型。甲基化常造成修饰后核苷酸碱基配对特性的改变，因而导致点突变。其他烷基化方式可通过在 DNA 分子两链间形成交联或添加大的烷基基团，阻碍复制复合物的前进来阻碍复制。

2）脱氨剂如亚硝酸盐、亚硝胺等，可造成点突变，提高 DNA 分子中碱基的脱氨基作用的发生率。

3）碱基类似物如 5-FU、6-MP，当复制叉上新生 DNA 合成时被错误地当作底物。

4）DNA 嵌入剂，如溴化乙锭，为扁平分子，可滑入双螺旋碱基对之间，轻微解开螺旋而使相邻碱基对间距扩大。

(3) 生物因素：主要是致癌病毒，如逆转录病毒感染后产生的双链 cDNA 可整合到宿主细胞染色体 DNA 中，导致 DNA 碱基序列的改变。

2. 自发因素

(1) DNA 复制错误：由于 DNA 复制的半保留性和高保真性，确保了遗传的稳定性，但由于 DNA 复制速度非常快，在复制中可能发生碱基的错配而致突变，其突变率约为 10^{-16}。遗传的稳定性和变异性是对立统一的，没有变异就不会有生物进化。

(2) 不明原因的碱基损伤：如碱基发生自身水解脱落、脱氨基等。

（二）DNA 损伤的类型

DNA 损伤有多种表现形式，可表现为点突变（point mutation）、缺失突变（deletion mutation）、插入突变（insertion mutation）、框移突变（frameshift mutation）、重排突变（rearrangement mutation）等。

1. 点突变　是指 DNA 分子中单个碱基的改变。自发突变和不少化学诱变都能引起 DNA 分子上某一碱基的改变，如亚硝酸盐可使 C→U，原有的 C-G 配对变为 U-G，DNA 上没有 U，经复制后 C-G 最后变成 A-T 配对。点突变若发生在基因的编码区，可导致氨基酸编码的改变。需要指出的是，由于密码子的简并性，点突变并非一定导致氨基酸编码的改变。点突变可以造成氨基酸编码改变的错义突变，导致变为终止密码子的无义突变和不改变氨基酸编码的同义突变。

2. 缺失突变　是指 DNA 分子中一个碱基或一段核苷酸链的丢失。

3. 插入突变　是指 DNA 分子中增加一个原来没有的碱基或一段核苷酸链。

4. 框移突变　缺失或插入的核苷酸数目如果不是 3 的倍数，若发生在基因的编码区，可导致三联体密码阅读移位，从而导致缺失或插入后的 DNA 序列遗传信息的改变，造成蛋白质氨基酸排列顺序发生改变，其后果是翻译出的蛋白质可能完全不同。这种突变称为框移突变。3 个或 $3n$ 个的核苷酸插入或缺失，则不会引起框移突变，但可能在蛋白质翻译时因为氨基酸的增减而导致蛋白质功能发生改变。

图片：DNA 损伤类型

5. 重排突变　是指 DNA 分子内部发生的 DNA 分子较大片段的交换。

（三）DNA 损伤的后果

1. 生物进化　遗传的稳定性和变异性是对立统一的。没有变异就不会有生物进化。DNA 突变引起蛋白质结构和功能的改变，这种改变可能使生物个体性能更加优越，生物种属得到改良，所以突变是生物进化的分子基础。

2. 基因多态性　只有基因型改变而表型没有改变的突变导致个体之间基因型的差异，称为基因多态性（gene polymorphism）。基因多态性是个体识别、亲子鉴定及器官移植配型的分子基础。

3. 致病　DNA 突变引起蛋白质结构和功能的改变，这种改变也可能导致生物体某些功能的改变或缺失而产生疾病，如遗传病和肿瘤，这是基因病发生的分子基础。

4. 死亡　与生命攸关的重要基因发生突变，可导致细胞或生物个体的死亡，这是人类消灭病原生物体的分子基础。

二、DNA 损伤后的修复

DNA 损伤可促进生物进化，也可导致遗传信息稳定性的下降，甚至引起疾病和生物细胞或个体的死亡。通过 DNA 修复可提高遗传信息的稳定性，减少突变对生物细胞或个体带来的不利影响。DNA 修复是指对已发生缺陷的 DNA 进行的修补纠正。

（一）直接修复

直接修复是指直接作用于受损核苷酸，将之恢复为原来的结构。

1. 光修复　是一种在光修复酶的作用下完成损伤修复的过程。DNA 链在紫外线作用下，相邻的两个嘧啶核苷酸碱基发生共价结合，生成嘧啶二聚体，导致 DNA 损伤。生物细胞内存在着光修复酶，

笔记

该酶在细胞内被 400nm 的可见光照射激活后能催化嘧啶二聚体分解为非聚合状态，使 DNA 链恢复正常。DNA 链嘧啶二聚体的形成与解聚见图 10-12。

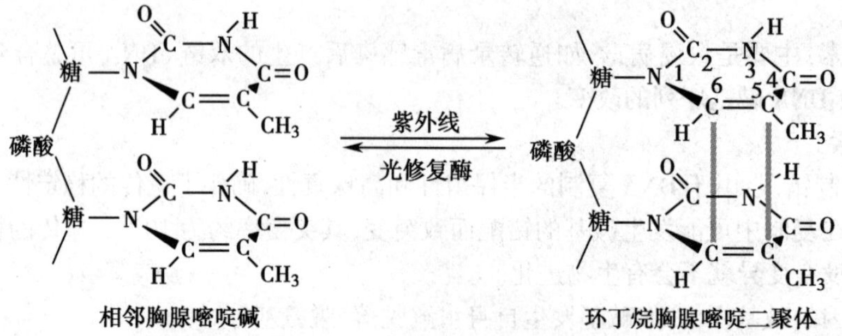

紫外线

光修复酶

相邻胸腺嘧啶碱　　环丁烷胸腺嘧啶二聚体

图 10-12　DNA 链嘧啶二聚体的形成与解聚

患者，女性，34 岁，农民，因“右眼肿物切除术后复发 6 个月”于 2010 年 3 月收住院。31 年前患者面部、颈部、双上肢等暴露部位日晒后皮肤出现淡褐色雀斑样损害，继之躯干、四肢出现棕色、黑褐色斑，形状不规则，与白色萎缩斑交替出现。皮肤损害于日晒后加重。3 年前出现右眼畏光流泪，睁眼困难，视力渐下降。自发病以来，一般情况尚可。

2. 烷基化碱基的直接修复　某些类型的烷基化损伤是可以被一些酶逆转的，催化此类直接修复的酶是一类特异的烷基转移酶。这些酶可以直接将烷基从核苷酸转移到自身肽链上，脱落烷基，从而修复 DNA 的同时自身发生不可逆转的失活。

3. 单链断裂的直接修复　如果 DNA 双螺旋结构中一链上缺口两端的核苷酸的 5′- 磷酸和 3′- 羟基没有损伤，只是磷酸二酯键的断裂，则缺口可被 DNA 连接酶直接修复。电离辐射造成的切口就可被 DNA 连接酶直接修复。

4. 无嘌呤位点的直接修复　糖基化酶可水解 DNA 上的受损的嘌呤碱基，使其脱落成无嘌呤位点，而 DNA 嘌呤插入酶能催化游离嘌呤碱基或脱氧核苷生成糖苷共价键，在 DNA 无嘌呤位点重新插入嘌呤碱基。

（二）切除修复

切除修复是细胞内最普遍的修复机制，其过程包括切除损伤的 DNA 片段、填补空隙和连接。修复过程需要核酸内切酶、DNA polⅠ和 DNA 连接酶发挥作用。修复方式主要包括碱基切除修复、核苷酸切除修复、碱基错配修复三种。

1. 碱基切除修复　用于修复单个碱基的突变。首先由 DNA 糖基化酶识别并切除发生改变的碱基，然后由核酸内切酶在其 5′ 端切断 DNA 链的磷酸二酯键，再由 DNA polⅠ填补正确的碱基，最后由 DNA 连接酶连接切口。

2. 核苷酸切除修复　如果 DNA 损伤造成 DNA 螺旋结构发生较大改变，则需要以核苷酸切除修复方式进行修复。如在大肠埃希菌中，UvrA 和 UvrB 蛋白复合物能辨认损伤部位的 DNA 并与之结合，并利用 ATP 供能使 DNA 构象改变，然后由有核酸内切酶活性的 UvrC 置换 UvrA，与 DNA 链结合并在损伤处两侧切断 DNA 单链，再由具有解螺旋酶活性的 UvrD 蛋白质去除切断的 DNA 单链，最后由 DNA polⅠ填补空隙，并由 DNA 连接酶连接切口（图 10-13）。

3. 碱基错配修复　在大肠埃希菌中，其模板链的 GATC 序列中的 A 在 N7 位被甲基化，而新合成的子代链则尚未被甲基化，从而使得修复系统能够将模板链和子代链区分开。发现错配碱基，核酸内切酶将有碱基错配的子代链在 GATC 处切开，再由核酸外切酶从 GATC 序列处开始水解直到错配碱基处，由 DNA polⅠ填补空隙和 DNA 连接酶连接缺口。

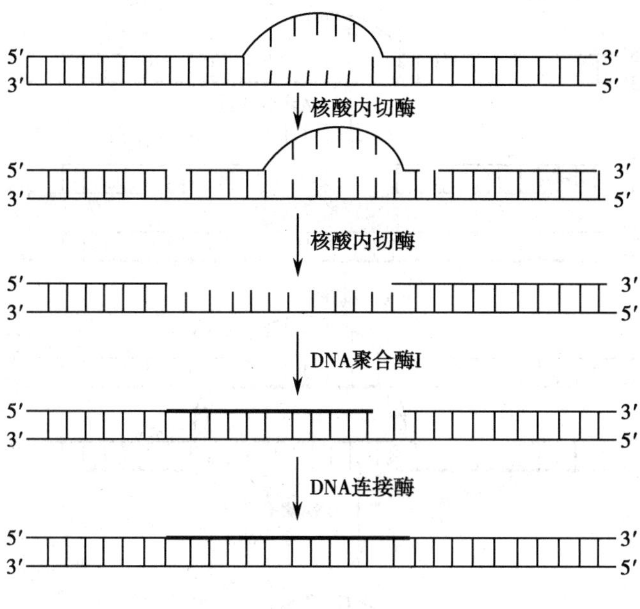

图 10-13　DNA 切除修复

（三）重组修复

重组修复是指依靠重组酶系，将一段未受损伤的 DNA 移到损伤部位，提供正确的模板进行修复的过程。重组修复与其他修复方式不同，是当 DNA 出现双链断裂这种极为严重的损伤，无互补链提供修复断裂的遗传信息时启动的修复机制。重组修复可分为同源重组修复和非同源末端连接重组修复。

1. 同源重组修复（homologous recombination repair）　先复制后修复，其过程是损伤的 DNA 先进行复制，然后进行同源重组。复制时，无损伤的 DNA 单链复制成正常的子代 DNA 双链，而有损伤 DNA 单链的损伤部位不能进行复制，当 DNA 复制到达模板损伤部位时，只能越过损伤部位对未损伤部位进行复制，于是在新合成的子链上就出现了缺口，这时重组蛋白 RecA 发挥核酸酶的活性，把另一模板链的同源序列交换至子链缺口处，形成完整的 DNA 子链；DNA 重组后未受损的模板链出现缺口，此缺口可由 DNA polⅠ和 DNA 连接酶修补及连接（图 10-14）。由此可见，重组修复实际上并没有将原始的损伤去除，但随着复制的不断进行，若干代后，在后代细胞群中子代 DNA 中的损伤比例越来越低，损伤被稀释，实际上消除了损伤的影响。

2. 非同源末端连接重组修复（nonhomologous end joining recombination repair）　是指两个 DNA 分子的末端不需要同源性就能连接起来，起关键作用的是 DNA 依赖的蛋白激酶（DNA-dependent protein kinase，DNA-PK）。DNA-PK 由一个催化亚基 DNA-PKcs（DNA-dependent protein kinase catalytic subunit）和一个能结合 DNA 游离端的蛋白 Ku 组成。一个 DNA 分子断裂后，两个断端各自结合一个 Ku 蛋白，两个 Ku 蛋白分子之间存在亲和力，可将 DNA 分子的两个断端带到十分接近的位置。随后 Ku 迅速招募 DNA-PKcs 至断端，后者可以激活第三个蛋白质 XRCC4，它可以和 DNA 连接酶Ⅳ相互作用，引导这个修复蛋白到双链断裂处，促进双链断裂的重接。

（四）SOS 修复

SOS（save our souls）是国际上海空紧急呼救信号，SOS 修复是指 DNA 损伤严重、细胞处于危急状态下产生的一种抢救性修复。

当 DNA 受到广泛损伤危及细胞生存时，许多参与 DNA 修复的复制酶和蛋白质因子被诱导产生，从而启动 DNA 修复或增强修复的能力。由于这些酶对碱基的识别能力差，因而在复制时会产生较高的变异率。可见，通过 SOS 修复，细胞得以存活，但由于 DNA 保留的错误较多，会引起长期而又广泛的突变。

图片：DNA 损伤后的修复

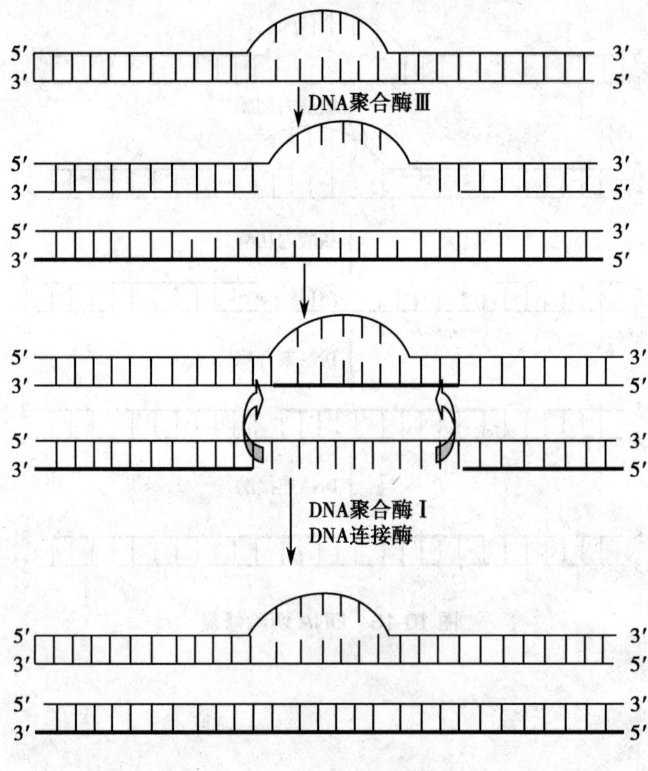

图 10-14 DNA 重组修复

本章小结

遗传信息传递的中心法则包括 DNA 复制、转录、翻译、逆转录、RNA 复制。

DNA 的复制是以亲代 DNA 为模板合成子代 DNA,并将遗传信息从亲代准确地传递给子代 DNA 的过程。DNA 复制的特征有复制的半保留性、复制的双向性、复制的半不连续性及复制的高保真性。DNA 复制需要原料 dNTP、引物 RNA、模板 DNA 及多种酶和蛋白因子。参与复制的主要酶类有五种:DNA 聚合酶、解螺旋酶、拓扑异构酶、引物酶和 DNA 连接酶。这些酶在 DNA 复制中发挥着不同的作用。

DNA 的复制过程分为起始、延长及终止三个阶段。复制的方向是按 5′→3′ 方向进行。在延长阶段,是 DNA 半不连续复制。

逆转录是在逆转录酶的作用下以 RNA 为模板合成 DNA 的过程。逆转录扩充了遗传信息传递的中心法则,有助于对 RNA 病毒致病机制的研究。在基因工程技术上,可用逆转录酶制备 cDNA。

DNA 损伤类型有点突变、插入突变、缺失突变、框移突变及重排突变。DNA 损伤对机体的影响有生物进化、基因多态性、致病及死亡。DNA 损伤的修复是针对 DNA 损伤的一种补救机制。体内有光修复、切除修复、重组修复和 SOS 修复等方式。

某 18 岁黑人男性患者到急诊室就诊，主诉发热、双侧大腿臀部疼痛一天，并且不断加重，服用布洛芬不能解除其疼痛症状。患者否认最近有外伤和剧烈运动史。但他最近感觉疲劳，小便时尿道经常有灼烧感。患者既往有症状，有时需要住院。其家族其他成员没有类似的表现。

案例分析

（王烈峰）

思考题

1. DNA 复制有何特征？这些特点与生物遗传的稳定性有何关系？
2. 参与原核生物 DNA 复制的主要酶有哪些？各有什么作用？
3. 原核生物 DNA 复制的基本过程是什么？
4. 试述逆转录的基本过程。
5. 简要论述 DNA 突变与修复的种类及意义。

扫一扫，测一测

第十一章 RNA 的生物合成

学习目标

1. 掌握:转录的概念、体系及特点;原核生物和真核生物 RNA 聚合酶的种类、组成及作用;转录终止的方式;真核生物 mRNA 转录后的加工修饰。
2. 熟悉:RNA 转录的基本过程。
3. 了解:原核生物启动子的概念及作用;tRNA、rRNA 转录后的加工修饰。
4. 能区别复制与转录;应用 RNA 生物合成的机制解释生物遗传现象。
5. 培养学生应用遗传信息传递规律解释相关疾病的发病机制的能力。

生物体内的 RNA 合成有两种方式,包括转录与 RNA 复制。转录(transcription)是以 DNA 为模板合成 RNA 的过程,是绝大多数生物内 RNA 生物合成的方式。该过程以一段 DNA(即基因,gene)单链为模板,4 种 NTP 为原料,按碱基互补配对的原则(A 与 U,G 与 C,T 与 A),在依赖 DNA 的 RNA 聚合酶的催化下合成相应的 RNA,从而将 DNA 携带的遗传信息传递给 mRNA。转录是基因表达的第一步,是遗传信息传递的重要环节,所以可通过转录来调控生物体内某个基因是否表达。经转录生成的 RNA 绝大多数是不成熟的初级产物,它们需经过一系列加工修饰才能成为具有生物学活性的成熟 RNA 分子。对 RNA 转录过程的调节可以导致蛋白质合成速率的改变,引发一系列细胞功能的变化。RNA 复制(RNA replication)是以 RNA 指导 RNA 合成的过程,由 RNA 依赖的 RNA 聚合酶催化合成 RNA,常见于病毒,是逆转录病毒以外的 RNA 病毒在宿主体内合成的方式,如 SARS 病毒、乙型肝炎病毒、禽流感病毒(如 H5N1、H7N9)等。

RNA 的转录合成和 DNA 的复制合成都是酶促反应的核苷酸聚合过程,两者有很多相似的地方:均以 DNA 作为模板;合成时均需依赖 DNA 的聚合酶;聚合时均生成磷酸二酯键;合成方向均为 5′端至 3′端;均遵守碱基互补配对原则。但两者又有一定的区别,如原料、产物、碱基配对等有所不同。

第一节 转录的体系与特点

一、转录的体系

RNA 的转录体系包括模板、四种核糖核苷酸(ATP、GTP、CTP、UTP)、RNA 聚合酶及某些蛋白质因子和无机离子如 Mg^{2+}、Zn^{2+} 等。

(一) 模板

在遗传信息传递的过程中,生物体为保留全部的遗传信息,整个 DNA 基因组需全部进行复制;但转录却不同,只有少部分基因按细胞的不同发育时期、生存条件和生理需要进行转录,所以转录是有

选择性的。通常将能转录出 RNA 的 DNA 区段称为结构基因(structural gene)。结构基因与转录起始和终止部位的特殊序列共同组成转录单位。在原核生物中,一个转录单位可以含有一个、几个或者十几个结构基因。

在结构基因的 DNA 双链中,只有一条链可以作为模板指导转录,所以将转录的这种方式称为不对称转录(asymmetric transcription)。通常将转录时作为模板的 DNA 单链称为模板链(template strand);与其互补的另一条链称为编码链(coding strand),也称为 Crick 链。需要说明的是,在一个包含多基因的 DNA 双链分子中,各个基因的模板链不一定是同一条链,在某个基因节段以其中某一条链为模板进行转录,而在另一个基因节段可能以与其对应的单链为模板(图 11-1)。模板链既与编码链互补,也与 mRNA 链互补,因为 mRNA 的碱基序列中除 T 用 U 代替之外,其余所有序列均与编码链一致。

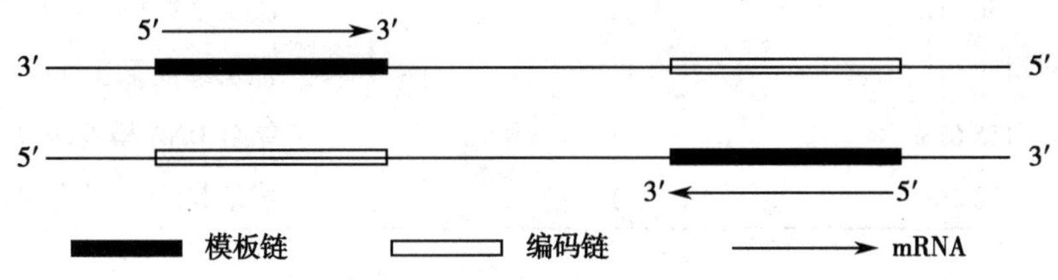

图 11-1　不对称转录示意图

对整个基因组来说,转录是分区段进行的。每一转录区段可视为一个转录单位,称为操纵子(operon)。操纵子由若干个结构基因及其上游的调控序列组成。调控序列包括启动子、操纵原件以及一定距离外的调节基因(见第十三章)。

启动子(promoter)是位于转录起始点之前的一段核苷酸序列,是 RNA 聚合酶识别和结合的部位,在转录的调控中起着重要作用。启动子具有方向性,决定转录的方向。启动子结构的阐明解决了转录自哪里开始的问题。在研究时采用了 RNA 酶保护法,对数百个原核生物基因操纵子转录上游区段进行的碱基序列分析,证明了 RNA 聚合酶保护区存在共有序列。以开始转录的 5′端第一位核苷酸位置为转录起点,标记为 +1,用负数标记其上游的碱基序号,发现原核生物位于转录起始点 -35 区与 -10 区两个保守序列,并且 A-T 配对比较集中;-35 区的最大一致性保守序列为 TTGACA,-10 区的一致性保守序列为 TATAAT,称为 Pribnow 盒(Pribnow box)。其中 -35 区与 -10 区相隔 16~18 个核苷酸,-10 区与转录起点相隔 6 或 7 个核苷酸(图 11-2)。因 -35 区与 -10 区 A-T 配对较多,所以此处更容易发生解链。因为 A-T 配对只有两个氢键维系,这一结构与 RNA 聚合酶结合形成开链复合物有关。-35 区的 TTGACA 保守序列可与 RNA 聚合酶形成闭链复合物,酶与模板结合疏松;但紧接着酶移向 -10 区的 TATAAT 保守序列,将与模板稳定的结合,形成酶 -DNA 复合物,就可以开始转录。

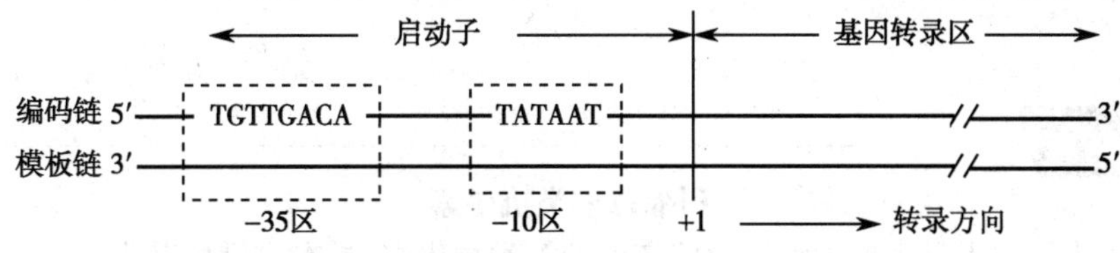

图 11-2　原核生物启动子的保守序列

真核生物的启动子最多见的是在转录起始点上游的 -25~-30bp 区段的 AT 富集序列,其共同含有 TATAAA 序列,称为 TATA 盒或 Hogness 盒。真核生物基因中除含有启动子外,还含有增强子(enhancer)和沉默子(silencer)等调控序列,这些序列在基因表达调控中发挥重要作用。

(二) 原料

RNA 生物合成的基本原料为 4 种核糖核苷酸:ATP、GTP、UTP 和 CTP。此外,还需要金属离子 Mg^{2+}、Zn^{2+} 的参与。

(三) RNA 聚合酶

参与转录的 RNA 聚合酶被称为依赖 DNA 的 RNA 聚合酶(DNA dependent RNA polymerase,缩写

为DDRP),RNA聚合酶以DNA为模板,以4种核糖核苷酸为基本单位,催化合成3′,5′-磷酸二酯键,从而连接形成RNA单链分子,总的合成反应如下:

$$(NMP)_n + NTP \longrightarrow (NMP)_{n+1} + PPi$$

1. 原核生物的RNA聚合酶　原核生物中只有一种RNA聚合酶,可催化不同的RNA合成,其RNA聚合酶在组成、分子质量及功能上极其相似。大肠埃希菌中的RNA聚合酶是由4种亚基(α、β、β′、σ)组成的五聚体($\alpha_2\beta\beta'\sigma$),分子量为480kD。各亚基在转录过程中的功能各不相同(表11-1)。

表11-1　大肠埃希菌RNA聚合酶组分及功能

亚基	相对分子质量	每分子酶中所含数目	功能
α	36 512	2	决定哪些基因被转录
β	150 618	1	催化聚合反应
β′	155 613	1	结合DNA模板,解开双螺旋
σ	70 263	1	辨认起始点,结合启动子

$\alpha_2\beta\beta'$亚基合称核心酶(core enzyme);σ亚基(sigma subunit)又称σ因子,加上核心酶称为RNA聚合酶全酶($\alpha_2\beta\beta'\sigma$)。不同种类的细菌,其α、β和β′亚基大小相对恒定,但σ亚基大小变化较大。

在活体细胞中,转录起始需要全酶参加,延长阶段只需要核心酶参加。σ因子能辨认DNA模板上的转录起始部位(启动子),但其与核心酶结合不紧密,容易脱落。同时,σ因子可使核心酶的构象发生变化,使之与模板DNA分子上的转录起始位置结合能力提高,并且延长核心酶寿命。核心酶参与整个转录的过程,其催化活性中心由β亚基和β′亚基组成;α亚基则是核心酶组装所必需的,并与RNA聚合酶及某些转录激活因子之间的相互作用有关。大肠埃希菌中含有多种σ因子,能够识别不同基因的启动序列,从而使RNA聚合酶能特异地启动不同基因的转录(图11-3)。RNA聚合酶缺乏3′→5′核酸外切酶的活性,自身无校读功能,所以转录的错误发生率比DNA复制的错误发生率高,约为十万分之一至万分之一。

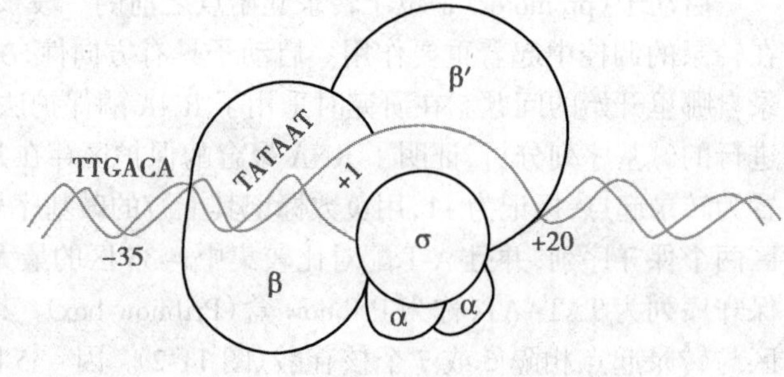

图11-3　原核生物RNA聚合酶全酶在转录起始区域的结合

微课:原核生物的RNA聚合酶

原核生物的RNA聚合酶可被某些药物如利福霉素特异性抑制,利福霉素通过与细菌RNA聚合酶的β亚基以非共价键结合,阻止第一个NTP的进入,抑制RNA合成的起始,临床上将此药作为抗结核杆菌药物。

知识拓展

利福霉素类抗生素

利福霉素类抗生素是由地中海链丝菌产生的一类抗生素,具有广谱抗菌作用,对结核杆菌、麻风杆菌、链球菌、肺炎球菌等革兰阳性菌,特别是耐药性金黄色葡萄球菌的作用都很强,对某些革兰阴性菌也有效。该类药的作用机制是抑制细菌RNA聚合酶活性,从而影响核糖核酸的合成和蛋白质代谢,导致细菌生长繁殖停止而达到杀菌作用。利福霉素类药物主要有利福霉素B二乙酰胺、利福平等。利福平是其中药效最好、目前应用最多的一种,能用于多种细菌感染性疾病,而且与其他药物之间无交叉抗药性,对结核病的疗效尤为突出,是异烟肼最有效的合用药物。但此药单独使用比合用效果差,易产生抗药性。此外,半合成的利福霉素钠也是临床常见的一种广谱抗菌药。

2. 真核生物RNA聚合酶　真核生物中已发现RNA聚合酶有三种,分别称为RNA聚合酶Ⅰ、Ⅱ、

Ⅲ，它们选择性地转录不同的基因，产生不同的产物。其中，RNA 聚合酶Ⅰ分布于核仁中，催化 45S rRNA 前体的合成，经过剪接修饰生成除 5S rRNA 之外的各种 rRNA。RNA 聚合酶Ⅱ催化 hnRNA 的合成，hnRNA 经加工后生成 mRNA，并输送到胞质，指导蛋白质的生物合成。mRNA 在各种 RNA 中寿命最短，最不稳定，需经常合成，故 RNA 聚合酶Ⅱ是真核生物最活跃的 RNA 聚合酶。RNA 聚合酶Ⅲ分布在核仁基质中，催化 tRNA 前体、5S rRNA、snRNA 的合成。真核生物 RNA 聚合酶均受 α- 鹅膏蕈碱的特异性抑制，但其反应敏感性不同（表 11-2）。

表 11-2 真核细胞 RNA 聚合酶

种类	转录产物	细胞内定位	对 α- 鹅膏蕈碱的反应
Ⅰ	rRNA	核仁	耐受
Ⅱ	mRNA	核质	敏感
Ⅲ	tRNA、5S rRNA、snRNA	核质	高浓度下敏感

无论原核生物还是真核生物，RNA 聚合酶都具有以下主要功能：①使 4 种 NTP 沿 5′端→ 3′端方向通过磷酸二酯键依次聚合，所以转录生成的 RNA 链方向是从 5′端→ 3′端方向延长的，这是其最主要的功能；活细胞的转录起始需要以全酶形式启动，而转录延长阶段只需要核心酶。②具有解旋解链酶的活性，可以将模板 DNA 链解开一小段，通常约在 20 个以下碱基对，以利于转录的进行。③能识别模板 DNA 分子中的转录起始部位和转录终止信号，所以启动与终止 RNA 聚合酶的活性能进行选择性转录。④由于 RNA 聚合酶缺乏 3′→ 5′核酸外切酶活性，故没有校读功能，这使得 RNA 合成的错误率较 DNA 合成高得多。

α- 鹅膏蕈碱

鹅膏蕈碱是一种来自毒蘑菇中的具有双环结构的八肽毒素。其能专一抑制真核生物的 RNA 聚合酶的活性，与 RNA 聚合酶Ⅱ结合后形成 1∶1 的复合物，抑制磷酸二酯键的形成，从而特异抑制 RNA 链的延长，进而抑制蛋白质生物合成。α- 鹅膏蕈碱在剂量大时引起肝细胞坏死，对机体产生严重损害，小剂量时是一种免疫刺激剂。研究证明，α- 鹅膏蕈碱对肝细胞有毒理作用，可能导致肝细胞的凋亡。α- 鹅膏蕈碱能触发抑癌基因 p53 的表达，p53 的表达增加可能与细胞内 RNA 聚合酶Ⅱ被抑制有关。

（四）蛋白因子

RNA 转录还需要一些蛋白因子的参与。如原核生物中有一些 RNA 的转录终止需要 ρ 因子的参与；真核生物启动转录时，需要一些称为转录因子的蛋白质才能形成具有活性的转录起始复合物，使转录启动。

二、转录的特点

1. 转录的不对称性　对于某一特定的基因来说，只能以结构基因 DNA 双链中的一条链为模板进行转录。

2. 转录有特定起始和终止位点　无论原核细胞或真核细胞，RNA 转录合成时，只能以基因组 DNA 中的某一区段作为模板进行转录，故发生转录的结构基因都存在特定的起始点和特定的终止点。

表格：复制和转录的区别

3. 转录不需要引物　RNA 聚合酶和模板链上启动子结合后，不需要引物就能直接启动 RNA 转录，这一点与 DNA 复制不同。

4. 转录的连续性　转录时，新生的 RNA 链从起始位点开始直到终止位点是连续合成的。

5. 转录的单向性　转录合成时，在 RNA 聚合酶的催化下结构基因只能向模板 DNA 链的 3′→ 5′方向解链，使得新生 RNA 链的延长方向始终为 5′→ 3′。

第二节　转录的过程

原核生物和真核生物基因的转录过程均包括转录起始、延长和终止三个阶段。但真核生物的转录除延长过程与原核生物相似外，起始、终止都与原核生物有较多的不同，还需要多种蛋白因子参与。

一、原核生物 RNA 的转录过程

（一）转录起始

转录起始主要是指 RNA 聚合酶以全酶的形式结合在 DNA 模板的转录起始部位，形成起始复合物，促使 DNA 双链解开，使第一个和第二个核苷酸发生聚合，启动转录。

1. 闭合转录复合体（closed transcription complex）的形成　首先由 RNA 聚合酶的 σ 因子辨认 DNA 模板上的特殊核苷酸序列即启动子，并以 RNA 聚合酶全酶的形式与启动子结合，形成闭合转录复合体（closed transcription complex）。其中的 DNA 仍然保持完整的双链结构。

2. 开放转录复合体（open transcription complex）的形成　紧接着 RNA 聚合酶发挥其解螺旋酶功能，使 DNA 分子接近 –10 区域的部分双螺旋解开。双链打开约 17 个碱基对，这比复制中形成的复制叉要小很多。形成酶 - 启动子开链复合物，使 DNA 模板链暴露。

3. 第一个磷酸二酯键的形成　转录起始不需要引物，当 DNA 模板链暴露后，两个与模板互补配对的 NTP 相继加入，以氢键结合于 DNA 模板上的转录起始位点，并在 RNA 聚合酶的催化下生成第一个磷酸二酯键，从而形成由 $\alpha_2\beta\beta'$ σ-DNA-pppGpN-OH-3′ 组成的转录起始复合物（pre-initiation complex）。其中，第一个核苷酸通常为 GTP 或 ATP，以 GTP 更为常见。第二个核苷酸有游离的 3′ -OH 末端，可以继续加入 NTP，延长 RNA 链。当第一个磷酸二酯键生成后，σ 因子就从全酶上脱落下来，至此完成转录的起始。脱落的 σ 因子与新的核心酶结合成 RNA 聚合酶全酶，开始另一次的转录。RNA 5′ -端结构在转录延长中一直保留，直至转录完成。

微课：原核生物 RNA 转录的起始

（二）转录延长

当转录起始复合物形成后，RNA 聚合酶核心酶沿模板 DNA 链向下游（3′→ 5′）方向滑动，RNA 聚合酶核心酶与模板的结合是非特异性的，比较疏松，有利于酶向下游移动。四种 NTP 按与 DNA 模板链的碱基互补配对关系逐一进入，并在核心酶的催化下，后进入 NTP 的 5′ -P 末端与前面已生成的 RNA 链的 3′ -OH 末端生成磷酸二酯键，从而使新生的 RNA 链按 5′→ 3′方向逐渐延长。在转录延长过程中，新生成的 RNA 链暂时与模板 DNA 形成一小段的 RNA-DNA 杂合双链（约 17bp），这样形成的由核心酶 -RNA-DNA 的转录复合物，其外观类似泡状，被形象地称为转录泡（transcription bubble）（图 11-4）。

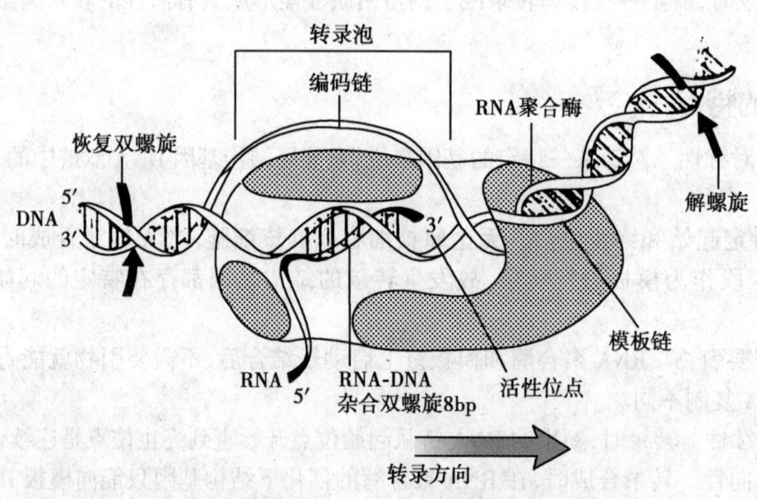

图 11-4　RNA 延长过程中的“转录泡”示意图

在开链区局部，RNA 聚合酶的核心酶催化 4 种 NTP，在模板 DNA 的指导下不断延长，转录的产物 3′-OH 末端会有一小段暂时与模板 DNA 链保持结合状态，形成 8bp 的 RNA-DNA 杂合的双链。聚合反应局部前方的 DNA 双链不断解开，转录合成后的部分又重新恢复双螺旋结构，随着 RNA 链的不断延长，致使新生成的 RNA 链的 5′-端脱离模板向转录泡外伸展。从化学结构看，复制形成的 DNA-DNA 双链比转录形成的 RNA-DNA 杂合双链稳定（图 11-5）。

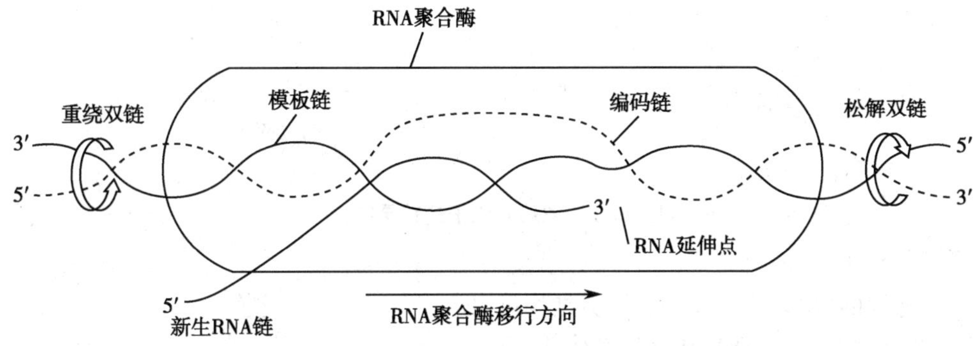

图 11-5　原核生物 RNA 转录的延长示意图

原核生物因为没有核膜的分隔，转录未完成即已开始翻译，而且在同一 DNA 模板上同时进行多个转录过程。电镜下看到的羽毛状图形和羽毛上的小黑点（多聚核糖体）是转录和翻译高效率的直观表现，以满足其快速增殖的需要。同时也说明，原核生物 mRNA 转录后不需要加工修饰。真核生物因为有核膜将转录和翻译分隔在细胞不同的区域，所以没有转录和翻译同步的现象（图 11-6）。

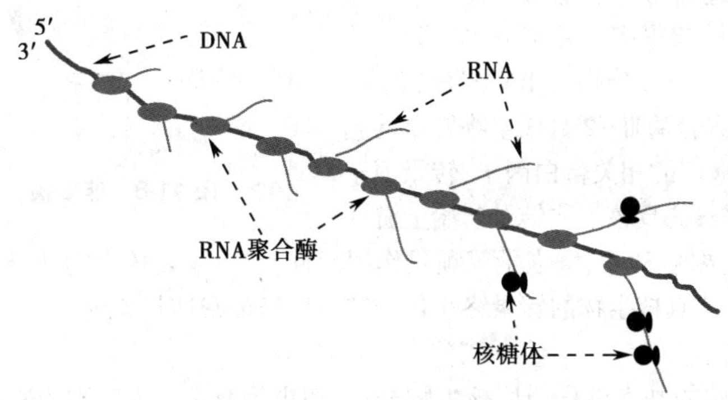

图片：原核生物转录的过程

图 11-6　原核生物转录和翻译同步现象示意图

（三）转录终止

当 RNA 聚合酶的核心酶滑行到 DNA 模板转录终止部位时，停止滑动，转录产物 RNA 链停止延长，并从模板链上脱落下来，转录终止。依据是否需要蛋白因子的参与，将原核生物如大肠埃希菌的转录终止的方式分为两种：一种是依赖 ρ（Rho）因子的转录终止，另一种是非依赖 ρ 因子的转录终止。

1. 依赖 ρ 因子的转录终止　ρ 因子又称终止因子（termination factor），是在大肠埃希菌中发现的能控制转录终止的蛋白质，由相同的亚基组成六聚体。当产物 RNA 依照 DNA 模板产生较丰富而且有规律的 C 碱基时，ρ 因子识别新生 RNA 链的终止信号（富含 C 的识别位点）并与之结合，结合 RNA 后的 ρ 因子和 RNA 聚合酶都发生结构的改变，使 RNA 聚合酶停止移动，通过 ATP 水解，ρ 因子可使转录形成的 DNA/RNA 杂化双链解开，RNA 从转录复合物中释放，转录停止。由此可见，ρ 因子具有解螺旋酶活性和 ATP 酶活性（图 11-7）。

2. 非依赖 ρ 因子的转录终止　在 RNA 链延长过程中，当 RNA 聚合酶行进到转录终止部位的特殊碱基序列时，即 DNA 模板上有 GC 富集区组成的反向重复序列和一连串的“T”结构，称为终止子（terminator）。该部位转录生成的 RNA 产物可形成特殊的鼓槌状的茎环或发夹形式的二级结构，其后

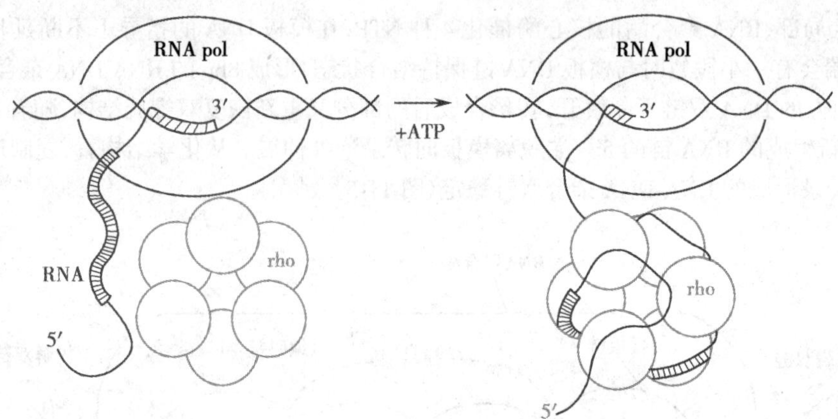

图 11-7 依赖 ρ 因子的转录终止

微课：原核生物 RNA 转录的终止

常有若干个连续的"U"。由于茎环或发夹结构可以阻止 RNA 聚合酶继续沿 DNA 模板向前移动，新生成的 RNA 链从 DNA 模板上脱落，核心酶与 DNA 双链随后解离，转录终止。研究表明，茎环结构可改变 RNA 聚合酶的构象，RNA 链上的多聚 U 也是促使 RNA 链从模板上脱落的重要因素（图 11-8）。

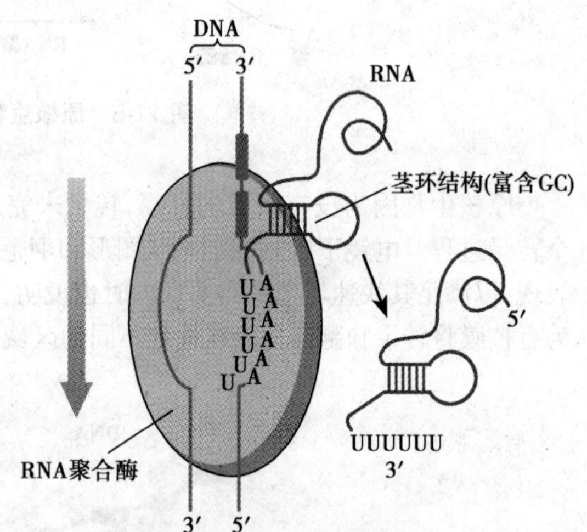

图 11-8 非依赖 ρ 因子的转录终止

二、真核生物 RNA 的转录过程

真核生物的转录过程与原核生物的转录过程有许多相似之处，但又复杂得多。主要区别：①真核生物的 RNA 聚合酶有三种，分别是 RNA 聚合酶Ⅰ、RNA 聚合酶Ⅱ、RNA 聚合酶Ⅲ；②真核生物转录的起始和延长过程都需要众多的相关蛋白因子、转录因子或反式作用因子的参与；③真核生物转录起始上游区段序列更加多样化，需要启动子、增强子等顺式作用元件参与；④真核生物转录延长的过程中没有转录与翻译同步的现象；⑤真核生物的转录终止是与转录后修饰密切相关的。

（一）转录起始

真核生物转录起始的基本过程与原核生物相似，但更为复杂。除需要 RNA 聚合酶外，还需要多种转录因子（transcription factors，TF）的参与。转录因子可分为 TFⅠ、TFⅡ、TFⅢ，其中最为重要的是与 RNA 聚合酶Ⅱ相关的 TFⅡ类转录因子，包括 TFⅡA、TFⅡB、TFⅡD 等亚型，其功能各不相同（表 11-3）。转录因子 TFⅡD 不是一种单一的蛋白质，实际是由 TATA 结合蛋白质（TATA-binding protein，TBP）和 8~10 个 TBF 相关因子（TBP-associated factors，TAFs）共同组成的复合物。

表 11-3 参与 RNApolⅡ转录的 TFⅡ的作用

转录因子	亚基数	功能
TBP	1	特异识别 TATA 盒
TFⅡA	3	稳定 TFⅡB 与 TBP 对启动子的结合
TFⅡB	1	结合 TBP，并结合 RNA 聚合酶Ⅱ-TFⅡF
TFⅡD	8~10	结合 TATA 盒
TFⅡE	2	结合 TFⅡH，具有 ATP 酶和解旋酶活性
TFⅡF	2	促进 RNApolⅡ结合及作为其他因子结合的桥梁
TFⅡH	12	解旋酶、蛋白激酶催化 CTD 磷酸化

真核生物转录起始也需要 RNA 聚合酶对起始点上游 DNA 序列进行辨认和结合，生成转录前起始复合体。转录起始时，真核生物的 RNA 聚合酶不直接识别和结合模板的起始区，而是依靠转录因子识别并结合起始序列。首先是由 TFⅡD 中的 TBP 识别 TATA 盒，并在 TAFs 的协助下，结合到启动子区域；然后 TFⅡB 与 TBP 结合，同时识别结合 DNA，形成 TFⅡB-TBP 复合体；随后，TFⅡB-TBP 复合体与 RNA 聚合酶 -TFⅡF 复合体结合，RNA 聚合酶靶向结合启动子；最后当 RNA 聚合酶就位后，TFⅡE 及 TFⅡH 加入，形成闭合转录起始复合物，装配完成，并开始转录（图 11-9）。可见真核生物转录起始时，RNA 聚合酶与 DNA 模板的结合是在转录因子协同下完成的。

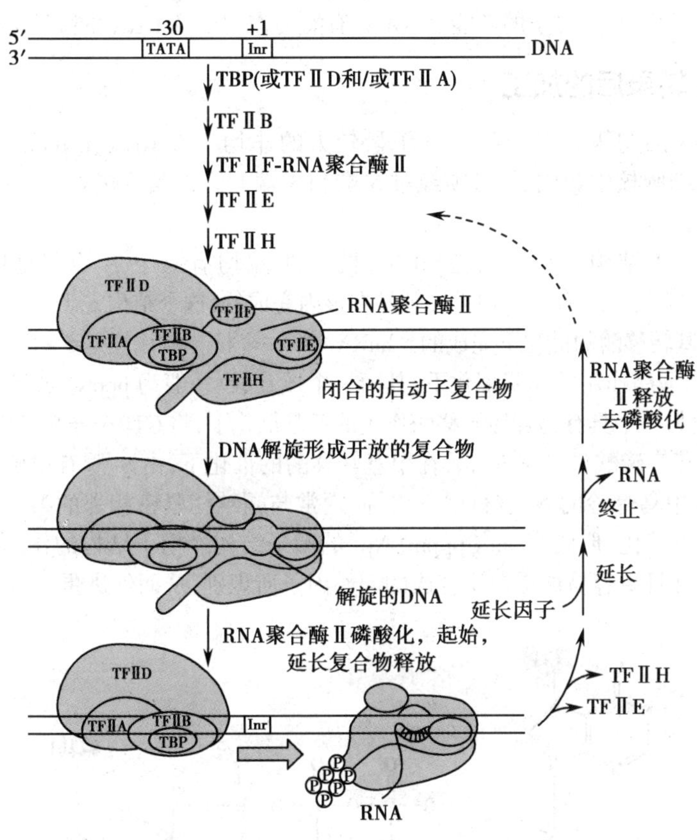

图 11-9　真核生物 RNA 聚合酶Ⅱ与转录因子作用过程示意图

（二）转录延长

真核生物与原核生物的转录延长过程基本一致。当转录复合物形成后，按照碱基序列，在 RNA 聚合酶的催化下四种核苷酸按照碱基配对原则自 5′→ 3′方向逐渐延长。但与原核生物的转录延长不同的是，真核生物由于有核膜相隔，使转录和翻译在细胞内不同的区间进行，所以没有转录与翻译同步的现象。真核生物基因组 DNA 在双螺旋基础上，与多种组蛋白组成核小体（nucleosome）的高级结构。RNA 聚合酶在前移时即可遇到核小体，转录延长的过程中核小体发生移位和解聚的现象。

（三）转录终止

真核生物的转录终止与转录后修饰有着密切的关系。研究真核生物 mRNA 所对应的 DNA 模板序列，发现结构基因的下游存在一组共同序列 AATAAA，其下游还有相当多的 GT 序列，这些序列就是 hnRNA 的转录终止相关信号，称为转录终止的修饰点。当转录越过修饰点并将其转录下来时，产物中与修饰点对应的 mRNA 序列会被特异的核酸酶识别并被切断，随即在断端的 3′端加入 polyA 尾及 5′端帽子结构；断端下游的 RNA 虽然继续转录，但很快被 RNA 酶降解。由此推断 polyA 尾及帽子结构能保护 RNA 免受降解。

图片：真核生物转录的过程

第三节　转录后的加工

由 RNA 聚合酶转录直接产生的新生 RNA 分子被称为初级 RNA 转录产物，一般需要经过加工才能成为有功能的成熟 RNA 分子。原核生物 mRNA 的初级转录产物不需加工就能作为翻译的模板，但是 rRNA 和 tRNA 初级转录产物需经加工修饰方可成熟。真核生物的初级转录产物均需经过加工才能成为具有活性的成熟 RNA。对转录后加工的研究发现，许多重大的生命活动都与转录后的修饰有关，如真核生物的断裂基因、内含子的功能、RNA 具有酶的作用以及 RNA 的降解等。

一、mRNA 转录后的加工

真核生物 mRNA 的初级转录产物为分子量较大的非均一核 RNA（heterogeneous-nuclear RNA，hnRNA）。hnRNA 在细胞核中合成后，必须经过 5′端和 3′端的修饰及剪接等一系列处理后，才能到达胞液指导蛋白质的合成。

1. 形成 5′- 端帽子结构　真核细胞 mRNA 的 5′末端均有一个 7- 甲基鸟嘌呤 - 核苷三磷酸（m^7G-5′ppp5′-N-3′）的“帽子”结构。“加帽”过程是在核内完成的，这个结构先于 hnRNA 链的中段剪接过程，是在加帽酶和甲基转移酶的催化下完成的。hnRNA 第一个核苷酸往往是 5′- 鸟苷三磷酸 pppG，在加帽酶中的一个具有磷酸酶作用的亚基催化下，其第一个核苷酸（一般为 pppG）水解，释放出 5′末端的 pi 或 ppi；然后在加帽酶另一个具有鸟苷酸转移酶作用的亚基催化下，将 GTP 分子中 GMP 转移到 5′端 5′ppG 上，生成 5′，5′- 双鸟苷三磷酸（GpppGp-），后在甲基转移酶的催化下，由 S- 腺苷甲硫氨酸（SAM）先后提供甲基，对帽子结构中鸟嘌呤的 N_7 进行甲基修饰，通常与帽结构紧密相邻的第一和第二个核苷酸的核糖 2′位 O 也发生甲基化，形成 5′ -$m^7Gpppm^{2'}$ Np- 的帽子结构。帽子结构的作用可能是保护 mRNA 免遭核酸酶的水解，并且更容易被蛋白质合成的起始因子所识别，从而促进蛋白质的合成（图 11-10）。

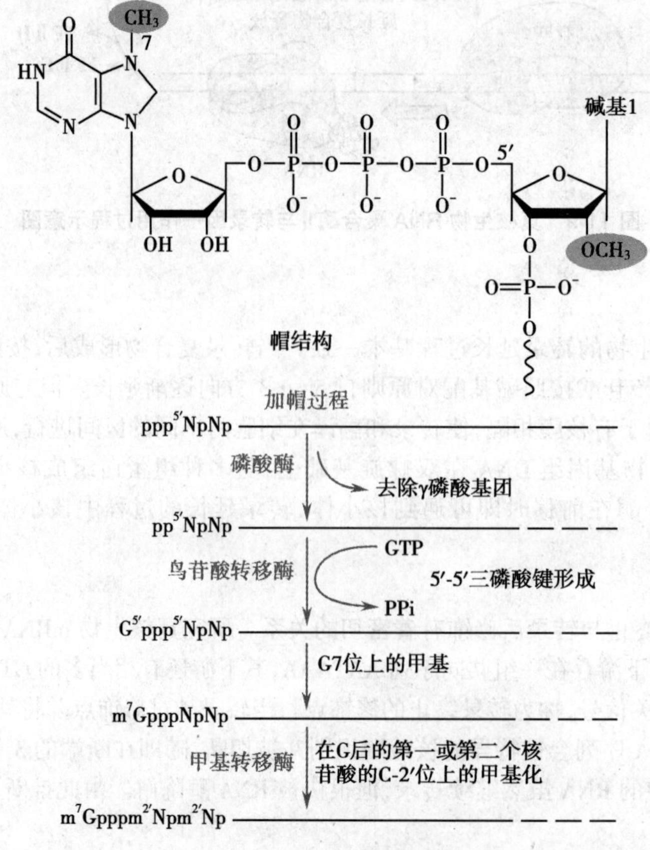

图 11-10　真核生物 mRNA 的帽子结构及加帽过程

2. 形成 3′- 端多聚腺苷酸尾　成熟的 mRNA 的 3′末端通常有一段长 80~250 个腺苷酸的多聚腺苷酸(polyA)。polyA 结构并非由 DNA 模板编码，而是在加工过程中形成的。转录最初形成的 mRNA 3′末端往往长于成熟 mRNA。因此认为，在加入腺苷酸尾之前，hnRNA 先由特异核酸外切酶在 3′末端处切去多余的一些核苷酸，再以 ATP 为供体，由多聚腺苷酸聚合酶催化，进行聚合反应，形成多聚腺苷酸尾(polyA)结构。polyA 尾结构是 mRNA 由细胞核进入细胞质所必需的，它极大提高了 mRNA 在细胞质中的稳定性，维持 mRNA 作为翻译模板的活性，该结构的形成同样先于剪接过程。尾部的修饰是和转录终止同时进行的。一般真核生物在胞质内出现的 mRNA，其 polyA 尾长度为 80~250 个核苷酸之间，也有少数例外，如组蛋白基因的转录产物，无论是初级还是成熟的均没有 polyA 尾。

微课：真核生物 mRNA 转录后的首尾加工

3. 剪接　真核细胞的基因由若干个编码区和非编码区互相间隔又连续镶嵌而成，去除非编码基因区再连接后，可翻译出由连续氨基酸组成的完整蛋白质，这些基因称为断裂基因(split gene)。断裂基因和转录的初级产物中具有表达活性的编码序列称为外显子(exon)，没有表达活性的间隔序列称为内含子(intron)。剪接就是在细胞核中，由特定的酶催化，切除初级产物中的内含子，然后将外显子进行拼接，使之成为具有翻译功能的模板 mRNA。这一过程必须依赖细胞核中的小核糖体蛋白(small nuclear ribonucleoprotein，snRNP)协助完成(图 11-11)。hnRNA 剪接的基本模式是“套索模式”，该模式是由 Klessing 提出的，即内含子区段弯曲，使相邻的两个外显子互相靠近，形似套索，便于剪接，称为套索 RNA(lariat RNA)。

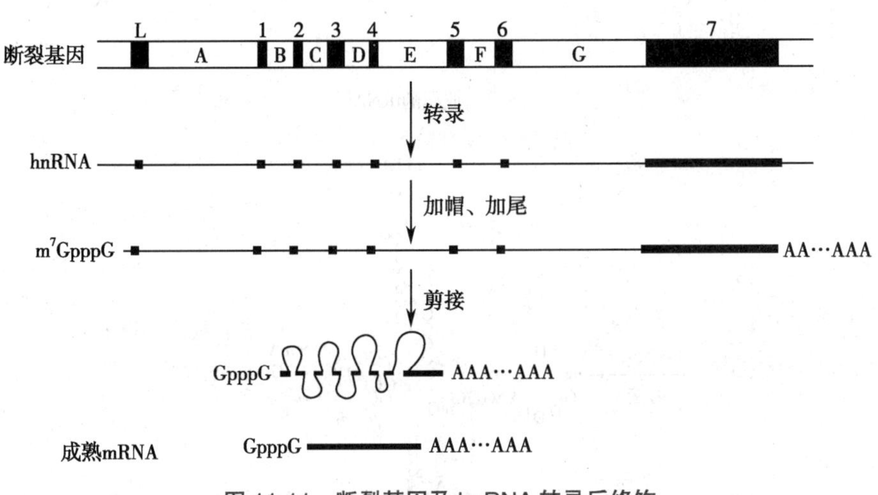

图 11-11　断裂基因及 hnRNA 转录后修饰

4. 编辑　某些基因转录产生的 mRNA 经过局部编辑加工后可发生改变，从而扩展了原基因编码 mRNA 的能力，导致由一个基因产生多种蛋白质，称为 RNA 编辑(RNA editing)。RNA 编辑是一种从病毒到高等动物普遍存在的转录后加工方式。经 RNA 编辑使同一基因能产生不同的 mRNA，并指导多条多肽链的合成。此外，某些小分子 RNA 也可参与转录后加工，从而影响基因表达。

RNA 编辑作用说明，基因的编码序列经过转录后加工，是可有多用途分化的，所以也称为分化加工(differential RNA processing)。

二、tRNA 转录后的加工

原核生物和真核生物 tRNA 前体分子的加工基本相同，但原核生物 tRNA 前体分子没有内含子。

1. 剪切　原核生物和真核生物的 tRNA 初级转录产物均为较大的 tRNA 前体，在多种核糖核酸酶的催化下，切除 5′末端的 16 个核苷酸序列。

2. 3′- 末端加上 CCA-OH　3′末端的 2 个尿嘧啶核苷酸由核酸外切酶 RNaseD 切除，再由核苷酸转移酶(nucleotidyl transferases)加上 CCA-OH，使 tRNA 具有携带氨基酸的能力。

3. 碱基的修饰　RNA 分子中稀有碱基的生成是由高度专一的修饰酶的催化实现的。包括：①甲基化反应：A → mA，G → mG；②还原反应：尿嘧啶(U)还原为二氢尿嘧啶(DHU)；③脱氨基反应：腺嘌

呤(A)→次黄嘌呤(I);④碱基转位反应:U → ψ(假尿苷)。

4. 剪接 通过剪接切除茎 - 环结构中部 14 个核苷酸的内含子。前体 tRNA 必须折叠成特殊的二级结构才能发生剪接,内含子一般均位于前体 tRNA 分子的反密码环(图 11-12)。

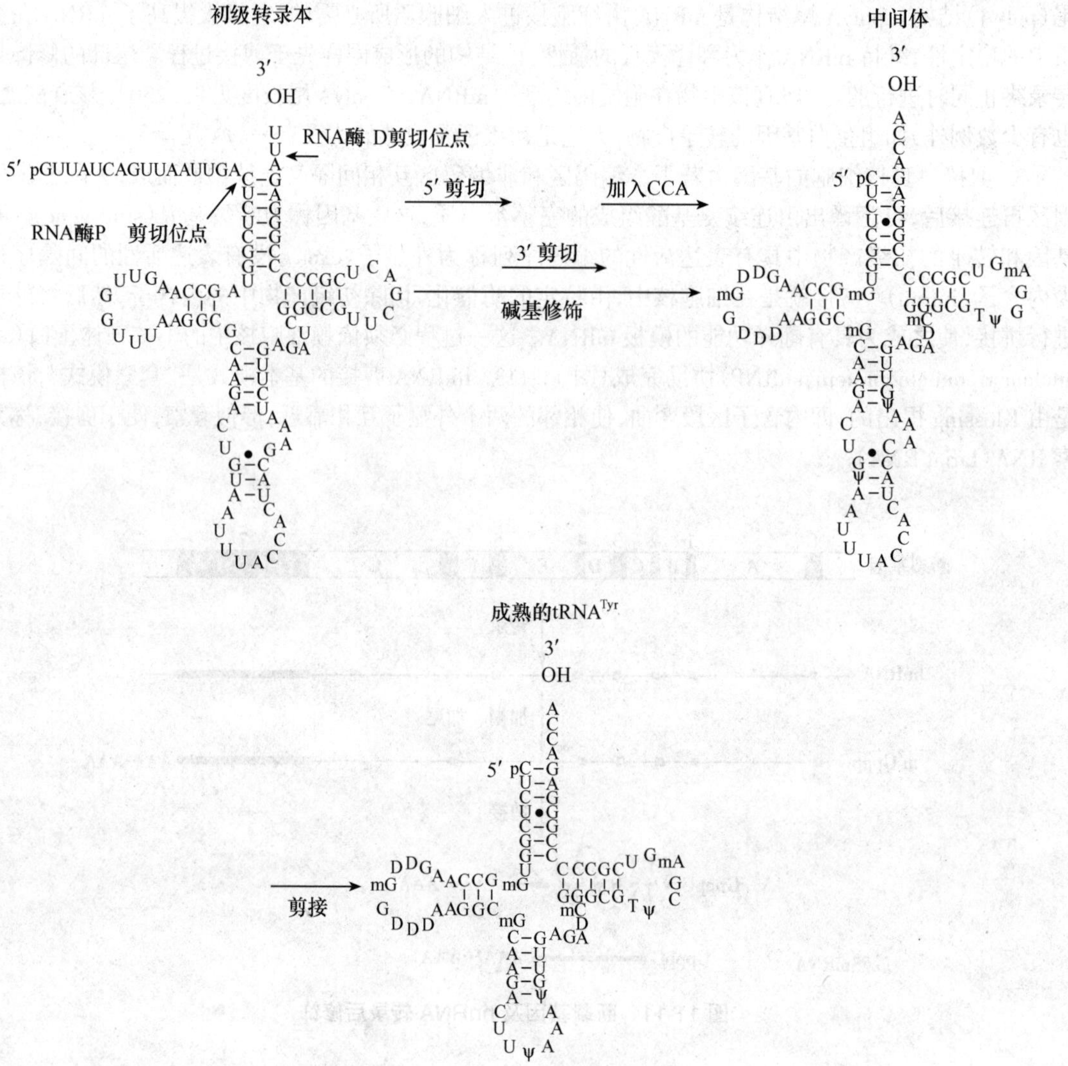

初级转录本

3′ OH

RNA酶 D剪切位点

5′ pGUUAUCAGUUAAUUGA

RNA酶P 剪切位点

5′ 剪切

加入CCA

3′ 剪切

碱基修饰

中间体

3′ OH

5′ pC

成熟的tRNA^Tyr

3′ OH

5′ pC

剪接

图 11-12 tRNA 前体的剪接

三、rRNA 转录后的加工

rRNA 的转录后加工与核糖体的形成是同时进行的,即一边转录,一边有蛋白质结合到 rRNA 上形成核蛋白颗粒。

1108

表格：原核细胞与真核细胞核糖体的组成

原核生物的 rRNA 前体为 30S,首先一些特异核苷酸进行甲基化,然后通过 RNaseⅢ、RNaseP 和 RNaseE 的作用,产生 rRNA 和 tRNA 的前体分子,最终在各种特异的核酸酶的作用下,生成成熟的 16S rRNA、23S rRNA 和 5S rRNA。

真核生物的 rRNA 前体为 45S,首先剪掉 5′末端序列,形成 41S 的中间体,然后将 41S RNA 裂解成 32S 和 20S 两段。最后,32S 经裂解和修饰后生成 28S rRNA、5.8S rRNA,20S 经修剪生成 18S rRNA(图 11-13)。此外,还需要一些碱基修饰反应。rRNA 成熟后,就在核仁上装配,28S rRNA、5.8S rRNA 与 5S rRNA 以及多种蛋白质分子一起组装成为核糖体大亚基,而 18S rRNA 与相关蛋白质一起,装配成核糖体的小亚基。生物体细胞含有的核糖体有 70S 和 80S 两种,均由大小不同的两个亚基组成,70S 核糖体存在于原核细胞和真核细胞的线粒体和叶绿体中,由 30S 和 50S 两个亚基组成。80S 核糖体存在于

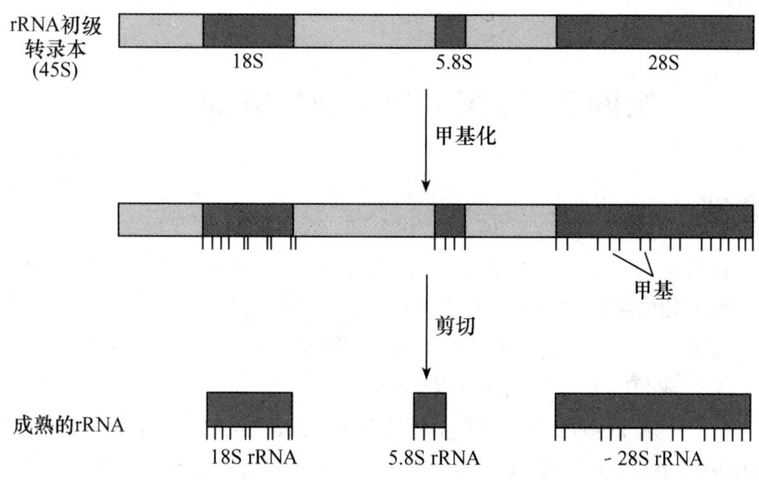

图 11-13　真核生物 rRNA 前体的加工示意图

真核细胞，由 40S 和 60S 两个亚基组成。然后，rRNA 通过核孔转移到细胞质，作为蛋白质生物合成的场所。

四、RNA 的催化作用

具有催化作用的 RNA 称为核酶（ribozyme）。核酶可定点切割 RNA 靶分子，从而达到有效阻断基因表达的目的。核酶具有酶的催化作用，但化学本质却是核糖核酸（RNA）。同酶相比，核酶的催化效率较低，其作用的底物可以是不同的核酸分子，也可以是同一 RNA 分子中的某些部位，而酶催化的底物则非常广泛。

通过比较多种低等生物能自我剪接的 RNA 结构，发现自我剪接区域内 RNA 的二级结构形如锤头，故名锤头状核酶。锤头状核酶发挥自我剪切时所需的基本结构是由催化部分和底物部分组成的锤头状结构，至少含有 3 个茎，1~3 个环，含有 GU 序列的剪切位点及至少有 13 个一致性序列。通常能进行自我催化的 RNA 片段不太长，约为 60 个核苷酸。不同的锤头状核酶的保守区以外的序列不同。

核酶的功能很多，有的切割 RNA，有的切割 DNA，有些还具有 RNA 连接酶、磷酸酶等活性。根据所作用的底物不同，又可分为自体催化和异体催化两类。绝大多数 RNA 催化剂以自身为底物进行自体催化，可以是自我剪切，也可以是自我剪接。目前已知的几十种天然 RNA 催化剂的绝大部分参与 RNA 的加工和成熟。

核酶的发现是对中心法则的有力补充，是继反转录之后对 RNA 重要功能的另一阐明，也是对传统酶学的挑战，更是基因治疗的重要策略之一。临床上应用人工核酶切断核酸分子，破坏病原微生物（如病毒），抑制“有害基因”的表达等。

核酶的发现

1982 年美国科学家 T.Cech 和他的同事发现四膜虫（tetrahymena thermophilic）编码 rRNA 前体的 DNA 序列含有间隔内含子序列。他们在体外用从细菌纯化得到的 RNA 聚合酶转录从四膜虫纯化的编码 rRNA 前体的 DNA，结果在没有任何来自四膜虫的蛋白质情况下，rRNA 前体能准确地从 6.4kb 前体中剪除 414 个核苷酸的内含子，产生成熟的 26S rRNA 分子。这种由 RNA 分子催化自身内含子剪接的反应称为自剪接（self-splicing）。有自剪接功能的 RNA 具有催化功能，是一种核酶（ribozyme）。

第四节 RNA 的复制与降解

一、RNA 的复制

有些病毒或噬菌体具有 RNA 基因组，即其基因组完全由 RNA 构成，不含 DNA，被称为 RNA 病毒，其基因组 RNA 在病毒蛋白质的合成中具有 mRNA 的功能。它们在宿主细胞中是以病毒的单链 RNA 为模板，由催化 RNA 复制的酶催化合成 RNA，这种 RNA 合成方式称为 RNA 复制(RNA replication)，是一种 RNA 依赖的 RNA 合成(RNA-dependent RNA synthesis)。

催化 RNA 复制的酶是 RNA 依赖的 RNA 聚合酶(RNA-dependent RNA polymerase，RDRP)，也称为 RNA 复制酶(RNA replicase)，由病毒的 RNA 编码。RNA 复制酶只能复制病毒 RNA，不能以 DNA 为模板合成 RNA。RNA 噬菌体就是以这种方式进行 RNA 复制的。大多数 RNA 噬菌体的 RNA 复制酶由 4 个亚基组成，其中 1 个亚基由噬菌体 RNA 复制酶基因编码，是复制酶的活性部位，另外 3 个亚基均由宿主细胞自身的基因编码，分别是延长因子 Tu、延长因子 Ts 和 S_1 蛋白。可能在协助复制酶定位和结合病毒 RNA 的 3′端的过程中起作用。

RNA 依赖的 RNA 合成的化学反应过程、机制与 DNA 依赖的 RNA 合成是相同的，合成的方向也是从 5′到 3′，但 RNA 复制酶不具有校正功能，所以 RNA 复制的错误率较高。RNA 复制酶只能特异地识别并复制病毒 RNA，对宿主 RNA 不进行复制。

二、RNA 在细胞内的降解

真核细胞 mRNA 的寿命从几分钟到数小时不等，其降解是保持 mRNA 发挥正常功能所必须的，另外在转录过程中产生的异常转录产物也需要降解和清除，以保证机体的正常生理状态。

正常转录物和异常转录物的降解途径有一定差异。前者包括依赖于脱腺苷酸化的 mRNA 降解和不依赖于脱腺苷酸化的 mRNA 降解；后者包括无义介导的 mRNA 降解、无终止降解、无停滞降解和核糖体延伸介导的降解等。这里重点介绍依赖于脱腺苷酸化的正常 mRNA 降解和无义介导的异常 mRNA 降解。

(一) 依赖于脱腺苷酸化的正常 mRNA 降解

依赖于脱腺苷酸化的 mRNA 降解是最重要的 mRNA 降解途径。又因为帽状结构和多聚腺苷酸尾结构可以防止降解酶的作用，保护 mRNA 的稳定，所以降解时须先解除稳定因素。降解分三个步骤进行：首先脱腺苷酸化酶催化进行脱腺苷酸化反应，其次脱帽酶催化对帽状结构进行水解，最后由核酸外切酶水解 mRNA。但细胞内少部分正常 mRNA 也可经由无义介导的途径降解。

(二) 无义介导的异常 mRNA 降解

真核细胞 mRNA 异常剪接后可能会产生无义的终止密码子，由此产生的 mRNA 降解称为无义介导的 mRNA 降解，这是广泛存在的重要的真核细胞 mRNA 质量监控机制。那些含有提前终止密码子的 mRNA 会被选择性的清除，以避免因截短的蛋白积累对细胞造成毒害。研究表明，该过程还可对部分正常生理基因的表达具有调控作用。

RNA 沉默与临床

RNA 沉默又称基因沉默(gene silence)，是一种广泛存在于真核生物中高度保守、序列特异的 RNA 降解机制。如某些小分子干扰 RNA(small interfering RNA，siRNA)能激发与之互补的目标 mRNA 的沉默，阻断翻译过程。对基因沉默进行深入研究，进一步揭示生物体基因遗传表达调控的本质，克服基因沉默现象，从而使外源基因能更好地按照人们的需要进行有效表达；利用基因沉默在基因治疗中有效抑制有害基因的表达，达到治疗疾病的目的。因此，研究基因沉默能够为临床新药的研发和应用提供有力的证据。

本章小结

RNA 的生物合成包括转录和复制两种方式，而转录是绝大多数生物体内 RNA 的合成方式。RNA 的转录体系包括模板、四种三磷酸核糖核苷(NTP)、RNA 聚合酶及某些蛋白质因子和无机离子 Mg^{2+}、Mn^{2+} 等。转录的特点有转录的不对称性、转录有特定起始和终止位点、转录不需要引物、转录的连续性及转录的单向性(新生 RNA 链的方向为 $5' \rightarrow 3'$)。参与转录的主要酶是 RNA 聚合酶。原核生物的 RNA 聚合酶由核心酶 $\alpha_2\beta\beta'$ 与 σ 因子组成，σ 因子主要功能是识别启动子，仅参与转录的开始，而核心酶参与转录的全过程。原核生物的 RNA 聚合酶均受利福霉素类抗生素的特异抑制。真核生物的 RNA 聚合酶主要有三种，分别称为 RNA 聚合酶Ⅰ、Ⅱ、Ⅲ，选择性地转录不同的基因，生成不同的产物。原核生物和真核生物转录的过程可分为转录起始、延长、终止三个阶段。原核生物的转录终止方式有两种：依赖 ρ 因子的转录终止和非依赖 ρ 因子的转录终止。原核生物的 rRNA 和 tRNA 需要经过加工才能成熟，而 mRNA 不需要加工即可以作为翻译的模板。真核生物的初级产物均需要加工修饰，加工修饰方式有剪切、剪接、碱基修饰等。某些基因转录产生的 mRNA 经过局部编辑加工后可发生改变，从而扩展了原基因编码 mRNA 的能力，导致由一个基因产生多种蛋白质。

案例讨论

患儿，女性，22 个月，因面色苍白、少动、精神状态不佳而就医。查体发现患儿头颅较普通孩子大，额头隆起，眼距宽，颧骨高，扁鼻梁，肝脾肿大。实验室检查：血红蛋白 53g/L，红细胞计数 6.32×10^{12}/L，平均红细胞体积为 60.1FL，血红蛋白 F 为 0.65。初步诊断：重型地中海贫血。

请分析：

1. 试述地中海贫血形成的原因是什么？
2. 人类 β 珠蛋白基因缺陷有几种类型？

案例分析

（王保平）

思考题

1. 简述原核生物 RNA 的转录体系。
2. 以真核生物 mRNA 为例说明转录后的加工过程。
3. 列表比较复制和转录的异同点。

扫一扫，测一测

笔记

第十二章 蛋白质的生物合成

学习目标

1. 掌握:蛋白质合成的体系,包括合成原料、三类 RNA、三种酶、各种蛋白因子及遗传密码的一般特性;核糖体循环的概念;分子病的概念。

2. 熟悉:原核生物和真核生物蛋白质生物合成过程和合成后的加工修饰;信号肽的概念及组成特点;氨基酸的活化过程;信号序列的概念。

3. 了解:氨基酰 -tRNA 的命名和书写方法;分泌性蛋白质的转运过程;抗生素对翻译的抑制;干扰蛋白质生物合成的生物活性物质。

4. 能利用所掌握的知识阐述对与蛋白质合成相关的各种常见抗生素作用机制,并有效运用于临床用药。

蛋白质生物合成也称为翻译(Translation),是以 mRNA 为模板、按照 mRNA 分子中由核苷酸组成的密码信息合成蛋白质的过程。其本质是将 mRNA 分子中 4 种核苷酸序列编码的遗传信息,解读为蛋白质一级结构中 20 种氨基酸的排列顺序。

蛋白质生物合成是包含起始、延长、终止三个阶段的连续过程。蛋白质前体合成后,还需经过翻译后的加工修饰,包括折叠形成天然蛋白质的三维构象、一级结构的水解修饰和空间结构的修饰等,才成为具有生物学功能的天然蛋白质。很多蛋白质在胞液合成后还需靶向输送到适当细胞部位发挥作用。

蛋白质生物合成是一个涉及数百种分子参与的复杂耗能过程,所消耗的能量占细胞内所有生物合成反应总能耗的 90%。很多抗生素正是通过干扰抑制病菌病毒的翻译过程而发挥其作用的。

第一节 蛋白质生物合成的体系

蛋白质生物合成是一个由多种分子参与的复杂过程。20 种被编码氨基酸是蛋白质生物合成的基本原料,mRNA、tRNA 和核糖体分别是蛋白质生物合成的模板、“适配器”和“装配机”。此外,参与氨基酸活化及肽链合成的起始、延长、终止阶段的多种蛋白质因子、酶类、功能物质和无机离子也是蛋白质生物合成不可缺少的部分。

一、RNA 在蛋白质生物合成中的作用

(一) mRNA 与遗传密码

mRNA 是蛋白质生物合成的直接模板。在原核生物中,每种 mRNA 常带有几种功能相关蛋白的编码信息,这些编码信息通常构成一个转录单位,指导多条肽链合成,称为多顺反子 mRNA,转录后一

般不需特别加工。但真核生物中每种 mRNA 一般只带有一种蛋白质的编码信息，指导一条多肽链的合成，称为单顺反子 mRNA，转录后需加工成为成熟 mRNA 才能作为翻译模板。mRNA 分子中每三个相邻的核苷酸构成一个三联体，其代表一种氨基酸或其他信息，该三联体称为遗传密码（genetic codon）或密码子（codon）。mRNA 以三联体密码子的形式决定蛋白质分子中氨基酸的排列顺序。生物体内共有 64 个密码子，其中 61 个分别代表 20 种不同的编码氨基酸（表 12-1）。AUG 既编码多肽链中的甲硫氨酸，又可作为多肽链合成的起始信号，称为起始密码子（initiation codon），而 UAA、UAG、UGA 则代表多肽链合成的终止信号，称为终止密码子(termination codon)。从 mRNA 5′ - 端的起始密码子 AUG 到 3′ - 端终止密码子之间的核苷酸序列，称为开放阅读框（Open reading frame，ORF）。通常 ORF 有 500 个以上的遗传密码，其重要特点如下：

表 12-1 通用 / 标准遗传密码表

第一个核苷酸 (5′)	第二个核苷酸				第三个核苷酸 (3′)
	U	C	A	G	
U	苯丙氨酸	丝氨酸	酪氨酸	半胱氨酸	U
	苯丙氨酸	丝氨酸	酪氨酸	半胱氨酸	C
	亮氨酸	丝氨酸	终止密码	终止密码	A
	亮氨酸	丝氨酸	终止密码	色氨酸	G
C	亮氨酸	脯氨酸	组氨酸	精氨酸	U
	亮氨酸	脯氨酸	组氨酸	精氨酸	C
	亮氨酸	脯氨酸	谷氨酰胺	精氨酸	A
	亮氨酸	脯氨酸	谷氨酰胺	精氨酸	G
A	异亮氨酸	苏氨酸	天冬酰胺	丝氨酸	U
	异亮氨酸	苏氨酸	天冬酰胺	丝氨酸	C
	异亮氨酸	苏氨酸	赖氨酸	精氨酸	A
	甲硫氨酸	苏氨酸	赖氨酸	精氨酸	G
G	缬氨酸	丙氨酸	天冬氨酸	甘氨酸	U
	缬氨酸	丙氨酸	天冬氨酸	甘氨酸	C
	缬氨酸	丙氨酸	谷氨酸	甘氨酸	A
	缬氨酸	丙氨酸	谷氨酸	甘氨酸	G

1. 连续性（continuity） 两个相邻的密码子之间没有任何特殊的符号加以间隔，翻译时必须从起始密码子开始，连续地从一个密码子挨着另一个密码子“阅读”下去，直到终止密码子出现为止。mRNA 上碱基的缺失或插入都会导致密码子的阅读框架改变，使翻译出的氨基酸序列发生改变，由此而引起“框移突变”（frameshift mutation）。

2. 简并性（degeneracy） 20 种编码氨基酸中，除色氨酸和甲硫氨酸各有一个密码子外，其余氨基酸都有 2~6 个密码子。一种氨基酸具有 2 个或 2 个以上密码子的现象，被称为遗传密码的简并性。同一氨基酸的不同密码子互称为简并密码子或同义密码子。遗传密码的简并性主要表现在密码子的头两位碱基相同，仅第三位碱基不同，即密码子的专一性主要由头两位碱基决定，第三位碱基的突变一般不会造成翻译时氨基酸序列的改变。遗传密码的简并性对于减少有害突变，保证遗传的稳定性具有重要意义。

3. 方向性（direction） mRNA 中密码子的排列有一定的方向性。起始密码子位于 mRNA 链的 5′ - 端，终止密码子位于 3′ - 端，翻译时从起始密码子开始，沿 5′→ 3′ 方向进行，直到终止密码子为止，与此相应肽链的合成从 N 端向 C 端延伸。

4. 通用性（universal） 一般来说，从病毒、细菌到人类几乎使用同一套遗传密码表，这称为遗传密

码的通用性。但在某些动物细胞中的线粒体及植物细胞的叶绿体中，遗传密码的通用性存在某些例外，如线粒体起始密码是 AUA，故据此提出近 20 套不同的线粒体遗传密码表。

图片：遗传密码的摆动性

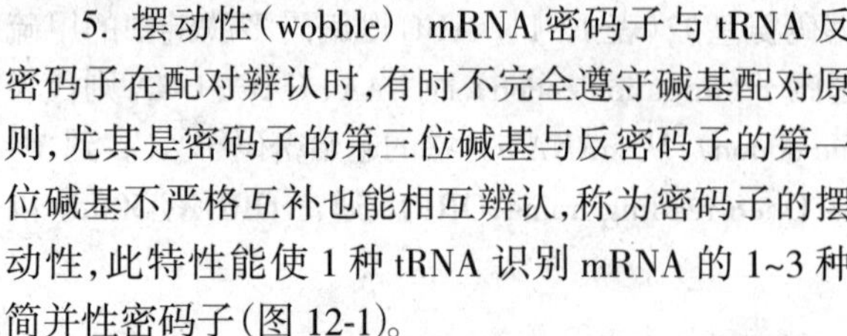
5. 摆动性（wobble） mRNA 密码子与 tRNA 反密码子在配对辨认时，有时不完全遵守碱基配对原则，尤其是密码子的第三位碱基与反密码子的第一位碱基不严格互补也能相互辨认，称为密码子的摆动性，此特性能使 1 种 tRNA 识别 mRNA 的 1~3 种简并性密码子（图 12-1）。

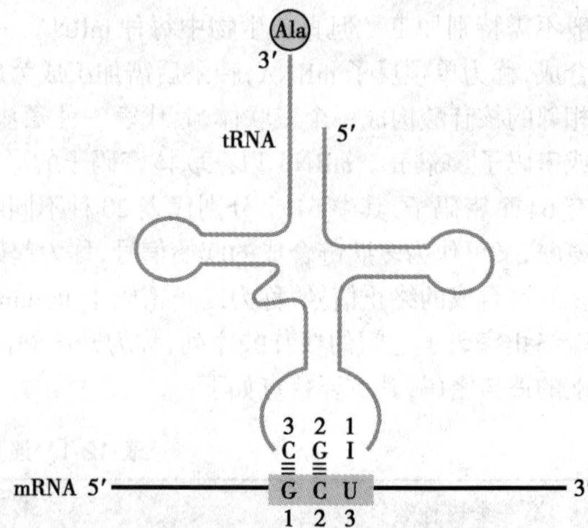

图 12-1　密码子的摆动性

（二）tRNA 与氨基酰 -tRNA

图片：tRNA 的结构示意图

tRNA 结构中具有两个关键部位：一个是氨基酸结合部位（为 tRNA 氨基酸臂的 -CCA 腺苷酸 3′ - 羟基）；另一个是 mRNA 结合部位。因此，tRNA 具有双重功能：一方面具有携带各种氨基酸起到载体作用，其与氨基酸结合形成氨基酰 -tRNA；另一方面又可识别 mRNA 分子上的遗传密码，通过其反密码子与 mRNA 序列中相对应的密码子互补结合，使其所携带的氨基酸在核糖体上按一定顺序通过肽键连接形成多肽链，起到适配器（adaptor）作用。

每种氨基酸可由 2~6 种特异的 tRNA 转运，但每一种 tRNA 只能特异地转运某一种氨基酸。tRNA 对密码子的辨认识别是通过 tRNA 反密码子与 mRNA 密码子的反向平行互补配对来实现的，但由于密码子的摆动性，使得一种 tRNA 所携带的一种氨基酸可结合在几种同义密码子上，如酵母丙氨酸 tRNA 的反密码子为 5′ -IGC-3′，可识别 mRNA 上的 3 个同义密码子 5′ -GCU-3′、5′ -GCC-3′、5′ -GCA-3′，称为不稳定配对。

转运起始氨基酸的 tRNA 称为起始 tRNA，由于起始密码子 AUG 代表甲硫氨酸，故起始密码子 tRNA 为 tRNA^{Met}。在原核生物中，起始 tRNA 携带的甲硫氨酸被甲酰化，形成 N- 甲酰甲硫氨酰 -tRNA，用“fMet-tRNA^{fMet}”表示；真核生物中起始 tRNA 携带的甲硫氨酸未被甲酰化，用“Met-tRNA$_i^{Met}$”表示。

在肽链延伸过程中起作用的 tRNA 称为延伸 tRNA。为区别起见，将原核生物携带甲硫氨酸的延伸 tRNA 表示为 Met-tRNA$_m^{Met}$，真核生物中则表示为 Met-tRNA$_e^{Met}$。书写其他氨基酰 -tRNA 时开头三个字母为氨基酸缩写，代表已结合的氨基酸，右上角的缩写则代表对某一个氨基酸特异的 tRNA，如 Gly-tRNA^{Gly}、Ala-tRNA^{Ala} 等。

（三）rRNA 与核糖体

rRNA 与多种蛋白质共同构成超分子复合体——核糖体，又称核蛋白体，是多肽链合成的场所，也是蛋白质生物合成的“装配机”。参与蛋白质生物合成的各种成分最终均需结合于核糖体上，再将氨基酸按特定顺序聚合成多肽链。

各种细胞的核糖体均由大、小两个亚基组成。原核生物核糖体为 70S，包括 30S 小亚基和 50S 大亚基两部分（图 12-2）；小亚基由 16S rRNA 和 21 种蛋白质构成，大亚基由 5S rRNA、23S rRNA 和 36 种蛋白质构成。真核生物中的核糖体为 80S，分为 40S 小亚基和 60S 大亚基；小亚基由 18S rRNA 和 33 种蛋白质构成，大亚基则由 5S rRNA、28S rRNA 和 49 种蛋白质构成，在哺乳动物中大亚基还含有 5.8S rRNA。核糖体在蛋白质的生物合成中具有以下功能：

图片：原核生物核糖体的模式

1. 有三个 tRNA 的结合位点　第一个称为受位或 A 位（acceptor site，aminoacyl site），是氨基酰 -tRNA 进入核糖体后占据的位置；第二个称为给位或 P 位（donor site，peptidyl site），是肽酰 -tRNA 占据的位置；第三个称为出位或 E 位（exit site），是空载 tRNA 占据的位置。真核生物核糖体无 E 位。由于核糖体与 tRNA 的结合是非特异的，所以核糖体能结合多种氨基酰 tRNA。

2. 小亚基

（1）有容纳 mRNA 的通道，能结合模板 mRNA。

（2）结合起始 tRNA。

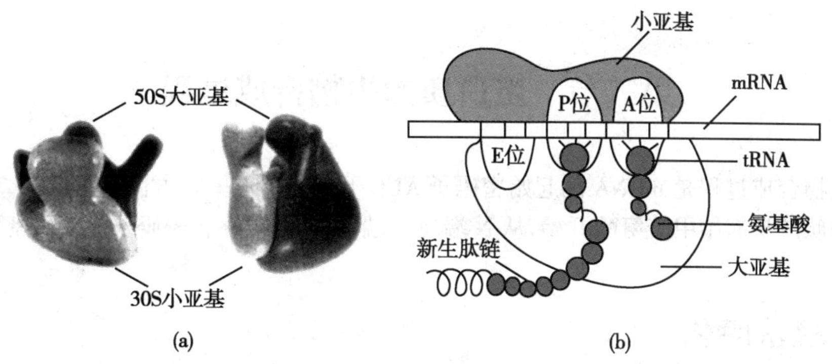

图 12-2　原核生物核糖体的模式图

(a)核糖体大亚基和小亚基间裂隙为 mRNA 和 tRNA 结合部位;(b)翻译过程中核糖体结构模式

(3) 结合和水解 ATP。

3. 大亚基

(1) 具有转肽酶活性,催化肽键形成。在大肠埃希菌中,转肽酶活性与核糖体大亚基上的 23S rRNA 有关,所以转肽酶也是一种核酶。

(2) 能结合参与蛋白质合成的多种可溶性蛋白因子,如 EF、IF、RF 等。

二、合成的原料、酶和蛋白质因子

(一) 合成原料

蛋白质生物合成基本原料是 20 种被编码氨基酸。但在一些生物体内,另外两种氨基酸,即吡咯赖氨酸(pyrro lysine)和硒代半胱氨酸(selenocysteine)也可作为编码氨基酸参与蛋白质的生物合成,它们分别由终止密码子 UAG 和 UGA 所编码,并由特异的 tRNA 携带。此过程中需 ATP 或 GTP 提供能源,并需 Mg^{2+} 和 K^{+} 参与。

(二) 酶和蛋白因子

1. 氨基酰 -tRNA 合成酶　该酶在 ATP 的存在时催化氨基酸的活化,并使其与特异 tRNA 结合。氨基酰 -tRNA 合成酶位于胞液,具有绝对特异性,对底物氨基酸和 tRNA 都能高度特异地识别。因此,在胞液中至少有 20 种以上的氨基酰 -tRNA 合成酶,这些酶的绝对特异性是保证翻译准确性的关键因素。

2. 转肽酶　是核糖体大亚基的组成成分,催化核糖体“P 位”上的肽酰基转移至“A 位”的氨基酰 -tRNA 的氨基上,缩合形成肽键。该酶受释放因子作用后发生变构,表现出酯酶的水解活性,使 P 位上的肽链与 tRNA 分离。

3. 转位酶　其活性存在于延长因子 G 中,催化核糖体向 mRNA 的 3′端移动一个密码子的距离,使下一个密码子可定位于“A 位”。

4. 蛋白因子　蛋白质的生物合成还需要众多蛋白因子参与,翻译时它们仅临时性地与核糖体发生作用,之后又从核糖体复合物中解离出来,包括起始因子(initiation factor,IF)、延长因子(elongation factor,EF)和释放因子(releasing factor,RF)。

IF 是一些与多肽链合成起始有关的蛋白因子。原核生物中存在 3 种起始因子,分别为 IF-1、IF-2、IF-3。真核生物中存在 9 种起始因子(eIF),其作用主要是促进核糖体小亚基、起始 tRNA 与模板 mRNA 结合以及大、小亚基的分离。

延长阶段需要 EF 参与,原核生物存在 3 种延长因子(EF-Tu、EF-Ts、EF-G),真核生物存在 2 种(EF-1、EF-2),其作用主要是促使氨基酰 -tRNA 进入核糖体的“A 位”,并促进转位。

RF 的功能:一是识别 mRNA 上的所有终止密码子,二是诱导转肽酶改变为酯酶活性,使肽链从核糖体上释放出来。在原核生物有 RF-1、RF-2、RF-3 三种,而真核生物只有一种。

5. 能量物质及离子　蛋白质生物合成所需能量为 ATP 和 GTP。参与蛋白质生物合成的无机离子有 Mg^{2+} 和 K^{+} 等。

第二节　蛋白质的生物合成过程

肽链的生物合成过程是 mRNA 的起始密码子 AUG 开始，按 5′→ 3′ 方向逐一读码，直至终止密码子。合成中的肽链从起始甲硫氨酸开始，从 N 端向 C 端延长，直至终止密码子前一位密码子所编码的氨基酸。

一、氨基酸的活化

氨基酸必须通过活化才能参与蛋白质的生物合成。氨基酸的活化是指氨基酸与特异 tRNA 结合形成氨基酰 -tRNA 的过程。胞液中发生的活化反应是在氨基酸的羧基上进行的，由氨基酰 -tRNA 合成酶催化，ATP 供能，每活化一分子氨基酸需要消耗 2 个高能磷酸键。

$$\text{氨基酸}+\text{tRNA}+\text{ATP}\xrightarrow[\text{Mg}^{2+}]{\text{氨基酰-tRNA 合成酶}}\text{氨基酰-tRNA}+\text{AMP}+\text{PPi}$$

具体反应步骤如下：首先在氨基酰 -tRNA 合成酶（E）的作用下，ATP 分解为 AMP 和 PPi，AMP 与氨基酸、酶结合形成一种活性中间复合体，氨基酸的羧基得以活化；该复合物再与特异 tRNA 作用，将氨酰基转移到 tRNA 的 3′ - 末端 CCA-OH 上，形成氨基酰 -tRNA（图 12-3），即可参与核糖体循环。

图片：氨基酰 -tRNA 的合成

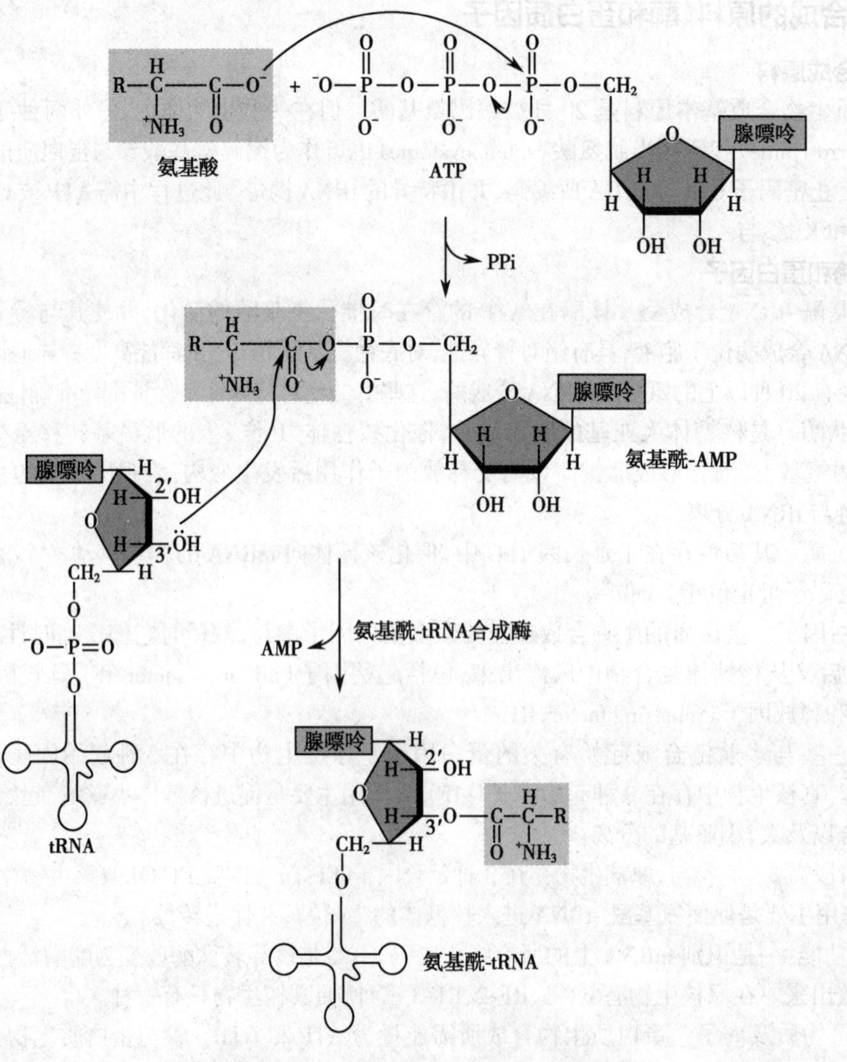

图 12-3　氨基酰 -tRNA 的合成

氨基酸 +ATP-E ⟶ 氨基酰 -ATP-E+PPi

氨基酰 -ATP-E+tRNA ⟶ 氨基酰 -tRNA+ATP+E

二、肽链的生物合成过程

蛋白质生物合成的具体步骤早期研究工作是利用简单的大肠埃希菌无细胞体系进行，故对大肠埃希菌的蛋白质合成过程了解较为清楚。原核生物翻译过程包括起始（initiation）、延长（elongation）、终止（termination）。这三个阶段均在核糖体完成，即为广义的核糖体循环（ribosomal cycle）。该循环是指活化的氨基酸由 tRNA 携带至核糖体上，以 mRNA 为模板合成多肽链的过程，此为蛋白质生物合成的中心环节。

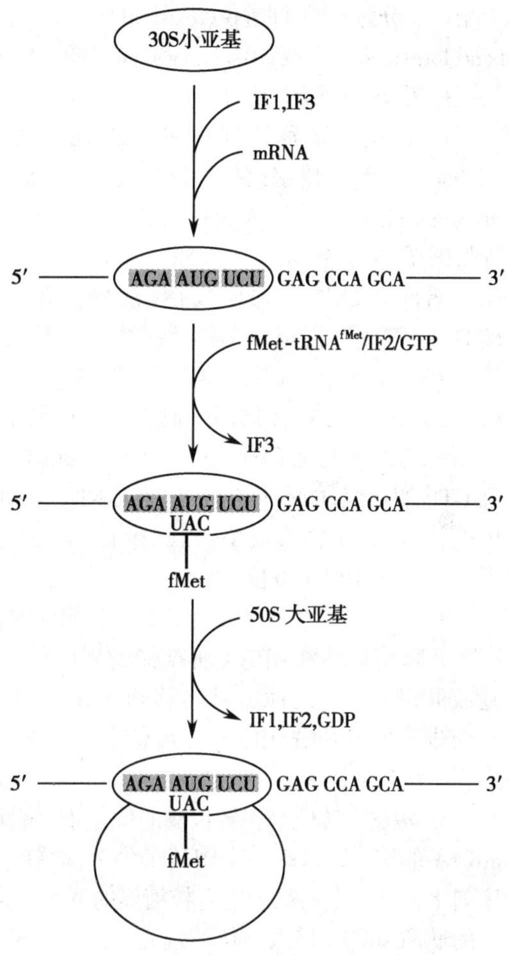

图 12-4　原核生物翻译的起始过程

（一）起始阶段

肽链合成的起始阶段是指模板 mRNA 和起始氨基酰 -tRNA 分别与核糖体结合形成翻译起始复合物（translation initiation complex）的过程，该过程还需 GTP、IF 和 Mg^{2+} 参与（图 12-4）。

1. 核糖体大、小亚基分离　肽链合成是一个连续过程，上一轮合成的终止紧接着下一轮合成的开始。这时完整的核糖体大、小亚基须分离，准备 mRNA 和起始氨基酰 -tRNA 与小亚基结合。IF-1、IF-3 与核糖体的小亚基结合，促进大、小亚基分离，同时还能防止大、小亚基重新聚合。

图片：核糖体大小亚基分离

2. mRNA 在小亚基定位结合　一条 mRNA 链上可有多个起始 AUG，形成多个开放阅读框，编码出多条肽链。核糖体小亚基与 mRNA 结合时必须识别一个合适的起始密码子 AUG，以便形成特异的 ORF，从而准确地翻译出目的蛋白质。原核生物 mRNA 在核糖体小亚基上的准确定位结合涉及两个机制：

图片：mRNA 在小亚基定位结合

（1）在各种 mRNA 5′ - 端起始密码子的上游约 8~13 个核苷酸部位有一段富含嘌呤碱基（如 -AGGAGG-）的特殊保守序列，即为 SD 序列（Shine-Dalgarno sequence），可被核糖体小亚基 16S rRNA 3′ - 端富含嘧啶碱基的短序列（如 -UCCUCC-）辨认互补结合。紧接着核糖体小亚基沿 mRNA 模板向 3′ - 端滑动并准确地定位于起始密码子 AUG 部位。

（2）mRNA 序列上紧接 SD 序列后的小核苷酸序列，可被核糖体小亚基蛋白 rpS-1 识别并结合。

通过上述 RNA-RNA、RNA- 蛋白质相互作用，mRNA 序列上的起始 AUG 即可在核糖体小亚基上准确定位并形成复合体。

图片：起始氨基酰 -tRNA（fMet-tRNA-imet）结合到小亚基

3. fMet-$tRNA^{fMet}$ 的结合　翻译起始时 A 位被 IF-1 占据，不被任何氨基酰 -tRNA 结合。fMet-$tRNA^{fMet}$、IF-2 和 GTP 结合形成复合体，识别并结合对应于小亚基 P 位 mRNA 上的起始密码子 AUG，促进 mRNA 的准确就位。

4. 核糖体大亚基结合　30S 小亚基、mRNA 和 fMet-$tRNA^{fMet}$ 结合完成后，再与核糖体大亚基结合，同时 IF-2 结合的 GTP 水解，促使 3 种 IF 释放，形成由完整核糖体、mRNA、fMet-$tRNA^{fMet}$ 组成的翻译起始复合物。此时，结合起始密码子 AUG 的 fMet-$tRNA^{fMet}$ 占据 P 位，而 A 位空缺，对应 mRNA 上 AUG 后的下一组三联体密码，准备相应氨基酰 -tRNA 的进入（图 12-4）。

图片：核糖体大亚基结合，起始复合物形成

（二）延长阶段

肽链合成的延长阶段是指在翻译起始复合物的基础上，各种氨基酰 -tRNA 按 mRNA 上密码子的

顺序在核糖体上一一对号入座，所携带的氨基酸依次以肽键缩合形成新生多肽链的过程。这一阶段是在核糖体上连续循环进行的，故又称狭义的核糖体循环。每次循环使新生肽链延长一个氨基酸。每个循环又分为三步，即进位(registration)、成肽(peptide bond formation)、转位(tRNA slocation)(图 12-5)。延长过程需要延长因子参与。

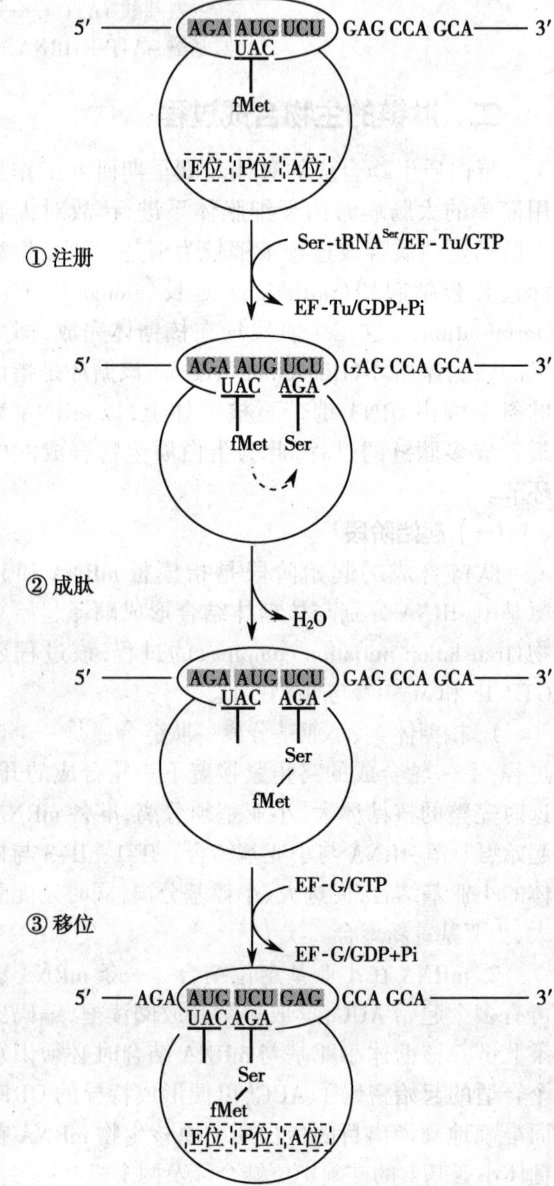

图 12-5 原核生物翻译的延长阶段

1. 进位 又称注册(registration)，是指根据 mRNA 下一组遗传密码指导，使相应氨基酰-tRNA 进入并结合到核糖体 A 位的过程。这一过程需要延长因子 EF-T 参与。

翻译起始复合物形成后，核糖体的 P 位已被 fMet-tRNA^{fMet} 占据，A 位空缺；按照 A 位处对应的 mRNA 第 2 个密码子，相应的氨基酰-tRNA 与 EF-Tu-GTP 形成复合物，并通过其反密码子识别 mRNA 模板上的密码子，进入 A 位。此时，EF-Tu 有 GTP 酶活性，能水解 GTP 驱动 EF-Tu 和 GDP 从核糖体释出，重新形成 Tu-Ts 二聚体，并继续催化下一氨基酰-tRNA 进位。

1209

图片：肽链延长阶段——进位

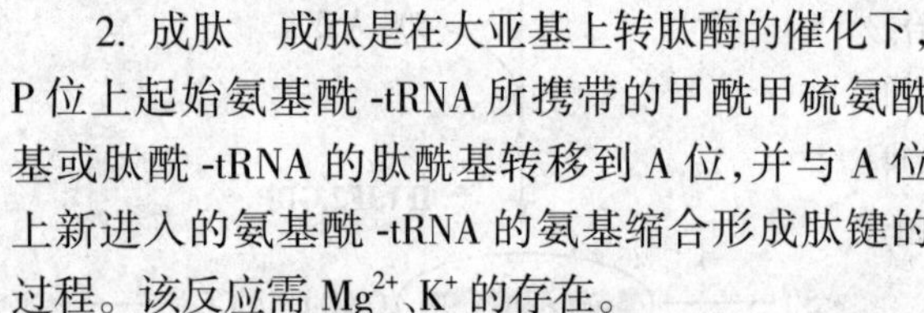

2. 成肽 成肽是在大亚基上转肽酶的催化下，P 位上起始氨基酰-tRNA 所携带的甲酰甲硫氨酰基或肽酰-tRNA 的肽酰基转移到 A 位，并与 A 位上新进入的氨基酰-tRNA 的氨基缩合形成肽键的过程。该反应需 Mg^{2+}、K^+ 的存在。

3. 转位 转位是在转位酶的催化下，核糖体向 mRNA 的 3′-端移动一个密码子的距离，使 mRNA 序列上的下一个密码子进入核糖体的 A 位，而 A 位上的肽酰-tRNA 移入 P 位的过程。延长因子 EF-G 有转位酶(translocase)活性，可结合并水解 GTP 提供能量，促使核糖体沿 mRNA 向 3′ 端移动一个密码子的距离，肽酰-tRNA 从 A 位移到 P 位，而卸载的 tRNA 则移入 E 位，A 位空出，mRNA 模板的下一个密码子进入 A 位，为另一个能与之对号入座的氨基酰-tRNA 的进位准备了条件。当下一个氨基酰-tRNA 进入 A 位注册时，位于 E 位上的空载 tRNA 脱落排出。

1210

微课：蛋白质生物合成延长阶段

新生肽链上每增加一个氨基酸残基都需经过上述三步反应，此过程需 2 种 EF 参与并消耗 2 分子 GTP。核糖体沿 mRNA 模板从 5′→3′ 方向阅读遗传密码，连续进行进位、成肽、转位的循环过程，每次循环向肽链 C 端添加一个氨基酸，使相应肽链的合成从 N 端向 C 端延伸，直到终止密码子出现在核糖体 A 位为止。

(三) 终止阶段

肽链合成终止是指当核糖体 A 位出现 mRNA 的终止密码子后，多肽链合成停止，肽链从肽酰-tRNA 中释出，原结合在一起的 mRNA、核糖体大小亚基相互分离的过程。此过程需要释放因子的参与。

当多肽链合成至 A 位上出现终止密码子(UAA、UAG、UGA)时，终止密码子不能被任何氨基酰-tRNA 识别进位，只有释放因子(RF)能辨认识别并进入 A 位。RF 的结合可诱导转肽酶的构象发生改变，从而发挥酯酶活性，水解新生肽链与结合在 P 位的 tRNA 之间的酯键，释出合成后的新生多肽链；然后由 GTP 提供能量，使 tRNA 及 RF 释出，核糖体与 mRNA 模板分离。最后，在 IF 的作用

下核糖体大、小亚基分离，并可重新参与多肽链的合成（图 12-6）。

真核生物的肽链合成过程与原核生物的肽链合成过程基本相似，只是反应更复杂、涉及的蛋白质因子更多，其中在起始阶段差异较大。真核生物有不同的翻译起始成分，如核糖体为 80S（40S 小亚基和 60S 大亚基）；起始因子种类更多更复杂；起始甲硫氨酸不需被甲酰化修饰；mRNA 的起始密码子 AUG 上游无 SD 序列，mRNA 在小亚基上的定位依赖于帽子结合蛋白复合物等。成熟的真核 mRNA 有 5′-帽子和 3′-polyA 尾结构，可使 mRNA 在核糖体上定位结合；mRNA 的 5′-端可有多个 AUG 密码子，但起始 AUG 位于 Kozak 共有序列（Kozak consensus sequence）中。该共有序列是起始密码子 AUG 周围的一段短的通用序列，即 ACCAUGG，该序列突变可降低核糖体的翻译活性。而延长过程与原核生物基本相似，但有不同的反应体系和延长因子。此外，真核细胞核糖体无 E 位，转位时卸载的 tRNA 直接从 P 位脱落。其终止过程与原核生物相似，但只有一种释放因子 eRF，可识别所有终止密码子。

总之，无论是在原核细胞还是真核细胞内，通常有 10~100 个核糖体附着在同一条 mRNA 模板上进行蛋白质的生物合成。这种每条 mRNA 模板与多个核糖体结合所形成的串珠状聚合物称为多聚核糖体（polyribosome）。而每条 mRNA 结合的核糖体数目与生物种类和 mRNA 的长度有关，大多数情况下每间隔 80 个核苷酸即附着有一个核糖体。利用同一条 mRNA 为模板，各自合成特异的多肽链，从而提高 mRNA 利用率和蛋白质生物合成速度。

图片：肽链合成终止

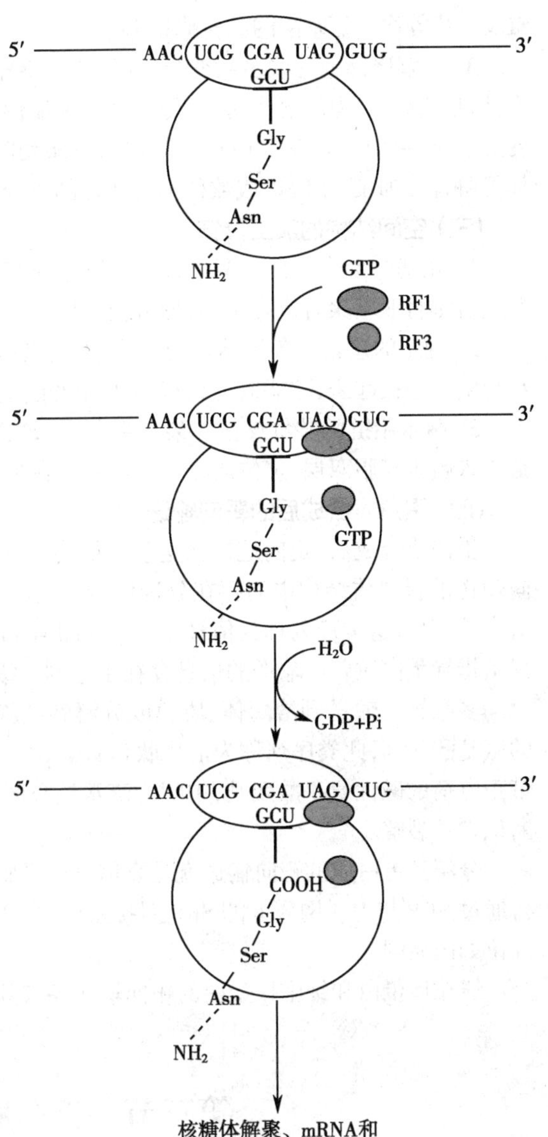

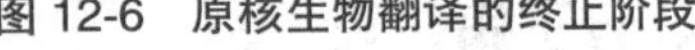

图 12-6　原核生物翻译的终止阶段

三、肽链合成后的加工和靶向输送

从核糖体上释放出来的新生多肽链还不具有生物活性，必须经过复杂的加工和修饰过程才能转变成具有天然构象的功能蛋白质，这一过程称为翻译后的加工修饰。常见的加工修饰包括多肽链折叠为天然的三维构象及对肽链一级结构的修饰、空间结构的修饰等。在胞液中合成的各种蛋白质还需要靶向输送到特定细胞部位才能发挥其生物学功能。

（一）新生肽链的折叠

新生肽链的折叠一般需折叠酶（foldase），如蛋白质二硫键异构酶和肽-脯氨酰顺反异构酶和分子伴侣的参与下才能完成。

（二）一级结构的加工修饰

1. N 端甲酰甲硫氨酸或甲硫氨酸的切除　新合成多肽链第一个氨基酸残基为甲酰甲硫氨酸或甲硫氨酸，但绝大多数天然蛋白质其 N 端第一位不是甲酰甲硫氨酸或甲硫氨酸，故需在肽链合成完成后或在肽链的延伸过程中，由脱甲酰基酶或氨基肽酶催化水解去除之。

2. 个别氨基酸的共价修饰　包括半胱氨酸间二硫键的形成，很多蛋白质中的赖氨酸、脯氨酸残基的羟基化，丝氨酸、苏氨酸或酪氨酸的磷酸化，组氨酸的甲基化，谷氨酸的羟基化，赖氨酸的泛素化和

微课：蛋白质异常修饰在阿尔兹海默病中的病理作用

SUMO化等均为氨基酸的共价修饰调节。

3. 水解修饰　一些多肽链合成后，需在特异蛋白水解酶作用下去除某些肽段或氨基酸残基，生成有活性的多肽。如分泌性蛋白质去除其N端信号肽、酶原的激活及某些肽类激素由无活性的前体转变为有活性的形式，都是由特异蛋白水解酶切除修饰的结果。在真核生物中还存在将大分子多肽前体经翻译后加工、水解生成数种不同活性的小分子活性肽类的情况。

（三）空间结构的加工修饰

1. 亚基的聚合　具有两个或两个以上亚基的蛋白质，如血红蛋白，在各条肽链合成后，还需通过非共价键将亚基聚合成寡聚体，形成蛋白质的四级结构。

2. 辅基的连接　各种结合蛋白质，如糖蛋白、脂蛋白、色蛋白及各种带辅基的酶，合成后还需进一步与辅基连接起来，才能成为具有功能活性的天然蛋白质。

3. 疏水脂链的共价连接　某些蛋白质，如Ras蛋白、G蛋白等，翻译后通过在肽链特定位点将脂链嵌入疏水膜脂双层，定位成为特殊质膜内在蛋白，才能成为具有生物学活性的蛋白质。

（四）蛋白质合成后的靶向输送

蛋白质合成后，定向地被输送到其最终发挥生物学功能的场所，这一过程称为靶向输送。所有靶向输送的蛋白质结构中均存在分选信号，主要是N-端特异氨基酸序列，可引导蛋白质转移到细胞的适当靶部位，这类序列称为信号序列（signal sequence），是决定蛋白质靶向输送特性的最重要元件。这提示指导蛋白质靶向输送的信息存在于它的一级结构中。

多数靶向输送到溶酶体、质膜或分泌到细胞外的蛋白质，其肽链的N-末端一般都带有一段保守的氨基酸序列，此类序列称为信号肽（signal peptide）。常见信号肽由13~36个氨基酸残基组成，N端为带正电荷的碱性氨基酸残基，中间为疏水核心区，而C端由极性、侧链较短的氨基酸组成，可被信号肽酶识别并裂解。

分泌型蛋白质的靶向输送就是靠信号肽与胞质中的信号肽识别颗粒（SRP）识别并特异结合，然后再通过SRP与内质网膜上的SRP对接蛋白（DP）识别并结合后，将分泌型蛋白质定位于特定的亚细胞部位如内质网。

线粒体蛋白和细胞核蛋白的靶向输送各有其特定的靶向输送过程。

第三节　蛋白质生物合成与医学

一、分子病

由于基因突变导致蛋白质一级结构的改变，进而引起生物体某些结构和功能的异常，这种疾病称为分子病。分子病最典型的代表为镰刀型红细胞贫血病。该病患者体内血红蛋白β-链的基因发生点突变，导致合成的β-链N端第6位氨基酸残基由亲水的谷氨酸被疏水的缬氨酸取代，使原来水溶性的血红蛋白分子形成黏性小区，并聚集成丝，易相互粘着，附着在红细胞膜上，导致红细胞变形成为镰刀状而极易破裂，产生溶血性贫血。

二、干扰蛋白质生物合成的药物和毒物

蛋白质生物合成是很多抗生素和某些毒素的作用靶点。很多抗生素就是通过阻断蛋白质合成体系中某些组分的结构和功能，干扰和抑制蛋白质生物合成过程而起作用的。但原核和真核生物的翻译过程既有相似之处，也有明显差异，这些差异可导致抗生素既能杀灭细菌又对真核细胞无明显影响，蛋白质生物合成所必需的关键组分可作为研究新型抗生素药物的作用靶点。某些毒素也可作用于蛋白质合成体系的有效成分从而发挥其毒性，了解毒素作用原理，既可研究其致病机制，又可从中发现寻找新药的途径。部分抗生素和毒素能抑制蛋白质生物合成机制见表12-2。

表 12-2　几种蛋白质生物合成抑制剂

抑制剂	作用位点	作用原理	应用
伊短霉素	原核、真核核糖体小亚基	阻碍翻译起始复合物的形成	抗肿瘤药
四环素、土霉素	原核核糖体小亚基	抑制氨基酰 -RNA 与小亚基的结合	抗生素
链霉素、新霉素	原核核糖体小亚基	改变构象引起读码错误、抑制起始	抗生素
氯霉素、红霉素	原核核糖体大亚基	抑制转肽酶、阻断肽链延长	抗生素
放线菌酮	真核核糖体大亚基	抑制转肽酶、阻断肽链延长	医学研究
大观霉素	原核核糖体小亚基	阻断转位	抗生素
嘌呤霉素	原核、核糖体	使肽酰基转移到它的氨基上导致脱落	抗肿瘤药
蓖麻蛋白	原核核糖体大亚基	使 28S 发生腺苷酸脱嘌呤基使之降解	毒素

(一) 抗生素

抗生素是一类由某些真菌、细菌等微生物产生的药物，临床上应用广泛，可通过阻断细菌或病毒蛋白质合成从而抑制细菌或病毒生长和繁殖。对宿主无毒性的抗生素可直接用于预防和治疗人类、动物或植物的感染性疾病。多种抗生素可作用于从 DNA 复制到蛋白质生物合成的各个环节，阻抑细菌或肿瘤细胞的蛋白质合成，从而发挥药理作用。如丝裂霉素、博来霉素、放线菌素等可抑制 DNA 的模板活性，利福霉素可抑制细菌的 RNA 聚合酶活性，通过影响转录来阻抑蛋白质的合成。另一些抗生素则主要影响翻译过程。如四环素能与细菌核糖体的小亚基结合使之变构，从而抑制 tRNA 的进位；链霉素则抑制细菌蛋白质合成的起始阶段，并引起密码错读而干扰蛋白质的合成；氯霉素能与细菌核糖体的大亚基结合，抑制转肽酶活性；青霉素可阻断 G^+ 细菌细胞壁的蛋白质合成，同时竞争转肽酶进而抑制细菌细胞壁的黏肽合成，导致细胞壁缺陷、体外高渗状态，直接导致细菌破裂坏死，达到杀灭 G^+ 细菌的目的。

抗　生　素

抗生素(antibiotics)是由微生物(含细菌、真菌、放线菌属等)或高等动植物在生存过程中所产生的具有抵抗病原体或其他活性的一类次级代谢产物，是能干扰其他活细胞发育功能的化学物质。现在临床常用抗生素多为微生物培养液中提取物或用化学方法合成或半合成的化合物，主要用于治疗各种细菌感染或抑制致病微生物感染。抗生素的使用应遵循临床使用规范原则，长期重复使用同种抗生素可能会使致病菌产生抗药性，过量使用会抑制体内有益菌，使肠道菌群失衡，导致疾病发生。

(二) 其他干扰蛋白质生物合成的物质

某些毒素能在肽链延长阶段阻断蛋白质合成而引起毒性，如白喉毒素可特异抑制人、哺乳动物肽链 EF-2 的活性，强烈抑制真核细胞蛋白质的生物合成。

真核细胞感染病毒后可分泌产生具有抗病毒作用的一类蛋白质，这类蛋白质即为干扰素。它可通过活化一种特异蛋白激酶，使起始因子 eIF-2 磷酸化而失活，抑制翻译起始。它还可间接活化一种核酸内切酶 RNaseL，使病毒 mRNA 发生降解，阻断病毒蛋白质合成。干扰素还具有调节细胞生长分化、激活免疫系统等功能，有广泛的临床应用。能抑制蛋白质生物合成的还有 siRNA 和 microRNA 等。

本章小结

蛋白质的生物合成是将 mRNA 分子中 4 种核苷酸序列编码的遗传信息解读为蛋白质一级结构中 20 种氨基酸排列顺序的过程。

成熟的 mRNA 其开放阅读框中从 5′端到 3′端排列的核苷酸顺序决定了多肽链中从 N 端到 C 端的氨基酸排列顺序。每三个相邻核苷酸构成一个密码子，共计 64 个。遗传密码具有简并性、连续性、方向性、摆动性和通用性等特性。

tRNA 结构中具有两个关键部位：一个是氨基酸结合部位，能特异性结合并转运氨基酸，另一个是 mRNA 结合位点，通过其反密码子与密码子的配对结合，使氨基酸能准确定位。

rRNA 与多种蛋白质形成核糖体，为蛋白质生物合成的场所。各种核糖体均由大、小亚基组成。小亚基具有 A 位(氨基酰位)、P 位(肽酰位)，大亚基具有 E 位(空载 tRNA 排出位，真核生物无此位)。

蛋白质生物合成的过程包括氨基酸的活化、核糖体循环、翻译后的加工修饰和靶向输送等。其中核糖体循环是肽链合成的过程，包括起始、延长、终止三个阶段。肽链的延长是通过进位、成肽和转位构成的循环过程实现的。新生多肽链须进行翻译后加工修饰才能形成完整的空间结构。合成后的蛋白质还需靶向输送到最终发挥其生物学功能的亚细胞部位。

患者，男性，因恶心、乏力等症状入院，体检时发现皮肤、巩膜明显黄染。血常规检查发现 HBsAg(+)，HBsAb(+)，HBeAg(+)，HBeAb(−)，抗 HBcAg IgM(+)，HBV-DNA：5.1×10^6copies/ml (1000copies/ml)。肝功能检查发现尿胆红素(+)，尿胆原(+)，尿胆素(+)，血清总胆红素 49.1μmol/L(正常值 1.7~17.1μmol/L)，直接胆红素 13μmol/L(1.71~7μmol/L)，血清谷氨酸氨基转移酶(ALT) 98.5U/L(改良赖氏法正常值 5~40U/L)；ALP 299U/L(正常值 40~110U/L)。被诊断为急性病毒性乙型肝炎，立即收入院隔离治疗，并给予包括 α- 干扰素和更昔洛韦联用的抗病毒和保护肝功能等多种治疗手段。

案例分析

请分析：

乙型病毒患者为何要使用干扰素进行抗病毒治疗？

（罗洪斌）

思考题

1. 何谓遗传密码？遗传密码的重要特点有哪些？
2. 简述蛋白质生物合成体系由哪些物质组成。它们各有何作用？
3. 简述氨基酸的活化及相关酶的作用特点。
4. 原核生物和真核生物的翻译起始复合物的生成有何异同？
5. 试述蛋白质的生物合成过程。
6. 简述真核细胞分泌型蛋白质的靶向输送过程。
7. 抗生素和干扰素影响生物体蛋白质生物合成的机制有哪些？其优缺点有哪些？

扫一扫，测一测

第十三章 基因表达调控

学习目标

1. 掌握：基因表达、基因表达调控的概念、特征。
2. 熟悉：操纵子、启动子、生长因子等概念；乳糖操纵子的结构及功能。
3. 了解：真核生物、原核生物基因表达调控的基本过程。
4. 能够阐明基因表达调控的知识和调控机制。
5. 培养学生的创新意识、创新能力和不断进取的职业精神。

拓展阅读：乳糖操纵子

20世纪50年代末生物科学家们揭示了遗传信息从DNA传递到蛋白质的规律——中心法则。此后，科学家们一直在探索究竟是何种机制在调控遗传信息的传递和表达。1961年F.Jacob和J.Monod提出了著名的乳糖操纵子学说，开创了基因表达调控研究的新纪元。

第一节 基因表达与基因表达调控的基本概念与特点

一、基因表达及其特性

基因表达(gene expression)通常是指基因组DNA经过转录生成RNA，其中mRNA进一步翻译成蛋白质的过程；并非所有的基因表达过程都产生蛋白质，rRNA、tRNA等非蛋白编码基因转录产生功能型RNA的过程也属于基因表达。而对于上述过程的调节与控制就是基因表达调控(regulation of gene expression)。

基因表达呈现出严格的规律性，从而形成了两个基本特性，即时间特异性(temporal specificity)和空间特异性(spatial specificity)。基因表达的时间特异性是指某一特定基因的表达严格按照一定的时间顺序开启和关闭。多细胞生物从受精卵到组织、器官形成的不同发育的各个阶段，会有相应的基因按一定的时间顺序开启或关闭，如某些蛋白仅在胚胎期表达而出生后即停止产生，从而表现出与分化、发育阶段一致的时间性。因此，多细胞生物基因表达的时间特异性又称为阶段特异性(stage specificity)。基因表达的空间特异性是指个体在生长发育过程中，同一种基因在个体的不同组织细胞中表达不一致。如编码胰岛素的基因只在胰岛的B细胞中表达，从而指导生成胰岛素；编码肌浆蛋白的基因在成纤维细胞和成肌细胞中几乎不表达，而在肌原纤维中有高水平的表达。基因在多细胞个体的某一生长发育阶段，同一基因产物在不同的组织器官中空间表达不一致，这是由细胞在器官的分布所决定的，故又称细胞特异性或组织特异性。

甲胎蛋白与肝癌早期诊断

甲胎蛋白(alpha fetal protein,AFP)是一种糖蛋白,属于白蛋白家族,主要由胎儿肝细胞及卵黄囊合成。甲胎蛋白在胎儿血液循环中具有较高的浓度,出生后则下降,至出生后2~3个月甲胎蛋白基本被白蛋白替代,血液中较难检出,故在成人血清中含量极低。甲胎蛋白具有很多重要的生理功能,包括运输功能、作为生长调节因子的双向调节功能、免疫抑制、T淋巴细胞诱导凋亡等。

当肝细胞发生转化形成肝癌细胞时,编码AFP的基因又重新被激活,大量的AFP被合成。因此,血浆中AFP的水平可以作为肝癌早期诊断的一个重要指标,用于肝癌的诊断及治疗监测。

二、基因表达调控的基本概念

基因表达调控(regulation of gene expression)是细胞或生物体在接受内外环境信号刺激时或适应环境变化的过程中在基因表达水平上做出的应答,即基因组内的基因如何被表达、表达多少等;其实质是对基因表达进行调节的过程,也称基因调节。

基因表达的任何一个步骤都可以被调节,包括基因激活、转录水平、转录后水平、翻译水平及翻译后水平等。其中,转录起始的调节对基因表达起着十分重要的作用,故转录起始是基因表达的基本控制点,对转录的调控是基因表达调控的主要内容。

正常情况下,原核细胞或真核细胞中同时表达的基因只占基因组的很小部分,而且这些基因表达的水平高低差异很大。有些基因表达较少受环境的影响,在一个生物体的几乎所有细胞中持续表达,这类基因通常称作看家基因或管家基因(house-keeping gene)。与管家基因不同,另外有一些基因表达极易受环境的影响,随外环境信号的变化,这类基因表达水平可以出现升高或降低的现象。其中在特定环境信号的刺激下,相应基因被激活,基因表达产物增加,这种基因称作可诱导基因;相反,如果基因对环境信号应答时基因表达被抑制,这种基因称作可阻遏基因。诱导和阻遏是同一事物的两种表现形式,是生物界普遍存在的,也是生物适应环境的基本途径。乳糖操纵子机制是认识基因表达诱导和阻遏的经典模型。

在多种机制调控下,功能上相关的一组基因无论采取何种表达方式,均需要协调一致,使细胞内蛋白的种类与数量达到最佳状态,即为协同表达,这种调节称为协同调节(coordinate regulation)。如生物体内一个代谢途径通常是由一系列化学反应组成,需要多种酶参与,此外还需要其他蛋白质,如负责底物或代谢产物的转运等。这些酶及转运蛋白等编码基因被统一调节,使参与同一代谢途径的所有蛋白质含量比例适当,以确保代谢途径有条不紊地进行。

三、基因表达调控的意义

(一)适应环境、维持生长和增殖的需要

生物体通过调控自身基因的表达水平,以适应内外环境变化是一种普遍存在的机制,有利于物种适应环境、维持生长和增殖、维持个体发育与分化,是病毒、原核生物和真核生物必不可少的过程。通过基因表达调控,可以使细胞在需要时表达相应的蛋白质以增加机体的适应性,对高等真核生物亦是如此。例如,经常饮酒者体内的醇脱氢酶活性较高,这与相应基因的表达水平被调节升高有密切关系。总之,生物体所处的内、外环境是在不断变化的,所有生物的活细胞都必须对内、外环境的变化做出适当反应,以使生物体能够更好地适应变化着的环境状态。而生物体这种适应环境的能力总是与某种或某些蛋白质分子的功能有关。细胞内某种功能蛋白质分子的有或无、多或少的变化则由编码这些蛋白质的基因是否表达以及表达水平的高低所决定。因此,通过基因表达调控,使生物体表达种类与数量都合适的蛋白质,以更好地适应环境,维持其生长与增殖。

(二)维持个体发育与分化的需要

多细胞生物体由各种不同组织类型的细胞组成。这些细胞来源于同一受精卵,有共同的基因组构成。细胞分化是多细胞生物体生长发育的基础,关键在于特异性蛋白编码基因的选择性表达。在

多细胞生物体生长、发育的不同阶段，细胞中蛋白质分子的种类与含量的变化是很大的；即使在同一生长发育阶段，不同器官组织细胞内蛋白质分子分布也存在很大差异，是这些分化细胞形态结构与功能的分子基础。例如，鸡的输卵管细胞合成卵清蛋白、胰岛细胞合成胰岛素等，而这些细胞都是在个体发育过程中逐渐产生的。高等哺乳类动物各种器官、组织的发育与分化均由一组特定基因所控制，当其中的某种基因缺陷或异常表达时，则会出现相应组织或器官的异常发育与分化。

第二节　原核基因表达调控

原核生物作为单细胞生物，在发育生长过程中对外界环境具有高度适应性，可根据环境条件的变化，迅速通过诱导或阻遏各种不同基因的表达，增加或减少相应的蛋白质，使原核生物个体适应外环境的变化，使其生殖处于较佳状态。

原核生物的基因表达以操纵子（operon）为基本单位，即几个功能相关蛋白质的编码基因串联在一起，利用共同的启动子及终止信号，受其上游调控序列共同调节，生成含几个结构基因的一个 mRNA 分子，从而达到整体调控的目的。原核生物的转录与翻译是耦联的，原核生物基因表达调控主要发生在转录水平，而且这种过程时间很短，只需数分钟；其次才是翻译水平。同时大多数原核生物的 mRNA 在几分钟内就受到酶的影响而降解。

一、原核基因表达调控的特点

原核生物的基因表达调控主要是操纵子学说，如乳糖操纵子、阿拉伯糖操纵子、组氨酸操纵子、色氨酸操纵子等。操纵子是原核生物转录的功能单位。典型的操纵子可分为调控区和结构基因两部分，调控区由各种调控元件组成，结构基因通常是由若干个有关联的基因串联在一起构成编码区（图 13-1）。常见的调控区由三种调控元件组成：①调节基因，为阻遏蛋白或调节蛋白的编码基因；②启动子 P（Promoter，P），为 RNA 聚合酶识别与结合区；③操纵基因（operator，O），为阻遏蛋白（或阻遏因子）的结合位点。不同的基因被纳入同一操纵子内，即在同一个连续的 DNA 片段中，可以同时表达这些基因。研究最为透彻的操纵子存在于细菌大肠埃希菌中，涉及乳糖代谢和色氨酸的生物合成等，包括乳糖操纵子、色氨酸操纵子等。

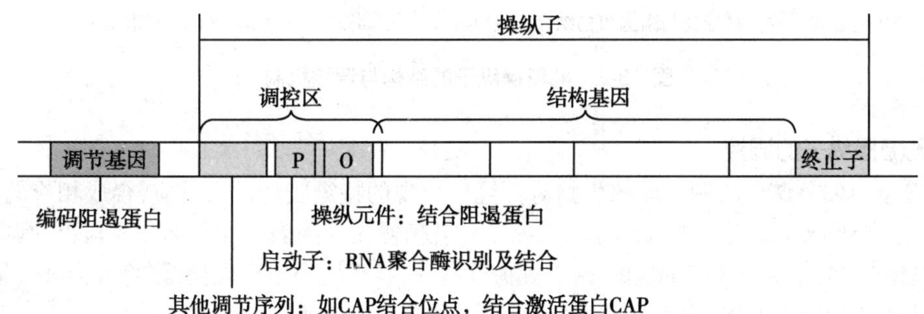

图 13-1　操纵子的基本结构和功能

不同的操纵子采用的调控方式是不同的。大多数调控系统是负调控系统，也存在少数正调控系统。

二、原核基因表达调控的基本方式

1961 年法国科学家 F.Jacob 和 J.Monod 发现当大肠埃希菌生长在含有乳糖的培养基上，乳糖代谢酶浓度从每个细胞几个分子急剧增加到几千个分子。而当培养基中没有乳糖时，乳糖代谢活动停止，则乳糖代谢酶基因不表达，避免能量与物质的损耗。该模型用来说明乳糖代谢中基因表达的调控机制，成为基因表达调控研究的典型。

(一) 乳糖操纵子

1302
图片：乳糖操纵子的结构

乳糖操纵子的调控区包括调节基因(R)或抑制基因(I)、启动子(P)、操纵基因(O)和 CAP 结合位点；编码区包含三个结构基因 *Lac Z*、*Lac Y* 和 *Lac A*，编码的蛋白质参与乳糖代谢。*Lac Z* 基因编码 β- 半乳糖苷酶(beta-galactosidase)，*Lac Y* 基因编码通透酶(permease)，*Lac A* 基因编码乙酰转移酶(transacetylase enzyme)(图 13-2a)。这三个基因产物负责将乳糖转运进入细胞，将之分解成为细菌能量的来源。

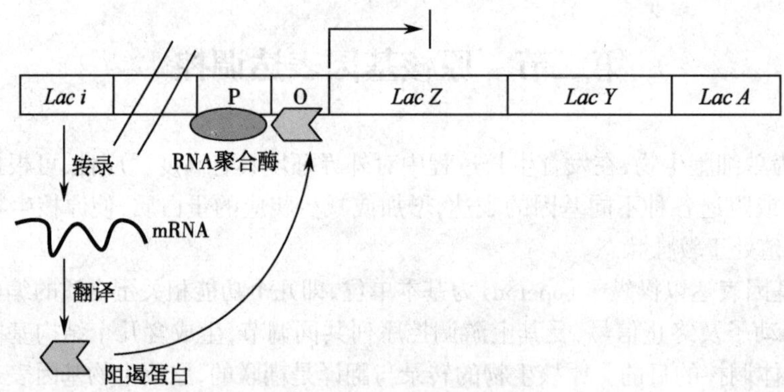

a. 环境中没有诱导物，*Lac i* 编码阻遏蛋白结合于操纵基因上

1303
动画：乳糖操纵子的结构

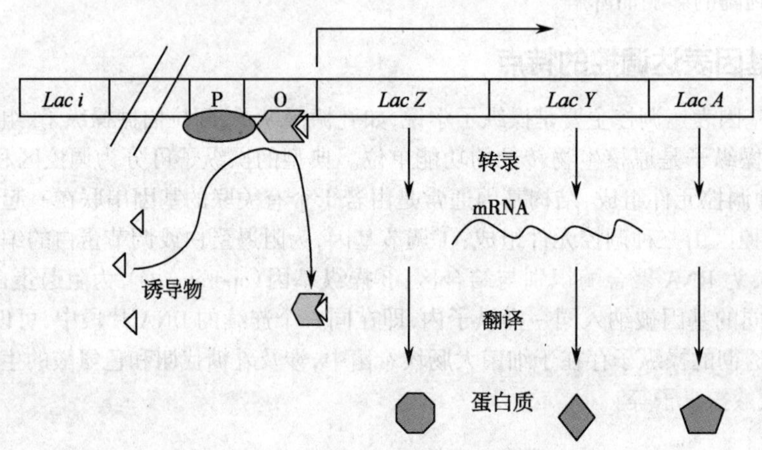

b. 环境中存在诱导物，诱导物与阻遏蛋白结合改变其构象，从操纵基因上脱落，代谢乳糖的基因得以表达

图 13-2　乳糖操纵子的结构与调控机制

(二) 乳糖操纵子的调控

1. 阻遏蛋白的负调节机制　原核生物对环境中出现的特定底物做出反应，合成相应的酶的过程称为诱导。乳糖操纵子就是一种可诱导的操纵子。乳糖操纵子的表达受乳糖存在与否的调控。在环境中缺乏乳糖时，细胞中只含有少量的 β- 半乳糖苷酶，一旦环境中出现乳糖，该酶就会被大量合成，数量会快速升高，达到 5000 个 / 细胞。若底物量下降，酶的合成迅速停止。

诱导过程的具体机制见图 13-2b。阻遏蛋白结合于操纵基因上，加强 RNA 聚合酶与乳糖启动子的结合，促使 RNA 聚合酶储存于启动子处，形成 RNA 聚合酶 - 阻遏蛋白 -DNA 复合物。但是，这一复合物被抑制于封闭阶段。基因只有基础水平的转录，酶的表达量很少。当环境中出现乳糖时，乳糖经通透酶转运进入细胞，在基础水平转录的少量 β- 半乳糖苷酶的催化下，分解为半乳糖和葡萄糖。半乳糖作为诱导物与阻遏蛋白结合，促使后者构象发生改变(别构调节)，与操纵基因的亲和力大大降低。这促使阻遏蛋白离开操纵基因。由此，封闭的复合物随即转变成开放复合物，转录立即起始。这一诱导过程属于负调控，阻遏蛋白是调节蛋白，阻遏蛋白的总效应是加速诱导过程。

1304
动画：乳糖操纵子的调控机制

乳糖操纵子的诱导物可以是半乳糖，也可以是半乳糖的结构类似物，如异丙基硫代半乳糖苷(isopropyl thiogalactoside，IPTG)。IPTG 是一种作用极强的诱导剂，不被细菌代谢而且十分稳定，所以在工程领域和分子生物学实验中被广泛利用。

2. cAMP-CAP 的正调节机制　乳糖操纵子不仅受到阻遏蛋白的负调控，还受分解代谢物激活蛋白（catabolite activator protein，CAP）的正调控。相对于乳糖而言，大肠埃希菌优先利用葡萄糖作为碳源和能源。环境中葡萄糖的浓度决定细菌的 cAMP 浓度。有葡萄糖存在的情况下，葡萄糖代谢的某些中间产物抑制腺苷酸环化酶的活性，ATP 无法环化生成 cAMP。当葡萄糖被消耗尽，环境中不存在葡萄糖时，酶的活性恢复，催化 ATP 环化生成大量 cAMP。高水平的 cAMP 与 CAP 结合形成复合物。cAMP-CAP 复合物与乳糖操纵子的特定区域结合，直接和 RNA 聚合酶 α 亚基相互作用，提高 RNA 聚合酶的活性（图 13-3）。cAMP-CAP 复合物还能改变 DNA 的结构，使 DNA 双螺旋发生 90° 以上的弯曲，利于 CAP 接触到位于启动子内部的 RNA 聚合酶。

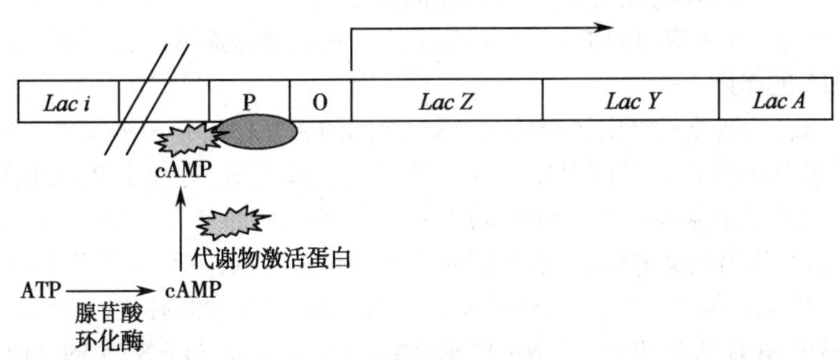

图片：乳糖操纵子的调节机制

图 13-3　cAMP-CAP 对乳糖操纵子的正调节

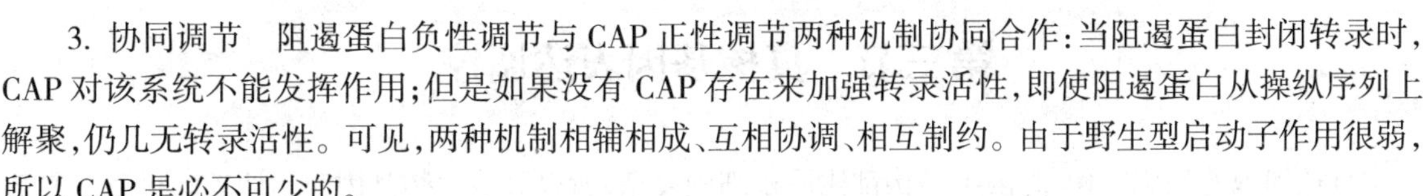

3. 协同调节　阻遏蛋白负性调节与 CAP 正性调节两种机制协同合作：当阻遏蛋白封闭转录时，CAP 对该系统不能发挥作用；但是如果没有 CAP 存在来加强转录活性，即使阻遏蛋白从操纵序列上解聚，仍几无转录活性。可见，两种机制相辅相成、互相协调、相互制约。由于野生型启动子作用很弱，所以 CAP 是必不可少的。

乳糖操纵子的负调节能很好地解释在单纯乳糖存在时，细菌是如何利用乳糖作为碳源的。然而，细菌生长环境是复杂的，倘若有葡萄糖或葡萄糖 / 乳糖共同存在时，细菌首先利用葡萄糖才是最节能的。这时，葡萄糖通过降低 cAMP 浓度，阻碍 cAMP 与 CAP 结合而抑制 lac 操纵子转录，使细菌只能利用葡萄糖。葡萄糖对乳糖操纵子的阻遏作用称分解代谢阻遏（catabolic repression）。乳糖操纵子强的诱导作用既需要乳糖存在又需缺乏葡萄糖。

三、原核生物翻译水平的基因表达调控

尽管原核 mRNA 的转录与翻译是同步进行的，原核基因表达的调控同样可以发生在翻译水平上。虽然通常把转录水平上的调控看成是基因表达调控的最主要、最经济、也是最有效的方式，而把包括翻译水平在内在其他层面上的调控看成是基因转录表达调控的补充方式，但有时翻译水平上的基因表达调控同样也是十分关键的。

（一）SD 序列决定蛋白质翻译的起始效率

mRNA 的翻译能力主要受控于其 5′端的 SD 序列。适宜的 SD 序列使蛋白质翻译的起始频率高，反之则蛋白质翻译的起始频率低。此外，mRNA 所采用密码子比例的不同也会影响蛋白翻译速度。大多数氨基酸由于密码子的简并性，具有不止一种密码子，它们对应 tRNA 的数量也差别很大，采用常用密码子的 mRNA 翻译速度快，而含稀有密码子比例高的 mRNA 的翻译速度慢。不同基因的 mRNA 有不同的 SD 序列，在进行翻译时各个编码区翻译频率和速度不同，最终控制翻译的速度。

（二）核糖体蛋白翻译的阻遏

组成核糖体的蛋白质共有 50 多种，它们的含量需要严格保持与 rRNA 相适应的水平。当游离的核糖体蛋白过量存在时，会引起它自身以及相关蛋白质翻译的阻遏。对核糖体蛋白发挥翻译阻遏作用的蛋白质均为能直接和 rRNA 分子相结合的核糖体蛋白。由于它们能和自身 mRNA 的翻译起始部位相结合，所以可以影响翻译的起始，使核糖体蛋白的合成与核糖体的组装直接关联在一起。因此，凡有核糖体蛋白合成出来，必定首先与 rRNA 结合以装配成核糖体。但是，一旦 rRNA 的合成变慢或

停止,游离的核糖体蛋白便会积累。于是它们就可以与其自身的 mRNA 结合,从而阻遏进一步的翻译。

(三) 释放因子合成的自我调控

释放因子 2(release factor 2,RF2)是原核生物中的一种特殊蛋白因子,能够识别终止密码子 UGA 和 UAA,使刚翻译的多肽链及核糖体从 mRNA 上脱落,发挥翻译终止功能。有趣的是,RF2 基因的密码子不是连续排列的,在第 25 位密码子和 26 位密码子之间多了一个 U,这个 U 可以同第 26 位密码子头两个核苷酸组成终止密码子 UGA,而为 RF2 蛋白所识别。细胞内在 RF2 充足的条件下,核糖体 A 位进入到第 25 位密码子后的 UGA 处,便因为 RF2 发挥作用而终止 RF2 的合成,释放出只有 25 个氨基酸的短肽,不具有 RF2 的终止翻译的活性。如果细胞内 RF2 不足,核糖体就会以 +1 的移码机制将第 26 位密码子译成天冬氨酸,完成整个 RF2 的翻译,最后由 RF1 终止翻译。可见,RF2 作为一个翻译调节蛋白,可根据自身在细胞内的丰欠程度决定其自身的翻译是连续还是及时终止。

(四) 反义 RNA 的作用

以往认为,基因表达调控只能由蛋白质与 DNA 之间的相互作用介导来完成。然而,研究发现小分子 RNA 也能调节基因表达。目前对原核细胞的研究结果表明,这些小 RNA 是独立基因编码的 RNA 片段,它们可以通过碱基互补方式与靶 mRNA 结合,形成局部 RNA-RNA 双链,影响 mRNA 的正常修饰和翻译等过程,称为反义 RNA,其在翻译水平上的调控机制包括:①反义 RNA 与 mRNA5′端非翻译区的 SD 序列相结合,阻止 mRNA 与核糖体小亚基结合,直接抑制翻译;②反义 RNA 与 mRNA5′端编码区起始密码子 AUG 结合,抑制 mRNA 翻译起始;③反义 RNA 与 mRNA 的其他非编码区互补结合,使 mRNA 构象改变,影响其与核糖体结合,间接抑制了 mRNA 的翻译。

第三节　真核基因表达调控

真核细胞的细胞结构、基因组结构都比原核细胞复杂,所以真核生物基因表达调控的机制也复杂得多。就人类染色体 DNA 而言,有 30 亿个碱基对,约含 2 万 ~2.5 万个基因。一般情况下,受遗传、内外环境因素的影响,仅有 2%~15% 的基因处于表达状态。

一、真核基因表达调控的特点

真核基因表达调控与原核基因表达调控一样,存在有转录水平和转录后的调控,并也以转录水平的调控为主。在基因的上游和下游存在着许多特异的调控原件,相应的蛋白因子与之结合,调控基因的转录。

真核生物基因表达调控是通过特异的蛋白因子与特异的 DNA 序列相互作用来实现的。这些特异 DNA 序列称为顺式作用元件(cis-acting element)或分子内作用元件;而特异蛋白因子则称为反式作用因子(trans-acting factor)或分子间作用因子。

真核生物基因表达与原核生物基因表达不同,主要体现在:

1. 结构上,原核细胞的染色质是裸露的 DNA,而真核细胞染色质的基本结构则是 DNA 与组蛋白紧密结合形成的核小体。

2. 原核基因转录存在着正调控和负调控,既存在激活物的调控,也有阻遏物的调控。而真核细胞中虽然也有正、负调控成分,但主要以正调控为主。

3. 原核生物基因在转录尚未完成之前翻译便已经开始进行,两个过程是相互耦联的。真核基因的转录与翻译在时空上是分开的,从而增加了基因表达调控的层次,调控机制也就变得更为复杂。

4. 真核生物存在管家基因,在各种细胞类型中基本上都有表达。不过,管家基因仍处于严格地调控之下,以适应生长发育和细胞周期的不同需求。

二、真核基因表达调控的基本方式

(一) 染色质结构的改变

在真核生物中,DNA 片段是否可以被转录,取决于它的染色质结构。染色质结构的改变是通过

DNA 甲基化、非编码 RNA 或 DNA 结合蛋白等修饰组蛋白来实现的。染色质结构的这种改变可以上调或下调基因的表达。这一调控模式对某些基因而言是可以遗传的，被称为表观遗传调控。

在一般情况下，DNA 的包装密度预示着转录的频率。核小体的八聚体蛋白复合物影响 DNA 超螺旋的量，这些复合物可以通过磷酸化被临时修饰，或通过甲基化被永久修饰，进而导致目的基因发生较为固定的表达水平的变化。

DNA 甲基化是基因沉默的常用方法。组蛋白的乙酰化和去乙酰化也是调节转录过程的一个重要因素。组蛋白乙酰化有利于 DNA 与组蛋白八聚体的解离，松弛核小体结构，使各种转录因子和辅转录因子能与 DNA 特异性结合，激活基因的转录。组蛋白乙酰化与组蛋白去乙酰化过程处于动态平衡，分别由组蛋白乙酰转移酶（histone acetyltransferase，HAT）和组蛋白脱乙酰酶（histone deacetylase，HDAC）催化。HAT 将乙酰 CoA 的乙酰基转移到组蛋白氨基末端特定的赖氨酸残基上，HDAC 使组蛋白去乙酰化，与带负电荷的 DNA 紧密结合，染色质致密卷曲，基因的转录受到抑制。通常情况下，DNA 甲基化和组蛋白脱乙酰化共同作用，保持基因的沉默状态。这两种机制保证 DNA 包装更密集，从而降低基因表达水平。但是在肿瘤细胞中，HDAC 的过度表达导致去乙酰化作用的增强，恢复组蛋白正电荷，而增加 DNA 与组蛋白之间的引力，使松弛的核小体变得十分紧密，不利于特定基因的表达，包括一些肿瘤抑制基因。

（二）转录水平的调节

1. 顺式作用元件与反式作用因子　基因的转录是遗传信息传递过程中第一个具有高度选择性的环节，对转录水平的调节将直接影响到 RNA 的产量。与原核生物不同，真核生物的转录受到一些特定的 DNA 序列的影响，称为顺式作用元件。与顺式作用元件相互作用的是一些反式作用因子。

顺式作用元件指 DNA 序列中那些不表达为蛋白质、rRNA 或 tRNA，而是作为 DNA 序列本身在原位发挥功能的序列。这样的 DNA 序列存在于基因旁侧序列中，能影响基因的表达。有时顺式作用元件也以 RNA 的形式发挥功能。顺式作用元件按照功能可以分为启动子（promoter）、增强子（enhancer）和沉默子（silencer）。启动子是转录过程中 RNA 聚合酶特异性识别和结合的 DNA 序列。增强子是能增加同它连锁的基因的转录频率的 DNA 序列。沉默子是能结合特异蛋白因子，对基因转录起阻遏作用的 DNA 序列。

反式作用因子指直接或间接识别或结合在顺式作用元件核心序列上，从而参与调控目的基因转录的蛋白质。目前发现的反式作用因子多达数十种，主要是转录调节因子（transcription factor，TF），包括通用转录因子（general transcription factor）和特异性转录因子（special transcription factor）。通用转录因子是 RNA 聚合酶结合启动子时所必需的一组蛋白因子，如 TFⅡA、TFⅡB、TFⅡE、TFⅡF 和 TFⅡH 是真核生物 RNA 聚合酶Ⅱ结合启动子所必需的。特异性转录因子则指个别基因转录时所需要的蛋白因子，它们与 DNA 的结合决定了目的基因表达的时空特异性。有些特异性转录因子对转录起激活作用，有些则起抑制效应。

2. 基因表达调控模式　真核生物的基因表达调控除了 RNA 聚合酶以外，还需要若干转录因子的协同作用才能完成。以 RNA 聚合酶Ⅱ（RNA polⅡ）启动基因转录表达为例，首先是由特异的 TAF 与 TBP 形成复合物（TFⅡ-D），识别并与特定基因的核心启动子（TATA 盒）结合；TFⅡ-A 再结合到此复合物上，解除 TAF 对组装的抑制作用；然后，TFⅡ-B、TFⅡ-F/RNA 聚合酶Ⅱ、TFⅡ-E、TFⅡ-H 和 TFⅡ-J 等依次结合，完成前起始复合物（PIC）的组装（图 13-4）。同时，特异的转录激活因子与增强子结合，促进组装并形成转录起始复合物，最后转录合成 mRNA 前体。

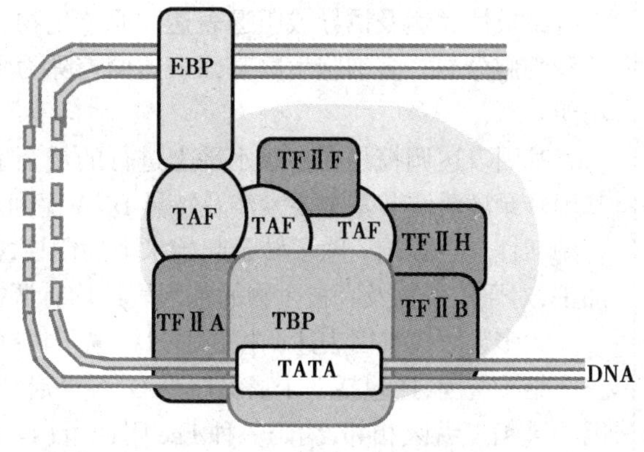

图 13-4　起始复合物的组装

图片：转录起始复合物的组装

3. 基因表达调控的机制　真核基因表达调控至少可以通过五种机制调节基因转录：

（1）某些蛋白质因子可改变 RNA 聚合酶的特异性，降低或提高 RNA 聚合酶对特定启动子的亲和力。

(2) 某些蛋白质因子结合于DNA链上的非编码序列，后者接近或重叠于启动子区，从而阻碍RNA聚合酶沿DNA链的滑动，阻碍目的基因的表达。

(3) 通用转录因子引导RNA聚合酶结合于DNA的蛋白质编码区起始部位，然后释放RNA聚合酶，转录得以开始。

(4) 位于结构基因附近的增强子可以增强RNA聚合酶和启动子之间的相互作用，提高目的基因的表达。增强子或是直接作用于RNA聚合酶的亚基，或是间接地通过改变DNA的结构。蛋白质因子结合于增强子上，导致DNA弯折便于启动子区形成转录起始复合物。

(5) 如果转录因子结合于沉默子上，将导致基因无法转录。

（三）翻译水平的调控

翻译水平的调控一般是指对mRNA品种的选择和对mRNA翻译效率的调控。翻译效率是指每个mRNA分子在单位时间内合成多肽的数量。事实上，对mRNA品种的选择亦可看作是翻译效率的调控。不被翻译的mRNA其翻译效率等于零。mRNA翻译过程可大致分为起始、延伸和终止三个阶段。翻译水平的调控主要发生在起始阶段。

1. 翻译起始因子的调控功能　eIF-2是蛋白质合成过程中重要的起始因子。蛋白质合成速率的变化在很大程度上取决于起始水平，通过磷酸化调节真核细胞翻译起始因子（eukaryotic initiation factor，eIF）的活性对起始阶段有重要的控制作用。当识别起始密码AUG时，GTP被eIF-2水解成GDP，而eIF-2自身发生构象变化，连同GDP一起从小亚基上被释放出来，随后大亚基结合上去，形成完整的核糖体，肽链翻译开始。营养物质可以影响eIF-2的活性，调节蛋白质合成的速度。培养的真核细胞处于营养不足，如氨基酸饥饿、嘌呤核苷酸饥饿、葡萄糖饥饿等，eIF-2的α亚基磷酸化而失活，最终导致肽链起始效率降低。细胞在缺氧、病原体刺激、紫外线照射等应激的情况下，能发生蛋白激酶介导的eIF-2α的磷酸化，而这种eIF-2α的磷酸化使蛋白质合成下降，并能导致细胞凋亡。

2. 翻译抑制蛋白的调节作用　并不是所有进入胞质的mRNA分子都能翻译成蛋白质，由于存在一些特定的翻译抑制蛋白可以与一些mRNA的5′端结合，从而抑制了蛋白质翻译。

拓展阅读：干扰素

3. 5′AUG对翻译的调节作用　绝大部分真核mRNA遵从第一AUG规律，即真核mRNA利用最靠近其5′端的第一个AUG。但某些mRNA中，在起始密码子AUG的上游有一个或数个AUG，称为5′AUG。5′AUG的阅读框通常与正常编码区的阅读框不一致，不是正常的开阅读框，如果从5′AUG开始翻译，很快就会遇到终止密码子，得到的是无活性的短肽。5′AUG多存在原癌基因中，是控制原癌基因表达的重要调控因素。5′AUG的缺失是某些原癌基因翻译激活的原因之一。

本章小结

基因表达调控是在细胞生物学、分子生物学以及分子遗传学研究基础上发展起来的新领域，涉及很多基本概念和原理。这些基本概念是认识原核、真核基因表达调控的基础。基因表达就是基因转录及翻译的过程。基因表达表现为严格的规律性，即时间、空间特异性。基因表达的方式有组成性表达及诱导或阻遏表达。原核生物、单细胞生物基因表达调控是为适应环境、维持生长和细胞分裂。多细胞生物基因表达调控除为了适应环境，还有维持组织器官分化、个体发育的功能。

基因表达调控是在多级水平上进行的复杂事件。其中，转录起始是基因表达的基本控制点。基因转录激活调节基本要素涉及特异DNA序列、调节蛋白以及这些因素通过何种方式对RNA聚合酶活性产生影响。除了转录起始水平的调控，其他水平如基因激活、转录后加工、翻译及翻译后加工，对原核生物及真核生物的基因表达均有调控作用。

大多数原核基因表达调控是通过操纵子机制实现的。大肠埃希菌的乳糖操纵子含Z、Y及A三个结构基因，还包括一个操纵序列O，一个启动序列P在内的调控区，以及一个调节基因I。I基因与乳糖操纵区相邻，编码一种Lac阻遏蛋白。阻遏蛋白、分解代谢物基因激活蛋白（CAP）与调

控区结合位点的结合调节着操纵子基因的转录。

真核基因表达调控的某些机制与原核基因表达调控存在明显差别：真核细胞内含有多种RNA聚合酶；处于转录激活状态的染色质结构会发生明显变化，如对核酸酶敏感、DNA碱基的甲基化修饰、组蛋白的乙酰化、甲基化或磷酸化修饰等。此外，微小RNA对真核基因表达调控的影响也日益受到重视。

真核基因转录激活受顺式作用元件与反式作用因子相互作用调节。真核基因顺式作用元件按功能特性分为启动子、增强子及沉默子。反式作用因子就是指真核转录调节因子，简称转录因子，可分为基本转录因子和特异转录因子。所有基因的转录调节都涉及包括RNA聚合酶在内的转录起始复合物的形成。

患者，男性，16岁，未婚，HBsAg阳性10年，肝功能异常3个月余，一周前自感乏力收治入院。经查：ALT 790U/L，HBV-DNA 1.7E+03U/L。有乙肝家族史：母亲为乙肝病毒携带者。半年前，当地医院拟"慢乙肝"，口服核苷类对症治疗，未予复查，半个月之后自行停药；一周前自感乏力到院治疗。临床诊断为：乙型病毒性肝炎；先予护肝对症治疗，后进一步考虑开始采用聚乙二醇化干扰素治疗。

案例分析

请分析：

1. 为什么使用聚乙二醇化干扰素治疗？
2. 聚乙二醇化干扰素治疗的原理？

（陈　谨）

思考题

1. 简述基因表达调控对生物体的重要性。
2. 以乳糖操纵子为例简述原核生物基因表达调控原理。
3. 试述原核生物基因转录调节的特点。
4. 比较原核生物和真核生物基因表达调控的异同。
5. 什么是顺式调节作用、顺式作用元件？顺式作用元件包括哪些？

扫一扫，测一测

笔记

第十四章 癌基因、抑癌基因及生长因子

学习目标

1. 掌握：癌基因、抑癌基因和生长因子的定义，肿瘤发生的多基因学说。
2. 熟悉：癌基因、抑癌基因和生长因子的分类。
3. 了解：癌基因、抑癌基因的作用机制。
4. 运用癌基因、抑癌基因的知识解释肿瘤的发生。
5. 培养学生的创新意识和不断学习求新的职业素质。

细胞增殖是生命体繁育的基础，受到严密的调控。正调控促进细胞生长和增殖，阻碍其终末分化；负调控抑制细胞增殖，促进其分化和凋亡。两者相互拮抗，在体内被精确调节，保证了细胞的数量和质量。从基因的角度讲，细胞的正常增殖由两大类基因调控——正调节信号的癌基因和负调节信号的抑癌基因。

图片：细胞凋亡与坏死的区别

若干癌基因和抑癌基因的异常表达和协同作用，导致细胞生物学行为的改变，是恶性肿瘤发生的主要机制。癌基因和抑癌基因经由突变、转位、异常表达等方式影响细胞的生长、增殖、分化和凋亡，最终导致细胞异常分裂增殖，获得生存优势，形成肿瘤。

第一节 癌 基 因

一、癌基因的概念与分类

(一) 癌基因的基本概念

癌基因(oncogene)是动物细胞中的一类正常基因，其正常的表达对胚胎的发育、组织的生长和功能发挥是必需的。若某些外因导致癌基因的表达在时空上发生紊乱，从而使表达产物的量和质发生改变，导致细胞恶性转化，在细胞癌变和肿瘤发生发展中起重要的作用。表达产物的量和质发生改变不仅是指癌基因本身的表达异常，还指癌基因表达调控失常引起其下游基因的表达调控失常。癌基因的名称一般用三个斜体的小写字母表示，如 *myc*、*src*、*ras* 等。

(二) 癌基因的分类

癌基因包括病毒癌基因(virus oncogene，v-onc)和细胞癌基因(cellular oncogene，c-onc)两种。

1. 病毒癌基因　病毒癌基因是一段存在于病毒(以逆转录病毒为主)基因组中的基因，该基因能使靶细胞发生恶性转化。病毒的这段基因不编码其结构成分，但当受到外界条件激活时可诱导宿主细胞恶性增殖。通常病毒癌基因以逆转录病毒株结合其所转化的宿主细胞来命名。

1911 年洛克菲勒研究所的 Rous 医生将鸡肉瘤组织匀浆后的无细胞滤液皮下注射于正常鸡，发现

无细胞滤液可引起肿瘤。20 世纪 50 年代明确致瘤的因素是病毒，并以 Rous 医生的名字命名为罗氏肉瘤病毒（Rous sarcoma virus，RSV）。1975 年 Bishop 从 RSV 中分离到第一个病毒癌基因 *src*。为区别于后来发现的细胞癌基因，而写作 *v-src*。

2. 细胞癌基因　1976 年 Stehelin 发现正常鸡成纤维细胞基因组中存在有与病毒癌基因 *src* 的同源序列。此后又陆续发现很多禽类和鼠类病毒基因也存在类似情况，即宿主细胞基因组中含有病毒癌基因的同源序列。正常细胞中存在这些与病毒癌基因同源的序列，称为细胞癌基因（c-onc）。v-onc 并不是病毒原有的基因，当病毒在宿主细胞内复制时，由于 DNA 重组而将宿主细胞基因中这段序列重组到了病毒的基因组内，v-onc 实际是动物细胞正常基因的一个复本，c-onc 是 v-onc 的原型。

细胞癌基因在进化上高度保守，从酵母到脊椎动物的正常细胞中都存在。它们存在于正常细胞基因组中，而且与病毒癌基因不同的是，它们是可以表达的。表达产物具有促进正常细胞生长、增殖、分化等功能。只是一旦表达异常或发生突变，就会推动细胞发生恶性转化。在正常细胞内未被激活的细胞癌基因又称原癌基因（proto-oncogene，pro-onc），当其受到某些条件激活时，结构或表达发生异常，促使细胞在没有正确的细胞外信号时恶性增殖，从而形成肿瘤。

目前，根据细胞癌基因编码表达的产物功能的不同将其分类（表 14-1）。部分细胞癌基因编码生长因子、生长因子受体和蛋白激酶，在生长信号的传递和细胞分裂中发挥作用。一部分细胞癌基因编码 DNA 结合蛋白而参与基因表达或复制的调控。由此可以按照细胞癌基因的产物将其分为若干类型，包括以 *erb* 为代表的生长因子受体类，以 *src* 为代表的酪氨酸激酶类，以 *ras* 为代表的 G 蛋白类，以 *sis* 为代表的生长因子类和以 *myc* 为代表的核蛋白类等。

表 14-1　细胞癌基因的分类与功能

类别	癌基因	同源的细胞基因
蛋白激酶类		
1. 跨膜生长因子受体	*erb B*	EGF 受体
	neu（*erbB-2*、*her-2*）	EGF 受体相似物
	fms、*ros*、*kit*、*ret*、*sea*	M-CSF 受体
2. 膜结合的酪氨酸蛋白激酶	*src* 族（*src*、*fgr*、*yes*、*lck*、*nck*、*fym*、*met*、*trk*）	
3. 可溶性酪氨酸蛋白激酶		
4. 胞质丝氨酸 / 苏氨酸蛋白激酶	*raf*（*mil*、*mht*）、*mos*、*cot*、*pI-1*	
5. 非蛋白激酶受体	*mas*	血管紧张素受体
	erb	甲状腺素受体
信息传递蛋白类	*H-ras*、*K-ras*、*N-ras*	
生长因子类	*sis*	PDGF-2
	int-2	FGF 同类物
核内转录因子类	*C-myc*、*N-myc*、*L-myc*、*Lyl-1*	转录因子
	fos、*jun*	转录因子 AP-1
	tcR	T 细胞抗原受体的 β 链
	rel	
	met、*bcl-1*、*bcl-2*、*mym*、*ets*、*ski*、*b-Lym*、*akt*	NF-κB 相关蛋白

注：EGF 为表皮生长因子；M-CSF 为巨噬细胞集落刺激因子；PDGF-2 为血小板源生长因子；FGF 为成纤维细胞生长因子；NF-κB 为核因子 κB。

src 家族包括 *src*、*yes*、*lck* 等。该基因家族的表达产物位于细胞膜内侧或跨膜，具有酪蛋白激酶活性，使下游分子序列中的酪氨酸磷酸化，促进增殖信号的转导。SRC 蛋白对下游很多效应分子有作用，包括 STAT 转录因子。*src* 基因表达较为普遍，但在不同组织中表达量有所差异，以脑、破骨细胞和血小板为甚。

ras 基因编码低分子量 G 蛋白，目前已发现人类基因中存在 *H-ras*、*K-ras* 和 *N-ras* 三种类型。虽然序列相差较大，但编码的蛋白质都是 P21。P21 位于细胞膜内侧，与 GTP 结合，具有 GTP 酶活性，参与 cAMP 水平的调节。不同类型的肿瘤 *ras* 基因的突变率相差较大。约 70%~90% 的胰腺癌中存在 *K-ras* 基因突变。

myc 家族包括 *C-myc*、*N-myc*、*L-myc* 和 *fos* 等，编码核内 DNA 结合蛋白，从而直接调节目的基因的转录，还可影响干细胞的更新和分化。*C-myc* 是 *myc* 家族的重要成员之一，可启动细胞凋亡。*C-myc* 主要通过基因扩增和染色体易位重排的方式与小细胞肺癌等肿瘤相关。

二、癌基因的活化机制

细胞癌基因在物理、化学及生物因素的作用下发生突变，表达产物质和量的变化，表达方式时空间上的改变导致细胞在没有生长信号刺激的前提下就分裂增殖，不再受到正常细胞增殖信号的调控。这些突变基因包括 *ras*、*src*、*raf*、*fos*、*jun* 等。最初这些基因是以突变形式在肿瘤细胞或致癌病毒中被发现，之后的研究表明，未突变的野生型基因存在于正常细胞中。从正常的原癌基因转变为能使细胞转化功能的癌基因的过程被称为原癌基因的活化。诱导正常细胞原癌基因激活的突变方式很多，主要机制包括以下四种。

(一) 获得启动子或增强子

逆转录病毒感染宿主时，其基因组中含强启动子和增强子的长末端重复序列(LTR)可随机整合到宿主细胞的基因组中。如果 LTR 插入的是在原癌基因附近或内部时，这一原癌基因的表达将不再受到原有调控序列的调控，而成为插入的这一段 LTR 的调控对象，导致该原癌基因的表达异常。当逆转录病毒 MoSV 感染鼠类成纤维细胞后，病毒基因组的 LTR 会整合到细胞癌基因 *c-mos* 附近，使后者被激活，导致成纤维细胞转化为肉瘤细胞。

1402

图片：染色体易位

(二) 染色体异常与癌基因重排

染色体易位基因重排，导致无活性的原癌基因转移至强启动子或增强子附近而被活化，原癌基因表达增强，导致肿瘤的发生。Burkitt 淋巴瘤细胞染色体易位 t(8:14)，导致 *c-myc* 基因插入到免疫球蛋白重链基因的强启动子和增强子区下游，表达异常增加。

(三) 基因扩增

1403

微课：癌基因扩增

原癌基因异常扩增导致基因拷贝数增加几十乃至上千倍，编码的目的蛋白过表达，同样会导致肿瘤的发生。但是这种基因异常扩增其机制尚不明确。在小细胞肺癌中可检测到 *c-myc* 的异常扩增。

(四) 点突变

原癌基因在射线或化学致癌剂的作用下发生点突变，导致表达的蛋白一级序列发生改变，造成蛋白质结构的变异，其功能发生改变。*c-ras* 的点突变导致 Ras 蛋白失去 GTP 酶活性，始终处于 GTP 结合的活性形式。

1404

微课：点突变

不同的癌基因有不同的激活方式，一种癌基因也可有几种激活方式。*c-myc* 的激活存在基因扩增和基因重排两种方式，但很少出现点突变；而 *ras* 基因的激活则主要是点突变。两种或更多的细胞癌基因活化可以有协同作用，使细胞更易恶性转化。对 20 种 54 例人类肿瘤组织中的 15 种癌基因进行检测发现，所有肿瘤都存在不止一种癌基因的改变。

1405

拓展阅读：肿瘤细胞内的突变基因

三、原癌基因的产物与功能

原癌基因所编码的蛋白质参与细胞的生长、增殖、分化途径上不同环节的调控。根据它们在细胞信号转导中功能的差异分为四类。

(一) 细胞外生长因子

细胞外生长因子作用于细胞膜上的受体，通过信号通路激活一系列细胞增殖相关基因的转录。这些生长因子的过表达将连续不断地作用于膜受体，导致过量的生长信号输入胞内，从而使细胞的增殖失控。

(二) 跨膜生长因子受体

跨膜生长因子受体接受细胞外的生长信号，并将其传入细胞内。该受体胞质侧的结构域一般具有酪氨酸特异蛋白激酶活性，通过 MAPK 通路、PI-3K-Akt 通路等加速细胞增殖的信号在胞内的转导。

（三）细胞内信号转导分子

生长信号进入胞内后，通过一系列的信号转导系统将信号传至核内，促进细胞生长。胞内信号转导系统成员大部分是原癌基因的表达产物，如低分子量 G 蛋白 Ras、非受体酪氨酸激酶 Src。

（四）核内转录因子

某些癌基因的表达产物定位于细胞核内，属于转录因子，与靶基因的顺式作用元件结合，直接调节靶基因的转录活性。

第二节　抑癌基因

一、抑癌基因的概念与分类

（一）抑癌基因的基本概念

抑癌基因（anti-oncogene，tumor suppressor gene）是正常细胞中存在的一类基因，通常它们具有抑制细胞增殖作用。但在一定条件下，这类基因丢失或被抑制，就会失去对细胞增殖的阴性调节作用。抑癌基因存在的证据来自肿瘤细胞中发生的染色体缺失。早期人们认为细胞中确实存在着抑制生长的基因，它在肿瘤发生之前必须是没有活性的。1969 年一项实验明确了细胞内存在某种可以抑制癌症的基因。H.Harris 将正常细胞与肿瘤细胞进行融合，融合产生的杂交细胞不再表现出肿瘤细胞的特征。杂交的后代细胞只要保留正常亲本的某些染色体即可表现为正常表型。但随着这些特定染色体的丢失，细胞又重新表现出肿瘤细胞的特点。

（二）抑癌基因的分类

抑癌基因的表达产物主要包括：①转录调节因子，如 Rb、*p*53；②负调控转录因子，如 WT；③细胞周期蛋白依赖性激酶抑制因子，如 *p*16、*p*21；④信号通路的抑制因子，如 NF-1；⑤DNA 修复因子，如 BRCA1、BRCA2；⑥与发育和干细胞增殖相关的信号转导通路组分，如 APC。其中，*p*53 与 *Rb* 是目前最受重视的两种抑癌基因。

生物钟基因与肿瘤

熬夜会增加患癌风险。人类和大多数其他生物的生物钟是由光支配的，以此调控细胞活动来调节人体生理活动。一项针对小鼠的研究发现，在控制细胞生物钟的基因中有两个基因（*BMAL1* 与 *Per2* 基因）具有抑癌基因的作用。通过光 / 暗循环破坏昼夜节律，将导致这两个基因缺失，使肿瘤的侵袭性变强。

BMAL1 与 *Per2* 基因调控癌基因 *c-myc* 的表达。当这两个基因被破坏时，*c-myc* 表达加强，加速细胞增殖。肺部肿瘤组织中 *BMAL1* 与 *Per2* 基因及其他关键的生物钟基因的表达水平比健康组织中低。

二、抑癌基因的作用机制

（一）抑癌基因的功能

抑癌基因编码产物的主要功能包括维持基因组的稳定、诱导细胞分化、触发或诱导细胞凋亡等。染色体畸变是细胞转化的基础，抑癌基因可通过细胞周期检查点机制修复受损基因。终末分化的细胞失去进一步分裂的能力，抑癌基因可主导分化调控，通过分化抑制肿瘤的发展。抑癌基因的表达产物可调控细胞生长的特异基因转录，从而关闭癌基因，抑制促进细胞生长的因素。

抑癌基因与原癌基因相互制约，在控制细胞生长、增殖、分化过程中起着负调节作用，使得正负调节信号处于相对稳定的状态。与癌基因一样，当抑癌基因发生突变、缺失或失活时可引起细胞恶性转

化而导致肿瘤的发生。

研究显示，抑癌基因约有 10 余种，已鉴定的一些抑癌基因产物及作用机制如表 14-2。

表 14-2　常见的抑癌基因及其作用机制

基因名称	染色体定位	相关肿瘤	作用
p53	17p13.1	多种肿瘤	编码 P53 蛋白（转录因子），细胞周期负调节及 DNA 损伤后凋亡
Rb	13q14.1-q14.2	视网膜母细胞瘤、骨肉瘤、肺癌、乳癌	编码 P105 RB 蛋白（转录因子）
p16	9p21	黑色素瘤	编码 P16 蛋白，细胞周期检查点负调节
APC	5q21-22	结肠癌	编码 G 蛋白，参与信号传导、细胞黏附
DCC	18q21	结肠癌	编码表面糖蛋白（细胞黏附分子），与细胞凋亡有关
NF1	7q11.2	神经纤维瘤、肉瘤、胶质瘤	GTP 酶激活剂，催化 ras 失活
NF2	22q12.2	神经鞘膜瘤、脑膜瘤	连接膜与细胞骨架
VHL	3q25-26	小细胞肺癌、宫颈癌、肾癌、嗜铬细胞癌	转录调节蛋白
WT1	11p13	肾母细胞瘤	编码锌指蛋白（转录因子）

（二）抑癌基因的作用机制

抑癌基因正常时起到抑制细胞增殖和肿瘤发生的作用。许多肿瘤中存在抑癌基因两个等位基因的缺失或失活。现以 *p53* 和 *Rb* 基因为例，简要介绍抑癌基因的作用机制。

1. *p53* 基因　*p53* 于 1979 年由 Lane 等发现，是迄今为止发现的与人类肿瘤相关性最高的基因，约 50% 以上的人类肿瘤与 *p53* 基因变异有关。*p53* 基因定位于人染色体 17p13，编码 P53 蛋白。P53 蛋白存在于细胞核内，有 393 个氨基酸，其活性受磷酸化调控。*p53* mRNA 水平的高低与细胞的增殖状态有关。野生型 P53 蛋白脱磷酸化时被活化，阻止细胞进入细胞周期。

P53 蛋白负责监控染色体 DNA 的完整性。当染色体 DNA 损伤时，P53 蛋白发挥转录因子作用，活化 p21 基因转录，使细胞停滞于 G1 期；抑制解链酶的活性；并与复制因子 A 相互作用，参与 DNA 的复制与修复。一旦修复失败，P53 蛋白诱导细胞凋亡，阻止突变细胞的生成，防止细胞恶变。当 p53 基因发生点突变或丢失时，会引起异常 P53 蛋白的表达，丧失生长抑制功能，从而导致细胞增生和恶变。

2. *Rb* 基因　视网膜细胞瘤基因（*Rb* 基因）是 1986 年世界上第一个被克隆并完成序列测定的抑癌基因，最初发现于儿童的视网膜母细胞瘤（retinoblastoma），故称为 *Rb* 基因。*Rb* 基因定位于人染色体 13q14，编码 P105-Rb 蛋白。Rb 蛋白分布于核内，是一类 DNA 结合蛋白，主要功能是细胞周期关卡，通过维持分子本身的去磷酸化或低磷酸化使细胞处于 G1 期，抑制细胞的增殖，从而脱离细胞周期而进入分化途径。具体而言，Rb 蛋白被磷酸化时处于失活状态，脱磷酸化时处于活化状态。活化状态的 Rb 蛋白结合转录因子 E2F。当细胞处于 G1 期时，Rb 蛋白被磷酸化，释放 E2F。后者促进细胞进入 S 期所需的 Cyclin、CDK 蛋白的转录，从而推动细胞从 G1 期进入 S 期。

Rb 基因失活不仅与视网膜母细胞瘤及部分骨肉瘤、乳腺癌和小细胞肺癌等有关，在许多散发性肿瘤如小细胞性肺癌、乳腺癌、膀胱癌和前列腺癌中都发现有 *Rb* 基因失活。活化的 Rb 蛋白对于细胞从 G0/G1 期进入 S 期有抑制作用。当细胞受到刺激开始分裂时，Rb 蛋白被磷酸化失活，使细胞进入 S 期。当细胞分裂成两个子细胞时，失活的（磷酸化的）Rb 蛋白通过脱磷酸化再生，使子细胞处于 G1 期或 G0 的静止状态。如果由于点突变或 13q14 的丢失而使 Rb 基因失活，则 Rb 蛋白的表达就会出现异常，细胞就可能持续地处于增殖期，并可能由此恶变。

（三）癌基因、抑癌基因与肿瘤的发生

肿瘤的发生主要包括癌基因的激活和抑癌基因的缺失。机体组织的一个细胞中的一个癌基因或抑癌基因发生突变，这个细胞就获得了相对于邻近细胞而言更佳的生长优势，肿瘤的发生就此开始。

1. 癌基因激活与肿瘤的发生　癌基因的突变是显性的，无论野生型等位基因存在与否，这种突变

都将发出细胞增殖的信号。癌基因被激活的方式主要包括点突变、启动子插入、增强子插入、甲基化程度降低、原癌基因的扩增拷贝数增加、基因易位或重排。

肿瘤的发生是一个极其复杂的细胞恶变过程:①激活的癌基因可能是细胞恶性转化的内在因素。②激活癌基因的协同作用是使细胞恶性转化的关键。③原癌基因的激活可能是部分或所有致癌因素导致肿瘤的共同途径。

癌基因学说与诺贝尔奖

癌基因研究历经曲折,先后3个诺贝尔奖的重要发现才形成了癌基因激活与肿瘤发生的基本理论。1911年美国科学家F.P.Rous将鸡肉瘤组织匀浆后的无细胞滤液皮下注射于健康鸡,发现可以引起肉瘤,提示病毒可引起肿瘤(1966年诺贝尔奖)。1970年美国科学家H.M.Temin和D.Baltimore分别于动物致癌RNA病毒中发现逆转录酶(1975年诺贝尔奖),推动了对逆转录病毒的认识。其后,美国科学家M.Bishop和H.Varmus发现逆转录病毒中导致肿瘤发生的*src*基因来源于宿主正常基因组(1989年诺贝尔奖)中,由此提出细胞中的原癌基因活化是肿瘤发生的重要原因的癌基因学说。

2. 抑癌基因失活与肿瘤的发生　抑癌基因的突变通常是隐性的。抑癌基因的一个拷贝发生突变一般是没有效用的,因为另一拷贝野生型等位基因的表达产物仍在发挥功能。必须两个拷贝都突变,抑制细胞生长的作用才会消失,才能导致肿瘤的形成。具有两个突变的细胞生长速度将更快。这样的过程不断进行,若干突变就可能在某些细胞中累积,加速细胞生长,并浸润周边组织。例如,*Rb*基因失去正常功能,则细胞不受*Rb*基因的负调控,细胞表型发生变化,细胞周期被破坏,细胞生长失控导致肿瘤发生;*p53*基因正常功能的丧失在一定程度上引起细胞周期的失控,导致细胞无限增殖,形成肿瘤。

下面以结直肠癌为例简要阐述肿瘤的发生过程(图14-1)。

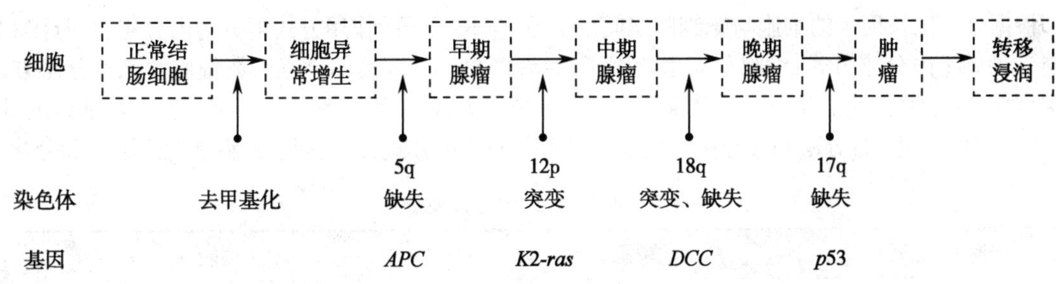

图14-1　结直肠癌的发生

结直肠癌是较为常见的一种癌症,分为偶发型和遗传型两种。遗传型结直肠癌是一种常染色体显性遗传。位于5号染色体上的抑癌基因*APC*若出现等位基因缺失,会诱发偶发型结直肠癌的发生。这一抑癌基因的突变是公认的导致结直肠癌发生的步骤之一。另外,常见的癌基因激活也和结直肠癌的发生有关。50%的结肠癌肿瘤细胞内存在着异常激活的*ras*基因,这一突变也是肿瘤发生的早期步骤之一。

肿瘤发生的早期步骤还包括位于第17号染色体上的*p53*基因的点突变。细胞内*p53*基因的一个等位基因发生点突变,影响P53蛋白的功能,导致携带这一突变的细胞获得生长优势。此后,在肿瘤发生的晚期步骤中,*p53*的另一等位基因发生缺失性突变,进一步加剧细胞的生长优势。

拓展阅读:P53作用

肿瘤发展过程中,肿瘤细胞的凋亡、转移和浸润还与位于18号染色体上的抑癌基因DCC(deleted colorectal cancer)的缺失有关。DCC编码的蛋白质属于细胞黏附分子,其功能是介导细胞与细胞之间、细胞与细胞外基质之间的接触。结直肠癌发生过程中,一旦发生DCC基因缺失,就有可能造成肿瘤细胞失去接触抑制而发生转移、浸润。

乳腺癌易感基因

2013 年 5 月，某女星宣布为预防乳腺癌做了双乳切除手术后不到 2 周，她的姨妈因乳腺癌去世。后者携带有致癌基因 BRCA1。该女星也遗传有这一基因，患乳腺癌及卵巢癌的危险概率分别是 87% 和 50%，因而她决定切除双乳以降低患癌风险。

BRCA1 和 BRCA2 是乳腺癌易感基因 1 和 2，属于抑癌基因，一旦突变将导致抑癌功能的丢失，乳腺癌、卵巢癌等肿瘤发病率就会明显升高。

第三节　生长因子

一、生长因子的概念与分类

（一）生长因子的基本概念

生长因子（growth factor）是一类细胞因子，能够刺激细胞生长。这类细胞因子与特异的细胞膜受体结合，调节细胞的生长等。正常情况下，高等动物细胞只有在生长因子的刺激下才能发生分裂。生长因子存在于血小板、各种成体与胚胎组织中，作用于靶细胞时具有一定的专一性。通常体外培养的细胞即使含有所有的营养成分，如果不添加胎牛血清，细胞将无法继续生长。新鲜血清中含有一系列的生长因子，可顺序协调细胞的生长。

（二）生长因子的分类

生长因子包括表皮生长因子（epidermal growth factor，EGF）、血小板衍生生长因子（platelet derived growth factor，PDGF）、转化生长因子（transforming growth factor，TGF）等（表 14-3）。其中，神经生长因子（nerve growth factor，NGF）是最早被发现的生长因子。

根据分泌生长因子的细胞与靶细胞之间的关系，生长因子的作用方式可分为内分泌、自分泌和旁分泌三种。①内分泌方式：细胞分泌生长因子，后者经血液循环运输至远端靶细胞。②自分泌方式：细胞合成、分泌细胞因子并作用于自身细胞。③旁分泌方式：细胞分泌的生长因子作用于邻近的其他类型的细胞。其中，自分泌和旁分泌是生长因子主要的作用方式，以此调节各种细胞的增殖和分化。

表 14-3　常见的生长因子

生长因子	来源	功能
表皮生长因子（EGF）	颌下腺	促进表皮与上皮细胞的生长
促红细胞生产素（EPO）	肾、尿	调节红细胞的发育
类胰岛素生长因子（IGF）	血清	促进硫酸盐掺入到软骨组织，促进软骨细胞的发育，对多种组织细胞起胰岛素样作用
神经生长因子（NGF）	颌下腺	营养交感和某些感觉神经元，防止神经元退化
血小板源生长因子（PDGF）	血小板	促进间质及胶质细胞生长，促进血管生成
转化生长因子 α（TGF-α）	肿瘤细胞、巨噬细胞、神经细胞	作用类似于 EGF，促进细胞恶性转化
转化生长因子 β（TGF-β）	肾、血小板	对某些细胞起促进和抑制双向作用

二、生长因子的作用机制

生长因子主要是通过与特异性的质膜受体结合，启动快速的信号转导通路，导致 DNA 复制和细胞分裂。

大多数的生长因子受体是跨膜蛋白，兼有特异的受体酪氨酸激酶（receptor tyrosine kinases，RTK）活性。当生长因子与此类受体结合后，受体的 RTK 活性被激活，直接磷酸化胞内的相关蛋白质而发挥功能；或通过第二信使的产生，形成 RTK 介导的信号传导通路，这一信号转导通路涉及细胞的生长、分化、增殖、代谢等，其突变将导致肿瘤的发生（图 14-2）。因此，肿瘤细胞具有不依赖生长因子而自主生长的特点。另一类生长因子的受体位于细胞内，当生长因子与其结合后，形成生长因子 - 受体复合物，进入细胞核内活化相关基因促进细胞生长。

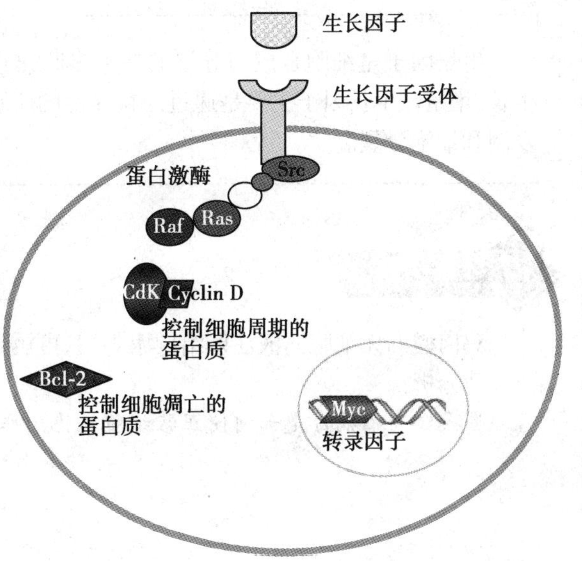

图 14-2　生长因子作用机制示意图

三、生长因子与肿瘤

肿瘤的发生与生长因子及其受体的异常活化密切相关，如 EGF、TGF 等。一些原癌基因的表达产物是生长因子或生长因子受体。原癌基因突变引起产物表达异常，导致细胞生长、增殖失控，进而引起疾病的发生。

知识拓展

肿瘤生长与微环境

构成肿瘤微环境（tumor microenvironment，TME）由非肿瘤细胞（免疫细胞、原纤维原细胞、血管生成细胞等）、胞外基质（胶原、粘连蛋白等）、可溶性因子（酶、生长因子、细胞激素、趋化因子等），对肿瘤的生长、浸润和转移产生影响。

在微环境中，肿瘤相关纤维原细胞可分泌肝细胞生长因子（HGF）、上皮生长因子（EGF）、胰岛素样生长因子 1（IGF-1）、基质衍生生长因子 1（SDF-1）。这些细胞因子可使肿瘤细胞逃避生长抑制，持续增殖。同时，肿瘤相关纤维原细胞还可产生血管内皮生长因子（VEGF）、纤维原细胞生长因子（FGFs）、白介素 8（IL-8）等，促进血管生成。

表皮生长因子 EGF 及其受体的高表达或异常活化常引起细胞恶性转化，在非小细胞肺癌和乳腺癌中均检测到 EGF 及其受体的高表达。EGF 还可通过活化 Ras-MAPK 通路来激活 *c-fos* 基因，导致后者高表达。高表达的 C-Fos 蛋白与 c-Jun 蛋白结合形成 AP-1 异二聚体，AP-1 通过亮氨酸拉链结合 TPA DNA 应答元件（TRE；5′-TGAG/CTCA-3′），启动下游基因的表达，控制细胞的进程，促进肿瘤的发生发展。

本章小结

癌基因包括病毒癌基因和细胞癌基因。病毒癌基因能使宿主细胞发生恶性转化。细胞癌基因是细胞正常活动所需的，调节其生长分化。在正常细胞内未被激活的细胞癌基因又称原癌基因，一旦发生突变，将加速推动细胞生长，导致肿瘤的发生。癌基因的激活方式包括获得强启动子或增强子，染色体易位或基因重排，基因异常扩增和点突变。

抑癌基因是一类抑制细胞生长的调节基因。抑癌基因的表达产物包括转录调节因子、负调控转录因子、细胞周期蛋白依赖性激酶抑制因子、信号通路的抑制因子、与发育和干细胞增殖相关的信号转导通路组分等。抑癌基因失活、缺失可导致细胞生长失控。肿瘤的发生主要包括癌基因的激活和抑癌基因的缺失。

生长因子是细胞合成与分泌的一类多肽，与靶细胞的受体结合将信息传递到胞内，促进细胞生长、增殖。生长因子主要是通过与特异性的质膜受体结合，启动快速的信号转导通路，导致DNA复制和细胞分裂。

案例分析

案例讨论

鸡肉瘤的无细胞滤液注射给健康鸡后，可诱导健康鸡发生肉瘤。

请分析：

罗氏鸡肉瘤病毒是如何使正常细胞转化为恶性生长的？

（王黎芳）

思考题

1. 什么是癌基因、原癌基因和抑癌基因？
2. 举例说明癌基因的激活有哪几种方式？
3. 生长因子是如何调节细胞的生命活动的？

扫一扫，测一测

笔记

第十五章　常用分子生物学技术

1. 掌握:基因工程的概念。
2. 熟悉:基因工程的基本原理和临床应用;熟悉基因诊断、基因治疗等新医疗方法。
3. 了解:常用分子生物学技术的分类和应用。
4. 对临床上的一些分子生物学新技术能有所知晓。
5. 培养学生的自主学习、查阅文献资料的能力。

第一节　基 因 工 程

基因工程诞生于20世纪70年代,是人为地对基因进行切割、重组、转移并表达的技术。第一个利用大肠埃希菌通过基因工程重组表达的多肽是生长激素释放抑制因子。此后,人胰岛素、胸腺素、干扰素等基因工程产品相继问世,对人类的生活、疾病的诊治等产生了巨大的影响。

一、重组 DNA 技术的基本概念

重组DNA技术又称基因工程,是在对遗传物质深入研究后,基于分子生物学基础建立起来的以基因为操作对象的一门技术。基因工程(genetic engineering)是指分离目的基因片段,经过剪接后连接到载体上构成重组体,导入宿主细胞后,在宿主细胞内进行表达。其核心是DNA片段的重组和细胞克隆。

基因工程把一种生物的基因放置到另一生物中,这两种生物可以毫无亲缘关系。外源核酸分子在宿主细胞中进行复制,跨越了天然物种屏障,这种能力是基因工程的第一个重要特点。第二个特点是通过基因工程技术,少量目的基因片段在宿主细胞中可以实现大量扩增。

知识拓展

基因工程的问世

1973年Cohen等将重组质粒DNA转化入大肠埃希菌内。其后又用非洲爪蟾含核糖体基因的DNA片段与质粒pSC101重组,转化大肠埃希菌,转录出了相应的mRNA。此系列的研究成果表明基因工程正式问世,宣告质粒分子可以作为基因克隆的载体,能携带外源DNA导入宿主细胞;证实真核生物的基因可以转移到原核生物细胞中,并在其中实现功能表达。

二、重组 DNA 技术的原理和过程

基因工程技术的基本程序主要包括以下几个步骤(图 15-1):①目的基因的分离、克隆,这部分工作属于基因工程的基础,因此又称为基因工程的上游部分;②表达载体的构建;③外源基因导入宿主细胞;④外源基因在宿主基因组上的整合、表达及检测;⑤外源基因表达产物的分离、纯化和活性检测。

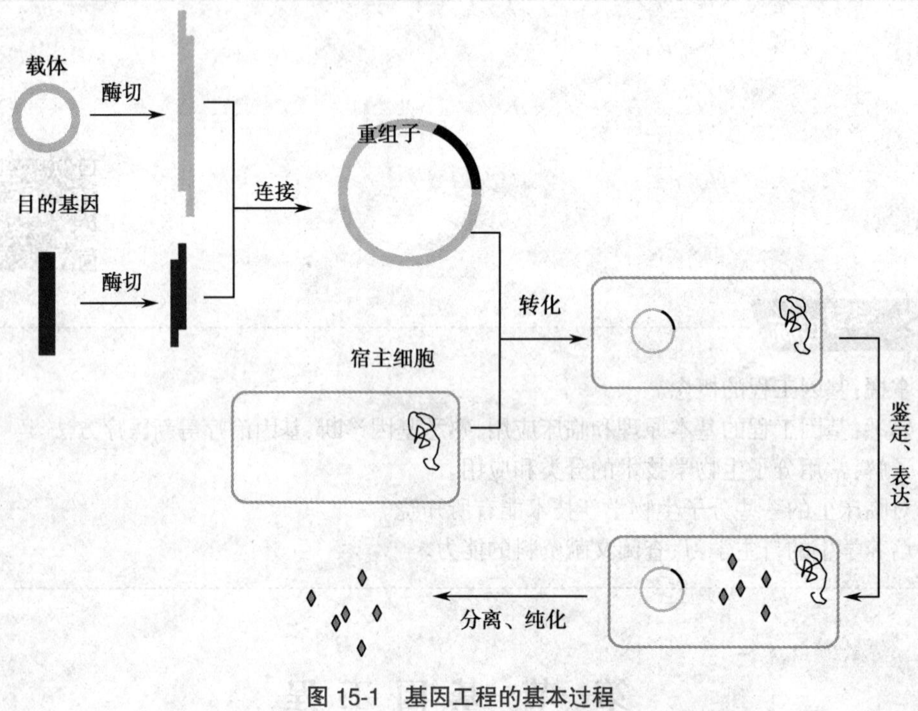

图 15-1　基因工程的基本过程

拓展阅读:重组 DNA 技术的操作过程

(一) 目的基因

核酸是生物遗传的物质基础,基因是染色体上有功能的脱氧核糖核酸片段。

目的基因(target gene)是基因工程中需要研究的那段基因,是准备要分离、改造、扩增或表达的基因。把目的基因插入载体中并表达,可使宿主出现可传代的新遗传性状。筛选目的基因是基因工程的第一步。制备目的基因的方法包括人工合成法、基因组文库、cDNA 文库、PCR 或 RT-PCR、转座子标签法、差异显示法等。

1. 人工合成法　在已知目的基因的核苷酸序列后,可以按该碱基序列合成一段段含少量(10~15 个)核苷酸的 DNA 片段,再利用碱基互补配对的原则形成双链片段,通过连接酶将这些双链片段逐个按顺序连接起来,得到一个完整的目的基因。整个制备过程在计算机自动控制的 DNA 合成仪内进行。人工合成 DNA 序列是一种从无到有的合成方式,这种合成基因的方法的优点是可以人工合成自然界不存在的新基因,使生物产生新的性状以满足人类需求。因此,这一方法今后将随着技术的不断改进而得到越来越广泛的应用。但是化学合成法只适用于已知核苷酸序列、分子量较小的目的基因的制备;对于序列复杂、目前尚不知道核酸序列的基因不能用这一方法合成。

2. 从基因文库中钓取　用限制性核酸内切酶酶切生物体基因组 DNA 得到酶切片段,每一个 DNA 片段可能含有一个或几个基因,也可能是一个基因的一部分或包含旁侧序列的完整基因。这些片段被连入载体分子,形成重组分子。将这些重组分子导入到宿主细菌或细胞中,每个宿主细菌 / 细胞就携带有一段基因组 DNA 片段。经过分裂增殖,各自构成一个无性繁殖系(克隆)。许多细菌 / 细胞克隆的集合体包含了该生物全部基因组序列,这一个集合体叫做基因文库(gene bank)。然后,利用分子杂交技术从基因文库中筛选某一克隆,就能得到所需的目的基因片段。基因文库是分离高等真核生物基因的有效手段。

3. 构建 cDNA 文库　提取组织细胞的 mRNA,体外逆转录成 cDNA,与噬菌体或质粒载体连接,转

化受体菌。每个细菌(克隆)含有一段 cDNA,并能繁殖扩增。包含细胞全部 mRNA 信息的 cDNA 克隆的集合称为该组织细胞的 cDNA 文库(cDNA library)。cDNA 文库比前述基因组 DNA 文库小,比较容易获得目的基因。另外,从 cDNA 文库中获得的是已经剪接过、去除了内含子的 cDNA。

4. 聚合酶链式反应 聚合酶链式反应(polymerase chain reaction,PCR)是体外合成特异的 DNA 片段的一种方法,是最常用的分子生物学技术之一。要获得目的基因,除了 PCR 的通用条件外,还需要获得目的基因 5′和 3′末端的核苷酸序列(通常长度为 15~30bp)以设计出适合于扩增的引物。

(二) 载体

载体是携带有外源目的基因片段,将之转移至受体细胞的一类能自我复制的 DNA 分子。用于基因工程的载体主要包括质粒、噬菌体、黏粒(又称柯斯质粒,Cosmid)、其他病毒载体、细菌人工染色体(bacterial artificial chromosome,BAC)载体和酵母人工染色体(yeast artificial chromosomes,YAC)载体等。

1. 质粒载体 质粒(plasmid)是细菌或细胞质中独立于染色质的共价闭环小分子双链 DNA,能自主复制,与细菌或细胞共生。适用于基因工程的质粒载体的标准配置序列包括:

(1) 质粒复制子:包含 DNA 复制起点及其相关的调控元件;如果是表达载体,还应具有相应的表达元件。

(2) 筛选标记:包括营养缺陷标记或抗生素标记等。质粒载体最常用的选择性标记是编码抗生素抗性基因,包括氨苄西林抗性基因(*Amp*ʳ)、卡那霉素抗性基因(*Kan*ʳ)、四环素抗性基因(*Tet*ʳ)、链霉素抗性基因(*Str*ʳ)和氯霉素抗性基因(*Cml*ʳ)等。宿主菌一般都是抗生素敏感型的,但在质粒转化后就拥有了抗生素抗性,能在有抗生素的平板上生长,从而达到筛选的目的。

(3) 克隆位点:是限制性核酸内切酶酶切位点,外源性 DNA 可由此插入质粒内。一般是多克隆位点(multiple cloning sites,MCS),即包含多个(最多 20 个)限制性核酸内切酶酶切位点(图 15-2)。

2. Lambda(λ)噬菌体载体 噬菌体(phage)是感染细菌的一类病毒,其基因组分为三个部分,左右臂包含 λ DNA 复制、噬菌体结构蛋白合成、组装成熟噬菌体、溶菌生长所需的全部 DNA 序列;中段编码溶菌生长所需的蛋白质。利用 Lambda(λ)噬菌体作载体,主要是将外来目的 DNA 替代或插入中段序列,与左右臂一起包装成噬菌体,感染宿主细胞。

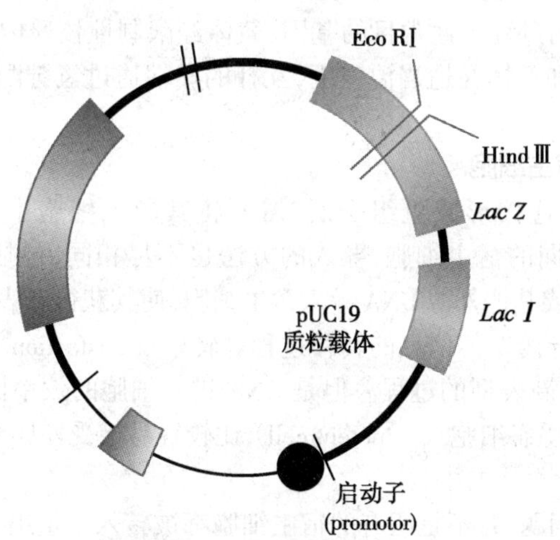

(a) pUC19载体简图

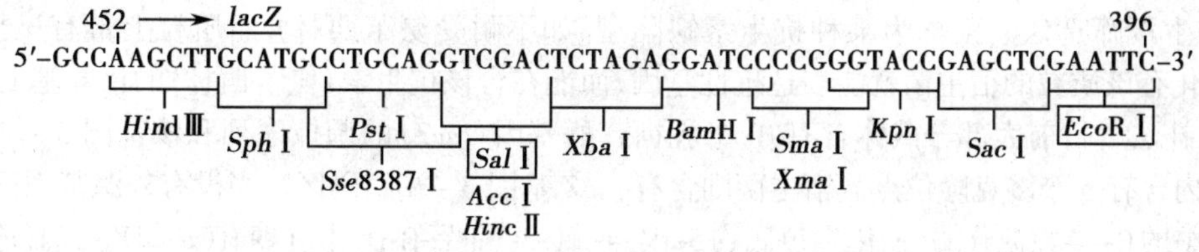

(b) pUC19多克隆位点序列(示酶切位点)

图 15-2 pUC19 质粒载体

表格：质粒载体的优缺点

相对于质粒载体而言，λ 噬菌体载体对外源基因的容量更大，允许插入的片段大小可以达到二十几 kb。由于是体外包装成噬菌体颗粒再感染宿主细胞，较之于质粒 DNA 的直接转化效率更高。λ 噬菌体载体宿主的选择面较窄，在操作的安全性上比质粒 DNA 有优势。

3. 柯斯质粒　为兼具质粒和噬菌体载体双重特点的大容量载体，含有质粒的复制起始区和筛选标记（Amp^r 和 Tet^r）。

（三）工具酶

基因工程需要的工具酶包括限制酶、连接酶、聚合酶和修饰酶等。其中，限制性核酸内切酶和 DNA 连接酶最为重要。

1. 限制性核酸内切酶　限制性核酸内切酶是一类能识别并切割双链 DNA 分子内部特异序列的酶。由于这种酶切作用是在 DNA 分子内部进行的，故名限制性核酸内切酶。与一般的 DNA 酶（DNase）不同，限制酶的酶切位点比较严格，是专一的核苷酸顺序，称为识别顺序。限制性酶有Ⅰ型和Ⅱ型之分，Ⅱ型对序列的识别更为严格。大部分Ⅱ型酶的识别序列呈二元对称，称为回文序列（palindromic sequence）。限制性核酸内切酶，如 *Eco* RI，切割 DNA 双链后产生 5′- 末端突出的黏性末端（sticky end），而类似于 *Pst* I 这样的酶则在 3′- 末端形成黏性末端；另有一部分酶酶切 DNA 双链后，后者产生的是平末端，如 *Hpa* I（图 15-3）。

表格：限制性核酸内切酶的命名

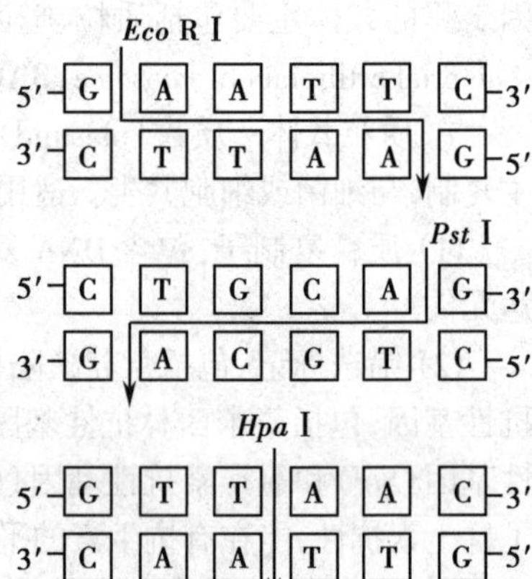

图 15-3　限制性核酸内切酶识别特定的回文序列

2. DNA 连接酶（DNA ligase）　DNA 连接酶通过催化 DNA 链的 5′-PO_4 与相邻的另一 DNA 链的 3′-OH 生成 3′，5′- 磷酸二酯键，封闭 DNA 链上的缺口。连接酶包括 T_4 噬菌体 DNA 连接酶、T_4 噬菌体 RNA 连接酶、大肠埃希菌 DNA 连接酶等。除了 T_4 噬菌体 DNA 连接酶可催化平末端的连接外，其余连接酶均催化的是黏性末端。

（四）重组体的构建

重组体的构建是通过 DNA 连接酶催化将限制性核酸内切酶酶切过的目的基因与合适的载体连接，形成重组的 DNA 分子的过程。通常目的基因、载体经限制性核酸内切酶酶切后，各自形成黏端。具有互补黏端的目的基因和载体在适当温度下，互补的黏端通过氢键配对，经 DNA 连接酶催化连接成重组体。

（五）重组 DNA 导入宿主细胞

目的基因序列与载体连接形成重组子后，需要将其导入细胞中，随着宿主细胞的增殖而扩增。不同的载体对应有不同的宿主细胞，导入的方法也不尽相同，包括转化、转导和转染等。转化（transformation）是指将质粒或其他外源 DNA 导入宿主细胞，使其获得新表型的过程。转导（transduction）是由噬菌体或细胞病毒介导的遗传信息的转移过程。转染（transfection）是指真核细胞主动或者被动导入外源 DNA 片段而获得新表型的过程。但是 DNA 进入细胞的效率比较低，所以有必要先对宿主细胞进行处理，使之成为感受态细胞（competent cell），比较容易接受外界 DNA，提高导入效率。

（六）转化子的筛选

由于存在转化效率的问题，并不是所有的宿主细胞都被转入了重组子，另外也有可能是空载体转入了宿主细胞，所以有必要对转化子进行筛选，以获得导入了重组 DNA 的宿主细胞。常用的筛选方法有抗生素筛选法和互补法两种。

1. 抗生素筛选法　菌株为某种抗生素缺陷型（如不耐受氨苄西林），而质粒上带有该抗性基因（Amp^r），转化有该质粒的宿主菌就能表达抗性基因，而能在含该抗生素（氨苄西林）的培养基上生长。

2. 互补法　目前大部分载体含有 β- 半乳糖苷酶基因（*lac*Z）的调控序列和该基因 5′- 端编码区，此编码区内含有一个多克隆位点。宿主菌则含有 *lacZ* 基因 3′- 端编码区。当没有外源基因插入时，表达出了完整的β- 半乳糖苷酶，催化生色底物 5- 溴 -4- 氯 -3- 吲哚 -β-D- 半乳糖苷（x-gal）生成蓝色的产物，培养基中出现蓝色菌落。而当有外源基因插入到多克隆位点时，造成插入失活，使 *lac*Z 基因不表达而形成白色菌斑。由此可通过菌落颜色的不同来区分重组子和非重组子。

（七）目的基因的表达

基因重组的目的之一是使目的基因在宿主细胞中高效表达，表达产物为生命科学研究、医药或商业所用。制约目的基因高效表达的因素包括外源基因是否插入在载体的正确的阅读框架内，目的基因能否有效转录（如启动子的作用是否正常发挥），mRNA 是否有效翻译，转录后、翻译后是否正确加工等。

图片：基因重组技术路线

三、重组 DNA 技术在医学中的应用

（一）基因工程制药

很多活性多肽和蛋白质都具有治疗和预防疾病的作用，它们都是从相应的基因表达而来的。但是由于在组织细胞内的表达量很少，所以采用常规方法很难分离纯化获得足够量，以供临床应用。而利用基因工程技术，则可以大规模生产药物和制剂。先确定对某种疾病有预防和治疗作用的蛋白质，然后将编码该蛋白质的基因克隆出来，通过重组 DNA 技术获得重组子，诱导表达目的蛋白(重组蛋白)，从而大规模生产具有预防和治疗这一疾病的蛋白质。通过 DNA 重组技术获得的用于临床治疗用的重组蛋白包括：免疫性蛋白，如一些抗原和单克隆抗体；细胞因子，如各种干扰素、集落刺激生长因子等；激素，如胰岛素、心钠素；各种酶类，如尿激酶、链激酶等。

以重组人胰岛素的制备为例。胰岛素由两条多肽链构成，分别由相应的编码基因编码，以 PCR 技术克隆这两个基因，分别插入表达载体中，并分别转化入大肠埃希菌，获得两个重组的大肠埃希菌菌株。这两个菌株在诱导条件下表达胰岛素的两条肽链，分离纯化后促使链间二硫键产生，形成具有活性的重组人胰岛素。为了提高重组胰岛素的产量，一般采用强启动子载体，以提高表达载体的启动子活性。另外，需要对胰岛素基因进行一定的改造，以符合大肠埃希菌的密码子偏爱性。

重组人胰岛素

胰岛素是治疗糖尿病的特效药。长期以来只能依靠从猪、牛等动物的胰腺中提取，100kg 胰腺只能提取 4~5g 的胰岛素，产量低，价格高，堪比黄金。

将合成的胰岛素基因导入大肠埃希菌实现基因工程制药后，每 2000L 培养液就能分离纯化得到 100g 胰岛素蛋白。大规模工业化生产解决了药品的产量问题，将药品价格降低了 30%~50%。

（二）重组 DNA 技术在疾病诊治中的应用

人类疾病直接或间接与基因相关，重组 DNA 技术的发展使某些未知基因得以克隆和扩增，从而进一步研究它们的结构和功能，确定该基因在疾病发生、发展过程中的作用。

在基因水平对疾病进行诊断和治疗称为基因诊断和基因治疗。基因诊断是直接检测与疾病相关的分子结构和表达水平是否异常，从而对疾病做出判断。目前基因诊断被广泛应用于遗传病、肿瘤、心脑血管疾病、病毒感染和职业病等的诊断。而基因治疗则是通过 DNA 重组技术克隆外源正常基因，构建具有特定功能的基因重组体，以补偿缺陷基因的功能，或是增加某种功能以应对异常细胞进行矫正或消灭。

第二节　常用分子生物学技术及应用

常用的分子生物学技术已经被广泛应用于各个学科领域，形成了分子遗传学、分子细胞生物学等新学科。

微课：核酸原位杂交

一、核酸原位杂交

核酸原位杂交（nucleic acid hybridization in situ）是用序列已知、特定标志标记过的核酸作为探针，与细胞或组织切片中的核酸碱基互补配对进行复性杂交，形成专一的杂交分子，通过探针上的标记将待测核酸在细胞、组织中的位置显示出来。DNA 原位杂交检测的是 DNA 在细胞核或染色体上的分布。RNA 原位杂交用于对特定基因进行定性、定位和定量分析，尤其是低丰度和罕见的 mRNA。这一技术不需要

从组织中提取核酸，方法简便，不需要破坏组织细胞，能更准确地反映出组织细胞间的关系及功能状态。

二、聚合酶链式反应

(一) 工作原理

聚合酶链式反应是在体外将微量的目的基因片段大量扩增，以得到足量的DNA供研究分析和检测鉴定用的技术，属于分子生物学技术中最常用的方法。PCR技术具有高特异性、高敏感度、高产率、快速简便、重复性好、易自动化等优点。

PCR技术的基本原理与体内DNA的复制过程相似(图15-4)，由变性、退火、延伸三个基本步骤构成。①变性：93~95℃孵育一定时间后，模板DNA双链变性为单链。②退火(复性)：温度下降至适宜温度，一般是比目的基因片段Tm值再减5℃，此时模板DNA单链与引物碱基互补配对，形成DNA单链模板-引物复合物。③延伸：温度上升至72℃，复合物在*Taq* DNA聚合酶的作用下，以dNTP为原料，单链序列为模板，在引物3'-OH端延伸出一条新的与模板DNA链互补的链。

以上三步重复循环进行，就可获得更多的DNA链，每一次循环产生的链又可成为下次循环的模板。

1506

图片：PCR反应体系

1507

动画：PCR

1508

拓展阅读：PCR反应模板

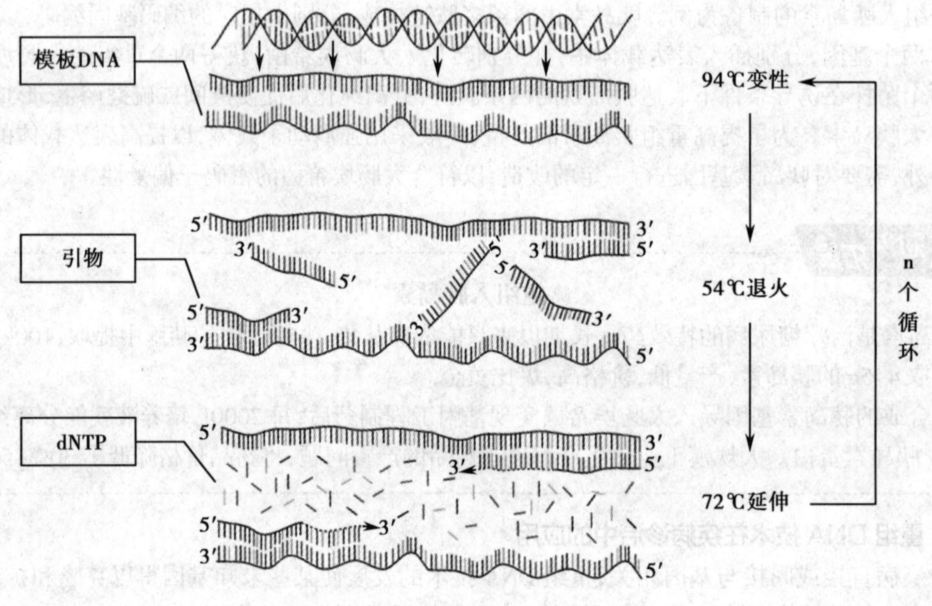

图15-4　PCR的工作原理

Taq酶的发现

*Taq*聚合酶是由钱嘉韵女士分离得到的。1973年钱嘉韵就读于美国俄亥俄州辛辛那提大学生物系，她的导师对黄石公园里温泉中发现的嗜热菌(水生栖热菌)十分好奇，就让钱嘉韵以该细菌作为研究主题。研究过程中钱嘉韵成功分离出耐高温的*Taq* DNA聚合酶。

早先的PCR反应用的是大肠埃希菌DNA聚合酶，由于不耐变性阶段的高温，每个循环结束都需额外加酶。而*Taq*聚合酶可以耐受90℃以上的高温而不失活，大大简化了PCR技术，使之得以大量应用。

(二) PCR衍生技术及应用

1. 原位PCR　即便是经过福尔马林固定或是石蜡包埋过的组织标本，其DNA依然能经PCR扩增。但扩增产物不能在组织细胞中定位，无法直接与特定的组织细胞特征联系研究。而原位杂交虽具有良好的定位能力，但囿于低敏感性，不能检测低丰度核酸序列。将这两个技术结合在一起的原位

PCR（in situ PCR，IS PCR），可在组织细胞里进行 PCR 反应，将扩增的目的片段在组织细胞中定位。IS PCR 可用于病毒感染的检测，观察病原体在体内的分布规律；也可检测内源性基因片段，如患者的易位染色体、癌基因片段等。

2. 逆转录 PCR　逆转录 PCR（reverse transcription PCR，RT-PCR）包括逆转录与 PCR 两个阶段，将 RNA 链逆转录成为 cDNA，再以此为模板通过 PCR 进行目的基因的扩增。目前该技术是从组织细胞中克隆目的基因、对特定 RNA 进行定性或半定量分析的有效方法。

3. 荧光定量 PCR　荧光定量 PCR（fluorescence quantitative，PCR）是在扩增时除了加入引物，还加入特异性的荧光探针。探针是一段寡核苷酸，两端分别标记报告荧光基团和淬灭荧光基团。探针完整时，报告基团发射的荧光信号被淬灭基团吸收。扩增开始时，探针结合在 DNA 模板单链上。当扩增进行时，Taq 酶的 5′端 -3′端外切酶活性将探针酶切降解，使报告基团和淬灭基团分离，荧光监测系统就能接收到荧光信号（图 15-5）。每扩增一条 DNA 链，就有一个荧光分子出现，荧光信号的累积量与 PCR 产物的形成量同步。通过软件分析荧光强度可以对 PCR 产物进行定量分析，计算待测样品模板的初始浓度，实现绝对定量。目前荧光定量 PCR 临床上主要用于肝炎、禽流感、结核等传染病的诊断；性别发育异常、地中海贫血、胎儿畸形等优生优育检测；肿瘤标志物及癌基因检测与诊断。

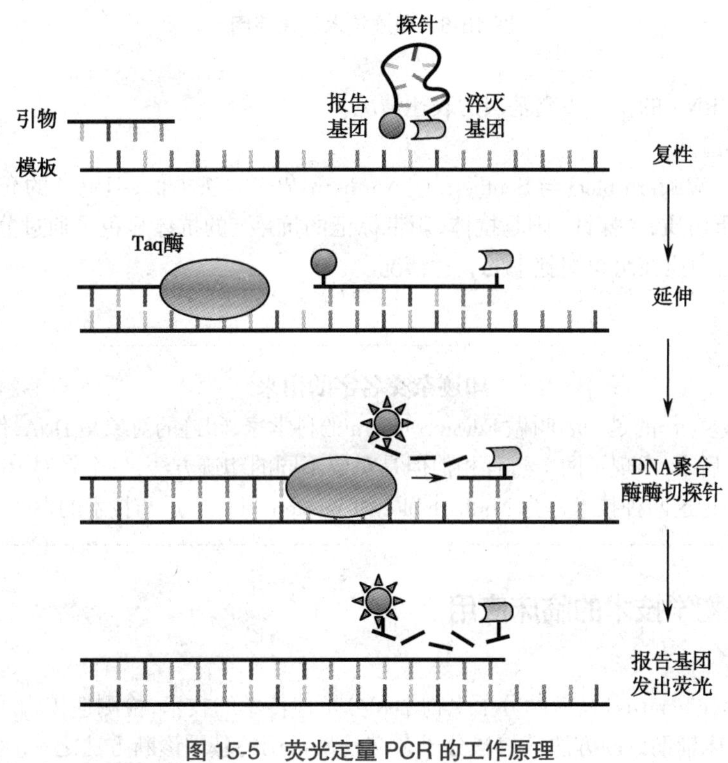

图 15-5　荧光定量 PCR 的工作原理

拓展阅读：荧光定量 PCR 常见问题及处理

案例：荧光定量 PCR 检测乙肝

三、印迹技术

以凝胶分离生物大分子后，将之转移或直接放在固定化介质上加以检测分析的技术称为印迹技术（blotting），包括 DNA、RNA 和蛋白质印迹技术（图 15-6）。

（一）Southern 印迹杂交

Southern 印迹杂交（Southern blot）即 DNA 印迹技术。用限制性核酸内切酶消化 DNA，得到诸多片段，经琼脂糖凝胶电泳分离后，将胶上的 DNA 片段变性并原位转印到尼龙膜等固相支持物上，经干烤或者紫外线照射固定。用带有标记的 DNA 探针与这些片段进行杂交后显影或显色。通过条带的有无或深浅来进行 DNA 的定性与定量。

微课：Southern 印记杂交

（二）Northern 印迹杂交

Northern 印迹杂交（Northern blot）即 RNA 印迹技术，技术原理与 Southern 印迹杂交一致。Northern

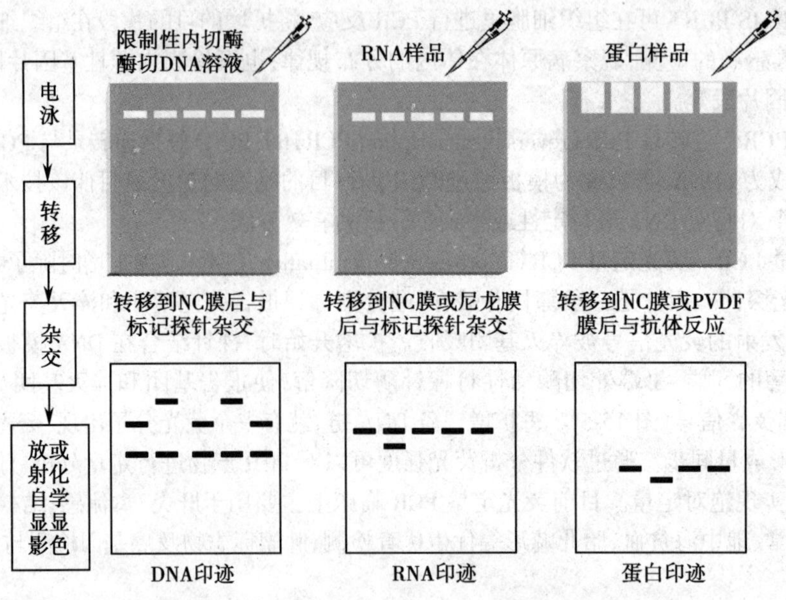

图 15-6　印迹技术示意简图

印迹杂交通过检测 RNA 的量来研究基因的表达情况。

(三) 蛋白质印迹法

蛋白质印迹法(Western blot)与 Southern 或 Northern 杂交方法类似,但电泳的介质是聚丙烯酰胺凝胶,被检测的是蛋白质,“探针”则是抗体,用带标记的抗 - 抗的抗体显色。通过分析条带位置和着色深度,检测目的蛋白质在组织细胞中的表达情况。

印迹杂交名字的由来

最开始做印迹工作的是一名叫做 Edwin Southern 的科学家,印迹的对象是 DNA,他把这种技术称为 Southern blot。后来,出现了两个过程相似但是对象不同的印迹方法,一个针对 RNA,一个针对蛋白质,人们就分别把这两种技术称为 Northern blot 和 Western blot,不过与技术的发明人没有关系了。

四、分子生物学技术的临床应用

(一) 基因诊断

基因诊断(gene diagnosis)是借助分子生物学和分子遗传学的技术,检测遗传物质结构变化或表达水平是否异常的临床辅助诊断方法。核酸分子杂交是最常用的基因诊断方法之一。

绝大多数疾病的发生、发展与患者的遗传物质的改变有关,所以基因诊断在临床上的应用越来越广泛。它可以检测侵入机体的病原生物、先天性遗传疾病、后天基因突变引起的疾病。

(二) 基因治疗

基因治疗(gene therapy)是利用分子生物学方法将外源正常基因导入患者的细胞内,以纠正、补偿由于基因缺陷或异常而引起的疾病,达到治疗和预防疾病的目的。

作为一项生物医学新技术,目前大多数的基因治疗项目研发的目的是治疗肿瘤和遗传性疾病。肿瘤的发生、遗传性疾病等是由于体内某些基因缺乏、缺陷或突变引起的,利用基因治疗手段就能对这些基因进行增补、替代或修复,治疗相应的疾病。根据靶细胞的不同,基因治疗分为两种:种系基因疗法(germline gene therapy)和体细胞基因治疗(somatic gene therapy)。

1. 种系基因疗法　将改造后的功能基因整合入生殖细胞(精子或卵子)的基因组中。这种治疗方法可以遗传,但限于技术与伦理学问题,目前仅限于动物实验。

2. 体细胞基因治疗　将功能基因转染到患者的体细胞内。这种改变并不会遗传,对任何基因的

修改和产生的效果都将只体现在接受治疗的患者身上。

基因治疗的先河

1991 年美国实施了人类第一个针对遗传病的体细胞基因治疗方案，将正常人腺苷脱氨酶（ADA）基因重组入逆转录病毒载体，转染患儿的白细胞。10 天后将带有正常基因的白细胞静脉输注入患有严重复合免疫缺陷综合征（SCID）的患儿体内。8 个月的治疗后，患儿 ADA 水平达到正常值的 25%，且未见明显副作用。

同年，我国科学家进行了世界上首例血友病 B 的基因治疗临床试验。4 名血友病患者接受了基因治疗，治疗后体内凝血因子Ⅸ浓度上升，出血症状减轻。

本章简要介绍了分子生物学一些经典而常用的技术。

重组 DNA 技术指分离目的基因片段，经过剪接后连接到载体上构成重组体，导入宿主细胞后在宿主细胞内进行表达，又称基因克隆。完整的基因克隆过程包括目的基因的钓取、克隆载体的选择与改造、目的基因与载体的连接形成重组体、重组体导入宿主细胞、筛选含有重组体的宿主细胞。重组 DNA 技术在生物工程制药、疾病诊断与治疗等方面有广泛的应用。

核酸原位杂交是用序列已知的、特定标志标记过的核酸作为探针，与细胞或组织切片中的核酸碱基互补进行复性杂交，探针上的标记将待测核酸在细胞、组织中的位置显示出来。印迹技术是将凝胶中分离的生物大分子转移至固相技术上加以检测的技术，包括 Southern blot、Northern blot 和 Western blot。PCR 技术是以目的基因 DNA 为模板，以一对与目的基因两端序列互补的寡核苷酸为引物，由 DNA 聚合酶在体外合成 DNA 新链的过程。通过重复变性、退火、延伸这三个阶段而大量扩增目的基因。

分子生物学的大量技术在临床上有广泛地应用。其中，基因诊断和基因治疗已经成为现代分子医学的重要研究和应用内容，主要是从基因水平检测疾病、分析发病机制，并采用相应的技术治疗疾病。

2003 年我国研发了世界上第一种用于治疗恶性肿瘤的基因治疗药物——重组人 *p*53 腺病毒注射液。*p*53 重组腺病毒注射液已治疗数千名国内外鼻咽癌、头颈部鳞癌、肺癌等癌症患者。目前浙江省肿瘤医院就一直使用 *p*53 基因药物进行基因治疗，针对 *p*53 基因位点发生突变的患者使用效果是很好的。

利用所学知识，试述 *p*53 重组腺病毒基因的步骤与方法。

案例分析

（王黎芳）

思考题

1. 简述基因工程的基本原理。
2. 举例说明分子生物学技术在临床上的应用。

扫一扫，测一测

第十六章 细胞信号转导

学习目标

1. 掌握:细胞信号转导的概念;胞外信号分子的类型;受体的类型和主要的胞内信号转录分子。
2. 熟悉:细胞信号转导的基本过程、特点和基本规律。
3. 了解:细胞信号转导的异常与疾病的关系。
4. 通过细胞信号转导的学习,可以从细胞整体水平了解生物学效应产生的机制。
5. 培养学生的探索精神,应用细胞信号转导知识解释相关疾病的发病机制及某些疾病治疗的新思路。

第一节 细胞信号转导概述

图片:细胞信号转导基本方式示意图

细胞信号转导(cell signal transduction)是指细胞感受胞外环境变化,通过一系列生物反应将外源信息传递并引发细胞应答的过程。依据细胞和刺激类型的不同,细胞反应可能涉及基因表达的改变、酶活性的变化、细胞骨架的重组、离子通道的开闭、DNA合成的起始甚至细胞的死亡等。细胞信号转导的异常与许多常见疾病如肿瘤、内分泌代谢性疾病以及心血管疾病等相关。

参与细胞信号转导的组分主要包括胞外信号分子、受体、胞内信号转导分子(第二信使和信号转导蛋白)。

一、细胞外信号分子的种类及传递方式

细胞外信号分子又称作第一信使,是指由信号细胞合成并释放于胞外,通过扩散或体液转运等方式进行传递,与靶细胞膜上或胞内的受体特异性识别并结合,调节靶细胞各种生命活动的化学物质。

细胞分泌的化学信号分子多达几百种,包括蛋白质、寡聚肽、氨基酸衍生物、核苷酸、类固醇、类视黄素、脂肪酸衍生物以及可溶解的气体分子,如一氧化氮(NO)、一氧化碳(CO)和硫化氢(H_2S)等。

(一) 胞外信号分子的种类

根据其来源和作用特点,胞外信号分子可分为以下几类:

1. 激素(hormone) 是由特殊分化细胞(内分泌腺或内分泌细胞)合成并分泌的化学信号分子,通常借助于血液循环而传递至远处,与靶细胞的受体特异性结合,从而调节这些细胞的代谢和功能。激素按其化学性质不同,分为四种类型:①蛋白质和肽类激素,如下丘脑激素、脑肽、胰岛素和甲状旁腺激素等;②类固醇激素,如醛固酮、皮质醇、睾酮和雌二醇、孕酮等;③氨基酸衍生物激素,如肾上腺髓质激素、甲状腺激素、松果体激素等;④脂肪酸衍生物激素(为花生四烯酸衍生物)。不同激素间分工合作,相互制约。任何一种激素的分泌亢进或减退,都会扰乱正常代谢及生理功能,从而影响机体的正

常发育和健康，甚至引起死亡。

2. 神经递质（neurotransmitter）　是神经突触所释放的化学信号分子，通过突触间隙作用于突触后的靶细胞，完成信息传递的功能。神经递质按化学本质的不同分为三类：①有机胺类，如多巴胺、去甲肾上腺素、5-羟色胺等；②氨基酸类，如γ-氨基丁酸、γ-甘氨酸、天冬氨酸、谷氨酸等；③神经肽类，如乙酰胆碱。

3. 生长因子（growth factor，GF）　主要指具有专一调节生长和分化的胞外信号分子，通常只作用于邻近的靶细胞，调节靶细胞的增殖和分化。每种生长因子都有特异的靶细胞和靶组织，如神经生长因子（nerve growth factor，NGF）、表皮生长因子（epidermal growth factor，EGF）、血小板衍生生长因子（platelet-derived growth factor，PDGF）。

4. 细胞因子（cytokine，CK）　是由免疫细胞（如单核/巨噬细胞、T细胞、B细胞、NK细胞等）和某些非免疫细胞（如血管内皮细胞、表皮细胞、成纤维细胞等）经刺激合成、分泌的一类具有广泛生物学活性的小分子蛋白质，主要调节免疫应答、参与免疫细胞分化发育、介导炎症反应、刺激造血并参与组织修复等。人类的CK有200余种，常见的包括白细胞介素（interleukin，IL）、干扰素（interferon，IFN）、肿瘤坏死因子（tumor necrosis factors，TNFs）、趋化因子（chemokine）等。

图片：胞外信号分子特点及种类

5. 无机物　主要包括无机离子（如Ca^{2+}）、气体分子（如NO、CO）等，这些物质在细胞内浓度的改变，也可触发特定的效应。

一氧化氮（NO）

NO是迄今在体内发现的第一种气体信号分子。细胞内一氧化氮（nitrogen monoxide，NO）合酶可催化精氨酸分解产生瓜氨酸和NO。NO能进入细胞，直接激活效应酶，参与体内众多的生理或病理过程，已成为人们所关注的“明星分子”。

（二）胞外信号分子的传递方式

由信号细胞释放的信号分子，需经扩散或转运，才能到达靶细胞产生作用。根据传递距离的远近，可将信号分子的传递方式分为四种途径。

1. 内分泌途径　信号分子借助血液或淋巴液循环运输到全身各处的靶细胞而发挥作用。这是一种长距离的传递方式，绝大多数激素通过此途径进行传递。

2. 旁分泌途径　细胞因子只经过局部被动扩散，作用于邻近靶细胞。绝大部分的生长因子和细胞因子通过此方式进行传递。

3. 自分泌途径　信号分子作用于自身或同类细胞，又称为自分泌信号传递。许多生长因子以这种方式传递信号。例如，肿瘤细胞常常产生和释放过量的生长因子，导致肿瘤细胞和邻近的非肿瘤细胞无限制的增殖。

4. 突触传递途径　神经递质通过邻近的突触传递，故该途径也可被看作是一种特殊的旁分泌传递方式，其作用距离最短。

二、受体的种类和作用特点

（一）受体的基本概念

受体（receptor）是指存在于靶细胞膜上或细胞内，可以特异性地识别与结合信号分子，并触发靶细胞产生特异生物学效应的一类特殊蛋白质分子。受体的化学本质大多是糖蛋白或脂蛋白。个别糖脂也具有受体作用，如霍乱毒素受体和百日咳毒素受体。能够与受体特异性结合的第一信使称为配体（ligand）。

（二）受体的种类

细胞中存在着约20种受体蛋白家族，根据受体存在的亚细胞部位的不同，可将其分为细胞表面受体和细胞内受体两大类。

1. 细胞内受体（intracellular receptor）　多存在于细胞核内，少量分布于细胞质中，故通常称之为转

笔记

录因子受体或核受体。这类受体与相应的配体结合后，能与DNA的顺式作用元件结合，在转录水平调节基因表达。能与该受体结合的配体多为疏水性信号小分子，如类固醇激素、甲状腺激素、维生素D和视黄酸等。

2. 细胞表面受体（cell-surface receptor）　位于细胞质膜表面，主要识别和结合水溶性信号分子，包括分泌型信号分子（神经递质、水溶性激素分子、细胞因子和生长因子等）和膜结合型信号分子（细胞表面抗原、细胞表面黏着分子等）。按照其受体结构特点和信号转导方式的不同，主要分为离子通道受体（ion-channel-coupled receptor）、G蛋白耦联受体（G protein-coupled receptor，GPCR）和酶耦联受体（enzyme-linked receptor）三大类。

图片：N型乙酰胆碱受体的结构与功能模式图

（1）离子通道耦联受体：是一类自身为离子通道的受体，其配体主要为神经递质。离子通道是由蛋白质寡聚体围成的跨膜孔道，其部分亚基具有配体结合部位。根据其运输的离子不同，分为阳离子通道受体和阴离子通道受体两类。离子通道受体信号转导的最终效应是细胞膜电位改变，继而产生生物学效应。通道的开放或关闭直接受配体的控制，所以又称为配体门控受体型离子通道。如N型乙酰胆碱受体是研究最清楚的一种，其位于突触后膜上，与2分子乙酰胆碱结合后，离子通道瞬时打开，导致离子跨膜流动，引起突触后膜去极化或超极化，完成神经冲动。

（2）G蛋白耦联受体：该受体必须与G蛋白耦联才能发挥作用，是受体中最重要的一类。G蛋白耦联受体由一条多肽链组成，根据其在细胞膜上的分布，可以划分为细胞外区、跨膜区和细胞内区，由于该多肽链在细胞内外往返跨膜后形成7个跨膜区段，故又称为七跨膜受体或蛇形受体（图16-1）。G蛋白耦联受体通过胞内区与G蛋白耦联，通过胞外区与配体结合，配体-受体复合物激活G蛋白，进一步作用于靶蛋白，最终产生胞内信使。大多数常见的神经递质受体和激素受体属于G蛋白耦联受体（表16-1）。

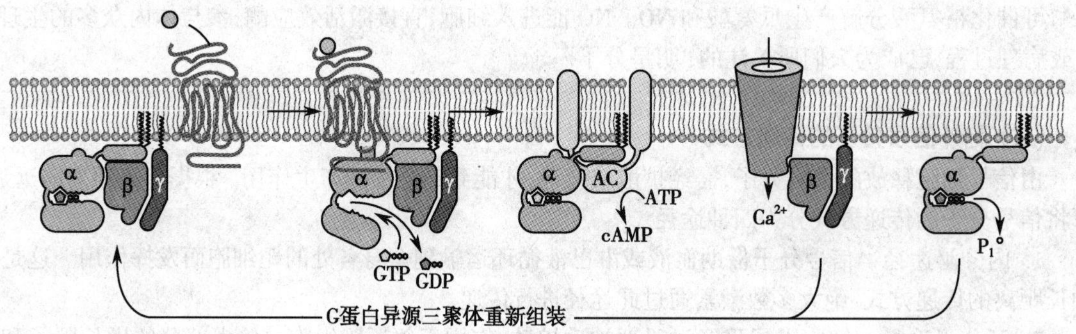

图16-1　G蛋白耦联受体模式图

表16-1　G蛋白耦联受体介导的生物学效应

配体	受体	靶蛋白	生物学效应
肾上腺素	β-肾上腺素能受体	腺苷酸环化酶	糖原降解
5-羟色胺	5-羟色胺受体	腺苷酸环化酶	学习与运动
光	视网膜视紫红质受体	cGMP磷酸二酯酶	视觉兴奋
IgE-抗原复合体	肥大细胞IgE受体	磷脂酶C	分泌
f-Met肽	趋化性受体	磷脂酶C	趋化性
乙酰胆碱	毒蕈碱性受体	钾通道	起搏器活动减慢

图片：G蛋白耦联受体结构与功能模式图

（3）酶耦联受体：是一类具有单跨膜结构的酶蛋白。根据受体耦联的酶结构的不同，酶耦联受体可分为酪氨酸蛋白激酶受体、酪氨酸磷脂酶受体、丝/苏氨酸激酶受体、鸟苷酸环化酶受体等。该类受体由胞外配体结合区、穿膜区和胞质区组成，胞质区含有催化中心和调节序列。受体与配体结合后，可诱导受体的二聚化，激活胞质区内的激酶活性，使受体自磷酸化，进而催化底物蛋白磷酸化，触发细

胞信号转导过程。与G蛋白耦联受体相比，酶耦联受体信号转导的反应比较慢（通常要几小时）。胰岛素受体（insulin receptor，InsR）和生长因子等即属于此型受体。

表格：三类膜受体的结构和功能比较

（三）受体作用特点

1. 高度的亲和力　受体与相应配体的结合反应在极低的浓度下即可发生，表明两者之间存在高度的亲和力。通常用其解离常数来表示亲和力的大小，解离常数越小，则受体与配体结合时所需浓度越低，两者的亲和力越高。

2. 高度的专一性　受体选择性地与特定的配体结合，其原因在于受体分子上存在具有一定空间构象的配体结合部位，即配体结合结构域，该结构域只能选择性地与具有特定分子结构的配体相结合。受体与配体结合的特异性保证了信号转导的准确性。

3. 可逆性　受体与配体通过非共价键结合，这种结合是可逆的、瞬间的。当生物效应发生后，配体即与受体解离，配体的信使作用也随即终止。

图片：受体的定义、分类及特点

4. 可饱和性　在一定条件下，受体数目是一定的，当受体全部被配体占据以后，再提高配体浓度也不会增加细胞的效应。

5. 特定的作用模式　受体的分布和数量均具有组织和细胞特异性，并呈现特定的作用模式，受体与配体结合后可引起某种特定的效应。

三、细胞内信号转导分子

细胞膜表面受体介导细胞外信号（第一信使），向细胞内传递的过程中需要多种小分子物质和蛋白质的参与。在细胞内传递特异信号的小分子活性物质，被称作第二信使，包括cAMP、cGMP、Ca^{2+}、DAG、IP_3等。细胞内参与信号转导的蛋白质被称作信号转导蛋白。信号转导蛋白多是一些酶类，主要包括两大类：一类是能催化第二信使生成和转化的酶，如腺苷酸环化酶、鸟苷酸环化酶、磷脂酶C、磷脂酶D等；另一类是第二信使的效应蛋白，主要是一些蛋白激酶，如酪氨酸蛋白激酶和丝/苏氨酸蛋白激酶等。另外，细胞内还有一些信号转导蛋白，它们虽没有酶活性，但可通过分子间的相互作用被激活或激活下游分子，这些信号转导分子主要包括G蛋白、衔接蛋白和支架蛋白。

（一）第二信使

1957年Earl W.Sutherland开创性地提出了信号转导的跨膜传递学说，第二信使分子在胞外信号向胞内传递的过程中发挥了重要的替代作用。首先胞外信号分子与靶细胞膜上的受体蛋白结合，激活受体周围的效应蛋白，然后在细胞质内产生能模拟第一信使发挥作用的小分子，即第二信使。第二信使的浓度或分布在胞外信号的作用下发生迅速改变；阻断该分子的变化可阻断细胞对胞外信号的反应；不同的第二信使可激活不同的靶蛋白（表16-2）。

表16-2　细胞内常见的第二信使

与第二信使产生相关的酶	第二信使	第二信使激活的靶蛋白
腺苷酸环化酶	cAMP	蛋白激酶A
鸟苷酸环化酶	cGMP	蛋白激酶G
磷脂酶C	DAG	蛋白激酶C
磷脂酶C	IP_3	蛋白激酶C
磷脂酶C	Ca^{2+}	蛋白激酶C、钙调蛋白依赖的蛋白激酶

（二）主要信号转导蛋白

1. G蛋白　鸟苷酸结合蛋白（guanine nucleotide-binding protein，G蛋白）简称G蛋白，亦称GTP结合蛋白。分别结合GTP和GDP时，G蛋白处于活化状态和非活化状态。

G蛋白主要有两类，一类是存在于细胞质膜内侧与受体耦联的异源三聚体G蛋白。该类G蛋白中α亚基是主要的功能亚基，其功能主要体现在三个方面：一是具有鸟苷酸结合位点，可以结合GDP或GTP；二是具有GTP酶活性，可以水解GTP成GDP和Pi；三是和靶蛋白结合，并对其活性进行调控。

微课：G 蛋白循环

G 蛋白结合 GTP 后，转变为活化状态，能够与靶蛋白结合，并通过别构效应调节其活性；然后，α 亚基的 GTP 酶活性将结合的 GTP 水解为 GDP，G 蛋白回复到非活化状态，停止对其下游靶蛋白的调节作用，所以 G 蛋白对下游靶蛋白的活化是瞬间的。受体激活 G 蛋白，G 蛋白在有活性和无活性状态之间连续转换，称为 G 蛋白循环（G protein cycle）。

G 蛋白中 α 亚基具有多样性，不同的 α 亚基激活不同的效应分子。起抑制腺苷酸环化酶活性的为抑制型（α_i），起激活腺苷酸环化酶活性的为激活型（α_s），α_q 的效应酶是磷脂酶 C，与 IP_3 和 DAG 的生成相关，α_{12} 主要调节 Na^+ 通道及 H^+ 交换等。β 亚基和 γ 亚基紧密结合，调节 α 亚基的活性。

另外一类是低分子量 G 蛋白，是多种细胞信号转导通路中的转导分子。Ras 是第一个被发现的低分子量 G 蛋白，所以这类蛋白被称为 Ras 超家族。

2. 催化第二信使产生的酶类

(1) 腺苷酸环化酶（adenylate cyclase，AC）：是位于细胞膜上 G 蛋白的效应蛋白之一，被 Gs 蛋白活化后，催化 ATP 生成 cAMP。

(2) 鸟苷酸环化酶（guanylate cyclase，GC）：在细胞内有两种存在形式，一种结合于细胞膜上，另一种游离于细胞质内。GC 活化后，能以 GTP 为底物，催化生成 cGMP。

(3) 磷脂酶 C（phospholipase C，PLC）：催化磷脂酰肌醇 -4，5- 二磷酸（PIP_2）水解成 1，4，5- 三磷酸肌醇（IP_3）和甘油二酯（DAG）。

第二信使分子的生成见图 16-2。

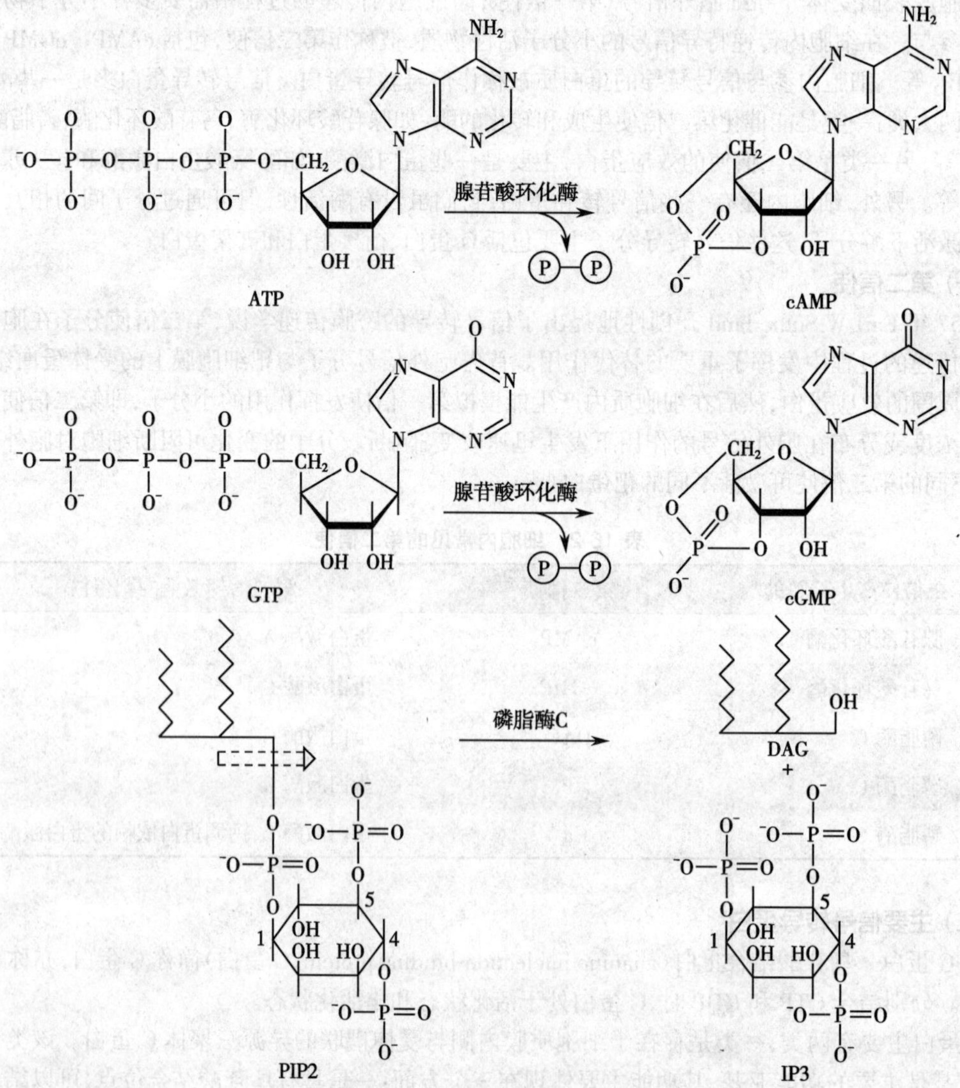

图 16-2 第二信使分子的生成

3. 丝/苏氨酸蛋白激酶

(1) 蛋白激酶 A(protein kinase A,PKA):是 cAMP 的靶分子,所以也叫 cAMP 依赖性蛋白激酶。

(2) 钙调蛋白依赖的蛋白激酶(CaMK):其活性受钙调蛋白(calmodulin,CaM)的调控,而 CaM 的活性又依赖于 Ca^{2+} 的结合。

(3) 蛋白激酶 C(protein kinase C,PKC):可分为三种亚型,第一种亚型需结合 Ca^{2+}、DAG 和磷脂酰丝氨酸各 1 分子后而活化;第二种亚型仅需 DAG 和磷脂酰丝氨酸就可活化;第三种亚型则需 IP_3 和磷脂酰丝氨酸来共同活化。

(4) 蛋白激酶 G(protein kinase G,PKG):其活性受 cGMP 的调节,所以又称为 cGMP 依赖性蛋白激酶。

(5) 蛋白激酶 B(protein kinase B,PKB):受 IP_3 的激活,因与反转录病毒癌基因 v-akt 编码的蛋白 Akt 同源,所以又被称为 Akt。

四、细胞信号转导基本途径

(一) G 蛋白耦联受体介导的细胞信号途径

G 蛋白耦联受体所介导的细胞信号通路有多条,他们之间存在共同的反应模式:信号分子→膜受体→G 蛋白构象改变→效应酶活化(AC、GC、PLC 等)→第二信使含量或分布发生改变(cAMP、cGMP、IP_3/DAG)→蛋白激酶、蛋白磷酸酶或离子通道→引起较快的生物学效应,或者是迟发而持久的基因表达(图 16-3)。肽类激素的受体如肾上腺素、胰高血糖素等均通过此通路进行信号传递。目前,该途径研究较为清楚的有以下三条通路:

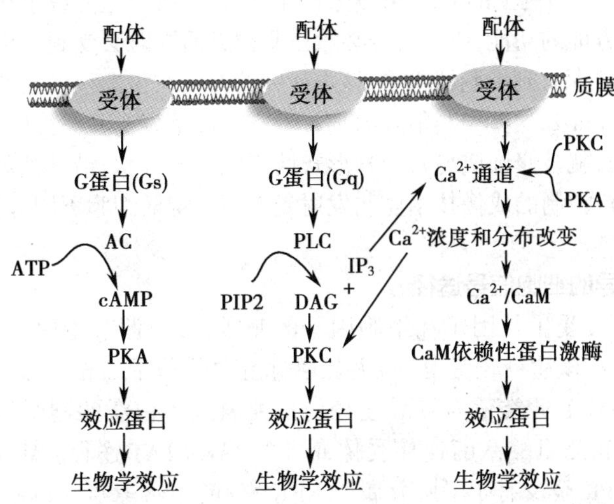

图 16-3　不同 G 蛋白耦联受体介导的细胞信号通路

1. cAMP-PKA 途径　该途径以靶细胞内 cAMP 浓度改变和 PKA 激活为主要特征。肾上腺素、促肾上腺皮质激素、胰高血糖、前列腺素 PGE_1 和腺苷等可激活此通路,PKA 活化后,引发多种生物学效应。

(1) 调节代谢:PKA 可通过磷酸化作用影响多种关键酶的活性,对不同的代谢途径发挥调节作用,如激活磷酸化酶 b 激酶、激素敏感性脂肪酶、丙酮酸激酶和果糖二磷酸酶、胆固醇酯酶等,促进糖原、脂肪、胆固醇的分解代谢,可应对细胞对能量的急需;抑制乙酰 CoA 羧化酶、糖原合酶,抑制脂肪和糖原的合成。

(2) 调节基因表达:PKA 还可以直接进入细胞核内,催化反式作用因子——cAMP 应答元件结合蛋白(CREB)磷酸化。CREB 磷酸化后,形成二聚体,与基因转录调控区 cAMP 应答元件(DNA 序列为 TGACGTA)结合,激活基因的表达。

(3) 调节细胞极性:PKA 亦可通过磷酸化作用激活离子通道,调节细胞膜电位。

2. IP_3/DAG-PKC 途径　血管紧张素Ⅱ、乙酰胆碱(M_1)、肾上腺素(α_1、α_2)、促胃泌激素释放肽、谷氨酸、

促性腺激素释放激素、组胺等与受体结合后所激活的G蛋白可激活PLC。PLC水解胞膜磷脂PIP_2,生成DAG和IP_3。DAG是亲脂性分子,分布在质膜上,而IP_3可在细胞质中扩散。IP_3结合于内质网表面的IP_3依赖的钙通道受体,使钙通道开放,导致内质网的钙离子外流,胞质内的钙离子浓度增高。钙离子协同质膜上的DAG、磷脂酰丝氨酸共同激活PKC。活化的PKC参与细胞分泌、肌肉收缩、细胞增殖和分化等生理功能的调节。

3. Ca^{2+}/CaMK通路 Ca^{2+}是一种重要的第二信使,通过与CaM结合,来调节CaMK的活性,CaMK的种类很多,包括肌球蛋白轻链激酶、磷酸化酶激酶、钙调蛋白依赖性激酶Ⅰ、Ⅱ、Ⅲ等。这些激酶激活后可在多种细胞活动中起作用,如肌肉收缩和运动、细胞分裂、分泌、细胞内吞、受精、突触传递和物质代谢等。

Ca^{2+}在体内的分布具有明显的区域性。静息状态下,胞质中游离Ca^{2+}的含量极少,仅为50~200nmol/L;约80%~90%的Ca^{2+}储存于细胞内钙库中[胞内钙库有内质网(ER)/肌浆网(SR)、高尔基体、线粒体、胞内体、溶酶体以及分泌小泡等];另外,细胞外液中[Ca^{2+}]也高达1.12~1.23mmol/L,是又一个容量极大并受严格调控的Ca^{2+}储备库。应激的细胞中,[Ca^{2+}]能够迅速升高到每升微摩尔级。引起细胞质游离Ca^{2+}信号产生的反应有两种:一是细胞质膜钙通道开放,引起钙内流,如神经递质诱导烟碱型乙酰胆碱受体通道(nAchR)开启,钙离子迅速从胞外进入胞内;二是细胞内钙库膜上的钙通道开放,引起钙释放,如IP_3诱导内质网膜上的IP_3依赖的钙通道释放Ca^{2+}。

细胞为了迎接新的或重复性的刺激,必须在启动生物应答之后迅速回到初始状态,细胞有多种方式可以终止或移除胞质内游离Ca^{2+}信号。细胞内Ca^{2+}缓冲物对于调控Ca^{2+}信号和细胞Ca^{2+}稳态平衡很重要,当胞质中局部Ca^{2+}浓度升高后,可被胞质中的Ca^{2+}缓冲物结合,使其不能任意扩散。另外,Ca^{2+}移除也依赖于质膜和内质网上的Ca^{2+}泵,它们可以将Ca^{2+}排出胞外或重新进入胞内钙库。

由于钙离子涉及多方面的功能,Ca^{2+}信号必然是非常灵活同时又受到严格的调控的。近年来,胞内Ca^{2+}调控系统的研究已深入到细胞器水平,该类研究的开展在很大程度上借助于Ca^{2+}荧光染料,如最新合成的荧光化合物fura-2,这些染料能在游离钙存在情况下发光。它能够以自由扩散方式进入细胞内,并且一旦进入细胞,就被修饰成另外一种形式而不能离开细胞,借助其荧光发射谱,科研人员可通过激光共聚焦和计算机控制的成像技术监测发射光谱而确定活细胞不同部位的游离钙离子浓度的变化。

(二)酶耦联受体介导的细胞信号途径

酶耦联受体主要是接受生长因子和细胞因子的刺激,参与调节蛋白质的功能和表达水平,进而调节细胞增殖和分化。该途径较为复杂,主要通过蛋白质分子的相互作用和蛋白激酶的广泛参与进行信号的转导与传递。此类信号转导途径包括酪氨酸蛋白激酶型受体介导的丝裂原激活的蛋白激酶(MAPK)途径和酪氨酸激酶连接受体介导的JAK-STAT途径。MAPK途径主要特点是具有MAPK级联反应,MAPK至少有12种,分属于ERK家族、p38家族、JNK家族,目前较为清楚的是ERK信号途径。其基本的级联反应包括:信号分子→受体型酪氨酸激酶→SOS→Ras→ERK→MAPKKK→MAPKK→MAPK→入核→磷酸化活化多种效应蛋白→生物学效应。Ras途径是多种生长因子(包括EGF、PDGF、神经生长因子等)实现其功能所共有的信号通路,在信号转导网络中占有重要位置(图16-4)。JAK-STAT途径是由酪氨酸激酶连接受体介导的信号通路,JAK具有酪氨酸激酶活性,其反应模式如下:胞外信号→受体→受体二聚化并与JAK结合→JAK自磷酸化而激活→磷酸化STAT→入核→调控特定基因表达。该途径受多种细胞因子的激活,如白细胞介素、干扰素、集落刺激因子等(图16-5)。

五、细胞信号转导的特点和规律

任何单个细胞表面或内部都存在许多不同的受体,这些受体可通过结合专一的配体产生独特的信号转导,但各信号转导途径之间并不是孤立的,不同的途径之间会存在交会(cross-talk),使得信号转导呈现出复杂性和网络化的特点,同时也有一些基本规律:

1. 信号传递和终止快速且涉及双向反应 细胞会快速应对外源刺激以满足细胞调节功能的需要,同时也会及时终止以保证细胞回到原有状态。信号传递和终止实际上就是信号转导分子的数量、

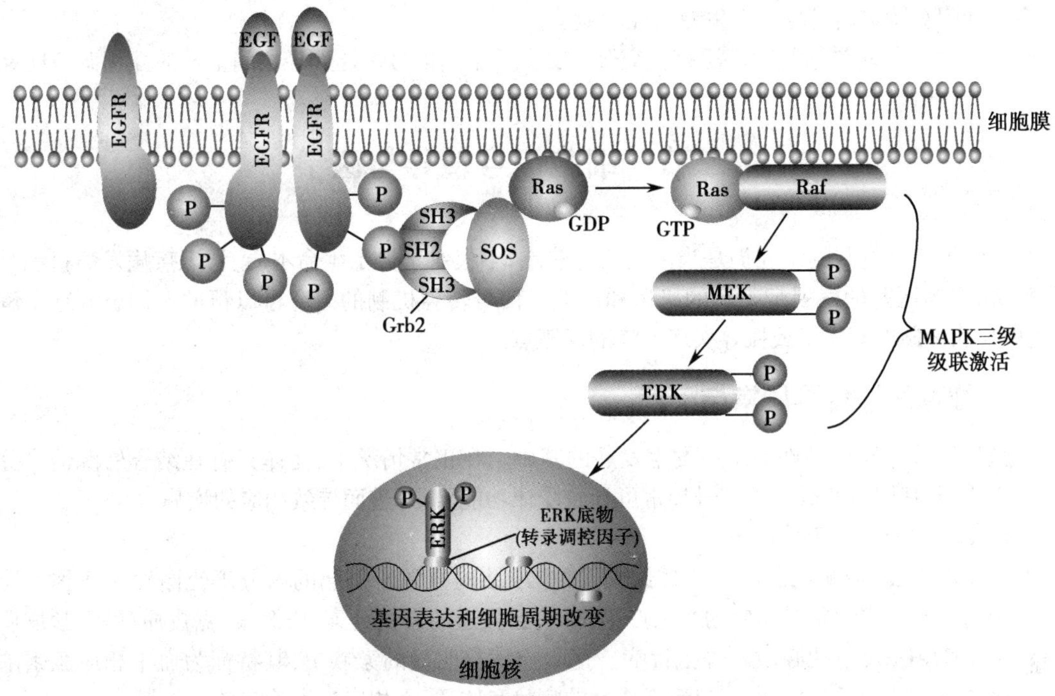

图 16-4　EGF 受体介导的信号转导过程

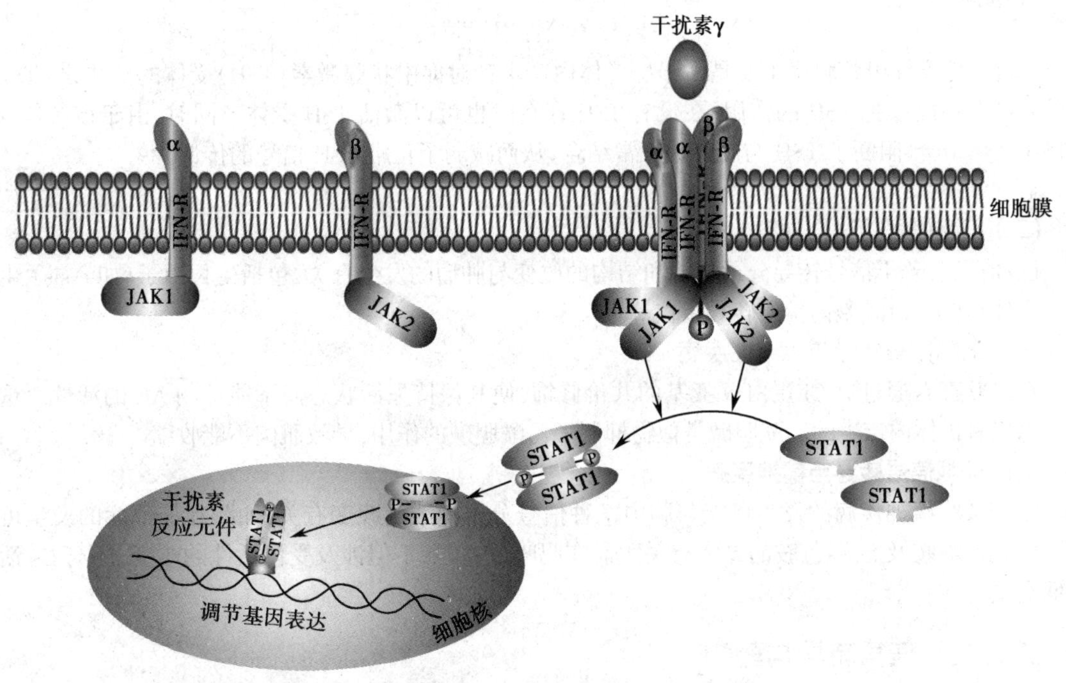

图 16-5　JAK-STAT 信号转导通路

分布、活性转换的双向反应。

2. 信号转导过程往往是级联反应　信号转导的过程常常是许多酶的级联催化反应，通过级联催化引起信号的级联放大，以保证细胞对反应的敏感性。

3. 细胞信号转导通路既有通用性又有专一性　不是每一个细胞受体都有专用的信号转导分子和通路，不同的受体往往可以共用一些信号转导分子或通路，也就是说细胞信号转导系统具有一定的通用性，这种通用性使得有限的信号转导分子可以满足多种受体信号转导的需要。另一方面，不同的受体和信号转导分子可以形成多种配体 - 受体 - 信号转导通路 - 效应蛋白的不同组合，而一种特定的组

合决定了细胞对特定信号分子产生专一性的应答。

4. 不同的信号转导途径间广泛存在交会　交会是不同信号传递途径之间呈现的互相调控现象。

第二节　细胞信号转导与医学

细胞信号转导机制的研究仍是当前的研究热点，不仅对于揭示生命本质、认识疾病发病机制具有重要意义，也为医药的发展带来新的机遇和挑战。信号转导机制的研究可以帮助人们更好地了解病因，发展疾病诊断的新技术或探寻疾病治疗的新靶点。

一、细胞信号转导异常与疾病

细胞信号转导异常是许多疾病发生发展的基础。在正常情况下，受体只有在结合外源信号分子后才能激活，但基因突变或外源信号异常可导致受体功能异常，进而导致相应的疾病。

(一) 细胞信号转导与受体病

由于基因突变，使靶细胞激素受体缺失、减少或结构异常所引起的内分泌代谢性疾病称为受体病。这种病常导致靶细胞对相应的激素产生抵抗，已报道的有胰岛素、雄激素、糖皮质激素、盐皮质激素、1,25-$(OH)_2$-D_3及甲状腺激素等抵抗症。这类疾病有明显的家族史，其特征为血中相应激素浓度正常或增高，但临床上却表现出相应激素缺乏的症状和体征，用相应激素治疗效果不佳。

自身免疫性甲状腺病

自身免疫性甲状腺病主要是由于患者体内产生针对促甲状腺激素(TSH)受体的抗体，与TSH受体结合后能模拟TSH的作用，在没有TSH存在时也可以激活TSH受体。同时，由于该抗体与TSH受体结合，阻断了TSH与受体的正常结合，从而减弱了正常TSH信号的传递。

(二) 细胞信号转导与肿瘤

已经证实，若干信号转导分子功能和结构的改变与肿瘤的发生有关，包括生长因子(如c-sis)、生长因子受体(如EGFR)、胞内信号转导蛋白等。

(三) 细胞信号转导与感染性疾病

百日咳毒素通过对Gi蛋白α亚基的共价修饰，使其保持失活状态而不能抑制AC的活性。重症肌无力患者机体内产生的乙酰胆碱类似物抑制了乙酰胆碱的作用，导致肌肉不能收缩。

(四) 细胞信号转导与精神疾病

已知某些精神疾病的发生可能与脑中某种信号分子的浓度改变有关，如躁狂抑郁症的发生可能与脑中儿茶酚胺及5-羟色胺的异常有关。而在吗啡成瘾时，不但涉及受体活性的改变，还与Gs活性降低有关。

二、细胞信号转导与药物

(一) 信号转导分子是许多药物的重要作用靶点

对各种疾病过程中的信号转导机制异常的认识，为疾病的诊断和治疗提供了越来越多的新思路。信号转导分子结构与功能的改变为新药的筛选和开发提供了靶点，由此产生了“信号转导药物”。信号转导分子的激动剂和抑制剂是研制信号转导药物出发点，尤其是各种蛋白激酶的抑制剂更是被广泛用于新药的研究。

(二) 许多药物可通过阻断受体的作用来治疗疾病

这类药物包括乙酰胆碱、肾上腺素、组胺H_2受体的阻断药等。而有些药物则是通过影响胞内第二信使的浓度来治疗疾病，如氨茶碱、咖啡碱等能抑制胞内cAMP-磷酸二酯酶的活性，提高cAMP含量，引起平滑肌松弛来发挥平喘作用。

本章小结

细胞信号转导是细胞通过受体识别信号分子，感受胞外环境变化，并将这些变化信息通过一系列生物反应进行传递，引起细胞应答的过程。

信号转导相关分子包括胞外信号分子、受体、胞内信号转导分子、效应分子。受体分为胞内受体和膜表面受体两大类，膜受体又有离子通道型受体、G 蛋白耦联受体和酶耦联受体三类。受体的功能就是识别并结合配体，从而将信号导入细胞。配体与受体结合可通过改变胞内信号分子的数量、结构、分布或信号分子的相互作用来传递信号。各种信号转导分子的特定组合及有序相互作用，构成了不同的信号转导通路。

信号转导具有传递和终止快速、过程存在级联放大效应、信号转导通路具有通用性和特异性、各通路相互交会的基本规律。

受体或信号转导分子数量、结构改变或过程的异常可导致疾病的发生、发展。

案例讨论

患者，男性，28 岁，因严重腹泻伴随呕吐来院就诊。约 25 小时前突然出现腹泻，呈白色米泔样便，约 1 小时大便 1 次，粪便无脓血，无明显腹痛、无腰痛；伴随喷射状呕吐，呕吐物由最初的胃内容物转变为白色水样，无恶心、发热症状。体格检查：眼窝深陷，皮肤无光泽，唇舌干燥，四肢冰凉，反应迟钝。体温 35℃，血压 84/49mmHg，心跳 112 次 /min；其余未见异常。实验室检查：血常规 WBC 13.5×10^9/L(中性粒细胞 0.84，淋巴细胞 0.15)。Na^+ 114.0mmol/L，K^+ 3.1mmol/L，Cl^- 90.5mmol/L。诊断：结合其他检查，确诊为霍乱，由霍乱弧菌引起。

案例分析

试利用细胞信号转导的知识解释霍乱的发病机制。

（吕士杰）

思考题

1. 简述信号转导系统的组分及作用。
2. 简述细胞信号转导系统中胞外信号分子和受体的分类。
3. 结合糖代谢知识试述胰岛素影响肝细胞糖原代谢的信号转导过程。

扫一扫，测一测

第十七章 血液与肝的生物化学

学习目标

1. 掌握：血液的基本化学组成、基本功能；血浆蛋白的基本功能；生物转化作用的概念、意义；胆红素的概念和代谢。

2. 熟悉：肝在物质代谢和维生素、激素代谢中的主要作用特点；生物转化作用的基本类型、影响生物转化作用的因素；胆汁酸的代谢。

3. 了解：血红蛋白的生成；胆色素代谢与黄疸的鉴别。

4. 运用血液基本组成和血浆蛋白的组成、功能以及肝在物质代谢及分泌、排泄和生物转化等的功能进行实际应用，并依此解释生活现象和临床实际。

5. 培养学生具有诚实守信、严谨认真的工作态度，珍爱生命、无私奉献的职业道德和职业素养。

第一节 血液的组成与功能

一、血液的化学组成及基本功能

（一）血液的含量与化学组成

正常情况下，成年人体内血液约占其体重的 8%，一个 60 千克体重的人，约含有血液 4800ml，而真正参与循环的血量只占全身血液的 3/4 左右，其余血量则贮存在肝、脾等“人体血库”内。血液成分由血浆和血细胞两大部分组成。血浆的主要成分有水、蛋白质、有机物和无机盐；血细胞包括红细胞、白细胞和血小板（表 17-1）。血液凝固后析出的淡黄色透明液体称作血清（serum）。凝血过程中血浆中的纤维蛋白原转变成纤维蛋白析出，故血清中无纤维蛋白原。

表 17-1 正常人血液的主要化学成分

种类	主要化学成分
水和无机盐	正常人血液含水 77%~81%。无机物主要以电解质为主，重要的阳离子有 Na^+、K^+、Ca^{2+}、Mg^{2+} 等；重要的阴离子有 CL^-、HCO_3^-、HPO_4^{2-} 等。
血浆蛋白质	种类繁多，人血浆内蛋白质总浓度大约为 70~75g/L。既有单纯蛋白质又有结合蛋白，如酶、运输蛋白、免疫球蛋白等。
非蛋白含氮化合物	包括尿素、尿酸、肌酸、肌酸酐、氨和胆红素等。

（二）血液的功能

1. 物质运输　人体代谢所需要的氧气以及由消化道吸收的营养物质通过血液运输到达全身各组织，同时组织代谢产生的CO_2与代谢产生的废物也要由血液运输到肺、肾等处排泄，从而保证机体正常代谢的进行。此外，机体合成的一些蛋白质如激素、蛋白因子等依靠血液输送到达相应的靶器官，使其发挥一定的生理作用。

拓展阅读：低白蛋白血症

2. 维持机体内环境稳定　机体持续不断的血液循环及其与各部分体液之间进行相互物质交换，对维持体内水和电解质的平衡、酸碱平衡及体温的恒定等都起重要的调节作用。

3. 机体防御　血液中的免疫球蛋白和白细胞能抵御外来的细菌和毒素等微生物及体内衰老、死亡的组织细胞对机体的侵害。

二、血浆蛋白的分类与功能

血浆蛋白是血浆中所有蛋白质的总称，人体内血浆蛋白的浓度为70~75g/L，是血浆主要的固体成分。血浆蛋白目前已发现200多种，包括单纯蛋白质和结合蛋白质。不同种类的血浆蛋白含量相差很大，多者可达每升数十克，少的仅为毫克水平。

（一）血浆蛋白的分类

血浆蛋白可通过盐析法和电泳法进行分类。用盐析法可将血浆蛋白分为清蛋白、球蛋白和纤维蛋白原（fibrinogen）三类。用电泳法可将血清蛋白分为五种，依据电泳速度由快到慢依次为清蛋白（albumin）、α_1球蛋白（α_1-globulin）、α_2球蛋白、β球蛋白、γ球蛋白（图17-1）。通过对电泳区带扫描技术可计算出每一类蛋白的相对含量。正常人各种血浆蛋白的相对含量为清蛋白57%~68%、α_1球蛋白0.8%~5.7%、α_2球蛋白4.9%~11.2%、β球蛋白7.0%~13%、γ球蛋白9.8%~18.2%。根据每一种血浆蛋白含量的变化，可提示机体可能出现的病变情况。如肝疾病时，血清清蛋白减少而γ球蛋白增加；肾病综合征时，由于肾重吸收功能下降，大量清蛋白从尿液排出而使血清中清蛋白明显下降，α_2及β球蛋白升高，γ球蛋白正常或减少；低γ球蛋白血症或无γ球蛋白血症时，血清γ球蛋白极度下降。

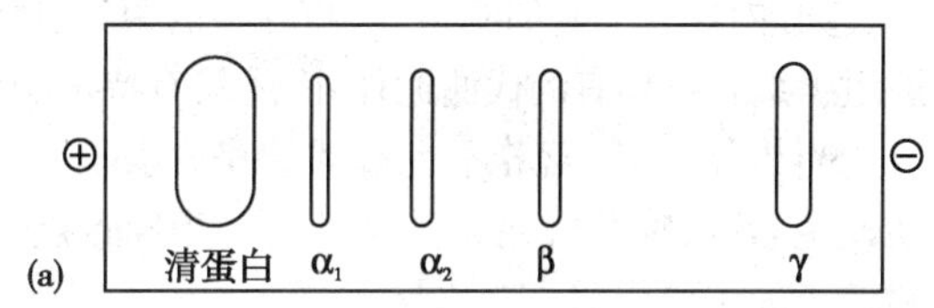

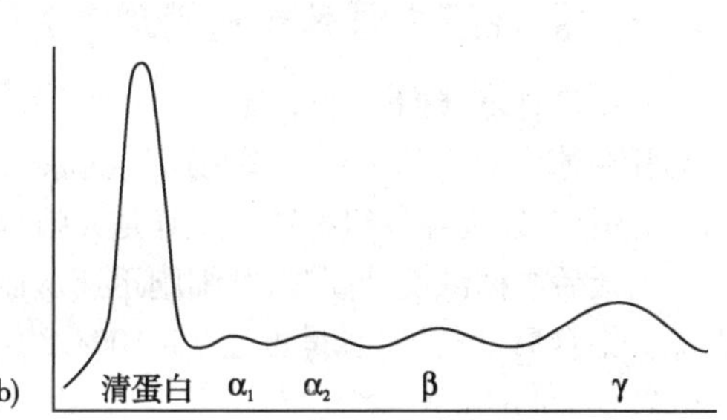

图17-1　血清蛋白醋酸纤维素膜电泳图谱

图片：正常和某些疾病血清蛋白醋酸纤维素膜电泳图谱

（二）血浆蛋白的主要功能

血浆蛋白种类众多，不同蛋白质功能不一，其重要功能可归纳如下：

1. 营养供能　正常成人血浆中约含有200g蛋白质，主要起着贮备营养的作用。血浆蛋白质可以分解为氨基酸，随时可供其他细胞合成新的蛋白质或其他含氮化合物。此外，蛋白质还可以分解供能。

2. 维持血浆胶体渗透压　当血浆蛋白浓度尤其是清蛋白浓度过低时，血浆胶体渗透压下降，导致水分在组织间隙潴留，可导致水肿。

3. 维持血浆正常pH　正常血浆的pH为7.35~7.45，血浆蛋白可组成缓冲体系，在维持机体酸碱平衡中发挥重要作用。

4. 运输作用　血浆中有一些不溶或难溶于水的物质如胆红素、药物等，以及一些易被细胞摄取或易随尿液排出的物质，这些物质常与一些载体蛋白结合，以利于它们在血液中运输和代谢调节。主要的运输类蛋白有血浆脂蛋白、清蛋白、转铁蛋白、视黄醇结合蛋白等。

5. 催化作用　血浆中有许多种酶，按其来源可将分为三类：血浆功能性酶，如脂蛋白脂肪酶、纤溶酶等；外分泌酶，如淀粉酶；细胞酶，如丙氨酸氨基转移酶。其中，血浆功能性酶是真正在血浆中起催化作用的酶。

6. 凝血、抗凝和纤维蛋白溶解作用　血浆中蛋白类的凝血因子有凝血因子Ⅰ、Ⅱ、Ⅴ、Ⅶ、Ⅷ、Ⅸ、

1703

表格：血浆蛋白质的种类、生成部位及功能

Ⅹ、Ⅺ、Ⅻ；纤溶系统类蛋白质，包括纤溶酶原、纤溶酶、纤溶酶激活剂及抑制剂等。凝血因子经一定条件被激活后，可促使纤维蛋白原转变为纤维蛋白，促使血细胞形成凝块，防止出血。血浆中的纤溶酶原在纤溶激活剂的作用下转变为纤溶酶，使纤维蛋白溶解，以保证血流通畅。

7. 免疫作用　血浆中具有免疫作用的蛋白质是免疫球蛋白，主要包括 IgG、IgA、IgD、IgE、IgM 和补体 C_1q、C_1r、C_1s、C_2、C_3、C_4、C_5、C_6、C_7、C_8、C_9、B 因子、D 因子、备解素等。免疫球蛋白与补体在机体发挥免疫机制中密切相关。

第二节　肝在物质代谢中的作用

肝在人体生命活动中占有十分重要的位置，不仅是物质代谢的中枢，同时还具有分泌、排泄、解毒和对非营养性物质和药物进行代谢转化的功能。肝的功能之所以如此复杂多样，是由于其本身所独有的形态结构和化学组成特点所决定的：①肝具有肝动脉和门静脉双重血供；②肝具有肝静脉和胆道两条输出通道；③肝具有丰富的血窦，血液在此流速缓慢，以便于肝细胞与血液进行充分的物质交换；④肝细胞具有丰富的亚微结构，如线粒体、内质网、微粒体及溶酶体等，以保证肝内各种代谢的区域化分布；⑤肝内含有丰富的酶系，已知肝中的酶类有数百种以上，有些酶还为肝所特有，使得肝细胞除了有一般组织细胞所具有的代谢途径外，还具有特殊的代谢途径。因此，曾有人称肝是人体内的“化工厂”。

当机体缺氧、营养不良或遇感染、病毒、毒物侵袭时，肝细胞首先损伤，从而影响正常的物质代谢而发生紊乱，物质代谢紊乱又可进一步导致疾病的进展。因此，肝的结构与功能的完整是维系人类生命健康的主要保障。

一、肝在三大营养物质代谢中的作用

（一）肝在糖代谢中的作用

肝在糖代谢中的主要作用是通过糖原合成、分解和糖异生作用维持机体在不同状态下血糖浓度的相对恒定，以确保各组织器官尤其是大脑、神经组织和红细胞的能量供应。

当饭后血糖浓度升高时，肝细胞迅速从血中摄取血糖合成糖原而贮存。每千克肝组织可贮存 65g 糖原。饱食后，肝糖原总量可达 75~100g，约占肝重的 5%。这是饭后血糖的主要去路；过多的糖还可在肝转变为脂肪。

当空腹血糖水平下降时，肝细胞利用自身所特有的葡萄糖 -6- 磷酸酶将肝糖原分解生成葡萄糖入血，以维持血糖浓度恒定。

当机体长时间空腹（餐后 12 小时以上肝糖原几乎耗尽）时，肝细胞还可以将一些非糖物质转化为葡萄糖释放入血，以维持血糖水平的相对恒定。在剧烈运动和长期饥饿时尤为显著；同时，肝还能将果糖及半乳糖转化为葡萄糖，是血糖的另一个补充来源。

由此可见，肝是维持血糖浓度恒定的最主要器官。当肝细胞严重损伤时，由于肝糖原合成、分解及糖异生作用受阻，致使血糖不能维持正常恒定；进食或输入葡萄糖后，常常发生一时性的高血糖，甚至糖尿；空腹或饥饿时，易发生低血糖，甚至休克。

此外，肝细胞磷酸戊糖途径也很活跃，可为体内生物转化提供足够的 NADPH。

（二）肝在脂类代谢的作用

肝细胞分泌的胆汁酸是脂类物质及脂溶性维生素的消化、吸收所必需。肝细胞受损和胆道阻塞时，肝合成、分泌胆汁酸盐功能下降，可导致脂类食物消化吸收障碍，出现食欲下降、厌食油腻及脂肪泻等症状。

1. 肝是氧化分解脂肪酸的主要器官　肝从血液中摄取脂肪酸的速度与其血液的浓度成正比。饥饿时，肝中脂肪酸的 β- 氧化能力增强。

2. 肝是人体内生成酮体的唯一器官　酮体是肝向肝外组织输出脂类能源的一种形式。饥饿时，酮体可占大脑能量供应的 60%~70%。

3. 肝在胆固醇代谢中起中心作用　①肝是人体合成胆固醇最旺盛的器官，其合成的胆固醇占全

身合成胆固醇总量的3/4以上，是血浆胆固醇的主要来源；②肝生成的胆汁酸是胆固醇转化降解的主要途径；③肝还可以合成并分泌卵磷脂胆固醇脂酰转移酶，后者在血浆中将胆固醇酯化为胆固醇酯以利运输。当肝严重损伤时，不仅胆固醇合成减少，血浆胆固醇酯的降低往往出现更早和更明显。因此，测定血清胆固醇酯可作为临床上判断肝功能损伤程度的指标之一。

此外，肝对消化吸收来的脂肪酸及自身合成的脂肪酸能进行饱和度及碳链长度的改造和加工，以适应机体对脂肪酸的需要。肝也是合成甘油磷脂、VLDL、HDL以及LDL降解的主要器官。磷脂合成障碍可影响VLDL的合成和分泌，造成脂肪在肝内堆积而形成脂肪肝。

（三）肝在蛋白质代谢中的作用

1. 肝是合成和分泌血浆蛋白的主要器官　除γ-球蛋白外，几乎所有的血浆蛋白质均来自肝，包括全部的清蛋白、部分球蛋白、凝血酶原、纤维蛋白原及载脂蛋白（apoA、apoB、apoC、apoE）等。通过这些蛋白质的作用，肝在维持血浆胶体渗透压、凝血、血压恒定和物质代谢等方面起着重要作用，还合成多种血浆蛋白（表17-2）。

表17-2　肝分泌的主要蛋白质及作用

名称	主要功能	结合性质
清蛋白	转运和结合蛋白 调节渗透压	激素、氨基酸、类固醇 维生素、脂肪酸、胆红素等
α_1酸性糖蛋白	参与炎症反应	未定
α_1抗胰蛋白酶	胰蛋白酶和蛋白酶抑制剂	蛋白酶
α甲胎蛋白	调节渗透压 转运和结合蛋白	在胎儿血中存在 激素、氨基酸
α_2巨球蛋白	蛋白酶抑制剂	与蛋白酶1∶1结合
抗凝血酶Ⅲ	内原性凝血系统的蛋白酶抑制剂	与蛋白酶1∶1结合
血浆铜蓝蛋白	转运铜	6原子铜/分子
C反应蛋白	参与炎症反应	补体C1q
纤维蛋白原	纤维蛋白的前体	
结合珠蛋白	结合和转运血红蛋白	与血红蛋白1∶1结合
血液结合素	与卟啉或血红素结合	与血红素1∶1结合
运铁蛋白	转运铁	2原子铁/分子
载脂蛋白B	装配脂蛋白颗粒	脂质
血管紧张素原	血管紧张素Ⅱ前体	
凝血因子Ⅱ、Ⅶ、Ⅸ、Ⅹ	血液凝固	
胰岛素样生长因子	调节生长激素的合成	IGF-受体
类固醇激素结合球蛋白	转运和结合蛋白	皮质醇
甲状腺素结合球蛋白	转运和结合蛋白	T_3、T_4

拓展阅读：清蛋白-球蛋白比值

肝功能严重障碍时，肝合成蛋白质的能力下降，临床上常出现营养不良、水肿、凝血时间延长等多种疾病。

2. 肝是清除和降解血浆蛋白的主要器官　肝细胞表面存在一种叫做肝糖结合蛋白的受体，能特异性识别某些血浆蛋白（如铜蓝蛋白、α_1抗胰蛋白酶等），经胞饮作用将其吞入细胞，被溶酶体降解释出氨基酸。

3. 肝是合成尿素、解除氨毒的重要器官　无论是氨基酸代谢产生的氨，还是肠道吸收的氨，均在肝经鸟氨酸循环合成尿素。这是体内处理氨毒的主要方式。当肝功严重受损时，血氨必然升高，大量氨进入脑组织，影响脑组织的正常代谢而诱发肝性脑病。

此外，肠道细菌腐败作用产生的胺类等有毒物质，被吸收入血后主要在肝细胞中进行转化以减少其毒性。

二、肝在激素、维生素代谢中的作用

(一) 肝在维生素代谢中的作用

肝在维生素贮存、吸收、运输、转变及利用等方面均具有重要作用。肝是含维生素 A、K、B_1、B_2、B_6、B_{12}、泛酸和叶酸较多的器官。肝中维生素 A 的储量占体内总量的 95% 以上。肝合成和分泌的胆汁酸盐能协助脂溶性维生素 A、D、E、K 的吸收，故肝胆系统疾患时常伴有脂溶性维生素的吸收障碍而出现脂溶性维生素缺乏症。肝还直接参与多种维生素的代谢转化。如将维生素 D_3 转变为 25-羟化维生素 D_3；将很多 B 族维生素转化为相应辅酶或辅基，如 TPP、FMN 和 FAD、NAD^+ 和 $NDAP^+$、HSCoA 等。

拓展阅读：肝掌与蜘蛛痣

(二) 肝在激素代谢中的作用

许多激素在发挥其作用后，主要在肝内被分解转化、降解或失去其生物活性，此过程称为激素的灭活。灭活过程对于激素作用的时间及强度具有调控作用。灭活后的产物大部分随尿排出。一些类固醇激素(如雌激素、醛固酮等)可在肝内与葡糖醛酸或活性硫酸等结合，失去活性；许多多肽类激素也主要在肝内灭活，如胰岛素、甲状腺素和抗利尿激素等。严重肝病时，由于激素灭活障碍，雌激素、醛固酮、抗利尿激素等在体内水平升高、作用增强，而导致男性乳房发育、肝掌、蜘蛛痣及水钠潴留等现象的发生；胰岛素升高还可引起低血糖。

案例分析：肝硬化

第三节　肝的生物转化作用

一、生物转化的概念与意义

人体在物质代谢过程中产生或由外界摄入的某些物质，既不能作为构成组织细胞的原料，又不能氧化供能，故将这些物质称为非营养物质。机体在排出这些非营养物质之前，需要对它们进行代谢转变，提高其水溶性，增加其极性，使其易随胆汁或尿液排出，这一过程称为生物转化(biotransformation)。肝、肾、肠、肺、皮肤及胎盘等组织都存在有生物转化的酶系，但肝是生物转化最重要的器官。

非营养物质的来源有：①内源性：系体内物质代谢的产物或代谢中间物，如各种生物活性物质(如激素、神经递质等)及有毒的代谢产物(如氨、胆红素等)。②外源性：系日常生活中不可避免的由外界进入体内的各种物质，如药物、毒物、色素、食品添加剂、环境污染物等。

一般而言，非营养物质都具有脂溶性。有些非营养物质还有一定的生物学效应和潜在的毒性，长期蓄积对人体有害，所以机体必须及时将它们清除，才能保证各种生理活动的正常进行。生物转化作用的意义就在于：一方面使大部分非营养物质的生物学活性降低或丧失，从而达到解毒的作用；另一方面使非营养物质极性增强，易随尿或胆汁排出。但有些非营养物质经肝生物转化后，其毒性反而增强。因此，生物转化具有解毒与致毒的双重性。

生物转化作用不等同于解毒作用

生物转化可使大多数非营养物质生物学活性降低或丧失(灭活)，或者使有毒物质的毒性减低或消除。但是有些物质经过肝生物转化后，虽溶解性增强，但其毒性也增强；有的溶解性下降，不易排出体外。因此，生物转化作用不等同于解毒作用。例如，烟草中含有一种多环芳烃类化合物苯并(a)芘，其本身没有直接致癌作用，但经过生物转化后反而成为直接致癌物。

二、生物转化的反应类型

笔记

生物转化的反应类型可概括为两相反应。第一相反应主要包括氧化、还原和水解反应；第二相反

图片：生物转化反应类型

应为结合反应。

（一）第一相反应

1. 氧化反应　氧化反应是生物体内最常见的生物转化反应，参与的氧化酶主要有加单氧酶系、胺氧化酶系及脱氢酶系等。

(1) 加单氧酶系：该酶系存在于肝细胞微粒体中，是氧化酶中最重要的酶类，可催化多种化合物羟化，是目前已知底物最广泛的生物转化酶类。该酶系反应的特点是直接激活分子氧，使其中一个氧原子加在脂溶性底物分子中形成羟基化合物；另一个氧原子被 NADPH 还原成水分子。由于一个氧分子发挥了两种功能，故又称混合功能氧化酶。其反应通式概括如下：

$$\underset{\text{底物}}{RH} + O_2 + NADPH + H^+ \xrightarrow{\text{加单氧酶}} \underset{\text{氧化产物}}{ROH} + NADP^+ + H_2O$$

由于此酶特异性低，可催化烷烃、烯烃、芳烃、类固醇、氨基氮等多种物质进行不同类型的氧化反应，最常见的是羟化反应。此种羟化反应不仅增加药物或毒物的极性，使其水溶性增加，易于排泄，而且还参与多种物质的羟化反应，如维生素 D 的羟化、类固醇激素和胆汁酸的合成过程中的羟化反应。

需指出的是，有一些本来无活性的物质经加单氧酶系氧化后却转化成了有毒或致癌物质。如黄曲霉素 B_1 本身并无活性，但经加单氧酶作用后生成的黄曲霉素 2,3 环氧化物则是强致癌物质，它在体内产生后主要与 DNA 分子中的鸟嘌呤结合，引起 DNA 突变，成为原发性肝癌发生的重要危险因素之一。

(2) 单胺氧化酶系：单胺氧化酶（monoamine oxidase，MAO）存在于肝的线粒体中，是一种黄素蛋白。此酶可催化胺类物质氧化脱氨基生成相应的醛，后者再进一步氧化为酸。从肠道吸收的腐败产物如组胺、尸胺、酪胺和体内许多活性物质如 5- 羟色胺、儿茶酚胺类等均可在此酶催化下氧化为醛和氨，其反应式如下：

$$\underset{\text{胺}}{RCH_2NH_2} + O_2 + H_2O \xrightarrow{\text{单胺氧化酶}} \underset{\text{醛}}{RCHO} + NH_3 + H_2O_2$$

(3) 脱氢酶系：醇脱氢酶（alcohol dehydrogenase，ADH）和醛脱氢酶（aldehyde dehydrogenase，ALDH）分别存在于肝细胞的胞液及微粒体中。两者均以 NAD^+ 为辅酶，分别催化醇或醛氧化为醛和酸。如乙醇进入体内后，主要在肝的醇脱氢酶催化下氧化为乙醛，乙醛再经醛脱氢酶催化生成乙酸，最终生成 CO_2 和 H_2O。乙醇在肝内的氧化使肝细胞液 $NADH/NAD^+$ 比值升高，过多的 NADH 可将胞液中丙酮酸还原成乳酸。严重乙醇中毒导致乳酸和乙酸堆积，可引起酸中毒和电解质平衡紊乱并增加肝损伤的危险，还可使糖异生受阻引起低血糖。

拓展阅读：长期酗酒与肝损伤的关系

$$\underset{\text{醇}}{RCH_2OH} \xrightarrow[NAD^+ \rightarrow NADH+H^+]{\text{醇脱氢酶}} \underset{\text{醛}}{RCHO} \xrightarrow[NAD^+ \rightarrow NADH+H^+]{\text{醛脱氢酶}} \underset{\text{酸}}{RCOOH}$$

2. 还原反应　肝微粒体中存在的还原酶类主要有硝基还原酶（nitroreductase）和偶氮还原酶（azoreductase），反应时需要 NADPH 供氢，催化硝基化合物（工业试剂、杀虫剂、食品防腐剂）和偶氮化合物（食品色素、化妆品、药物、工业染料等）还原生成胺类，然后在单胺氧化酶的作用下生成相应的醛。例如，氯霉素被还原而失效。

$$\underset{\substack{\text{氯霉素}\\\text{（硝基苯）}}}{R\text{-}C_6H_4\text{-}NO_2} \xrightarrow[\text{脱氧}]{\text{硝基还原酶}} \underset{\text{亚硝基苯}}{R\text{-}C_6H_4\text{-}NO} \xrightarrow[\text{加氢}]{\text{亚硝基还原酶}} \underset{\substack{\text{氨基氯霉素}\\\text{（苯胺）}}}{R\text{-}C_6H_4\text{-}NH_2}$$

偶氮燃料甲基红在偶氮还原酶的催化下，偶氮键断裂，生成邻氨基苯甲酸和N-二甲基氨基苯胺。

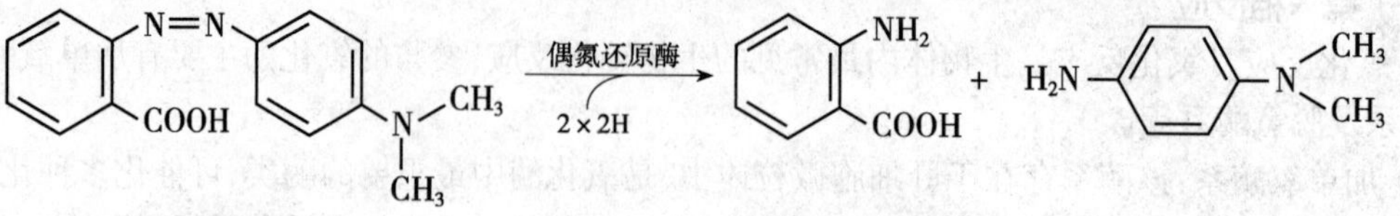

$$\text{甲基红} \xrightarrow[2\times 2H]{\text{偶氮还原酶}} \text{邻氨基苯甲酸} + \text{N-二甲基氨基苯胺}$$

3. 水解反应　肝细胞的胞液及线粒体中含有各种水解酶类，如酯酶、酰胺酶及糖苷酶等，分别水解各种酯类、酰胺类及糖苷类化合物，以降低或消除其毒性或改变其药理作用。例如，异烟肼经酰胺酶作用，水解生成异烟酸和肼后消失。

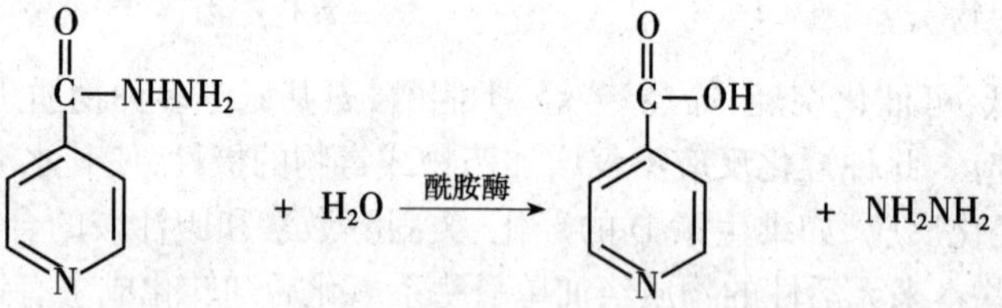

$$\text{异烟肼} + H_2O \xrightarrow{\text{酰胺酶}} \text{异烟酸} + NH_2NH_2\ (\text{肼})$$

（二）第二相反应——结合反应

结合反应（conjugation reaction）是体内最重要的生物转化方式。凡含有羟基、羧基或氨基的药物、毒物或激素均可与葡萄糖醛酸、硫酸、乙酰基、甲基等发生结合反应，其中以葡萄糖醛酸的结合反应最为重要和最普遍。

1. 葡萄糖醛酸结合反应　肝细胞微粒体中含有丰富的葡萄糖醛酸转移酶，以尿苷二磷酸葡萄糖醛酸（UDPGA）为葡萄糖醛酸的活性供体，将葡萄糖醛酸基转移到毒物或其他活性物质的羟基（—OH）、氨基（$—NH_2$）或羧基（—COOH）上，形成葡萄糖醛酸苷。如胆红素、类固醇激素、吗啡、苯巴比妥类药物等在肝均可与葡萄糖醛酸结合而进行生物转化。临床上用葡萄糖醛酸类制剂（如肝泰乐）可治疗肝病。

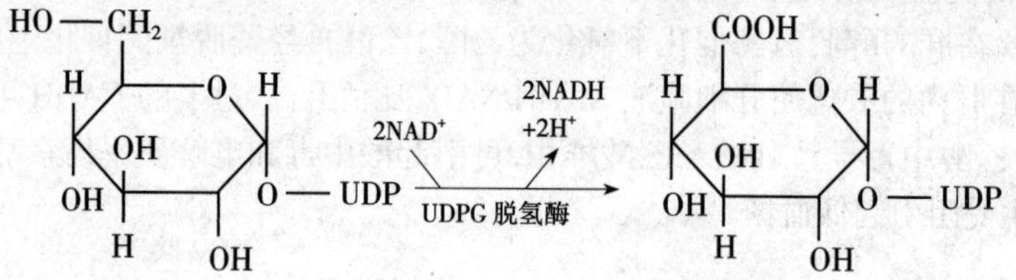

$$\text{UDPG} \xrightarrow[\text{UDPG 脱氢酶}]{2NAD^+ \rightarrow 2NADH + 2H^+} \text{UDPGA}$$

$$\alpha\text{-D-UDP-葡糖醛酸} + \text{异源物}\ (R—COOH\ \text{或}\ R—OH) \xrightarrow{} \beta\text{-D-葡糖醛酸苷} + UDP$$

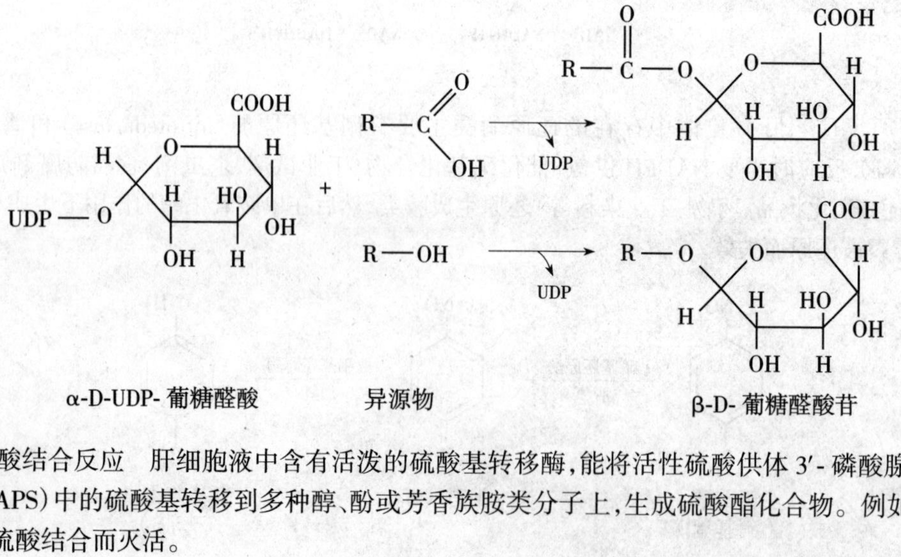

α-D-UDP-葡糖醛酸　　异源物　　β-D-葡糖醛酸苷

2. 硫酸结合反应　肝细胞液中含有活泼的硫酸基转移酶，能将活性硫酸供体3′-磷酸腺苷5′-磷酸硫酸（PAPS）中的硫酸基转移到多种醇、酚或芳香族胺类分子上，生成硫酸酯化合物。例如，雌激素在肝中与硫酸结合而灭活。

+PAPS $\xrightarrow{\text{硫酸转移酶}}$ +PAP

雌酮　　雌酮硫酸酯

拓展阅读：如何促进磺胺类药物的排泄

3. 乙酰基结合反应　各种芳香族胺类化合物由乙酰 CoA 作乙酰基供体，在乙酰基转移酶的催化下生成相应的乙酰化衍生物。大部分磺胺类药物及抗结核药异烟肼在肝脏经乙酰化而失活。

$H_2N-C_6H_4-SO_2NHR \xrightarrow[\text{乙酰基转移酶}]{CH_3COSCoA \quad HSCoA} CH_3CO-NH-C_6H_4-SO_2NHR$

磺胺　　N-乙酰磺胺

4. 甲基结合反应　体内胺类活性物质或某些药物可在肝细胞液和微粒体中的多种甲基转移酶催化下，由 S- 腺苷甲硫氨酸（SAM）提供甲基，通过甲基化灭活。如儿茶酚胺、5- 羟色胺及组胺等。

$\xrightarrow{SAM}$

儿茶酚　　O-甲基儿茶酚

5. 谷胱甘肽结合反应　肝细胞液中含有谷胱甘肽 S 转移酶（glutathione S-transferase，GST），该酶可催化体内许多卤代化合物和含有亲电子中心的环氧化合物与谷胱甘肽结合，生成的 GSH 结合物主要随胆汁排出体外。该结合反应主要参与机体对致癌物、环境污染、抗肿瘤药物以及内源性活性物质的生物转化。如谷胱甘肽对黄曲霉素 B_1- 环氧化物的转化反应。

+GSH $\xrightarrow{GST}$

黄曲霉素B_1-8，9-环氧化物　　谷胱甘肽结合产物

除上述结合反应外，甘氨酸也可参与结合反应。

生物转化反应非常复杂。少数物质经过第一相反应即可排出体外，但多数非营养物质经第一相反应后，还需进行结合反应才能排出体外；也有一些物质可直接进行第二相反应。由此可见，生物转化反应具有多样性和连续性。

三、影响生物转化的因素

生物转化作用存在着个体差异，常受年龄、性别、诱导物及肝功能等诸多体内、外因素的影响。

1. 年龄　不同年龄对生物转化能力有明显差异。由于新生儿肝内生物转化酶系发育不完善，对药物及毒物的转化能力不足。如葡萄糖醛酸转移酶在出生后 8 周才能达到成人水平，故新生儿易发生药物及毒素中毒、高胆红素血症和核黄疸等一些疾病。老年人因器官退化（肝血流量和肾的廓清率下降），对血浆药物的清除率降低，药物在体内的半衰期延长，用药后药效较强，副作用较大。因此，临床上对新生儿和老年人的用药量较成人少，许多药物要求儿童和老年人慎用或者禁用。

2. 性别　某些生物转化反应有性别差异，可能与性激素对某些生物转化酶类的影响不同有关。正常情况下女性的生物转化能力比男性强。例如，安替匹林在男性体内半衰期约 13.4 小时，女性约为 10.3 小时。但妊娠妇女的生物转化能力普遍下降。

3. 诱导物　某些异物(药物或毒物)可以诱导同类物质进行生物转化的酶的合成,从而促进同类物质的代谢速度,具有这种作用的物质称为诱导物。如长期服用苯巴比妥类药物可诱导肝微粒体混合功能氧化酶的合成,加速药物代谢而使机体产生对该类药物的耐药性。临床上还利用苯巴比妥诱导肝微粒体 UDP- 葡糖醛酸转移酶的合成,加速游离胆红素转变为直接胆红素,治疗新生儿黄疸。

4. 疾病　肝脏是生物转化的主要器官,肝实质性病变时,微粒体中加单氧酶系和 UDP- 葡萄糖醛酸转移酶活性显著降低,加上肝血流量的减少,患者对许多药物及毒物的摄取、转化功能障碍,易蓄积中毒,故肝病患者用药时要特别慎重。

第四节　胆汁酸的代谢

胆汁酸(bile acid)是胆汁中的主要成分,是一大类碳胆烷酸类的总称。胆汁酸是脂类物质消化吸收所必需的一类物质。肝的胆汁酸合成和排泄构成了胆固醇降解的主要途径,正常成人每天合成的胆固醇总量约有 40%(0.4~0.6g)在肝内转化为胆汁酸,并随胆汁排入肠道。

一、胆汁酸的分类

按结构的不同,胆汁酸可分为游离型胆汁酸(free bile acid)和结合型胆汁酸(conjugated bile acid)两类。游离型胆汁酸包括胆酸、脱氧胆酸、鹅脱氧胆酸、少量的石胆酸;结合型胆汁酸是上述游离胆汁酸与甘氨酸或牛磺酸结合的产物,主要包括甘氨胆酸、甘氨鹅脱氧胆酸、牛磺胆酸及牛磺鹅脱氧胆酸等。一般结合型胆汁酸水溶性较游离型大,解离常数(PK)值降低,更加稳定,在酸或 Ca^{2+} 存在时也不易沉淀,便于顺利排入肠道发挥作用。

按来源的不同,胆汁酸又可分为初级胆汁酸(primary bile acid)和次级胆汁酸(secondary bile acid)。初级胆汁酸包括胆酸、鹅脱氧胆酸及其与甘氨酸和牛磺酸的结合产物。次级胆汁酸包括脱氧胆酸、石胆酸及其与甘氨酸和牛磺酸的结合产物。

胆汁中的胆汁酸以结合型为主。其中,甘氨胆汁酸与牛磺胆汁酸的含量比为(2~3)∶1。无论是初级胆汁酸还是次级胆汁酸均以钠盐或钾盐的形式存在,形成相应的胆汁酸盐,简称胆盐(bile salts)。

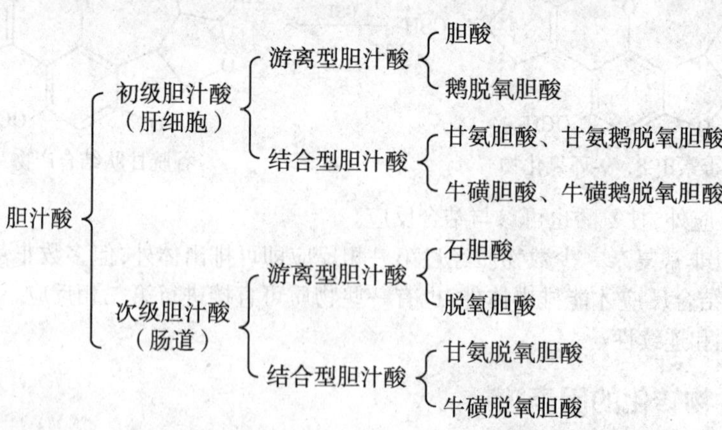

图片:几种主要的胆汁酸结构

二、胆汁酸生成

(一) 初级胆汁酸的生成

1. 游离型初级胆汁酸的生成　胆汁酸的生成过程很复杂,需经过多步酶促反应。其中,最主要的反应是羟化反应。

在肝细胞微粒体和胞液中,胆固醇在 7α- 羟化酶(7α-hydroxylase)催化下,生成 7α- 羟胆固醇,再经氧化、还原、羟化、侧链氧化及断裂等多步酶促反应生成游离型胆汁酸,主要有胆酸和鹅脱氧胆酸。胆汁酸生物合成的主要限速酶是 7α- 羟化酶,该酶属加单氧酶,需要细胞色素 P_{450}、氧的参与及 NADPH 或维生素 C 提供氢。7α- 羟化酶受胆汁酸浓度的负反馈调节。口服考来烯胺或纤维素多的食

物可促进胆汁酸的排泄，减少胆汁酸的重吸收，解除对 7α- 羟化酶的抑制，加速胆固醇转化为胆汁酸，可降低血清胆固醇。甲状腺素对 7α- 羟化酶活性有增强作用，可促进胆汁酸的合成，故甲亢时血清胆固醇浓度降低，反之亦然。

2. 结合型初级胆汁酸的生成　胆酸和鹅脱氧胆酸可分别与牛磺酸或甘氨酸结合，形成结合型胆汁酸。在肝细胞的微粒体和胞液中含有催化胆汁酸结合反应的酶系，胆汁酸首先在微粒体硫激酶作用下被辅酶 A 活化，再分别受微粒体转酰基酶和胞液中磺酸基转移酶作用，在第 24 位羧基上与甘氨酸或牛磺酸结合，生成甘氨胆酸、牛磺胆酸、甘氨鹅脱氧胆酸和牛磺鹅脱氧胆酸，然后随胆汁排入肠道。

(二) 次级胆汁酸的生成

随胆汁流入肠腔的初级胆汁酸在协助脂类物质消化吸收的同时，在小肠下段及大肠受肠菌作用，一部分结合型的初级胆汁酸水解脱去牛磺酸和甘氨酸，生成游离型初级胆汁酸，后者再经肠作用脱去 7α- 羟基，使胆酸转变为脱氧胆酸、鹅脱氧胆酸转变为石胆酸。这种由初级胆汁酸在肠菌作用下形成的胆汁酸称为次级胆汁酸。脱氧胆酸可与甘氨酸和牛磺酸结合，形成甘氨鹅脱氧胆酸和牛磺鹅脱氧胆酸。胆汁酸的合成与降解见图 17-2。

表格:胆汁酸分类表

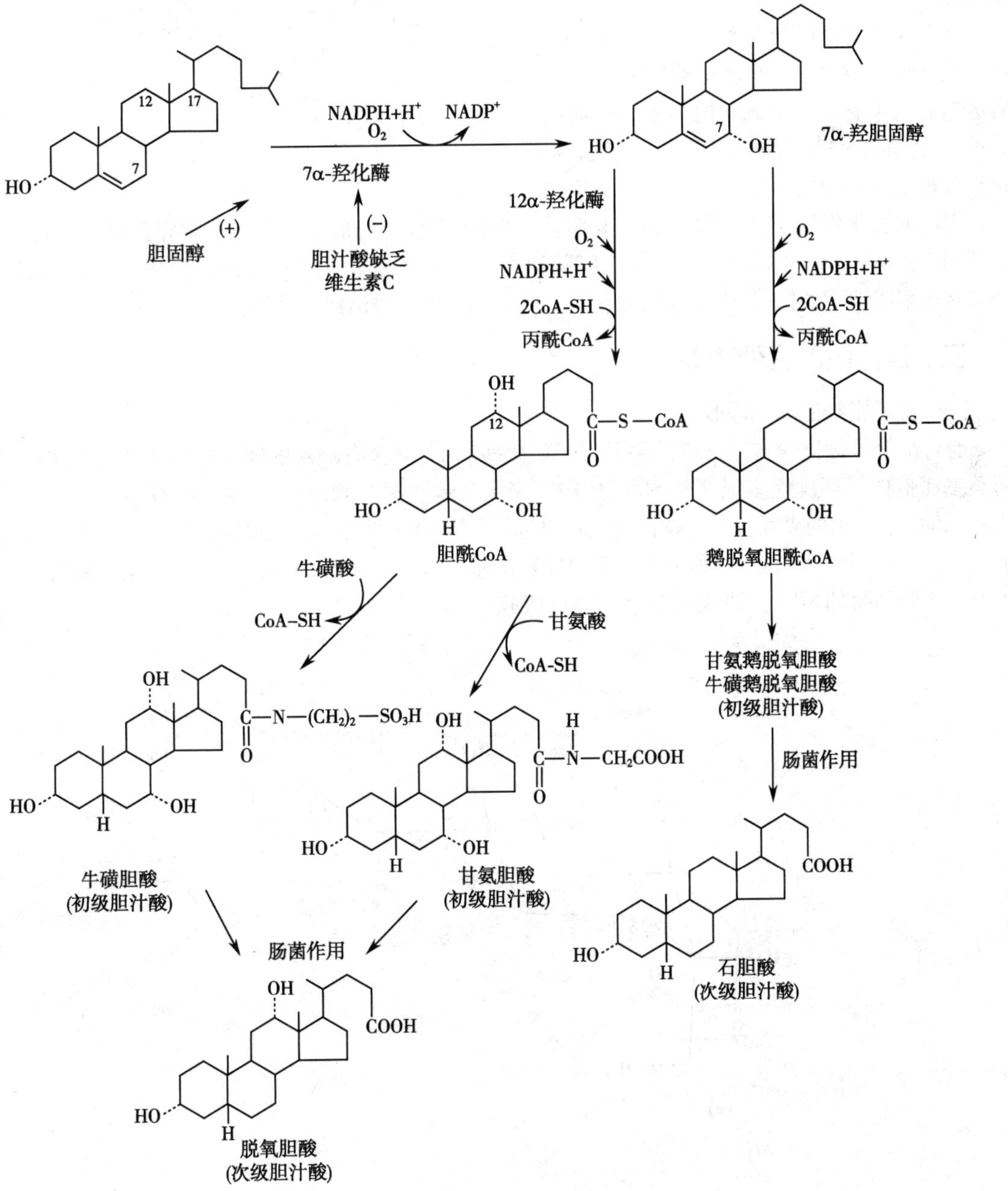

图 17-2　胆汁酸合成与降解

三、胆汁酸的肠肝循环

排入肠道的胆汁酸（包括初级、次级、结合型与游离型）中约95%以上被重吸收入血，其余的随粪便排出。结合型胆汁酸在小肠下段被主动重吸收，少量未结合胆汁酸在肠道各部被动重吸收。这种由肠道重吸收的胆汁酸经门静脉重新回到肝，在肝细胞内将游离型胆汁酸再重新合成为结合胆汁酸，并与新合成的结合胆汁酸一同再随胆汁排入肠道，这一过程称为"胆汁酸的肠肝循环（enterohepatic circulation of bile acid）"（图17-3）。肠道中的石胆酸（约为5%）由于溶解度小，一般不被重吸收，直接随粪便排出。正常人每日有0.4~0.6g胆汁酸随粪便排出。

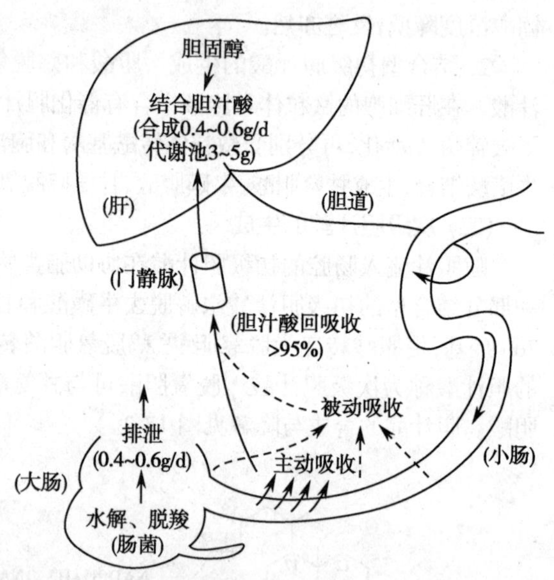

图17-3　胆汁酸的肠肝循环

由于肝每天合成胆汁酸的量仅0.4~0.6g，肝内胆汁酸代谢池共3~5g，即使全部倾入小肠也难以满足饱餐后小肠内脂类乳化的需要。然而由于每次进餐后都进行2~4次肠肝循环，每天从肠道吸收的胆汁酸总量可达12~32g，使有限的胆汁酸发挥最大限度的乳化作用，以保证脂类的消化吸收。因此，胆汁酸肠肝循环可以补充肝合成胆汁酸能力的不足和人体对胆汁酸的需要。在形成次级胆汁酸的过程中，可产生少量熊脱氧胆酸，它和鹅脱氧胆酸均具有溶解胆结石的作用，临床常用熊脱氧胆酸和鹅脱氧胆酸治疗胆结石。

四、胆汁酸的生理功能

（一）促进脂类的消化吸收

胆汁酸分子内既含有亲水性的羟基、羧基、磺胺基等，又含有疏水的烃核和甲基。在立体构型上，两类基团恰位于环戊烷多氢菲核的两侧，构成亲水和疏水两个侧面（图17-4），故有很强的界面活性，能降低油/水两相的界面张力，这种结构特性使其成为较强的乳化剂，可以将脂类乳化成为细小微团，扩大其与脂肪酶的接触面，以利于脂肪酶对脂肪的水解消化。脂类的消化产物又与胆汁酸盐结合，利于通过小肠黏膜的表面水层，促进脂类物质的吸收。

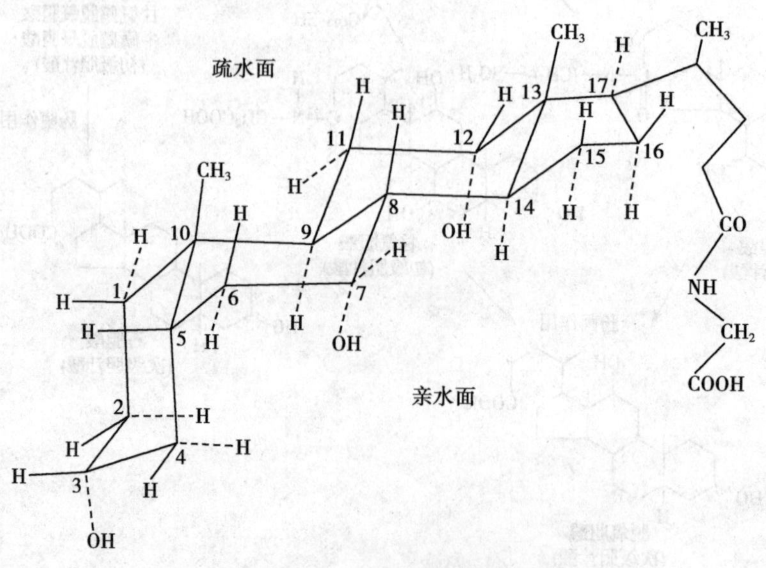

图17-4　甘氨胆酸的立体构型

（二）抑制胆汁中胆固醇的析出

胆固醇是否从胆汁中析出，主要取决于胆汁中胆固醇、卵磷脂和胆汁酸盐之间的比例。胆汁酸通过与卵磷脂的协同作用，与脂溶性的胆固醇形成可溶性的微团，促进胆固醇溶解于胆汁中，使之不易结晶、析出和沉淀，经胆道转运至肠道排出体外。若肝合成胆汁酸的能力下降，消化道丢失胆汁酸过多或肠肝循环中摄取胆汁酸过少，以及排入胆汁中胆固醇过多（如高胆固醇血症患者），均可造成胆汁中胆汁酸、卵磷脂与胆固醇的比值降低（小于 10∶1），导致胆汁中胆固醇析出沉淀，形成结晶而产生结石。

拓展阅读：胆结石

此外，胆汁酸浓度还对胆汁酸和胆固醇的生物合成具有负反馈调节、增加铁和钙的溶解度、抑菌和刺激黏液分泌、影响大肠黏膜细胞对水和电解质的吸收及促进大肠运动等作用。

第五节 血红素的生物合成

一、血红素的生物合成过程

血红素（heme）是血红蛋白的主要成分，其他一些蛋白质也含血红素，如肌红蛋白、细胞色素、过氧化氢酶、过氧化物酶等。因此，人体大多数细胞均可合成血红素，而且合成途径相同。合成血红素的主要器官是肝和骨髓，成熟红细胞因不含线粒体，所以不能合成血红素。

1. 血红素的合成原料　血红素合成的基本原料是甘氨酸、琥珀酰 CoA 及 Fe^{2+}。合成过程的起始和终末阶段均在线粒体中进行，而中间阶段在胞液中进行。

2. 合成过程　血红素的合成过程分为四个步骤：

(1) δ- 氨基 -γ- 酮戊酸（δ-aminolevulinic acid，ALA）的合成：在线粒体中，首先由甘氨酸和琥珀酰 CoA 在 ALA 合酶的催化作用下缩合生成 ALA（图 17-5）。ALA 合酶的辅酶为磷酸吡哆醛，可以活化甘氨酸。ALA 合酶是血红素合成的限速酶，受血红素的反馈抑制。

琥珀酰CoA（$COOH-CH_2-CH_2-C(=O)\sim SCoA$） + 甘氨酸（$CH_2NH_2-COOH$） → ALA（$COOH-CH_2-CH_2-C(=O)-CH_2-NH_2$）

辅酶A + CO_2

ALA合成酶（磷酸吡哆醛）

图 17-5　δ- 氨基 -γ- 酮戊酸的合成

(2) 胆色素原的合成：ALA 生成后由线粒体进入胞液中，在 ALA 脱水酶的催化下，2 分子 ALA 脱水缩合成 1 分子胆色素原（prophobilinogen，PBG）。ALA 脱水酶为巯基酶，铅及其他重金属能不可逆地与该酶结合，抑制该酶活性（图 17-6）。

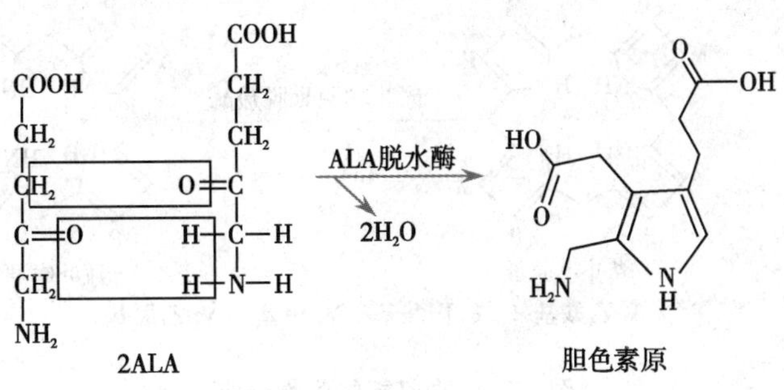

图 17-6　胆色素原的合成

(3) 尿卟啉原和粪卟啉原的合成：在胞液中，四分子 PBG 脱氨缩合生成一分子尿卟啉原Ⅲ(uroporphyrinogen Ⅲ,UPG-Ⅲ)。此反应过程需两种酶即尿卟啉原Ⅰ同合酶(uroporphyrinogen Ⅰ cosynthase)和尿卟啉原Ⅲ同合酶(uroporphyrinogen Ⅲ cosynthase)，尿卟啉原Ⅰ同合酶又称胆色素原脱氨酶。首先，四分子的 PBG 在尿卟啉原Ⅰ同合酶作用下脱氨缩合生成线状四吡咯；再由尿卟啉原Ⅲ同合酶催化，环化生成尿卟啉原Ⅲ。尿卟啉原Ⅲ同合酶单独存在时不具有活性，必须与尿卟啉原Ⅰ同合酶构成稳定的催化复合物才能协同发挥作用。无尿卟啉原Ⅲ同合酶时，线状四吡咯可自然环化成尿卟啉原Ⅰ(uroporphyrinogen Ⅰ,UPG-Ⅰ)。两种尿卟啉原的区别在于，UPG-Ⅰ第 7 位结合的是乙酸基，第 8 位为丙酸基，而 UPG-Ⅲ则与之相反，第 7 位是丙酸基，第 8 位是乙酸基。正常情况下 UPG-Ⅲ与 UPG-Ⅰ比例为 10 000 : 1。尿卟啉原Ⅲ进而在尿卟啉原Ⅲ脱羧酶催化下，使其四个乙酸基(A)脱羧变为甲基(M)，从而生成粪卟啉原Ⅲ(coproporphyrinogen Ⅲ,CPG-Ⅲ)(图 17-7)。

(4) 血红素的生成：胞液中生成的粪卟啉原Ⅲ再进入线粒体中，在粪卟啉原Ⅲ氧化脱羧酶作用下，使 2、4 位的丙酸基(P)脱羧脱氢生成乙烯基(V)，生成原卟啉原Ⅸ。再经原卟啉原Ⅸ氧化酶催化脱氢，使连接 4 个吡咯环的甲烯基氧化成甲炔基，生成原卟啉Ⅸ。最后在亚铁螯合酶(ferrochelatase，又称血

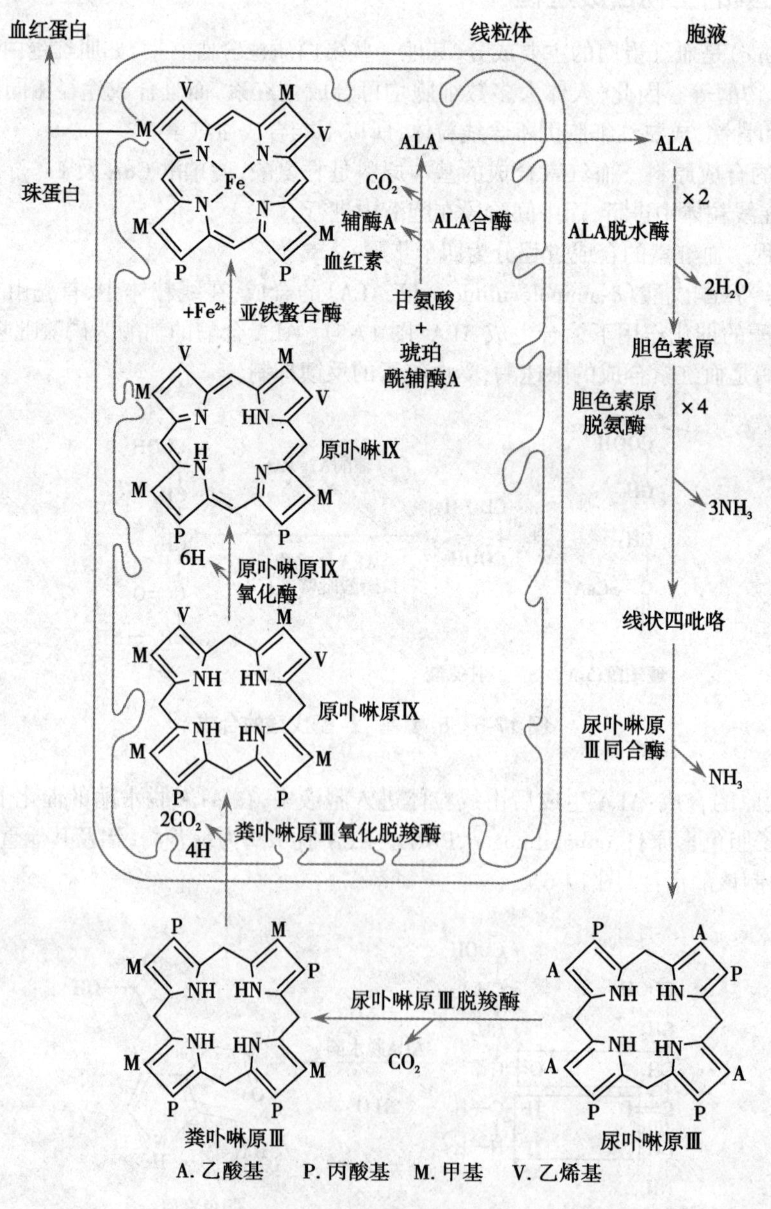

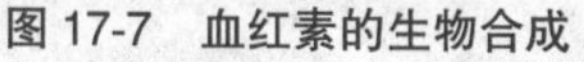
A. 乙酸基　P. 丙酸基　M. 甲基　V. 乙烯基

图 17-7　血红素的生物合成

红素合酶）催化下和 Fe^{2+} 结合生成血红素。铅等重金属对亚铁螯合酶也有抑制作用。

二、血红素生物合成的调节

1. ALA合酶　ALA合酶是血红素合成酶系中的限速酶，血红素是该酶的别构抑制剂。正常情况下，血红素生成后很快与珠蛋白结合，但当血红素合成过多时，过多的血红素被氧化为高铁血红素。高铁血红素是ALA合酶的强烈抑制剂。另外，血红素在体内可与阻遏蛋白结合，形成有活性的阻遏蛋白，从而抑制ALA合酶的合成。高铁血红素也能阻遏ALA合酶的合成。

2. ALA脱水酶与亚铁螯合酶　重金属铅可抑制ALA脱水酶和亚铁螯合酶的活性，使血红素合成减少。

3. 促红细胞生成素　促红细胞生成素（erythropoietin，EPO）在红细胞生长、分化中发挥关键作用。EPO为一种糖蛋白，由多肽和糖基两部分组成，总分子量为34 000。成人血清EPO主要由肾合成，胎儿和新生儿主要由肝合成。当循环血液中红细胞容积减低或机体缺氧时，肾合成与分泌EPO增加。EPO可促进原始红细胞的增殖和分化，加速有核红细胞的成熟，并促进ALA合酶生成，从而促进血红素的生成。

4. 雄激素及雌二醇　雄性激素及雌二醇能促进血红素的生成，睾酮在肝5β-还原酶作用下可生成5β-氢睾酮，后者可诱导ALA合酶的产生，从而促进血红素的生成。

5. 外源性物质　杀虫剂、药物及致癌物均可诱导肝合成ALA合酶。这些物质在肝细胞内进行生物转化过程中增加对细胞色素 P_{450} 的需求，细胞色素 P_{450} 的辅基为血红素，通过增加肝对ALA合酶的合成以适应生物转化的要求。

拓展阅读：卟啉病

第六节　胆色素代谢与黄疸

胆色素（bile pigment）是含铁卟啉类化合物在人体内主要分解代谢的产物，包括胆红素（bilirubin）、胆绿素（biliverdin）、胆素原（bilinogen）和胆素（bilin）等，除胆素原族化合物无色外，其余均有一定颜色，且大部分都是随胆汁排泄，故称胆色素。胆红素是胆汁中的主要色素，胆色素代谢以胆红素代谢为中心。

一、胆红素的生成与运输

体内含铁卟啉的化合物主要有血红蛋白，其次有肌红蛋白、过氧化物酶、过氧化氢酶及细胞色素酶系等。成人每日约产生250~350mg胆红素，其中80%以上来源于衰老红细胞中血红蛋白的分解，小部分来自造血过程中红细胞的过早破坏，其余来自于非血红蛋白血红素的分解。

（一）胆红素的生成

正常红细胞的寿命为120天。衰老的红细胞在肝、脾、骨髓的单核/巨噬细胞的作用下破坏释放出血红蛋白，随后血红蛋白分解为珠蛋白和血红素。珠蛋白按一般蛋白质代谢途径分解，血红素在微粒体中的 O_2、NADPH-细胞色素 P_{450} 的参与及血红素加氧酶（heme oxygenase）的催化下，将血红素铁卟啉环上的α-甲炔基（—CH═）氧化断裂，释放CO、Fe^{2+} 并生成胆绿素。释放的铁可以被机体重新利用，CO除从呼吸道排出外，低浓度的CO还可发挥类似于NO信息分子和神经递质等作用。胆绿素在胆绿素还原酶及NADPH的作用下迅速被还原为胆红素（图17-8）。血红素加氧酶是胆红素生成的限速酶，需要 O_2 和NADPH参加。应激、缺氧、内毒素、细胞因子、炎症等均能诱导该酶的表达，从而增加CO、胆绿素和胆红素产生。胆红素过量对人体有害，但适量的胆红素作为人体内强有力的内源性抗氧化剂，可有效清除超氧化物和过氧化物自由基，其作用甚至优于维生素E。

（二）胆红素在血液中的运输

胆红素分子中虽含有羧基、羰基、羟基和亚氨基等极性基团，但由于胆红素分子不是以线性四吡咯结构存在，而是通过分子内部形成6个氢键得以稳定，使胆红素分子形成脊瓦状的刚性折叠，极性基团包埋于分子内部，而疏水基团则暴露在分子表面，使胆红素具有疏水亲脂性质，极易透过生物膜。当透过血脑屏障进入脑组织，它能抑制大脑RNA和蛋白质的合成及糖代谢，并与神经核团结合产生胆红素脑病（核黄疸），干扰脑细胞的正常代谢及功能，故胆红素是人体的一种内源性毒物。

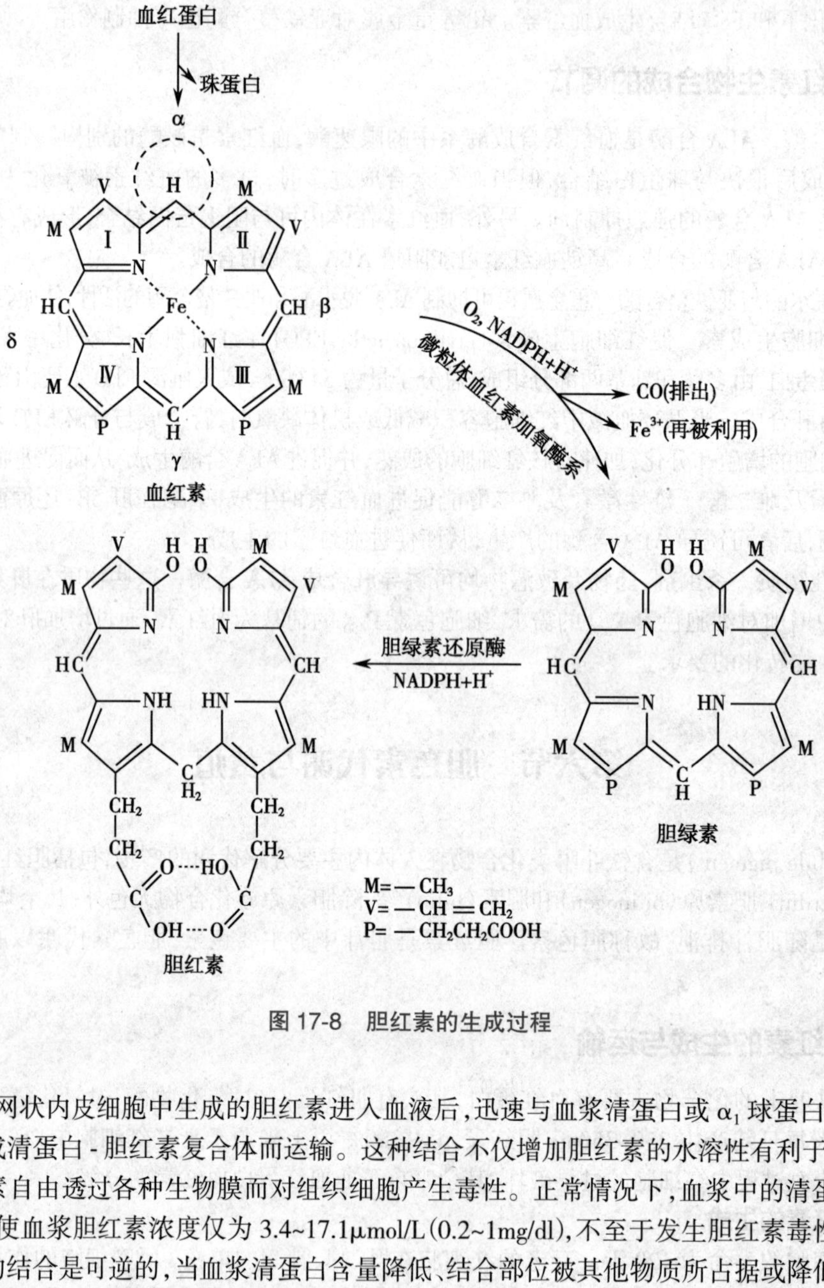

图 17-8 胆红素的生成过程

因此，在网状内皮细胞中生成的胆红素进入血液后，迅速与血浆清蛋白或 α_1 球蛋白（以清蛋白为主）结合，形成清蛋白 - 胆红素复合体而运输。这种结合不仅增加胆红素的水溶性有利于运输，而且还可防止胆红素自由透过各种生物膜而对组织细胞产生毒性。正常情况下，血浆中的清蛋白足以结合全部胆红素，使血浆胆红素浓度仅为 3.4~17.1μmol/L（0.2~1mg/dl），不至于发生胆红素毒性反应。胆红素和清蛋白的结合是可逆的，当血浆清蛋白含量降低、结合部位被其他物质所占据或降低胆红素对结合部位的亲和力时，均可促使胆红素游离从血浆向组织转移。例如，磺胺类药物、脂肪酸、胆汁酸、阿司匹林及造影剂等有机阴离子可通过竞争清蛋白与胆红素的结合部位或改变清蛋白的构象，影响胆红素与清蛋白的结合。因此，有黄疸倾向的患者或新生儿黄疸期对以上有机阴离子药物需谨慎使用。临床上对高胆红素血症的新生儿输血浆或清蛋白，用碳酸氢钠纠正酸中毒，其目的是防止过多的胆红素游离，减少核黄疸发生。

胆红素与清蛋白结合后分子量变大，不能经肾小球滤过而随尿排出，故尿中无此胆红素。由于此种胆红素必须在加入乙醇或尿素等破坏氢键后才能与重氮试剂起反应生成偶氮化合物，所以称间接胆红素；又因该胆红素尚未进入肝进行生物转化的结合反应，故又称未结合胆红素。

核 黄 疸

胆红素脑病又称核黄疸，是由于血中胆红素增高，主要是未结合胆红素增高，后者进入中枢神经系统，在大脑基底节、视丘下核、苍白球等部位引起病变。血清胆红素 >342μmol/L（20mg/dl）就

有发生核黄疸的危险，主要表现为重度黄疸肌张力过低或过高、嗜睡、拒奶、强直、角弓反张、惊厥等。本病多由于新生儿溶血病所致，黄疸、贫血程度严重者易并发核黄疸，如已出现核黄疸，则治疗效果欠佳，后果严重，容易遗留智力低下、手足徐动、听觉障碍、抽搐等后遗症，所以本病预防是关键。发现新生儿黄疸，应及早到医院诊治，预防本病发生。

二、胆红素在肝中的转化

（一）肝细胞对游离胆红素的摄取

当胆红素 - 清蛋白复合体随血液运输到肝后，首先在肝血窦中与清蛋白分离，然后在肝细胞的肝窦侧细胞膜处迅速被摄入细胞内。肝细胞摄取血中胆红素的能力很强。实验证明，注射具有放射性的胆红素后，大约只需 18 分钟就可从血浆中清除 50%。肝能迅速从血浆中摄取胆红素，是因为肝细胞内有两种特异的载体蛋白（Y 蛋白和 Z 蛋白）。这两种载体蛋白（以 Y 蛋白为主）能特异性结合包括胆红素在内的有机阴离子。当胆红素入肝后，细胞液中的 Y 蛋白和 Z 蛋白（主要是 Y 蛋白）随即与之结合，并将其运送至内质网进一步代谢。这是一个主动耗能过程，而且是可逆的。Y 蛋白是一种诱导蛋白，苯巴比妥可诱导 Y 蛋白合成；甲状腺素、溴酚磺酸钠（BSP）和靛青绿（ICG）等可竞争结合 Y 蛋白，影响胆红素的转运。因 Y 蛋白能与上述多种物质结合，故又称“配体结合蛋白”（ligadin）。由于新生儿在出生 7 周后 Y 蛋白才能达到正常成人水平，所以新生儿易发生生理性的非溶血性黄疸，临床上常用苯巴比妥治疗。

（二）肝细胞对胆红素的转化

胆红素 - 配体蛋白复合物进入内质网后，在尿苷二磷酸葡萄糖醛酸基转移酶（UDP-glucuronyl transferase，UGT）催化下，胆红素接受来自 UDP 葡萄糖醛酸的葡萄糖醛酸基，生成葡萄糖醛酸胆红素（bilirubin glucuronide）。因胆红素分子上两个丙酸基的羧基均可与葡萄糖醛酸分子上的羟基结合，故可形成胆红素葡萄糖醛酸一酯和胆红素葡萄糖醛酸二酯两种结合物（图 17-9）。其中，胆红素葡萄糖醛酸二酯占 70%~80%，胆红素葡萄糖醛酸一酯占 20%~30%。小部分胆红素也可以与硫酸根、甲基、乙酰基、甘氨酸等结合。这种在肝结合转化的胆红素称为结合胆红素（conjugated bilirubin）或肝胆红素。结合胆红素极性较强，溶于水，易从胆道排出，可通过肾小球滤过，不易通过细胞膜和血脑屏障，因此

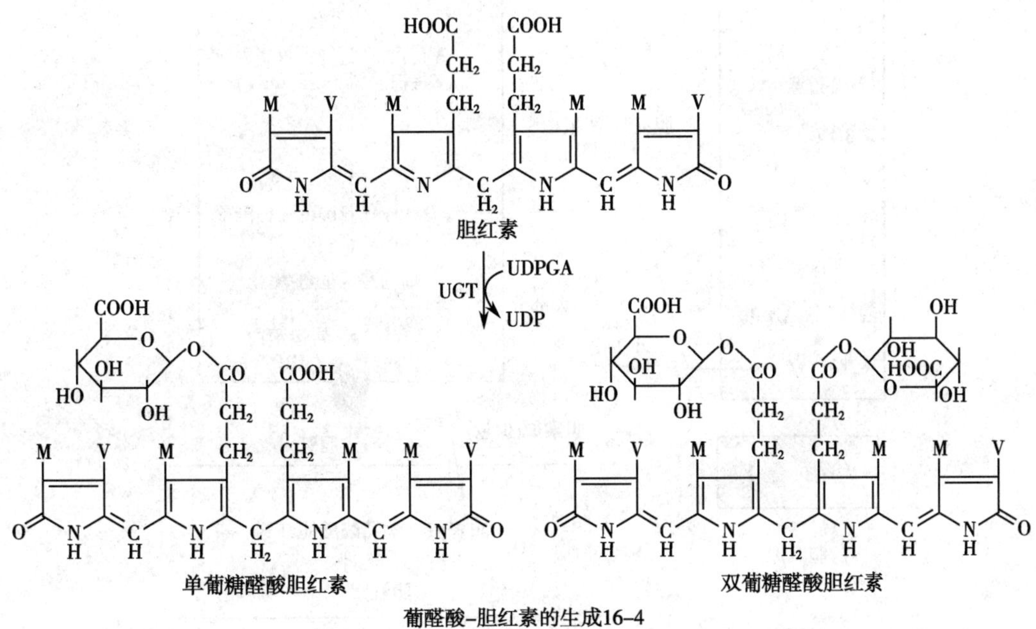

图 17-9　葡萄糖醛酸胆红素的生成

不引起组织中毒，是肝对胆红素的一种解毒方式。该胆红素因能与重氮试剂直接迅速起反应，所以又称直接胆红素。正常人血液中的结合胆红素含量甚微。

（三）肝对胆红素的排泄

直接胆红素被肝细胞分泌入胆管系统，随胆汁排入肠道。此过程是一个逆浓度梯度的主动耗能过程，被认为是胆红素在肝中代谢的限速步骤。胆管阻塞或重症肝炎时，均可导致直接胆红素排泄障碍而溢流入血，使血中直接胆红素水平增高，尿中也会出现胆红素。糖皮质激素不仅能诱导葡萄糖醛酸转移酶的生成，促进胆红素与葡萄糖醛酸结合，而且对直接胆红素的排出也有促进作用，故可用此类激素治疗肝细胞性高胆红素血症。

血浆中的胆红素通过肝细胞膜的自由扩散、胞质配体蛋白转运、内质网葡糖醛酸转移酶的催化和肝细胞膜的分泌等共同作用，不断地被肝细胞摄取、结合、转化和排泄，从而不断地被清除。

三、胆红素在肠道中的转变与胆素原的肠肝循环

直接胆红素随胆汁排入到肠道后，在肠道细菌的作用下脱去葡萄糖醛酸基再次形成游离胆红素，游离胆红素继续在肠菌的作用下逐步还原为无色的胆素原族化合物，包括中胆素原、粪胆素原和尿胆素原。大部分胆素原随粪便排出体外，在肠道下段经空气氧化，转变成棕黄色的粪胆素，是正常粪便颜色的主要来源。正常人每日从粪便排出的粪胆素原 40~280mg。当胆道完全梗阻时，因直接胆红素不能排入肠道，不能形成粪胆素原及粪胆素，使粪便呈现陶土色或灰白色。新生儿的肠道细菌稀少，粪便中存在着未被细菌作用的胆红素，所以粪便呈橘黄色。

肠道中有 10%~20% 的胆素原可被肠黏膜细胞重吸收，经门静脉入肝，其中大部分（约 90%）再随胆汁排入肠道，形成胆素原的“肠肝循环”（bilinogen enterohepatic circulation）；回吸收的少量胆素原可进入体循环，通过肾小球滤出，由尿排出，即尿胆素原。正常成人每天从尿中排出的尿胆素原为 0.5~4.0mg。尿胆素原在空气中被氧化成尿胆素，是尿液的主要颜色来源。临床上将尿胆红素、尿胆素原、尿胆素合称为尿三胆，是黄疸类型鉴别诊断的常用指标。正常人尿液中查不到胆红素。

胆色素的代谢见图 17-10。

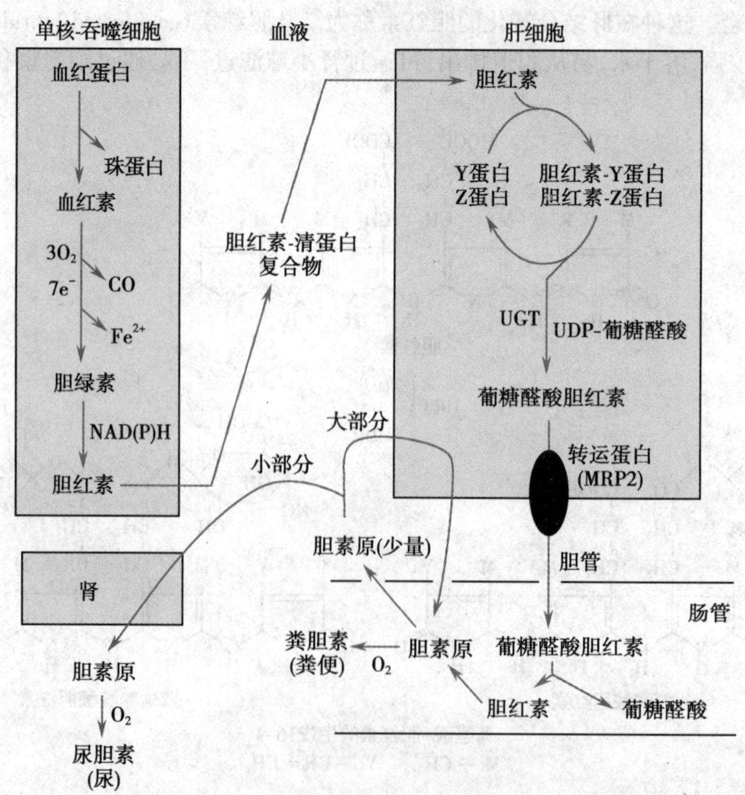

图 17-10　胆红素代谢示意图

四、血清胆红素与黄疸

正常人每天生成 200~300mg 胆红素，但肝清除胆红素的能力可达 3000mg/ 天以上。因此，正常人血清胆红素含量甚微，总量小于 17.1μmol/L（0.2~1mg/dl），不致对机体产生毒害。其中间接胆红素约占 4/5，其余为直接胆红素。两种胆红素的区别见表 17-3。

表 17-3　两种胆红素的区别

分类	未结合胆红素	结合胆红素
形成部位	血液	肝
存在形式	清蛋白 - 胆红素	葡萄糖醛酸胆红素
其他名称	血胆红素、间接胆红素、游离胆红素	肝胆红素、直接胆红素
对脑细胞毒性	有	无
与葡萄糖醛酸结合	未结合	结合
水溶性	小	大
脂溶性	大	小
透过细胞膜的能力及毒性	大	小
与重氮试剂反应 *	间接阳性	直接阳性
溶血性黄疸	升高	不变
肝细胞性黄疸	升高	升高
阻塞性黄疸	不变	升高

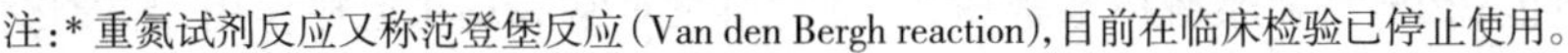

注：* 重氮试剂反应又称范登堡反应（Van den Bergh reaction），目前在临床检验已停止使用。

拓展阅读：如何鉴别黄疸及黄疸的程度

当体内胆红素生成过多，或肝细胞对胆红素摄取、转化、排泄过程发生障碍时，均可引起血清胆红素浓度升高，称为高胆红素血症。胆红素呈金黄色，当血清胆红素浓度升高时，可扩散入组织引起皮肤、黏膜、巩膜出现黄染的现象，称为黄疸（jaundice）。黄疸的程度与血清胆红素的浓度密切相关。当血清胆红素浓度在 34.2μmol/L（2mg/dl）以内时，虽超过正常上限，但肉眼尚不能观察到组织黄染现象，称为隐性黄疸；当血清胆红素浓度超过 34.2μmol/L（2mg/dl）时，肉眼可明显见组织黄染现象，称为显性黄疸。临床上常根据黄疸的发病原因将其分为三类。

1. 溶血性黄疸（hemolytic jaundice）　是由于各种原因导致红细胞大量破坏，使胆红素生成过多，超过肝细胞的处理能力所致，又称为肝前性黄疸。其特征为：血清间接胆红素浓度异常增高，直接胆红素变化不大，与重氮试剂间接反应阳性；间接胆红素不能透过肾小球滤过排泄，故尿中无胆红素；肝细胞最大限度地处理和排泄胆红素，胆素原的肠肝循环增多，故粪便和尿液中胆素原族增多，颜色加深。某些疾病（如恶性疟疾、过敏、蚕豆病、镰形细胞贫血等）、某些药物及输血不当等均可造成溶血性黄疸。

2. 肝细胞性黄疸（hepatocellular jaundice）　是由于肝细胞功能障碍，使其摄取、结合、转化及排泄胆红素能力下降所致，又称为肝原性黄疸。肝细胞性黄疸时，一方面肝不能将间接胆红素全部转化为直接胆红素，使血中间接胆红素升高；另一方面肝细胞肿胀，毛细胆管阻塞或毛细胆管与肝窦面相通，使部分直接胆红素反流入血，使血液中直接胆红素也升高。其特征为：血中两种胆红素均增高，与重氮试剂呈双相反应阳性；尿胆红素阳性；粪便颜色变浅；由于肝细胞损伤程度不同，尿中胆素原含量变化不定。任何使肝细胞广泛损害的疾病均可引起肝细胞性黄疸，如病毒性肝炎、肝硬化、中毒性肝炎、肝肿瘤、钩端螺旋体病、败血症等。

3. 阻塞性黄疸（obstructive jaundice）　是由于各种原因引起胆红素排泄受阻，使胆小管和毛细胆管内压力增高而破裂，导致胆汁中的直接胆红素反流入血所致，又称肝后性黄疸。其特征为：血清直接胆红素明显升高，间接胆红素无明显变化，与重氮试剂直接反应阳性；因直接胆红素能透过肾小球滤过膜，故尿中出现胆红素；由于直接胆红素不易或不能排入肠道，使胆素原生成减少，故粪便颜色常

笔记

变浅或成陶土色。胆管的炎症、肿瘤、结石或先天性胆道闭塞等疾病均可引起阻塞性黄疸。

三种黄疸的实验室观察见表 17-4。

表 17-4　三种类型黄疸的比较

	正常	溶血性黄疸	阻塞性黄疸	肝细胞性黄疸
结合胆红素	0~0.8mg/dL	不变 / 微增	增加	增加
未结合胆红素	<1mg/dL	增高	不变 / 微增	增加
尿液（尿三胆）				
尿胆红素	无	无	有	有
尿胆素原	少量	增加	减少 / 无	减少 / 无
尿胆素	少量	增加	减少 / 无	减少 / 无
粪胆素原	40~280mg/24h	增加	减少 / 无	减少 / 正常
粪便颜色	正常（黄色）	加深	变浅 / 陶土色	变浅 / 正常

本章小结

血液成分由血浆和血细胞两大部分组成，血浆的主要成分有水、蛋白质、有机物质和无机盐；血细胞包括红细胞、白细胞和血小板。

血浆中的蛋白质浓度为 70~75g/L，血浆蛋白通过醋酸纤维素薄膜电泳法可将血浆蛋白区分为五条区带，电泳速度由快到慢依次为清蛋白，a_1 球蛋白、a_2 球蛋白、β 球蛋白、γ 球蛋白。血浆蛋白的功能主要有：①营养供能；②维持血浆胶体渗透压；③维持血浆正常 pH；④运输作用；⑤催化作用；⑥血液凝固与纤维蛋白溶解作用；⑦免疫作用。

肝不仅是物质代谢的中枢，同时还具有对非营养性物质代谢转化之功能。肝生物转化常受年龄、性别、营养、疾病、遗传以及诱导物等因素的影响，并具有转化反应的连续性和多样性、解毒与致毒的双重性之特点。

胆汁酸是胆固醇在肝细胞代谢转化的产物，也是肝清除胆固醇的主要形式。肝细胞合成的胆汁酸称为初级胆汁酸。初级胆汁酸在肠道受细菌作用生成次级胆汁酸。进入肠中的胆汁酸大部分又被重吸收入肝形成胆汁酸的“肠肝循环”。

血红蛋白的结构包括血红素和珠蛋白，未成熟的红细胞能利用甘氨酸、琥珀酰 CoA 及 Fe^{2+} 合成血红素，血红素生成后从线粒体转入胞液，与珠蛋白结合而成为血红蛋白。血红蛋白合成的调节主要通过血红素的合成调节进行。

胆色素包括胆红素、胆绿素、胆素原和胆素。胆红素在单核 / 巨噬细胞内生成；在血中以清蛋白胆红素形式运输；在肝经摄取，转化而排入肠道；在肠道细菌的作用下，胆红素转变为胆素原族化合物，其中大部分随粪便排出体外，少量的胆素原被重吸收入肝，其中的大部分再排入肠道；小部分则进入体循环经肾随尿排出。粪、尿中的胆素原最后均被氧化成黄色的胆素，而形成粪、尿的正常色泽。血中胆红素称为间接胆红素，经肝处理的胆红素称为直接胆红素。任何原因引起胆红素生成过多或代谢障碍均可导致高胆红素血症，进而引起黄疸。临床上按照病因可将黄疸分为溶血性黄疸、肝细胞性黄疸、阻塞性黄疸。

患者，男性，45 岁，因腹痛、腹胀、发热 4 天就诊。入院时主述发病前经常吃火锅并有生吃牡蛎习惯。体检：体温 39.5℃，皮肤巩膜明显黄染，右季肋部有触痛，肝大。实验室检查：血清总胆红素

681μmol/L(参考值<17.1μmol/L),未结合胆红素 10.1μmol/L(参考值<13.6μmol/L),粪便呈白陶土色,尿液颜色深黄,粪胆素原和尿胆素原均阴性,血常规检查除白细胞升高外,其余均正常。乙肝两对半:阴性。临床诊断为黄疸。

案例分析

请分析:

1. 该患者黄疸可能为什么类型?为什么?
2. 该患者黄疸是由什么原因引起,要想确诊还应加做哪些检查项目?

(陈　谨)

思考题

1. 血浆蛋白的功能有哪些?举例说明。
2. 简述胆汁酸的生理功能和胆汁酸肠肝循环的生理意义。
3. 生物转化有何生理意义?举例说明生物转化的类型。
4. 胆色素包括哪些?肝在胆色素代谢中有何作用?
5. 什么是黄疸?三种类型黄疸的发病机制及实验室检查特点是什么?

扫一扫,测一测

参考文献

1. 何旭辉,吕士杰 . 生物化学 . 第 7 版 . 北京:人民卫生出版社,2014 年 .
2. 查锡良,药立波 . 生物化学与分子生物学 . 第 8 版 . 北京:人民卫生出版社,2013.
3. 贾弘禔 . 生物化学 . 北京:人民卫生出版社,2005.
4. 徐世明,黄川锋 . 生物化学 . 西安:西安交通大学出版社,2012.
5. 王晓凌,徐世明 . 生物化学 . 南京:江苏科学技术出版社,2011.
6. 洪涛 . 传染性与非传染性痴呆症:朊病毒病与阿尔茨海默病 . 北京:科学出版社,2011.
7. 葛均波,徐永健 . 内科学 . 第 8 版 . 北京:人民卫生出版社,2017.
8. 杨荣武 . 生物化学 . 北京:科学出版社,2013.
9. 王希成 . 生物化学 . 第 4 版 . 北京:清华大学出版社,2015.
10. 于秉治 . 图标生物化学 . 北京:中国协和医科大学出版社,2008.
11. 德夫林(美)等编著 . 王红阳等译 . 生物化学——基础理论与临床 . 北京:科学出版社,2017.
12. 德汉,东海 . 高血脂食疗食谱 . 呼和浩特:远方出版社,2003.
13. 游久全 . 养生百科 . 北京:中国国际文化艺术出版社,2015.
14. 陈娟,孙军 . 医学生物化学与分子生物学 . 第 3 版 . 北京:科学出版社,2016.
15. 赵宝昌,关一夫 . 生物化学(英文版). 第 2 版 . 北京:科学出版社,2016.
16. 贾弘禔,冯作化 . 生物化学与分子生物学 . 第 2 版 . 北京:人民卫生出版社,2010.
17. 张丽萍,杨建雄 . 生物化学简明教程 . 第 5 版 . 北京:高等教育出版社,2015.
18. 冯作化,药立波 . 生物化学与分子生物学 . 第 3 版 . 北京:人民卫生出版社,2015.
19. 药立波 . 医学分子生物学实验技术 . 第 2 版 . 北京:人民卫生出版社,2011.
20. 周爱儒 . 生物化学与分子生物学 . 第 8 版 . 北京:人民卫生出版社,2013.
21. 蔡太生,张申 . 生物化学 . 北京:人民卫生出版社,2015.
22. 姚文兵,杨红 . 生物化学 . 第 8 版 . 北京:人民卫生出版社,2016.
23. 周克元,罗德生 . 生物化学 . 第 2 版 . 北京:科学出版社,2011.
24. R.K. 默里,D.K. 格兰纳,P.A. 迈耶斯等 . 哈珀生物化学 . 第 25 版 . 北京:科学出版社,2003.

中英文名词对照索引

A

B

G

H

J

K

L

M

N

O

P

Q

R

S

T

W

X

Y

Z